青少版经典名著书库

昆 虫 记

[法]法布尔 著 爱德少儿编委会 编译

爱德少儿编委会

主　编：童　丹

副主编：陈慧颖

编　委：安　心　代成妙　杜佳晨　高敬华

姜　月　刘国华　路　远　谭蓉平

唐　倩　田海燕　任仕之　余小溪

余信鹏　张重庆　张凤娟　张　云

张运旭　钟孟捷　朱梦雨

浙江人民美术出版社

图书在版编目（CIP）数据

昆虫记 /（法）法布尔著；爱德少儿编委会编译. — 杭
州：浙江人民美术出版社，2021.6（2023.11 重印）
（青少版经典名著书库）
ISBN 978-7-5340-8742-4

Ⅰ. ①昆… Ⅱ. ①法… ②爱… Ⅲ. ①昆虫学—青少
年读物 Ⅳ. ①Q96-49

中国版本图书馆 CIP 数据核字（2021）第 061496 号

责任编辑：程　璐
责任校对：余雅汝
装帧设计：爱德少儿
责任印制：陈柏荣

青少版经典名著书库
昆虫记　［法］法布尔　著　　爱德少儿编委会　编译
出版发行：浙江人民美术出版社
地　　址：杭州市体育场路 347 号
经　　销：全国各地新华书店
制　　版：湖北省爱德森森文化传播有限公司
印　　刷：河南华彩实业有限公司
版　　次：2021 年 6 月第 1 版
印　　次：2023 年 11 月第 2 次印刷
开　　本：710mm × 990mm　1/16
印　　张：28.5
字　　数：400 千字
书　　号：ISBN 978-7-5340-8742-4
定　　价：39.80 元

如发现印装质量问题，影响阅读，请与承印厂联系调换。

前　言

　　相信找到人形何首乌就能成神仙的孩子，茫茫夏夜听鸣蝉在树叶里长吟，《朝花夕拾》中百草园带给了鲁迅先生难忘的儿时记忆；以丛草为林，以虫蚁为兽，观花台草木，神游其中，怡然自得，《浮生六记》中沈复先生用抒情的散文尽展童趣。小时候的我们对身边的一切充满了好奇，都乐于观察身边的小世界，然而长大之后，我们慢慢不再为此着迷，抓住蛐蛐时的激动心情也逐渐消失。但是有一个人，他被达尔文称作是"难以效法的观察家"，他用一生的光阴来观察昆虫，为世人留下了一部昆虫的史诗，他就是法布尔。

　　好奇心的驱使和对大自然的热爱，让法布尔喜欢上了观察身边奇异的事物，儿时的他立下了一个目标，那就是有朝一日在昆虫的历史上，加上几页他对昆虫的见解。他满怀求真求实的科学精神，以坚定执着的意志，不断地探索昆虫世界，并以研究这个昆虫世界中，那些小小的动物的本能、习性、生活方式、劳作、争斗和生息繁衍为目的，建造了一座活的昆虫实验室。最后他不是书写了几页，而是书写了一部昆虫世界的"荷马史诗"——《昆虫记》，这本书一问世就引起了巨大的轰动，被视为"动物心理学"的奠基之作，在法国自然科学史和文学史上都有重要的地位。

　　这是一部生物学家耗费毕生心血著成的昆虫回忆录，也是一部跨越领域的经典之作。书中穿插了各种神话寓言故事，文章内容丰富多彩，可读性和趣味性都很强。作者在描写的时候用大量的拟人和比喻等修辞手法表现盎然的意趣,语言生动活泼,诙谐幽默,极具表现力和感染力,使刻画的形象生动可感,让小动物活灵活现。

法国剧作家埃德蒙·罗斯丹曾说,法布尔像哲学家一般地去思考,像艺术家一般地去观察,像诗人一般地去感受和表达。的确,昆虫的知识是枯燥的,虫子的地位是渺小的,但是在《昆虫记》里,我们聆听的不是乏味的科普,而是充满爱和诗意的语言;我们看到的不是实验室里黑暗残忍的解剖实验,而是蓝天白云下一个个鲜活并且人格化的小家伙;我们感受到的不是人类与昆虫的隔阂,而是法布尔发自内心的对生命的尊重。他将理性的科学和感性的文学完美结合,为我们展现了一个丰富多彩的昆虫世界。

虽然大多数人不重视小虫子,但是正如法布尔所说,如此深入细致地研究昆虫,能帮助人类更好地了解所有书中最晦涩的那本——关于人类自身的书。作者用了大量时间,做了大量实验,研究昆虫短暂而精彩的一生。值得一提的是,《昆虫记》除了真实地记录了昆虫的生活,还透过昆虫世界折射出社会人生。种种描写,无不渗透作者对人类的思考,睿智的哲思跃然纸上。全书充满了对生命的关爱之情、对万物的赞美之情。

生活中并不缺少美,只是缺少发现美的眼睛,昆虫们神奇的本能有的时候让人类也自叹不如。它们虽然身形小巧,毫不起眼,却能创造一个又一个的奇迹。让我们打开这本奇迹之书,走进这个异彩纷呈的昆虫世界,感受生命之美吧。

目 录
CONTENTS

论祖传

M名师导读

你有什么特别的兴趣爱好吗？还记得与它们初识结缘的经历吗？有人说这些个性遗传自祖先，本章作者以自身为例来研究这个论点，并以昆虫学家的视角，带你走进一个多姿多彩的昆虫世界。

天赋与生俱来，它使人才能出众又性格各异。有人说这种个性来自血脉，是先祖的馈赠，但若是真要探究这些个性的源泉，大多数人难得其解。

举例来说，有一个牧童，他在放牧的时候喜欢低声地数着一颗颗小石子儿，计算着这些小石子儿的数量，似乎把这当作一种游戏，可是他长大以后竟然成了一位十分著名的教授，或许最终，他可以成为数学家。【写作借鉴：此处运用了举例子的说明方法。在写作文时列举有代表性的例子，能够使描写的事物更加清晰，表达的观点更加具有说服力。】另外又有一个孩子，他的年龄比起其他小孩子也大不了多少，他却不跟别的孩子一起玩，一起闹。他喜欢一个人幻想乐器的声音，后来他竟然真的能听到了，心中自成各种乐器的合奏曲，神奇而美妙。这个孩子真的算得上是音乐界的天之骄子。第三个小孩，不仅长得瘦小，年龄也很小，也许在他吃面包和果酱的时候，还会不小心涂到脸上，但他却有着独特的爱好——雕塑黏土。他可以用黏土制成各种各样的小模型，并且各具形态和特色。可以说，如果这个孩子有好运的话，他总有一天会成为一名出色的雕刻家。【名师点睛：作者举了三个孩子的例子，一个喜欢数小石子儿的牧童，一个爱幻想乐器声音的孩子，一个喜爱黏土雕塑的孩子，他们各有特点，年纪、身形、性格、身份也都不一样，但他们的经历却都有一个共同的特点，作者想借此说明一个人年少的性格爱好与未来的成就密切相关。】

我知道，大家都不喜欢在背后议论别人，但这些例子印证了我的想法和研究，大家请听我细细道来。这要从我的故事说起。

在我年幼的时候，我就觉得自己已经有了一种能与自然界亲密接触的感觉。如果你认为我的这种喜欢观察植物和昆虫的性格传承于我的祖先，那简直就是一个天大的笑话。【名师点睛：作者喜欢观察植物和昆虫的性格爱好不是承自祖辈，这与开篇有些人的观点相悖，作者以自身为例，说明他不赞同性格爱好的遗传论。】因为，我的祖先们都是没有接受过教育的乡下佬，他们对其他的东西都一无所知，只有亲手养大的牛羊才是他们唯一了解和关心的。这都是真的，在我的祖父辈之中，也就只有一个人接触过书本，我甚至都不知道他能否理解字母的拼法。我是这些人的后代，如果要说我曾经受过什么专门的训练，那是根本谈不上的。从小就没有指导者，更没有老师教过我，而且也几乎没有书可看。不过，值得庆幸的是，我没有放弃我的目标，而是朝着我眼前的目标不停地走，这个目标就是有朝一日在研究昆虫的历史上，加几页我对于昆虫的见解。【名师点睛：通过作者的人生目标，我们可以看到他坚韧不拔的毅力和积极向上的人生态度。这些都值得我们学习。】

想起小时候，在很多年以前，我还是个懵懵懂懂的小孩子。那个时候我才刚刚学会认字母，但是，当时我所拥有的初次学习的勇气和决心，至今都令我感到非常骄傲。【名师点睛：这一段在结构上起了承上启下的作用，引出下文对记忆犹新经历的介绍。】

一直以来，我都对那一次经历记忆犹新——那是我第一次去寻找鸟巢、采集野菌的情景——我直到今天还会时常想起当时那种兴奋愉悦的心情。

那天我去爬山，那座山在我家附近，让我念想了很久，因为那个山顶上有一片小树林，每次我只能透过我家的小窗子看到那片景色，远远看着那片树林在风中起舞，在雪中弯腰，它们看起来神秘又有趣，我早就想去看看了。这一次的爬山，爬了好长的时间，因为那时我还很小，腿很短，而且陡峭的草坡就像屋顶一样，更阻碍了我爬山的速度。

我爬山的速度很慢，就在这缓慢前行的过程中，我发现脚下有一只小鸟，它十分可爱，我猜它是从很近的地方飞过来的，说不定就藏在哪个大石头上面。于是我开始寻找它的巢，一会儿工夫，便找到了。它的鸟巢是用干草和羽毛做成的，令人惊喜的是里面还排列着六个小巧的蛋。这些蛋具有美丽的纯蓝色，而且十分光亮。【写作借鉴：这里运用了细节描写。连记忆中蛋的数量和颜色都描写得如此清楚，说明了作者对这次的经历真是"记忆犹新"，也暗示了这次的经历对作者来说很重要。】这是我第一次寻找到鸟巢，也正是这些小鸟开启了我的快乐之门。当时的我简直高兴极了，我伏在草地上，十分认真地观察它们。

这时候，小鸟们的妈妈回来了，它在石头上面飞来飞去，不停地鸣叫，叫声听起来焦急不安。我当时年纪还太小，并不懂得它为什么会那么焦急和痛苦。当时，我正兴奋于我的计划——我要先带回去一只蓝色的蛋，作为这一次经历的纪念，然后，两星期后再来，趁着这些小鸟的翅膀还没有长成熟，不能飞的时候，将它们拿走。幸运的是，当我打算把蓝色的蛋带回家的时候，一位善良的牧师恰巧路过。

他问我："呵！一个萨克锡柯拉的蛋！你从哪里把这只漂亮的蛋捡来的？"

我向牧师讲述了这次令人愉悦的经历，并且兴致勃勃地说道："我还要等到新生出的小鸟们刚长出羽毛的时候再回去拿走其余的蛋。"

"哎！不许你那样做！"牧师叫了起来，"你不可以这么残忍，去抢那可怜的鸟妈妈的孩子。现在我要你做一个善良的孩子，答应我从此以后再也不要碰那个鸟巢。"

　　这一番谈话，使我懂得了两件事：第一件，偷鸟蛋是件残忍的事；第二件，鸟兽同人类一样，它们各自都有各自的名字。【名师点睛：年幼的作者及时认识到了自己的错误，并在这件事情中有了自己的思考，他开始有了对生命的关爱和敬畏之情。】

　　这件事情过了以后，我经常问自己："在树林里的，在草原上的，我许许多多的朋友，它们叫什么名字呢？萨克锡柯拉究竟是什么意思呢？"【名师点睛：通过这几个问题，我们能看出小时候的作者有强烈的好奇心，他对大自然和昆虫界有了浓厚的兴趣，也有了观察它们的动力。】

　　几年以后，我才晓得萨克锡柯拉的意思，它是岩石中的居住者，而那种生出蓝色鸟蛋的小鸟则被叫作石鸟。

　　我们的村子旁边有一条小河悄悄地流过。在河的对岸，有一片树林，那里全是光滑笔直的树木，就像柱子一般高高地耸立，地上也铺满了青苔。

　　我第一次采集野菌就是在这个美丽的树林里。这野菌的形状，乍一看去，就像是母鸡生在青苔上的蛋一样，可爱极了。还有许多其他种类的野菌，它们形状不一，颜色也各不相同。有的长得像小铃儿，有的长得像灯泡，有的则像茶杯，还有些破了会流出像牛奶一样的"泪"，还有些被我不小心踩到的时候，会变成蓝蓝的颜色。【写作借鉴：这里运用了比喻的修辞手法，将野菌比作灯泡、茶杯等物件，形象地写出了这些野菌形态各异、小巧可爱的特点。】

　　其中，有一种最稀奇的，有梨一样的形状，在它们顶上有一个圆孔，大概是一种烟筒吧。我用指头在下面戳一戳，会有一簇烟从孔里面喷出来。我把它们装了满满一袋子，每到心情好的时候，我就把它们拿出来弄得冒烟，直到后来它们缩成像火绒一样的东西为止。【名师点睛：作者在观察的过程中得到了乐趣，"戳"的动作展现出了作者强烈的好奇心，尽显活泼纯真的孩童姿态。】

　　后来，我无数次来这片小树林，我喜欢在这里观察和研究，开展各种采集活动。我在乌鸦群里，研究真菌学的初步功课。有些东西我待在房子里永远也得不到，而这些采集活动能给我很大的收获。

在这种实验与观察自然相结合的方法之下，我的所有功课，除了两门，差不多都这样学过了。而我从别人那里，只学过两种科学性质的功课，而且在我的一生之中，也就只有这两种：解剖学和化学。【名师点睛：在那个年代，昆虫学家是把昆虫解剖进行研究，但是法布尔挑战传统，用田野实验的方法去观察昆虫的本能和习性。】

摩根·斯东先生是位在自然科学领域造诣很深的老师，是他传授给我解剖学的知识，也是他教会我如何在盛水的盆中观察蜗牛身体的内部结构。虽然这门功课的时间很短，但是我学到了很多丰富的知识。

相比解剖学，我在学习化学的时候，就没有这么好的运气了。在一次实验中，玻璃瓶爆炸，使许多同学受了伤，有一个人险些瞎了眼睛，老师的衣服也被烧成了碎片，教室的墙上被溅了许多污点。后来，我重新回到这间教室时，已经不再是学生而是教师了，墙上的斑点却还留在那里。这一次事故，使我至少学到了一件事，那就是以后每当我做试验的时候，总是让我的学生们离得远一点儿。【写作借鉴：通过细节描写，说明化学实验很危险。】

一直以来我都有一个最大的愿望，那就是在野外建立一个实验室。但当时的我穷困潦倒，每天为了生计发愁，连买面包的钱都没有，对我来说，这个愿望美好得跟梦一样，几乎不可能实现。

将一块小小的土地四周围起来，让它成为我私人专属的土地，这是我四十年来的梦想。荒凉、寂寞、阳光的暴晒、荆草的蔓延，这些都是黄蜂和蜜蜂所喜好的生存条件。【名师点睛：作者用精练的语言简单概括了蜜蜂的生存条件。如此简单的一块地，却是作者四十年来的梦想，展现出了作者痴迷于昆虫研究，立志为昆虫写史的生平抱负的伟大。】

在我的这块土地里，没有烦扰，我可以自由愉快地与我的朋友们生活，如猎蜂手，用一种难解的语言相互问答，这当中包含着多少观察与试验呢？在这里，没有长途的旅行与远足，不会白白浪费了时间与精力，这样我就可以时时留心我的昆虫们了！【名师点睛：可以看到作者对昆虫有着发自内心的喜爱，虽然这是一部科普类的作品，但正是作者这份真挚的情感，赋予了文章情趣。】

终于，我在一个小村落里得到了我的第一块土地，那儿安静清幽，我的愿望也实现了。这是一个荒石园，这个名字是给我们普罗旺斯[地名，位于法国南部]的一个地方起的。那里有许多石子，并不能耕种。那里除了一些百里香，几乎是养不活什么植物的。如果说花费些功夫耕耘，也是可以长出东西的，可实在又不值得。到了春天下雨的时候，如果有些羊群从那里走过，也是可以生长一些小草的。

然而，这块属于我的荒石园，却有一些掺着石子的红土，它曾经被人粗粗地耕种过。有人告诉我，曾有人在这块地上种过葡萄树，于是我心里有了几分懊恼，因为原来的植物已经被人用二脚叉铲掉了，现在连百里香也找不到了。

百里香对于我也许有用，它们可以用来做黄蜂和蜜蜂的猎场，所以我又不得不把它们重新培育起来。

后来，经过多日的辛勤劳作，我终于在这里种满了偃卧草、刺桐花以及西班牙的牡荆植物——那是长满了橙黄色的花，并且有硬爪般花序的植物。在这些上面，覆盖生长着一层伊利里亚的棉蓟，它那耸然直立的枝干，甚至可以长到六尺高，而且末梢还长着大大的粉红球，带着小刺，真是武装齐备，使得采集植物的人不知从哪里下手摘取才好。在它们当中，还有穗形的矢车菊，它们长了长长的一排钩子，悬钩子的嫩芽爬在地上。森林里有很多刺，如果粗心的你不穿上高筒皮鞋就闯了进来，可是会受到惩罚的呢。

这就是我的乐园啊！四十年来拼命奋斗得来的属于我的乐园啊！

【名师点睛：作者把一生的光阴都花在了对昆虫的观察和研究之中，他的

昆虫世界异彩纷呈，这是他的乐园，也是追求科学真理的圣殿。】

　　我的乐园稀奇又冷清，却是数不清的蜜蜂和黄蜂快乐的猎场。其他单独的一块地方都没有这么多的昆虫。各种生意都以这块地为中心，这块水草丰富的土地引来了猎取各种野味的猎人、泥土匠、切叶者、纺织工人、纸板制造者，还有石膏工人在拌和泥灰，木匠在钻木头，矿工在掘地下隧道，各种各样的成员都在这里快乐地生活。【写作借鉴：作者运用了拟人的修辞手法，将昆虫比作猎人、泥土匠、纺织工人等，根据昆虫的习性将它们划分到不同的职业里，展示了昆虫的多样，也形象生动地描绘出了一个拟人化的昆虫世界。】

　　你看，这里的蜜蜂是缝纫高手，它剥下开有黄花的刺桐的网状线，采集了一团填充其中的东西，很骄傲地用它的腮(颚)带走了。它准备到地下，用采来的这团东西储藏蜜和卵。那里还有一群切叶蜂，在它们的身躯下面，带着黑色的、白色的，或者血红色的毛刷，它们用这些毛刷切割树叶。这些切叶蜂经常到邻近的小树林中，把树叶子割成圆形的小片来包裹它们的收获品。

　　这里有一群做水泥和沙石工作的泥水匠蜂，它们穿着黑丝绒衣，工作时用的工具有时候会遗落在我的荒石园里的石头上。有的蜜蜂生着角，这是用来收割的，也有些蜜蜂用后腿头上长的刷子来收割。另外，蜜蜂们安家的地方也各有特色，这儿有一种野蜂，它们把窝巢藏在空蜗牛壳的盘梯里；还有一种，会把它的幼虫安置在干燥的悬钩子秆的木髓(suǐ)里；第三种则会利用干芦苇的沟道做它的家；至于第四种，就更会取巧了，它们直接住在泥水匠蜂的空隧道中，而且连租金都用不着付。【名师点睛：作者用轻松诙谐的语言传授丰富的知识，将理性的科学和感性的文学完美地结合在了一起。】

　　我的荒石园的墙壁建筑好了，到处都有建筑工人们遗留下来的成堆成堆的石子和细沙，它们被堆弃在那里，并且不久就被各种住户给霸占了。泥水匠蜂选了个石头的缝隙，用来安放它们柔软的床。若是有凶悍的蜥(xī)蜴(yì)[爬行动物，又名石龙子，通称四脚蛇]，一不小心压到它们的时候，它们就会出去攻击人和狗。它们还会挑选一个洞穴，伏在那里等待路过的蜣螂。黑耳毛的鸫鸟，穿着黑白相间的衣裳，像黑衣僧一样，坐在石头顶上唱着简单的歌曲。而那些藏有蓝蛋的鸟巢又会躲在哪个石堆后面，等着被我们发现呢？

当石头被人挪动的时候，生活在石头里面的小黑衣僧也会跟着移动，对于它们的离开，我很不舍，因为这些小邻居真的很可爱。至于那些蜥蜴，我不喜欢它们，所以它们要是离开了，我不会有一点儿不高兴。

本来在沙土堆里，还隐藏着猎蜂和掘地蜂的群落，但是这些可怜的掘地蜂和猎蜂后来都被无情的建筑工人给无辜地驱逐走了，这令我遗憾极了。【写作借鉴：用"可怜"和"无情"来形容蜜蜂，赋予蜜蜂人的情态，这种独特视角的描写，提高了文章的可读性和趣味性。】

但幸好还有一些猎户没有搬家，它们整天四处奔波寻找小毛虫，忙得不可开交。还有一种黄蜂，它们体形巨大，胆子也大，竟敢把毒蜘蛛当成猎物。在我的荒石园的泥土里，可居住着很多相当厉害的毒蜘蛛呢。另外你也可以看到，还有强悍勇猛的蚂蚁，它们常常派遣出一个兵营的力量，排着长长的队伍，向战场进军，去猎取比它们强大得多的猎物。

除了这些朋友以外，屋子附近的树林里面还居住着种类繁多的鸟雀。它们之中有很多会唱出动听的旋律，有的是绿莺，有的是麻雀，竟然还有猫头鹰。【写作借鉴：作者运用了拟人的修辞手法，只有人才会"唱"，这里将鸣叫的鸟雀拟人化，表达了作者对鸟雀的喜爱之情。】

在这片树林里还有个住满了青蛙的小池塘，每年五月份的时候，这些青蛙就组成乐队，在池塘里开派对，"呱呱"的叫声震耳欲聋。

在我的这些居民之中，最霸道的还要数黄蜂了，它们竟然不经允许就霸占了我的屋子。在我的屋门口，还居住着白腰蜂，每次当我进出屋子的时候，我都要十分小心，生怕会踩到它们，破坏了它们开矿的工作。【名师点睛：作者笔调活泼，用"霸道"来形容黄蜂，流露出了作者的小委屈。另外，作者十分小心，不让自己踩到白腰蜂，表现出了作者对生命的尊重和热爱。】

我那扇关闭的窗户的墙是软沙石做的，泥水匠蜂悄悄在上面筑了土巢，窗户的木框上有小孔，是我不小心留下的，它们还很聪明，利用小孔来做门户。在那百叶窗的边线上，还有少数几只迷了路的泥水匠蜂筑起了它们的蜂巢。而当午饭时候一到，那些黄蜂就翩然来访，它们的目的明确而又简单，就是想看看我的葡萄成熟了没有。

这些昆虫与我同住，共同生活，它们是亲爱的小动物，在过去和现在与我熟识，是我的伙伴。它们每天打猎，修建自己的房屋，养活它们的家族。而且，假如我打算移动一下住处，大山就在我的旁边，到处都长满了岩蔷薇、野草莓树和石楠植物，而黄蜂与蜜蜂都是喜欢聚集在那里的，因此不管我搬到哪里，都不会少了这些伙伴。我有很多理由，使我逃避都市而来到乡村，来到西内南，做些除杂草和灌溉莴(wō)苣(jù)的农事。

Z 知识考点

1.作者年幼时偷鸟蛋的经历让他明白了两件事情，一是＿＿＿＿＿＿＿＿＿＿
＿＿＿＿＿＿，二是鸟兽同人类一样，＿＿＿＿＿＿＿＿＿＿＿。

2.判断题：作者喜欢观察植物和昆虫的性格传承于他的祖先。

( )

Y 阅读与思考

1.本章作者对儿时的一次经历记忆犹新,那是作者第一次去做什么?

2.在作者的一生中,只学过哪两门科学性质的功课?

神秘的池塘

M **名师**导读

你印象中的池塘里有什么？小鱼小虾？其实这几尺的地方藏着大学问，在一个昆虫学家的眼里，池塘就是一个神秘辽阔又丰富多彩的殿堂，里面到底有什么奥秘呢？让我们来看看吧！

我总是不知疲倦地凝视着碧绿的池塘，因为那是一个神秘的世界，里面有千千万万的小生命在忙碌着。在满是泥泞的池边，我们随处可见一堆堆黑色的小蝌蚪在暖和的池水中嬉戏打闹；有着红色肚皮的蝾(róng)螈(yuán)[两栖动物，有大鲵和小鲵两种]也把它的宽尾巴来回地摇摆着，像舵一样，缓缓地前进;【写作借鉴:运用比喻的修辞手法，将蝾螈的尾巴比作船舵，蝾螈就像在池塘里游来游去的小船，生动又自然地展现了池塘生机勃勃的景象。】这里还有芦苇丛，常常有一群群石蚕的幼虫藏匿其中。这些幼虫为了防御天敌，或是未雨绸缪为灾难做准备，会用一个枯枝做的小鞘来保护自己。

池塘深处，水甲虫正在活泼地跳跃玩耍，它的前翅的尖端有一个可以帮助它呼吸的大气泡。它的胸下长着一片胸翼，在阳光的照耀下闪闪发光，就像一个威武的大将军佩戴在胸前的一块闪着银光的铠甲。【写作借鉴:将水甲虫的胸翼比作大将军闪光的铠甲，一方面介绍了胸甲的防护功能，另一方面将水甲虫威武神气的姿态描绘得活灵活现。】一堆闪闪发光的"蚌蛛"正在水面上欢快地扭动着身体，不停地打着转。噢，不，那可不是"蚌蛛"，那是豉虫们在开舞会呢！看那不远的地方，一队池鳐游向这边来了，它们那傍击式的游泳姿势，好似裁缝手中的缝衣针一样迅速而有力地穿梭着。

这里还有水蝎，它们交叉着两肢，在水面上悠闲地做出一副仰泳的姿势，看起来就像在炫耀它就是这池塘里最厉害的游泳高手一样。蜻蜓的幼虫穿着沾满泥巴的外套在水中冲刺，它以极高的速度把身体后部漏斗里的水挤压出来，借着反作用力，高速向前方冲去。

在池塘的底部，还有许多贝壳动物沉静又稳重地躺在那里。时不时地，小小的田螺们也会顺着池底悄悄地、缓缓地爬上岸边，把它们沉沉的盖子小心翼翼地慢慢张开，眼睛一眨一眨的，一边好奇地欣赏这个美丽的水中乐园，一边又尽情地享受着陆地上的新鲜空气；【写作借鉴：作者用了"缓缓地爬""慢慢张开""眼睛一眨一眨"等一连串的动作描写，把小田螺的可爱表现得淋漓尽致。】水蛭们爬在它们的猎取物上，得意洋洋地不停地扭动着它们的身躯；不计其数的孑(jié)孓(jué)[蚊子的幼虫，通称跟头虫]在水中有节奏地一扭一曲，不久的将来，它们会变成蚊子，那可是人人都不喜欢的坏家伙。

如果不能静下心来仔细观察，在大多数人眼里，这只是个直径不过几尺的小池塘，安静又寻常。但在阳光的孕育下，它神秘辽阔又丰富多彩，这样的殿堂，怎么会不勾起一个孩子强烈的好奇心呢？让我告诉你，在我的记忆中，我是怎样被第一个池塘所深深地吸引住的，它如何激发了我幼小的好奇心。【名师点睛：作者设下悬念，用代入式的叙述方式激发读者的阅读兴趣，引出下文。】

我小的时候，家里很穷，除了妈妈继承的一所房子和一块小小的已经废弃了的园子，我们几乎没有财产了。"我们怎么样才能好好地活下去呢？"这对我们来说是一个十分严重的问题，我的爸爸妈妈经常会把它挂在嘴边。

"大拇指"的故事[格林童话里的故事，主角"大拇指"出生在贫苦的家庭，和作者很像]你们听说过吗？那个可怜的"大拇指"躲在他父亲的矮凳子下，偷偷地听他父亲和母亲议论一些关于生活窘迫的事。我跟那个"大拇指"就很像。不同的是，我没有藏在凳子底下去偷听，而是趴在桌子上一面假装睡着了，一面偷听他们的谈话。【写作借鉴：作者引用童话故事来充实内容，增加了趣味。将"大拇指"的故事和"我"的故事做对比，说明"我"的不同，展现了真实的细节。】令我感到幸运的是，我没有听到像"大拇指"的父亲所说的那种让人伤心的话，相反，那是一个鼓舞人的美妙计划，听得我心中不禁涌起一阵无法用语言来表达的快乐和欣慰。

"我们是不是可以来养一群小鸭，"妈妈说，"养大了将来一定可以换不少钱。我们可以买回来些油脂，让亨利每天负责照料它们，把它们喂得肥肥的。"

"太好了！"父亲高兴地赞同道，"那就让我们来试试看吧。"

那晚，我做了一个美滋滋的梦。我领着一群可爱的小鸭子去池边散步，它们黄色的外衣漂漂亮亮，走路的姿势摇摇摆摆。我笑着看它们在水中嬉戏洗澡，耐心地等着它们，然后带着它们慢悠悠地回家。半路上，我发现有只小鸭子累了，就小心翼翼地把它捧起来，让它在篮子里美美地睡上一觉。

两个月后，我们家里买来了二十四只受精的鸭蛋，我的美梦就快成真了。鸭子自己是不会孵蛋的，只能由母鸡来代劳。可怜的老母鸡可分不出孵的到底是自己的亲骨肉还是别家的"野孩子"，反正都是圆溜溜的蛋，它都很乐意去孵，并把孵出来的小家伙当作自己的亲生骨肉来对待。【写作借鉴：作者用诙谐的语言将老母鸡描绘得呆萌可爱，拟人的手法为老母鸡的母亲形象添色不少。】我们家有一只黑母鸡，我们还特意从邻居家又借来了一只，就有两只黑母鸡来负责孵鸭蛋。

那些小鸭们每天由我们家的那只黑母鸡陪着，黑母鸡还不厌其烦地和小鸭们一起做游戏玩耍，小鸭们就这样快快乐乐地健康成长。后来，我找来一只木桶，大约有两寸高，往里盛了些水后，这个木桶就变成了小鸭们的游泳池。只要天气晴朗，我就将小鸭们放到桶里，这时它们就一边沐浴着温暖的阳光，一边在水里洗澡嬉戏，显得特别美满、和谐和舒适，可把旁边的黑母鸡给羡慕坏了。【写作借鉴：小鸭们很高兴，旁边的黑母鸡很羡慕，正面描写和侧面描写相结合，生动描绘了小鸭们的幸福生活。】

两周后，小鸭们都长大了不少，这只木桶太小了，不能满足小鸭们的需要。这么少的水怎么能让它们在里面自由自在地翻身跳跃呢？何况它们还需要许多小虾米、小螃蟹、小虫子之类作为它们的食物，而这些食物通常大量地附着在互相缠绕的水草中，只能等着它们自己去猎取。对我来说，取水是个难题，我们家在山上，水在山脚下，想要把水带上来非常不容易。尤其是到了夏天，打来的水都不够我们自己喝，哪里还有小鸭们的份儿呢？【名师点睛:运用反问句，增强语气，强调作者遇到的困难，引起读者感情上的共鸣。】

我们家附近倒是有一口半枯的井，但是里面的水太少了，还要供邻居们每天轮流使用，维持他们的日常生活，而且校长先生养了一头驴子，它总是把那口井剩下的水都独占了，每次都喝个精光。直到整整的一昼夜之后，井水才能渐渐地升起来，恢复到原来的水位。在水如此急缺的情况下，我们可怜的小鸭们哪里还有自由嬉水的份儿？

不过幸好，有个地方可以说是小鸭子们的天然乐园，那是山脚下的一条潺潺的小溪。可是从我们家出发，在通往那条小溪的小路上，经常有凶恶的猫和狗出没，它们看到了小鸭们，就会冲过来把小鸭们吓得四处散开，我就很难把小鸭们再聚集起来，因此我们只能放弃那条小路，想想别的办法。我想起在离山不远的地方，有一个很荒凉很偏僻的地方，那里倒有一块很大的草地和一个不小的池塘，肯定也没有什么猫呀狗呀之类的打扰，也不失为小鸭们不错的去处。【名师点睛：借小鸭子的故事引出池塘，照应本章题目，引出本章重点。】

我开始了牧童生涯，心中无拘无束，快活无比。不过就是可怜了我那双赤裸裸的双脚。因为跑了太多的路，它们渐渐地磨起了水泡。

可我又不能把箱子里那双鞋子拿出来穿，因为那双宝贵的鞋子只能在过节的时候穿。我没有办法，只能赤裸着双脚，在乱石杂草中不停地奔跑，伤口也就越来越大了。

不仅我的脚受折磨，小鸭们的脚似乎也折腾不起，【名师点睛：这句话在结构上起了承上启下的作用，承接上文写"我"的脚受了折磨，引出下文小鸭们也遇到了困难，说明了取水之路的艰辛。】因为它们还小，蹼（pǔ）[一些水栖动物或有水栖习性的动物，在它们的趾间具有一层皮膜，可用来划水运动，这层皮膜称为蹼]还没有完全长成，还远不够坚硬。我们在崎岖的山路上走着，不时地能听到它们发出"嘎嘎——"的叫声，似乎是在请求我让它们休息一下。一到这个时候，我也只好满足它们的要求，把它们聚集在树荫下歇歇脚，不然的话恐怕它们再也没有力气把剩下的路走完了。【名师点睛："我"光着脚丫走路，脚上也有伤，但是依旧对小鸭们怀有怜悯关怀之心，对小鸭们温柔照顾，字里行间流露出孩童的赤子之心。】

功夫不负有心人，最后我们终于到达了目的地。那池里的水不深，很温暖，水中露出的一个个土丘就像是小小的岛屿。一见到池塘，小鸭们就兴奋地奔了过去，在岸边找到吃的后，就到水里满足地洗澡玩耍。它们洗澡的时候仿佛是在跳水中芭蕾，身体是倒竖起来的，把前身埋在水里，尾巴指向空中。我高兴地欣赏着小鸭们优美的舞姿，时不时地看看水中其他的景物。【写作借鉴：这里运用比喻的修辞手法，用优美的芭蕾舞姿来表现小鸭洗澡的状态，形象而生动地描绘了小鸭们在池塘嬉戏的场景，语言细腻富有画面感，将小鸭们的可爱形象都勾勒了出来。】

咦，那是什么？我看到有几条互相缠绕着的绳子躺在泥土上，像熏满了烟灰，黑沉沉的，又粗又松。看起来很像是从什么袜子上拆下来的绒线。

我走过去靠近了那些绳子，想把它们捡起来好好观察一番，可是这东西竟然滑溜溜的，还很黏，刚抓起来就从我的手指缝里滑了下去。

我试了好几次，花费了好大的劲，可就是捉不住它，还有几段绳子的结突然散了，滑出只有针尖般大小的一颗颗小珠子，后面拖着一条扁平的尾巴。啊，我一下子认出它们了，那就是我非常熟悉的青蛙的幼虫——蝌蚪。

这儿不仅有蝌蚪，还有许多其他的生物。有一种有着黑色的背部，在阳光下闪闪发亮，并不停地在水面上打旋。我试图用手去捉它们，可我还没出手，它们似乎就已经预料到危险的临近，逃得无影无踪了。我还想捉几个放到碗里面好好研究研究呢，可惜就是捉不到。

在池塘里很深的地方，有一团浓密的绿水草。我小心地把它们轻轻拨开，立刻就有许多水珠争先恐后地浮到水面聚成一个大大的水泡。【写作借鉴：词语妙用。"争先恐后"这个词，巧妙地将水珠立刻聚拢的状态表现了出来。】看来一定有什么奇怪的生物隐藏在这厚厚的水草底下。我继续往深处看，有许多像豆子一样扁平的贝壳，周围还冒着几个涡圈；有一种小虫好像戴了羽毛；还有一种小生物不断舞动着柔软的鳍片，像穿着华丽的裙子在不停地跳舞。这些生物神秘又有趣，我对它们一无所知，不通晓它们的名字，也不知道它们为何要这样游来游去不停歇，我只能对着这个神奇玄妙的水池，开始无限遐想。

这儿有条小小的渠道，池塘里的水通过它引进附近的田里。在田地里生长着几棵赤杨，我在赤杨旁边发现了一只美丽的甲虫，它的身上带着一些蓝色，长得有核桃般大。那蓝色是如此赏心悦目，使我联想起了那天堂里美丽的天使，她的衣服一定也是这种美丽的蓝色。我怀着虔诚的心情轻轻地捉起它，把它放进了一个空的蜗牛壳里，用叶子把它塞好。我要把它带回家中，细细欣赏一番。【名师点睛：通过作者小心翼翼的动作和虔诚的心情，我们可以看到作者性格中柔软的部分，他爱护生物，尊重生命，观察大自然却不忘保护大自然。】

接着我的注意力又被别的东西吸引住了。清澈而又凉爽的泉水源源不断地从岩石上流下来，不停地滋润着这个池塘。泉水先流到一个小小的潭里，然后汇成一条小溪。我看着看着就突发奇想，觉得这样让溪水默默地流过就太可惜了。可以把它看作一个小小的瀑布，去推动一个磨。【名师点睛：作者想象着这是一个能推磨的瀑布，进而为他的创造提供了蓝本，表现出作者儿时惊人的想象力和好奇心。】于是，我就开始着手做一个小磨。我用稻草做成轴，用两个小石块支着它，不一会儿就完工了。这个磨做得很成功，只可惜当时没有小伙伴和我一起玩，只有几只小鸭来欣赏我的杰作。【名师点睛：通过自己动手做小磨这个事情，我们可以看到作者富有想象力和创造力。】

小磨的成功让我意犹未尽，它已经成功激起了我强烈的创造欲望。我又计划筑一个小水坝，那里有许多乱石可以利用，我耐心地挑选着可以用来筑坝的石块，挑着挑着，我忽然发现了一个奇迹，它使我再也无心去继续建造什么水坝了。【名师点睛：作者发现了奇迹，是怎样的奇迹呢？作者设下悬念，激发读者的阅读兴趣，想要让人透过他的视角一探究竟。】

我在翻开一块大石头的时候，发现石头下面有一个窟窿，大概拳头那么大，阳光透过窟窿照射在水面上，发出耀眼的光芒，像钻石一样夺目，像教堂彩灯上的珠子一样晶莹剔透。

这情景如此美丽夺目！它使我想起孩子们躺在打禾场的干草上所讲的神龙传奇的故事：神龙是地下宝库的守护者，它们守护着不计其数的奇珍异宝。现在在我眼前闪光的这些东西，会不会就是神话中所说的皇冠和首饰呢？难道它们就蕴藏在这些砖石中吗？【名师点睛：作者使用疑问句，表现出作者的天真无邪和美好愿望，同时也起到加深悬念的作用，为下文做铺垫。】在这些破碎的砖石中，我可以搜集到许多发光的碎石，这些都是神龙赐给我的珍宝啊！我仿佛觉得神龙在召唤我，要给我数不清的金子。在潺潺的泉水下，我看见许多金色的颗粒，它们都粘在一片细沙上。我俯下身子仔细观察，发现这些金粒在阳光下随着泉水打着转，这真是金子吗？真是那可以用来制造二十法郎金币的金子吗？对一个贫穷的家庭来说，这金币是多么的宝贵啊！

我小心翼翼地拣起一些细沙，动作轻柔地把它们放在手掌中，仔细观察。我发现这些发光的金色颗粒特别小，根本挑拣不出来，估计要把麦秸用唾沫浸湿了，才能粘住它们。我不得不放弃这项麻烦的工作。我想一定有一大块一大块的金子深藏在山石中，可以等到以后我来把山炸开了再说。这些小金粒太微不足道了，我才不去拣它们呢！

我想看看砖石里面还有什么东西，就把砖石打碎，结果碎片里出现的不是珠宝，而是一条小虫。它的身体是螺旋形的，带着一节一节的疤痕，像一只蜗牛在雨天的古墙里蜿蜒着爬到墙外，那有节疤的地方显得格外沧桑和强壮。我不知道它们是怎样钻进这些砖石内部的，也不知道它们钻进去干吗。

出于纪念意义，还有好奇心的鼓动，我把砖石装了起来，塞满了口袋。这时候，天快黑了，小鸭们也吃饱了，于是我对它们说："来，跟着我，我们得回家了。"

我的脑海里装满了幻想，脚跟的疼痛早已忘记了。

在回去的路上，我尽情地想着我的蓝衣甲虫，像蜗牛一样的甲虫，还有那些神龙所赐的宝物。可是一踏进家门，我就回过神来了，父母的反应令我一下子很失望。【名师点睛：气氛突然转变，父母的反应和"我"的热情形成鲜明的对比。】他们看见了我那膨胀的衣袋里面尽是一些没有用处的砖石，我的衣服也快被砖石撑破了。

"小鬼，我叫你看鸭子，你却自顾自地去玩耍，你捡那么多砖石回来，是不是还嫌我们家周围的石头不够多啊？赶紧把这些东西扔出去！"【写作借鉴：通过语言描写，我们可以看到严厉的父亲对孩童纯真的想法的不理解。】父亲冲着我吼道。

我只好遵照父亲的命令，把我的那些珍宝、金粒、羊角的化石和天蓝色的甲虫统统抛在门外的废石堆里，母亲看着我，无奈地叹了口气。

"孩子，你真让我为难。如果你带些青菜回来，我倒也不会责备你，那些东西至少可以喂喂兔子，可这种碎石，只会把你的衣服撑破，这种毒虫只会把你的手刺伤，它们究竟有什么好的呢？傻孩子，你准是被什么东西迷住了！"

可怜的母亲，她说得不错，的确有一种东西把我迷住了——那是大自然的魔力。几年后，我知道了那个池塘边的"钻石"其实是岩石的晶体；所谓的"金粒"，原来也不过是云母而已，它们并不是什么神龙赐给我的宝物。尽管如此，对于我，那个池塘始终保持着它的诱惑力，因为它充满了神秘，那些东西在我看来，其魅力远胜于钻石和黄金。

【名师点睛：作者直抒胸臆，表达了自己对大自然无尽的喜爱之情。】

Z 知识考点

1.儿时的作者与_____一起找到了池塘，并被第一个池塘深深吸引了。

2.判断题：作者儿时在池塘里真的找到了钻石和金粒。　　（　　）

Y 阅读与思考

1.作者用了什么修辞手法来介绍池塘里的小生物？请举例说明。

2.作者高兴地把从神秘的池塘里得到的珍宝带回了家，但是他的父母都不理解他，他对池塘的喜爱之情因此减少了吗？

石 蚕

M 名师导读

　　本章作者为我们介绍了一种小小的水生动物石蚕,它有什么特别的地方呢? 我们一起去看看吧!

　　我曾经在我的玻璃池塘里养过一些小小的水生动物,它们叫作石蚕。从标准意义上说,它们是石蚕蛾的幼虫,平常都会很巧妙地隐藏在一个个枯枝做的小鞘中。

　　石蚕本来是在泥潭沼泽中的芦苇丛里生活的。它常常依附在芦苇的断枝上,随着芦苇在水中漂泊,而那小鞘就是它可以移动的家,也就是说它随时带着它的简易房子旅行。它的这个活动房子可真算得上是一个很精巧的编织艺术品,它的材料是由那种被水浸透后剥蚀、脱落下来的植物的根皮组成的。

　　在筑巢的时候,石蚕会用牙齿把这种根皮撕成粗细适宜的纤维,然后再将这些纤维巧妙地编成一个合适的小鞘,鞘的大小刚刚可以把它的身体藏在里面。有些时候它也会利用极小的贝壳七拼八凑地拼成一个小鞘,就像是做一件小小的百衲衣;还有的时候,它甚至会将米粒堆积起来,布置成一个象牙塔似的窝——这可以说是它最华美的住宅了。【写作借鉴:作者采用比喻的修辞手法,将石蚕的小鞘比作百衲衣和象牙塔,形象地说明了小鞘精致实用的特点。】

　　石蚕不仅将它的小鞘当作寓所,同时还会用它作为防御的工具。【名师点睛:这句话在结构上起了承上启下的作用,既总结了石蚕的小鞘的作用,又引出了下文。】在我观看我的玻璃池塘里展开的一场有趣的战争时，我见识过那个其貌不扬的小鞘的作用。

原本有一打[一打是十二只，半打是六只]水甲虫潜伏在玻璃池塘的水中，我对它们游泳的姿态产生了浓厚的兴趣。有一天，我无意中撒下两把石蚕，它们刚一入水便被潜在石块旁的水甲虫看见了，这些水甲虫立刻游到水面上，迅速地抓住了石蚕的小鞘。这时里面的石蚕也感觉到了凶猛的攻势，自知不敌，便想出了金蝉脱壳的妙计，不慌不忙地从小鞘里溜出来，一眨眼间就消失得无影无踪了。【名师点睛：这里写石蚕遇到危险时的反应，说明了小鞘的实用性，表现了石蚕机敏的特点。】

那野蛮的水甲虫却还在凶狠地撕扯着小鞘，直到发觉想要的食物早已跑掉，自己受了石蚕的欺骗，这才无比懊恼沮丧，无限留恋又无可奈何地丢掉空鞘，去别处觅食了。

愚蠢的水甲虫啊！它们怎么也不会知道这聪明的石蚕早已逃到石头底下，重新建造保护它的鞘，准备迎接你们的下一次袭击了。

石蚕在水中能够任意遨游，完全是靠它们的小鞘。它们就像是一队潜水艇，一会儿上浮，一会儿下降，一会儿又神奇地在水中央停留，它们还会靠那舵的摆动随意控制航行的方向。我不禁产生了这样的疑惑——石蚕的小鞘是不是有像木筏那样的结构，或是有类似于浮囊作用的装备，才使它们不会下沉呢？【名师点睛：作为一个昆虫学家，好奇心是他研究昆虫必不可少的要素，提出疑问然后去解决这个问题，既能充实自己，又能激发乐趣。】

于是，我将石蚕的小鞘剥去，把它们分别放在水上，结果小鞘和石蚕都沉下去了。这又是什么原因呢？

原来，当石蚕在水底休息时，它会把整个身子都塞在小鞘里。而当它想浮到水面上时，它会先拖着小鞘爬上芦梗，再将前身伸到鞘外，这样，在小鞘的后部就出现一段空隙，石蚕就是靠着这一段空隙顺利上浮的。石蚕的小鞘就好像一个活塞式的装置，石蚕的身体向外拉同往针筒里充空气柱的道理一样。这一段装着空气的鞘就像轮船上的救生圈一样，在水里产生一定的浮力，使石蚕不至于下沉。因而在这样的条件下，石蚕用不着牢牢地黏附在芦苇枝或水草上，它可以尽情地浮到水面上享受阳光，也可以在水底尽情地遨游。

不过，石蚕并不是擅长游泳的水手。它那转身或拐弯的动作看上去是那样笨拙，这是因为它并没有更好的辅助工具，只靠着那伸在鞘外的一段身体作为舵桨。当它沐浴了充足的阳光以后，它就会缩回前身，把空气排出，然后就渐渐向下沉落了。

像我们人类的潜水艇一样，石蚕的鞘可以说也是一个小小的潜水艇。【写作借鉴：作者将石蚕的鞘比作人类的潜水艇，比喻新奇又有趣，让人联想到石蚕开着潜水艇的画面，对石蚕的小鞘印象深刻。】它们可以通过控制鞘内空气的多少来控制自己在水中的位置，使自己能够自由地升降，或者停留在水中央。虽然它们不懂人类博大精深的物理学，但这只小小的鞘却造得如此完美，又如此精巧，这完全是它们的本能。大自然所造就的一切，永远都是这么巧妙与和谐。

Z 知识考点

1.作者在描写小鞘的时候用了_____的修辞手法，把小鞘比作_____，说明了它_____的特点。

2.判断题：石蚕不仅将它的小鞘当作寓所，同时还会用它作为防御的工具。石蚕可以借助小鞘在水里自由地活动。   （　　）

Y 阅读与思考

1.作者将石蚕的小鞘剥去，发生了什么结果？

2.石蚕为什么能在水中自由地控制升降？

蜣　螂

　　屎壳郎想必大家都不陌生吧，这个喜欢滚粪球的家伙其实学名叫作蜣螂，还曾被人称作是"神圣的甲虫"呢！我们来看看它有什么神奇的地方吧！

一、圆球

　　人们第一次谈到蜣螂，是在六七千年以前。古代埃及的农民，在春天灌溉农田的时候，经常可以看见一种肥肥的黑色昆虫经过他们的身旁，它们匆忙地向后推着一个圆球似的东西。他们自然对眼前这个奇形怪状的旋转物体感到惊讶，像今日普罗旺斯的农民那样。【名师点睛：开篇介绍古代趣闻，既吸引了读者，增强了文章的趣味性，又说明了蜣螂是一种在地球上生存了千年的古老生物。】

　　从前的埃及人想象这个圆球是地球的模型，而蜣螂的动作与天上星球的运转相符合。在他们看来，这种蜣螂具有这样多的天文学知识，实在是很神圣的，所以他们把它称作"神圣的甲虫"。同时他们又认为，被蜣螂抛在地上滚动的球体，里面装的是卵，小蜣螂们是从那里出来的。然而现在我们可以了解到，事实上，这还是它的食物。但这圆球并非什么美味佳肴，因为蜣螂所从事的工作，就是从土里收集污物，而这个球就是它把路上与野外的垃圾，很仔细地搓卷起来做成的。

　　它们是这样做成这个球的：【名师点睛：接下来作者详细介绍了蜣螂制作球的过程，同时也为我们介绍了蜣螂的身体构造和各部分的用处，比如它的牙齿可以用来掘割，臂用来扫清障碍物，后腿用来搓球。】它用它的牙齿来掘割。它一共有六颗牙，长在它扁平的头的前边，它们排列成半圆形，像一种弯形的钉耙。蜣螂用牙抛开不要的东西，收集起它挑选的食物。因为它们那弓形的前腿非常坚固，而且在外端也长有五颗锯齿，所以它也是很重要的工具。如果需要很大的力量去搬动一些障碍物，蜣螂就必须利用它的腿。它左右转动着有齿的腿，很用力地清扫，扫出一块小小的面积后，在那里堆集起它所收集来的材料，然后，再放到四只后爪之间去推。蜣螂的这些腿长得又长又细，特别是后面的一对，形状略弯曲，前端还有尖利的爪子。蜣螂便用这后腿将材料压在身体下，搓动、旋转，使它成为一个圆球。只要一会儿，一粒小丸就可以变得像胡桃那么大，然后不久又会大到像苹果一样。我曾见到很贪吃的家伙，它们甚至把圆球做到拳头那么大。

　　食物的圆球做成以后，就必须搬到适当的地方去，于是蜣螂就开始旅行了。它用后腿抓紧这个球，再用前腿行走，头向下俯着，臀部举起，向后退着走，把那堆在后面的物件，轮流向左右推动。<u>通常情况下，我们都以为它会该选择一条平坦或不很倾斜的路走。</u>【名师点睛：这句话语气上承接转折部分，暗示了蜣螂不走寻常路。】然而事实出乎我们的意料！它总是走险峻的斜坡，攀登那些简直不可能上去的地方。这固执的家伙，偏要走这样的道路。相对于它们来说，这个球真的很笨重，一步一步艰苦地推进，还需要加倍小心。即使到了相当的高度以后，它也并不改变行走的方式。所以，只要稍有不慎，那么所有的劳动就全白费了——球滚落下去，蜣螂也会被拖下来。再爬上去，还会再掉下来。它这样一次又一次地往上爬，只要有一点儿小故障，就会前功尽弃，一根小小的草根能把它绊倒，一块滑石会使它失足。<u>球和蜣螂都跌下来，混在一起，有时甚至要经过一二十次的努力，才能获得最后的成功。有时直到它的努力成为绝望，才会跑回去另找平坦的路。</u>【名师点睛：作者用生动细致的语言描写蜣螂推球的画面，极具画面感，反映出蜣螂笨拙执着的特点。】

有的时候，蜣螂是一个善于"合作"的动物，而且这种事情也是常常发生的。当一个蜣螂已经做好了它的球，它便会离开它的同类，把收获品向后推动。而一个将要开始工作的邻居，一看到这种情况，就会忽然抛下工作，跑到这个滚动的球边上来，助球主人一臂之力。它的帮助当然是值得欢迎的。但它绝不是真正的伙伴，而是一个强盗。【名师点睛：出人意料的反转，使文章更加有趣，使前面讲述蜣螂善于合作的话语多了一丝反讽意味。】要知道，自己亲自制作圆球是需要苦工和忍耐力的！而偷一个已经做成的，或者到邻居家去吃顿饭，那就容易多了。有的贼蜣螂，用很狡猾的手段来偷，有的简直是用暴力来抢呢！

有时候，会有一个盗贼从上面飞下来，猛地将球主人击倒。然后它自己蹲在球上，前腿靠近胸口，静待球主人回来抢夺，准备接下来的争斗。如果球主人爬起来抢球，这个强盗就从后面打它一拳。于是这主人又会爬起来，推动这个球，球滚动了，强盗也就因此而滚落。那么，接着就是一场角力比赛了。两个蜣螂互相厮打着，腿与腿相绞，关节与关节相缠，它们角质的甲壳互相冲撞、摩擦，发出金属互相摩擦的声音。胜利的蜣螂爬到球顶上，而失败的蜣螂就会被驱逐，只好跑开去重新做自己的小弹丸。有几回，我甚至看见第三个蜣螂出现，像强盗一样抢劫这个球。【名师点睛：这里描绘了两个蜣螂互厮、争夺圆球的场面，精彩而有画面感。】

但也有时候，贼会牺牲一些时间，利用狡猾的手段来行骗。【名师点睛：蜣螂夺球的手段真是颇为丰富，上面是生夺硬抢，接下来是狡诈行骗。】它会假装帮助这个搬运者搬动食物，它们共同经过生满百里香的沙地，经过满是车轮印和那险峻的地方，但实际上它却并没有用多少力，它做的最多的只是坐在球顶上观光。到了适宜于收藏的地点，主人就开始用它边缘锐利的头和有齿的腿向下开掘，把沙土抛向后方，而这贼却抱住那球假装死了。当土穴越掘越深，工作的蜣螂看不见了——即使有时它到地面上来看一看，看到球旁睡着的蜣螂一动不动，便觉得安心了。但是若主人离开的时间久了，那贼就会乘这个机会，很快地将球推走，同小偷怕被人捉住一样迅速。假使主人追上了它——这种偷盗行为被发现了——它就赶快变更位置，看起来好像它是无辜的，因为球向斜坡滚下去了，它仅仅是想拦住它！于是两个"伙伴"又将球搬回，好像什么事情都没有发生一样。假使那贼安然逃走，主人艰苦做起来的东西丢了，也只有自认倒霉。它会揩揩颊部，吸点新鲜空气，飞走，再另起炉灶。<u>我是很羡慕它这种百折不挠的品质的，甚至还有点嫉妒呢</u>。【名师点睛：与偷它球的那只虚伪狡猾的蜣螂相比，这只蜣螂身上具有善良坚强和宽容的美好品质以及百折不挠的精神。】

最终，它会将它的食品平安地储藏好。储藏室是在软土或沙土上掘成的土穴，如拳头般大小，有短小的通道通往地面，宽度则恰好可以容纳做好的圆球。食物推进去后，它就会坐在里面，然后将进出口用一些废物塞起来，圆球刚好塞满一屋子，从地面上一直堆到天花板。在食物与墙壁之间只留下一条很窄的小道，设宴人就坐在这里，通常只是自己一个，至多两个。接下来，这蜣螂便开始昼夜宴饮，有一个或两个星期，中间不会有一刻停止。

二、"梨"

蜣螂放卵的真实情形，是在一个偶然的机会中被我发现的。

我认识一个放羊的小孩子，在他空闲的时候，常来帮助我。有一次，在六月的一个星期天，他到我这里来，手里拿着一个奇怪的东西，看起来好像一只小梨，但已经因腐朽失掉新鲜的颜色，变成褐色。尽管已经腐烂，但摸上去很坚固，样子很好看。他告诉我，这里面一定有一个卵，因为有一个同样的"梨"，掘地时被偶然弄碎，里面藏有一粒像麦子一样大小的白色的卵。

第二天早晨，天刚蒙蒙亮的时候，我就同这位牧童出去考察这个情况。【名师点睛：作者为了探求真相去实地考察，体现了他求真务实的工作态度。】

不久我们就找到了一个蜣螂的土穴，因为它的土穴上面，总会堆积一堆新鲜的泥土，很容易被发现。我的同伴用我的小刀铲向地下拼命地掘，我则伏在地上，因为这样容易看见有什么东西被掘出来。一个洞穴掘开了，在潮湿的泥土里，我发现了一个精制的"梨"。

我真的不会忘记，这是我第一次看见一个母蜣螂的奇异的工作呢！当挖掘古代埃及遗物的时候，如果我发现这蜣螂是用翡翠雕刻的，我的兴奋却也不见得更大。我们继续搜寻，于是发现了第二个土穴。这次母蜣螂就在"梨"的旁边，而且紧紧抱着这只"梨"。这当然是在它未离开以前，完工毕事的举动，用不着怀疑，这个"梨"就是蜣螂的卵了。在这一个夏季，我至少发现了一百个这样的卵。

像球一样的"梨"，是用人们丢弃在原野上的废物做成的，但是原料要精细些，为的是给幼虫预备好的食物。当它刚从卵里跑出来的时候，它还不能自己寻找食物，所以母亲将它包在最适宜的食物里，它可以立刻大吃起来，不至于挨饿。

卵是被放在"梨"的比较狭窄的一端的。每个有生命的种子，无论植物或动物，都是需要空气的，就连鸟蛋的壳上也分布着无数个小孔。假如蜣螂的卵是在"梨"的最后部分，它就闷死了，因为这里的材料粘得很紧，还包有硬壳。所以母蜣螂要预备下一间精制透气的小空间，给它的幼虫居住。【写作借鉴：作者的解释清晰易懂。举例子，以鸟蛋为例，便于我们理解；做假设，为我们阐述了蜣螂的卵在"梨"狭窄那一端的理由。】不仅是在小空间，甚至在"梨"的中央，也有少许空气。当这些已经不够供给柔弱的幼虫消耗，它不得不到中央去吃食的时候，已经变得很强壮，能够自己引入一些空气了。

在"梨子"大的一头包上硬壳子，也是有很好的理由的。蜣螂的土穴是极热的，有时候温度能达到沸点。在这种高温下，这种食物经过三四个星期之后，就会干燥，不能吃了。如果幼虫的第一餐不是柔软的食物，而是石子一般硬得可怕的东西，这可怜的幼虫就会因为没有东西吃而饿死。在八月的时候，我就找到了许多这样的牺牲者。为了减少这种危险，母蜣螂就用它强健而肥胖的前臂，拼命压那"梨子"的外层，把它压成能起保护作用的硬皮，如同栗子的硬壳，用以抵抗外面的热度。在酷热的暑天，管家婆会把面包摆在闭紧的锅里，保持它的新鲜。而昆虫也用自己的方法，来实现同样的目的：用力压打"梨子"的外层打成锅子的样子来保存家族的"面包"。【名师点睛：母蜣螂为了自己的幼虫不被饿死会在"梨子"的外层压一层硬壳，自然界中的昆虫也有自己的办法保持食物的新鲜，说明它们的办法是很丰富的。】

我曾经观察过蜣螂在巢里工作，所以知道它是怎样做"梨子"的。

它收集建筑用的材料，把自己关闭在地下，这样就可以专心从事当前的任务了。这材料大概是由两种方法得来的：一种是用搓的方法，这是很常见的。在天然环境下，蜣螂用平常的方法搓成一个球推向适应的地点。在推行的时候，表面已稍微有些坚硬，并且粘上了一些泥土和细沙。到了适应地点后，蜣螂就把球储存起来以便产卵。这个适应地点，也可以在离收集材料很近的地方。在这种情况下，它的工作不过是捆扎材料，运进洞而已。另一种方法却尤其显得稀奇。有一天，我见它把一块不成形的材料隐藏到土穴中去了。第二天，我到达它的工作场地时，发现这位艺术家正在工作，那块不成形的材料已成功地变成了一个"梨"，外形已经完全具备，而且是很精致地做好了。【写作借鉴：用艺术家来形容蜣螂，不仅将这个小动物拟人化，使它的形象更加生动，还赞美了"梨"的精致。说明蜣螂在建巢方面十分出色。】"梨"紧贴着地板的部分，已经敷上了细沙。其余的部分，也已磨得像玻璃一样光，这表明它还没有把"梨子"细细地滚过，不过是塑成形状罢了。它塑造这只"梨"时，不停地用大足轻轻敲击，如同先前在日光下塑造圆球一样。

我在自己的工作室里，用大口玻璃瓶装满泥土，为母蜣螂做成人工的土穴，并留下一个小孔以便观察它的动作，因此它工作的各项程序我就都可以看见了。

蜣螂开始是做一个完整的球，然后环绕着"梨"做成一道圆环，加上压力，直至圆环成为一条深沟，做成一个瓶颈似的样子。这样，球的一端就做出了一个凸起。在凸起的中央，再加压力，做成一个火山口，即凹穴，边缘是很厚的，凹穴渐深，边缘也渐薄，最后形成一个袋。它把袋的内部磨光，把卵产在当中，再用一束纤维把袋口(梨的尾部)塞住。【名师点睛：作者在这里详细讲了这个梨形巢的做法。】

用这样粗糙的塞子封口是有理由的，别的部分蜣螂都用腿重重地拍过，只有这里不拍。因为卵的顶端朝着封口，假如塞子重压深入，幼虫就会感到痛苦。所以蜣螂把口塞住，却不把塞子撞下去，就给幼虫留下了充裕的生活空间。

三、蜣螂的生长

卵在"梨"里约一个星期或十天之后，就孵化成幼虫了。幼虫聪明异常，它会毫不迟疑地开始吃四周的墙壁，而且总是朝厚的方向去吃，不致把梨弄出小孔，使自己从空隙里掉出来。不久它就变得很肥胖了，但样子却非常难看，背上隆起，皮肤透明。假如你拿它来朝着光亮看，你还能看见它的内部器官。如果古代埃及人能有机会看见在这种发育状态之下的肥白的幼虫，他们是不会将它与庄严、美观的蜣螂联系在一起的。

当第一次蜕皮时，这个小昆虫虽然已经初具了全部蜣螂的形状，但还未长成完全的蜣螂。很少有昆虫能比这个小动物更美丽，翼盘在中央，像折叠的宽阔领带，前臂位于头部之下。半透明的如蜜的色彩，看来真如琥珀雕成的一般。它差不多有四个星期保持这个状态，直到再脱掉一层皮为止。【名师点睛：作者详细描绘了第一次蜕皮后的小蜣螂的外貌，并用比喻的修辞手法把它比作琥珀，可见观察得十分细致。】在第二次蜕皮后，它的颜色变成红白色。在变成檀木的黑色之前，它还需要换好几回衣服。颜色渐黑，硬度渐强，直到披上角质的甲胄，才是完全长成的蟋蟀。

这些时候，它是在地底下梨形的巢穴里居住着的。它很渴望冲开梨的硬壳，跑到日光里来。但能否成功，还要依靠环境而定。

它准备出来的时机，通常选在八月份。八月的天气，是一年之中最干燥、最炎热的。所以，如果没有雨水来软一软泥土，仅凭自身的力量，要想冲开硬壳，打破墙壁，是办不到的。因为最柔软的材料，它们在夏天的火炉里，早已成为硬砖头了，变成一种不能通过的坚壁。

【写作借鉴：作者用比喻的修辞手法，将夏天比作火炉，将变硬的材料比作硬砖头，形容得十分贴切。】

当然，我也曾做过这种实验：将干硬壳放在一个盒子里，保持其干燥，终于有一天，我听见盒子里有一种尖锐的摩擦声，这是囚徒用它们头上和前足的耙在那里刮墙壁。但过了两三天，似乎并没有什么进展。

于是我给它们中的一对加入一些助力——用小刀戳开一个墙眼。但这两个小动物也并没有比其余的更有进展。

不到两星期，所有的壳内都沉寂了。这些用尽力量的囚徒，已经死了。

于是我又拿了一些同从前一样硬的壳，用湿布裹起来，放在瓶里，用木塞塞好，等湿气浸透，才将里面的潮布拿开，重新放到瓶子里。

【名师点睛：因为这关于壳内的生命，所以作者的动作十分细致，根据这一连串的动作描写，可以看出他对待工作十分认真，也体现了他对生命的尊重。】这次实验完全成功，壳被潮湿浸软后，遂被囚徒冲破。它勇敢地用腿支持着身体，把背部当作一条杠杆，认准一点拼命去顶和撞。最后，墙壁破裂成了碎片。在每次实验中，蟋蟀都能从中解放出来。

在天然环境下，这些壳在地下的时候，情形也是一样的。当土壤被八月的太阳烤干，硬得像砖头一样时，这些昆虫要逃出牢狱，就不可能了。但偶尔下过一阵雨，硬壳恢复从前的松软，它们再用腿挣扎，用背推撞，就能得到自由了。

刚出来的时候，它并不关心食物，这时它最需要的是享受日光，它们跑到太阳里，一动不动地取暖。

过了一会儿，它就要吃了。没有人教它，它也会做，像它的前辈一样，去做一个食物的球，也去掘一个储藏室储藏食物，一点儿都不用学习，它就能完全从事前辈们的工作。【名师点睛：说明蜣螂搓球完全是一种本能的行为，神奇又有趣。】

Z 知识考点

1.蜣螂用_____来掘割食物，用_____来扫清障碍物，用_____来搓球。

2.判断题：蜣螂的卵在废物做成的"梨"宽敞的一端，以保持透气。

（　　　）

Y 阅读与思考

1.为什么蜣螂曾被称作是"神圣的甲虫"？

2.为什么"梨"上有层硬壳？

蝉

M 名师导读

蝉声起，夏正浓。夏天到了，蝉在树上不停地叫着"知了知了"，这些小动物身上又会有什么有趣的地方呢？

一、蝉和蚁

我们大多数人总是不大熟悉蝉的歌声，因为它是住在生有洋橄榄树的地方，但是读过《拉·封丹寓言》的人，应该都记得蝉曾受过蚂蚁的嘲笑吧？【名师点睛：作者用寓言故事来丰富内容，吸引读者的兴趣，更好地为大家介绍蝉这个昆虫。】虽然拉·封丹并不是第一个谈到这个故事的人。

故事是这样讲的：整个夏天，蝉什么也不做，只是终日唱歌，而蚂蚁则忙于储藏食物。冬天来了，蝉饥饿难耐，只有跑到它的邻居蚂蚁那里借粮食，结果它遭到了难堪的待遇。

骄傲的蚂蚁问道："你为什么一夏天都不收集食物呢？"

蝉回答说："整整一夏天，我都忙着唱歌呢。"

"你唱歌吗？"蚂蚁不客气地告诉蝉，"好啊，那你现在可以跳舞了。"然后就不再理它了。

其实在这个寓言中的昆虫，并不一定就是蝉，拉·封丹所想的恐怕是螽（zhōng）斯吧，在英国是常常把螽斯译为蝉的。就是在我们村庄里，也不会有任何一个农夫，会如此没常识地想象冬天还会有蝉的存在。几乎每个耕地的人，都熟悉这种昆虫的幼虫。天气渐冷的时候，他们堆起洋橄榄树根的泥土，是随时都可以掘出这些幼虫的。至少有十次，他们见过这种幼虫从土穴中爬出，紧紧握住树枝，脱去它的皮，变成一只蝉。

这个寓言是在造谣，虽然蝉需要邻居们很多的照应，但它并不是乞丐。每到夏天，它们成群结队地在我的门外唱歌，在两棵高大筱（xiǎo）悬木的绿荫中，从日出唱到日落，我被那粗鲁的声音吵得头昏脑涨。这种震耳欲聋的合奏，这种无休无止的聒噪，使人的任何思考都要停滞了。

而有的时候，蝉与蚁也确实会打交道，但是它们与寓言中所说的却恰恰相反。蝉不靠别人生活，它也从不去蚂蚁那里求食，倒是蚂蚁常常因为饥饿去乞求哀恳这位歌唱家。【写作借鉴：比喻，将蝉比作歌唱家，突出了蝉爱唱歌的特点。】我是说哀恳吗？这个词，并不确切，它们是厚着脸皮去抢劫的。

七月时节，天气干热，这里的昆虫常常为口渴所苦，它们失望地在已经枯萎的花上跑来跑去寻找饮料，而蝉却依然很舒服，并不觉得痛苦。【写作借鉴：作者采用拟人的修辞手法，突出了口渴的动物们的焦躁不安。】蝉用它突出的嘴——那是收藏在胸部的一个精巧的吸管，如锥子般尖利——刺穿饮之不竭的圆桶。它可以坐在枝头，不停地唱歌。只要钻通柔滑的树皮，里面就有不尽的汁液，它把吸管插进桶孔，就可以喝个够了。

不一会儿，我们也许就可以看到它会遭受到意外的烦扰。因为邻近的昆虫大多口渴难耐，当它们发现了蝉的井里有浆汁，便会跑去舔食。这些昆虫大都是黄蜂、苍蝇、玫瑰虫等，而最多的却是蚂蚁。

身材小的想要爬到井边，就得偷偷从蝉的身底爬过，而主人却很大方地给它们让路。大的昆虫，抢到一口，就赶紧跑开，跑到邻近的枝头。而当它再度来抢时，胆子就大得多了，似乎忽然间就成了强盗，甚至想把蝉从井边赶走。

最坏的罪犯要算蚂蚁了。它们会咬紧蝉的腿尖，拖住它的翅膀，爬到它的背上，甚至有一次一个凶悍的强徒，竟然当着我的面，想拔掉蝉的吸管。【写作借鉴：动作描写，介绍了蚂蚁的强盗行径，说明它们与寓言中的形象是不同的，突出了它们的恶劣。】

最后，麻烦越来越多，蝉被这帮小蚂蚁搅扰得没了耐心，终于弃井而去。它在逃走时还向这帮劫匪撒了一泡尿。对蚂蚁来说，蝉的这种高傲的蔑视无伤大雅！【名师点睛：我们可以看到，与蚂蚁相比，蝉显得十分大度，面对这群无赖的劫匪，蝉高傲的气节令人敬叹。】

于是蚂蚁达到了目的，独占了这个井。只不过井干得很快，浆汁顷刻被吃光了。于是它们便再找机会去抢夺其他的井，以图再次痛饮。

你看，事实的真相，不正与那个寓言相反吗？蚂蚁是强横的乞丐，而辛勤劳作的却是蝉呢！【名师点睛：作者用亲眼见证的事实向我们展示了蝉和蚂蚁在寓言中相反的形象，为蝉正名。】

还有一点足以把颠倒的情况调整过来。经过五六个星期漫长的欢唱之后，歌手生命耗尽，从大树高处跌落下来。它的尸体被烈日晒干，被行人的脚踩踏。

时刻在寻找战利品的蚂蚁撞见了它，随即把这美食扯碎、肢解、弄烂，搬到自己那丰富的食物堆中去。甚至还可以看到蝉虽已奄奄一息，但翼还在灰土中颤动，可是一小队蚂蚁便拥上去从各个方向拉扯它、撕拽它。此刻的蝉伤心至极。看了这样的同类相残之后，就不难看出这两种昆虫之间到底是什么关系了。

二、蝉的地穴

我有很好的环境可以研究蝉的习性，因为我们是邻居。七月初，它就占据了我屋门前的那棵树。我是屋里的主人，而门外最高的统治者就是它，不过它的统治无论怎样都会让人觉得不舒服。

我发现这些蝉时是在夏至。在行人很多、有阳光照射的道路上，有很多圆孔，与地面相平，如人的手指般大小。蝉的幼虫通过这些圆孔从地底爬出来，在地面上变成真正的蝉。它们喜欢特别干燥而阳光充沛的地方。

因为蝉的幼虫有一种有力的工具，能够刺透阳光烤晒过的泥土与沙石。我想考察它们的储藏室时，只好用手斧来挖掘。

最引人注意的，就是这个约一寸口径的圆孔，四边没有一点儿尘埃，也没有泥土堆积在外面。大多数掘地的昆虫，如金蜣（qiāng），在它的窝巢外面总会有一座土堆。而蝉则不同，因为它们的工作方法不同——金蜣的工作是从洞口开始的，所以有掘出来的废料堆积在地面；但蝉的幼虫是从地底上来的，最后的工作，才是开辟门口的生路，由于一开始便没有门，它是不需要在门口堆积泥土的。

蝉的隧道大多深达十五六寸，而且畅通无阻，下部较宽，但是底端却完全是关闭的。<u>可是在做这样的隧道时，多余的泥土到哪里去了呢？</u>【名师点睛：作者提出问题，引发读者的思考，牵引读者的思绪，带领读者一起探究问题。】墙壁为什么不会崩裂下来呢？我们都认为蝉是用有爪的腿爬行的，而这样就会将泥土弄塌了，塞住自己的房子。

其实，它简直像矿工和铁路工程师一样高明。<u>矿工用支柱支持地道，铁路工程师利用砖墙使隧道坚固。蝉的智慧同他们一样，它在隧道的墙上涂上"水泥"。它用藏在它身子里的黏液来做灰泥，地穴常常建筑在含有汁液的植物须上，它也可以从这些根须中取得汁液。</u>【写作借鉴：作者将蝉与铁路工程师和矿工进行对比，说明蝉是一种富有智慧的昆虫。】

对于蝉来说，能够很容易地在穴道内爬行是很重要的。因为当它要爬到日光下之前，它必须知道外面有怎样的气候。所以它要工作好久，甚至要用一个月的时间，才能做成一道坚固的墙壁，适宜于它上下爬行。然后在隧道的顶端，它会留手指厚的一层土，这样就可以保护并抵御外面气候的变化，直到最后的一刹那才会把那层土抓破。因而只要有好天气的消息，它就会爬上来。它也正是利用顶上的这层薄盖，来预测气候的状况。

假使它估计到外面有雨或风暴——当纤弱的幼虫准备脱皮的时候，这是很危险的事情——它就会小心谨慎地溜到隧道底下躲起来。但是如果气候温暖，它就用爪击碎天花板，爬到地面上来了。

在它臃肿的身体里面，有一种液汁，是用来减少穴里面的尘土的。

在它掘土的时候，就会把液汁倒在泥土上，和成泥浆，于是墙壁就变得柔软了。幼虫再用它肥重的身体压上去，于是烂泥便被挤进干土的缝隙里。因此，当它在顶端出口处被发现时，身上常带有许多湿点。

蝉的幼虫第一次爬到地面上时，常常在附近徘徊，寻找适当的地点蜕皮——一棵小矮树，一丛百里香，一片野草叶，或者一段灌木枝——找到后，它就爬上去，用前爪紧紧地握住，一动不动。后来它外层的皮开始由背上裂开，露出里面淡绿色的蝉。先出来的是头，接着是吸管和前腿，最后才是后腿与翅膀。此时，除掉身体的尾部尖端，身体便已经完全蜕出了。【名师点睛：作者详细描写了蝉蜕皮的过程，说明作者做过仔细的观察，用"先""接着""最后"这类词语有顺序性地描述，过程有画面感。】

然后，它会表演一种奇怪的体操，把身体腾在空中，只有一点固定在旧皮上，它翻转身体，使头向下，那满布花纹的翼向外伸着，竭力张开。然后再用一种几乎看不清的动作，又尽力将身体翻上来，并且用前爪钩住它的空皮。通过这种运动，它把身体的尾部尖端从鞘中脱出，大约要用半个小时的时间才能完成全部的过程。

在一段时期内，这个刚摆脱束缚的蝉并不十分强壮。在还不具有足够的力气和漂亮的颜色以前，它那柔软的身体必须在日光和空气中好好地沐浴。它只用前爪挂在已脱下的壳上，摇摆于微风中，依然脆弱，依然鲜绿。直到有了棕色的色彩，它才同平常的蝉一样了。假定它在早晨九点钟爬上树枝，大概在十二点半，才会弃下它的外壳飞去。那壳有时会挂在枝上达一两个月之久。

三、蝉的音乐

蝉很喜欢唱歌。它翼后的空腔里藏有一种像钹一样的乐器。它不满足，还要在胸部安置一种响板，来增加声音的强度。的确，有种蝉，为了满足它对音乐的嗜好，牺牲了很多。因为这种巨大的响板占用了生命器官的位置，只好把它们压紧到身体最小的角落里。当然，要真心委身于音乐，那么只有缩小内部的器官，来安置乐器了。

　　但是不幸得很，它如此喜欢音乐，却完全不能引起别人的兴趣。连我也还没有发现它唱歌的目的，只是猜想它是在叫喊同伴。然而事实证明，这个理解是错误的。

　　蝉与我比邻相守，已有十五个年头了。每个夏天都会持续两个月之久，它们总不离我的视线，而歌声也不离我的耳畔。

　　我经常看见它们在筱悬木的柔枝上，排成一列，歌唱者和它的伴侣肩并肩，把吸管插到树皮里，一动不动地狂饮。【写作借鉴：这里将蝉拟人化，把它们边歌唱边饮树汁的状态表现得很生动。】太阳落山的时候，它们就沿着树枝缓慢而稳健地寻找温暖的地方。无论在饮水还是进行其他动作，它们从未停止过歌唱。

　　所以这样看来，它们并非在叫喊同伴。你想想看，不管是谁，都不会费掉整月的工夫去叫喊就在自己面前的同伴吧。

　　其实，在我看来，蝉本身是听不见自己所唱的歌曲的，它只是想用这种不太好的方法，强迫他人去听罢了。【名师点睛：作者提出了自己的猜想，为了证实自己的猜想，他接下来会做实验来证明，所以这里起到了引出下文的作用。】

　　蝉的视觉非常清晰。它的五只眼睛，会告诉它左右以及上方发生的事情。只要看到有谁接近，它会立刻停止歌唱，悄然飞去。然而喧哗却不会惊扰到它，就算你站在它的背后讲话、吹哨子、拍手、撞石子也没有关系。要是一只雀儿听见这些，甚至是更轻微的声音，就算没有看见你，也早已惊慌地飞走了。可这镇静的蝉却仍然继续发声，像没事儿人一样。

　　有一回，我借来两支乡下人办喜事用的土铳，装满火药，就是最重要的喜庆事也就只用这么多。我将它放在门外的筱悬木树下。我很小心地打开窗户，防止震破玻璃。在树枝上的蝉，看不见下面在干什么。我们六个人等在下面，热心倾听头顶上的乐队会受到什么影响。"砰！"枪放出去，震耳欲聋。

没有受到一点儿影响，它们仍然继续歌唱。它们既没有表现出一丝惊慌扰乱之状，声音的质量也没有丝毫的改变。第二枪和第一枪一样，也没有一点儿变化。

我想，经过这次试验，我们就有了结论——蝉是听不见的，是一个极聋的聋子，它对自己所发的声音也是一点儿也感觉不到的!【名师点睛:作者通过试验证实了自己的想法才下结论，体现了严谨的科学态度，增强了说服力，而且他用"聋子"来形容蝉，语言十分幽默。】

四、蝉的卵

普通的蝉喜欢在干的细枝上产卵，它选择最小的枝，粗细大都在枯草与铅笔之间。这些小枝干，往往不会下垂，大多向上翘着，并且差不多已经枯死了。蝉找到合适的细树枝，就用胸部尖利的工具，在它上面刺一排小孔——这样的孔像是用针斜刺下去的，把纤维撕裂，使其微微挑起。如果它不被打扰与损害细枝，常常在一根枯枝上刺上三四十个孔。

蝉的卵就产在这些小孔里，这些小穴是一个个斜下去的狭窄的小径。每个小穴内，一般会有十个卵，所以总数在三四百个。【写作借鉴:作者用了列数字的说明方法,使说明的事物更准确,更科学,更有说服力。】

这是一个蝉的家族。它之所以产这么多卵，就是为了弥补被某种危险毁坏掉的那部分卵。多次观察之后，我才知道这种危险是什么。

那是一种极小的蚋，拿它们的体积与蝉相比较，蝉简直是庞然大物呢!蚋和蝉一样，也有穿刺工具，长在身体下面靠近中部的地方，可以伸出来和身体成直角。蝉卵刚刚产出，蚋就会立刻毁坏它。这真是蝉家族的灾星!大怪物只需一踏，它们就会命丧九泉，然而它们却可以镇静异常、毫无顾忌地置身于大怪物之前，真令人惊讶不已。

我曾见过三个蚋排着队，预备着同时掠夺一个倒霉的蝉。当这只蝉刚把卵装满一个小穴，移到稍高的位置另外做穴时，蚋就立刻到那里去。虽然那是随时都可能丧命的地方，然而它却镇静而无恐，像在自己家里一样。它们在蝉卵上刺一个孔，将自己的卵产进去。当蝉飞回去时，它的孔穴内的卵，多数已加进了别人的卵，这些冒充的家伙就这样把蝉的卵毁掉了。而这种很快成熟的冒牌货——每个小穴内一个——以蝉卵为食，最终代替蝉的家族。【名师点睛：作者详细解释了蚋蚕食蝉卵的方法，这对蝉来说是件很残忍的事情，但也是蚋的生存方式。自然界中，命运往往是残酷的。】

几世纪的经验，对这可怜的蝉妈妈没有起到丝毫的警示作用。它的大而锐利的眼睛，并非看不见这些可怕的恶人鼓翼其旁。它也知道有其他昆虫跟在后面，可它仍不为所动，宁肯牺牲自己。它是很容易踩碎这些坏蛋的，只是它竟不改变原来的本能，去解救它的家族，使其免遭破坏。【名师点睛：昆虫们的本能有时候奇妙和谐，有时候又令人费解。】

我曾经通过放大镜观察过蝉卵的孵化过程。它们开始很像极小的鱼，眼睛大而黑，身体下面还有一种鳍状物，这种鳍状物是由两个前腿连在一起组成的。这种鳍是有些运动力的，它可以帮助幼虫冲出壳外，并且帮它走出难以通过的充满纤维的树枝。

鱼形的幼虫爬到穴外后，立刻把皮蜕去。但蜕下的皮会变成一条线，幼虫依靠它附着在树枝上。它在落地以前，就在这里沐浴阳光。它时而用腿踢，试试自己的精力，时而又懒洋洋地在绳端摇晃。

它的身体悬挂着，在微风中摇摆不定，甚至在空气中翻跟斗。我所见过的昆虫中再没有比这个更新奇的了。

不久之后，它就落到地面上。这个像跳蚤一般的小动物，在它的绳索上摇荡，以防在硬硬的地面上摔伤。在空气中的磨炼使它的身体渐渐变硬。现在它该开始投入到严肃的现实生活中去了。

而此时，在它面前依然危险重重。一点点微风，就能把它吹到岩石上、车辙的污水中、不毛的黄沙上、黏土上，那些它不能钻下去的地方。

这个弱小的动物，又如此迫切地需要藏身，所以必须立刻钻到地底下寻觅藏身之所。天气渐渐冷了，稍有迟缓就有死亡的危险。它不得不四处寻找软土，它们之中必然有许多在找到合适的地方之前就死去了。

最后，它若有幸寻找到了适当的地点，就会用前足的钩挖掘地面。从放大镜中，我看见它挥动斧头向下掘，并将土抛出地面。几分钟后，土穴完成，这个小生物钻下去，埋藏了自己，便再也不见了身影。

未成年的蝉的地下生活，至今还是未知的秘密。我们所了解的，只是它在地下生活的时间而已，它在地下大概要生活四年。而在这之后，在日光中的歌唱却不到五个星期。

四年黑暗中的苦工，一个月日光中的享乐，这就是蝉的生活。我们不应再厌恶它烦吵浮夸的歌声。因为它掘土四年，才能穿起漂亮的衣衫，长起可以飞翔的翅膀，在温暖的日光中沐浴。那种钹的声音足以歌颂它的快乐，如此难得，而又如此短暂。【名师点睛：了解了蝉之后，我们知道它的鸣唱不是无聊的聒噪之音，而是燃烧生命来纵情歌唱。那是生命的赞歌，作者用饱含深情的语言赞美了蝉。】

Z 知识考点

1._____会蚕食蝉的卵。

2.蝉要在地底生活_____，在阳光下享乐的时间只有_____。

3.判断题：蝉终日鸣唱，沉迷于自己的歌声。它是个歌唱家，也是自己音乐的欣赏者。 （   ）

Y 阅读与思考

1.蝉和蚂蚁的关系在寓言和现实中有什么不同？

2.有些蝉为了满足音乐的嗜好做了什么牺牲？

舍腰蜂

名师导读

　　大家都知道蜜蜂是很勤劳的小动物,这章作者为我们介绍的是舍腰蜂,也被称作是泥水匠蜂,很新奇的名字对不对? 它是泥水匠吗? 让我们来一探究竟吧!

一、造屋地点的选择

　　我们的屋子旁边是很多种昆虫建筑它们巢穴的最佳选择地,在这些昆虫中最能够引起人们兴趣的,要算是舍腰蜂了。这是为什么呢?

【名师点睛:开篇设下悬念,让读者好奇,为什么说舍腰蜂是这些昆虫中最吸引人的,引出下文。】主要原因就在于,舍腰蜂有着美丽妖娆而动人的身材,头脑也非常聪明,并且它还会建造一种非常奇怪的窠(kē)巢,这一点是非常值得注意的。

　　但是,知道舍腰蜂这种小昆虫的人却很少。甚至有的时候,即便它们就住在某一家人的火炉旁边,这户人家也对这个小邻居一无所知。原因何在呢? 其实都是它那与生俱来的安静而平和的本性造成的。是的,这个小东西生活得十分隐蔽,很难引起人们的注意。因此,连它自己的主人都不知道它就住在自己家里,早已算得上是自家成员之一了。然而,既讨厌吵闹又特别怕麻烦的人类,和这些隐蔽性很强的小动物相比,要想使它出名,倒是件很容易的事情。那么现在,就让我来提高一下这个谦逊而又默默无闻的小动物的知名度吧!

　　舍腰蜂是一种极不耐寒的动物。它搭建起自己的帐篷,在那既帮助橄榄树苗壮成长,又鼓励着蝉儿纵情高歌的阳光下建筑自己的安乐之居。甚至有时，为了满足整个家族的需要，为了让大家都生活在比在阳光下还要温暖舒适的地方，它们还会找到我们人类的家中，要求和我们共同生活。一旦选择好了地点，它不会礼貌地敲开我们的大门，询问我们的意见，它们只会擅自做主地举家迁移进来并且愉快地享受与我们住在同一屋檐下的生活。【名师点睛：用拟人化的语言讲解舍腰蜂定居到人类房子里的行为，将舍腰蜂放在和人类平等的地位上，体现了对生命的尊重，也用诙谐的语言说出了这些小动物的不讲理。】

　　舍腰蜂平常的居所，主要是一些农夫单独的茅舍。在那些茅屋的门外，通常都生长着一些高大挺拔的无花果树。这些果树的树荫都遮蔽着一口小小的水井。舍腰蜂在确定它的住所的时候，都会选择一个能够暴露在夏天独有的炎炎烈日之下的地点。并且，如果可以的话，最好还能够有一只装满柴火燃烧着的大火炉，这些条件对于舍腰蜂而言都是必不可少的，这是由它怕寒的天性所决定的。特别是到了寒冷的冬夜，火炉中的火焰迸发出来的温暖，会严重影响着它对于住所的选择。

　　因此，每当看到从烟筒里面冒出来的黑烟时，舍腰蜂都会欣喜若狂，它们知道那里一定是一个可以优先考虑的住所。【名师点睛：作者用"欣喜若狂"来形容舍腰蜂的反应，使舍腰蜂的形象更加生动活泼，这里作者猜想小动物们的心理，可以看出他对舍腰蜂的喜爱之情。】因为，那里将会提供给它所必需的温暖与安逸。但是，相反，如果烟筒里面并没有什么黑烟的话，那么它是绝对不会选择这个地方，也绝对不会去这样的地方建筑自己的家的。因为舍腰蜂聪明的头脑会判断出，这间屋子里的主人一定有着忍饥挨饿、饥寒交迫的悲惨境遇。

　　在七八月里的大暑天中，这些小客人会突然出现。它们在找寻着适合做窠的地点。舍腰蜂一点儿也不怕惊动和扰乱，这间屋子里面的一切喧闹行为都不会影响到它。而住在屋子里的人们也一点儿都不会注意到它。即使同住一个屋檐下，他们也不会注意到彼此，因此也就互无干扰了。

在寻找的过程中，舍腰蜂并不总是利用它那尖锐的目光，有时候用它那灵敏十足的触须，视察一下已经变得乌黑的天花板、木缝、烟筒等等。甚至连烟筒内部它都要认认真真地检查一番。但是，最受它宠爱的地方仍然是火炉的旁边，这是它决不轻易放过的地方。【名师点睛：作者通过介绍舍腰蜂视察地点的过程，将小动物谨慎细心的特点都表现了出来。】它可真是一种细致入微的小动物。一旦完成了视察的工作，并且决定了建巢的地点以后，它们便立即飞走了。不久，就会带着少量的泥土飞回来，开始建筑它房子的底层。于是，筑造家园的工程便正式破土动工了。

舍腰蜂所选择的地点各不相同，这是它们非常奇怪的一个特点。炉子内部的温度最适合那些小蜂了，因此，舍腰蜂所中意的地方，至少得是烟筒内部的两侧，其高度在离地面二十寸左右的地方。尽管这个地点已经是一个非常舒服的藏身妙处了，可是，世上不会有十全十美的东西，它也有不少的缺点。由于巢是建在烟筒内部的，那么自然会时常乌烟瘴气的。如果烟喷到蜂巢上面，巢中的舍腰蜂就会被"污染"了——被染成棕色或是黑色的，那颜色就该像烟筒里被熏过的砖石一样。

假使蜂巢不会被火炉里的火焰烧到，那关系还不大。最重要的事是，小蜂有可能会被闷死在黏土罐子里。不过，这个担心是多余的，它们的母亲早就已经做出相应的预防了，因为这位母亲总是把它自己的家族安排在烟筒最适当的位置上。【名师点睛：我们可以看到，在昆虫的世界中，母亲是十分重要的存在，它在一个家族中占据着不可缺少的地位。】它们选定的处所非常宽大。在那个地方，除了烟灰以外，一般是不会有其他的东西到达的。

虽然舍腰蜂样样都当心，时时刻刻都仔细谨慎，但是再小心也总有疏忽的时候。它如此的小心，但还是会有一件很危险的事情在等待着它们。这件事会不时发生，那就是当舍腰蜂在建造它的房屋的关键时刻，有蒸汽或者是烟幕袭来，它正在努力建造的房子，就只能半途而废了。

它们要么停下来等待，要么就整天停工不干。但事实上，对于舍腰蜂来说最危险并且发生的概率最高的事情就是这家主人煮洗衣服。那时候，从早到晚都会有满盆的水沸腾着，炉灶里的烟灰，大盆和木桶里散发出的蒸汽，混合成浓厚的烟雾。这对蜂巢来说是最大的威胁，因为这个时候舍腰蜂面临的是家毁人亡的危险。

我曾经听别人说起过，河鸟在回巢的时候，总是要从水坝下的大瀑布飞过。听起来河鸟已经算得上是一种相当有勇气、有胆量的小动物了。但是，舍腰蜂与之相比却毫不逊色，毫不夸张地说它的勇敢与胆量甚至已经超过了河鸟。【写作借鉴：对比，将有胆量的河鸟与舍腰蜂相对比，突出了舍腰蜂勇敢无比的特点。】

它在回巢的时候，总是会含一块泥土在嘴里，用于建造它的巢穴。它要从浓厚的烟灰云雾中穿越过去才能到达它的工地。但是，那烟幕实在是太厚重了，以至于舍腰蜂冲进去以后，完全看不见它那小小的身影。虽然看不见它那小小的躯体，但我们却能够听见阵阵不规则的鸣叫声。这是什么声音呢？不是别的，这正是它一边工作，一边低声吟唱的歌声。【名师点睛：作者用了设问的手法，带动读者的情绪，使语言具有感染力。】通过这声音，我们可以断定，舍腰蜂一定还在里面，而且它是快乐的。它正愉悦地从事着它的本职工作，不辞辛劳地建筑着自己的住所。

看得出来，它对自己的劳动相当满意，并乐于从事这项工作。在这层厚厚的烟雾里，它很神秘地进行着它自己的工作。忽然，那歌声停止了，过了不一会儿它就飞了出来，从那层充满神秘色彩的浓雾里毫发无伤地飞出来了。毕竟它就是靠这本能生存嘛！在把巢最终建好之前，它几乎每天都要经历无数次这种危险的事情，直到把食物也都储藏好，最后把自家的大门关上为止。这时它才可以休息。这个小东西为了自己的家园也真是任劳任怨[任：担当，经受。不怕吃苦，也不抱怨]了！

也许是因为我比较细心，所以我能够看到舍腰蜂在我的炉灶里忙碌着建造住所、储备食物的情景。记得我第一次看到它们的时候，我正在洗衣服。【名师点睛：作者回忆起了和舍腰蜂初识的过程，作者介绍自己的亲身经历，有助于我们更好地了解舍腰蜂这一生物。】本来，那段时间，我是在维尼阿翁（Avignon）学院里教书的。那天，已经将近下午两点钟了，再有几分钟，外面就该有人敲鼓催促我去给羊毛工人们做演讲了。就在这个时候，忽然，我看见了这种小昆虫。它是那样奇怪而轻灵，它正从由木桶里蒸腾出来的蒸汽中穿飞出来。它的身形长得真的很有趣，中间的部分异常瘦小，而后部却又非常肥大，在这两部分之间，竟然是由一根长线连接起来的。【写作借鉴：外貌描写，这就是舍腰蜂的样子，太特别了，作者一下子记住了它也在情理之中。】多么奇怪的小东西啊！它就是舍腰蜂。这是我第一次没有用观察的眼光来看它，第一印象便在这样的情况下形成了。

在初次相识之后，我一直对这个小客人抱有十分浓厚的兴趣。我非常热切地希望能和这个微小的客人互相结识，做一些沟通和交流。于是，我便嘱咐我的家人，不要在我不在家的时候主动去打扰它们，不要破坏了它们的正常生活。瞧，我是多么小心地保护着这个未受到邀请的不速之客呀！

事情发展的良好态势已经远远超出了我的想象，当我回到家里的时候，发现它们并没有受到任何打扰，并且一个个都安然无恙[恙：病。原指人平安没有疾病。现泛指事物平安未遭损害]、怡然自得[怡然：安适愉快的样子。形容高兴而满足的样子]。它们仍然在蒸汽的后面努力地工作着，它们为自己的家而不辞劳苦。由于我迫不及待地想要观察一下它们的建筑，见识下它的建筑才能，了解它们的食物以及孵化养育幼虫的过程，我急忙熄灭了炉灶中的火焰。只有减少烟灰的浓度，才能更清楚地进行观察。就这样，我非常仔细地注视了它将近两个小时的时间。

但是从这以后，不知道是为什么，在将近四十年的时间里，再也没有这样的小客人光临我的屋子，它们的踪影一点儿也见不到了。【名师点睛：作者的语言充满了遗憾之情，说明他真的很喜欢舍腰蜂，也说明了研究昆虫是非常辛苦的，因为研究对象是昆虫，研究过程充满了未知性。】而我对舍腰蜂的进一步的了解，还是通过邻居家的炉灶旁边的蜂巢得出来的。

通过细心观察我发现，在这个小小的动物身上，还存在着一种孤僻的流浪习性。这一点使得它不同于其他大多数黄蜂和蜜蜂。通常情况下，它总是在自己满意的地点，筑起一个特别孤独的巢穴。同时，在舍腰蜂生活的地方，我们一般很难见到它自己家族的成员或亲属。

在我们城南附近，经常可以看到这种小动物。它们宁愿挑选农民那满是烟灰的屋子里的炉灶来筑造自己的家，也不愿意选那些城镇居民雪白的别墅里的炉灶来安家。我们村里的舍腰蜂，比我所到过的任何地方看起来都要多。这或许是因为我们村的屋子都很有特色，那里的茅屋都倾斜成一定的角度，因此阳光的照射让它看起来金灿灿的，就这一点使得它们是那么独具特色。

舍腰蜂选择烟筒作为自己的住所，这一点是不容置疑的了。但是，它之所以为自己选择这样的地方，并不是因为它贪图安逸与享乐。很明显，这样的地方并不是什么特别舒服的处所。这样的地方要求舍腰蜂更加努力，具备更好的才能才行。而且，在这种地方工作，危险系数是很大的。因为这里时常会发生险情，需要冒着很大的风险，有时甚至危及生命。

从这一点来看，说它是为了安逸而选择烟筒建巢，那可真的是大大地冤枉了我们这位小客人了。它完全是为了整个家族的利益而选择这样的地点来筑巢建穴的，并非出于私利。它希望大家共同享福，而不是只有自己舒服就可以了。共同舒适，那才是它们真正想要达到的目标。【名师点睛：作者站在舍腰蜂的角度来思考，具有说服力。】结合这些我们可以说，舍腰蜂还是一种比较热爱家庭的动物，它有着很强的家庭责任感。当然，舍腰蜂选择烟筒还有一个重要的原因。那就是它和它的家族成员对温度有着特定的要求，这是最本质的原因，它们的住所必须建在十分温暖的地方，而这也是它和其他的黄蜂、蜜蜂差异最大的一点。【名师点睛：这里再次强调了舍腰蜂喜好温暖的特点，与上文内容相呼应。】

　　我曾经去过一家丝厂，在那里我也见到一个舍腰蜂的巢。【名师点睛：作者又用自己的亲身经历来证明他的观点，使文章充满了科学性，富有真实感。】它把巢建在机房里，那个地方刚好是在大锅炉上面的天花板上。看来，它真是很有眼光啊！我测试了一下，它为自己选择的这个地点，除去晚上和那些休假的日子，整整一年中，无论寒暑，无论春秋，温度计上所显示的温度，都是恒久不变的一百二十华氏度。很显然，在有些日子里，锅炉是不会加热的，所以，温度必然会随之变化。这个事实很明显地告诉我们，这个小小的动物对温度的要求真是堪比天高啊！但我们不得不说，它是一个很会为自己挑选住所的能人。

　　在乡下的那些蒸酒的屋子里，我也曾经不止一次地看到过舍腰蜂的巢穴。而且，它们已经占满了任何可以选择的、方便它们安居与行动的地方，甚至连那些堆积账簿的地方，都被它们占据了。蒸酒房里的温度，和刚才提到的丝厂里的温度相差无几，大约有一百一十三华氏度。这些温度再次让我们了解，这种舍腰蜂甚至可以在那种使油棕树生长的高温下生存。

　　如此看来，锅、炉灶等自然而然地成了舍腰蜂首选的理想家园了。但是，除了这些极其优秀的地方以外，舍腰蜂也不会厌弃其他可以选择的地点。它会选择居住在任何能让它觉得舒适、安逸的角落里面。

比如，在花房里，在厨房的天花板上，可关闭窗户的凹陷处，还有茅舍中卧室的墙上，等等。【写作借鉴：作者在这里用举例子的说明方法列举了舍腰蜂喜欢的地方，十分详细，可见作者观察得非常仔细。】至于建造自己窠巢的地基如何，它似乎并不放在心上。为什么呢？因为，通常它多孔的巢穴，都建筑在石壁或者是木头上，相对而言，这些地方还是比较坚实的，因而，它们似乎并不关心房屋的基础。不过，我也曾经看到过它把自己的巢筑在葫芦的内部、砖的缝隙之中，或者在皮帽子里，又或者是装麦子用的空袋子里。有的时候，它甚至会在铅管里面建巢。【名师点睛：这里介绍了适宜舍腰蜂生存的各个处所。】

记得有一次，我在学院附近的一个农夫的家里看到一件让人觉得尤为新奇的事情。【名师点睛：故事性强，增加了文章的可读性与趣味性。】在这个农夫家里，有一个非常宽大的炉灶。在炉灶上的一排锅里，正煮着农工们要喝的汤，以及一些供牲畜们食用的食物。过了一会儿，农工们都从田地里收工回家了，辛苦了一天，他们一定都饿极了。

回来后，在装有这个炉灶的大房间里，他们不声不响、迫不及待地在一边狼吞虎咽地吞食着他们的食物和汤。为了更好地享受这休工用饭的仅仅半小时的舒适时间，他们干脆摘掉戴在头上的帽子，以免妨碍他们吃饭，随后上衣也被他们脱去了，然后随手挂在一个木钉上面。这吃饭的闲暇，对于农工而言，是很短暂的，但是，对于舍腰蜂来说，这段时间足够它们去占据农工们刚刚脱下的衣物了。这些衣物、草帽，都被它们视为最合适的地方。那些上衣的褶缝，则被视为最佳的地点，它们抢着去占领它。

与此同时，舍腰蜂的建筑工作马上就破土动工了。这时，一个农工吃完了饭，从饭桌旁边站起来，抖了抖他的衣服。紧接着另外一个人也站起来，走过来摘下自己的草帽，也抖了一下。农工看似轻微的几下抖动，却足以破坏舍腰蜂那初具规模的窠巢。就是在这个时候，在这么短暂的时间里，它的蜂巢居然已经有一个橡树果子那样大了，真是太让人震惊了。它们可真是一群让人惊奇的小动物。

在那个农夫家，有一位专门烹（pēng）调食物的女人。她对舍腰蜂这种动物是一点儿好感也没有。她总是抱怨这些可恶的小东西会常常跑出来，弄脏许多东西。【名师点睛：这里我们可以看到这个可爱的小东西并不是招所有人的喜欢，它也有小缺点，那就是会弄脏房子。】天花板、墙壁，还有烟筒上，总是被涂满了泥，打扫起来很费力气，真是让人讨厌极了。但是，在衣服和窗幔上，情况就大不相同了，她每天都会用一根竹子，使劲地敲打窗幔，以此来保持它的整洁。所以，在这里会稍好一些，但也只是略微干净一点。看来想要驱逐这些扰人的小动物真的是太不容易了！赶走了一次，第二天早晨它又会像什么也没发生一样跑回来做巢。它可真是个执着的小家伙，总是不厌其烦地做着它本能的工作。【名师点睛：这里表达了作者对舍腰蜂执着精神的赞叹和欣赏。】

二、它的建筑

事实上，我非常同情这个农家厨役，也很能理解她的烦恼。但是，我不能代替她的位置，而只能对此感到遗憾。我无能为力，如果我能够凭借某种力量，给这种小动物提供一个安静稳定的居所，那该有多好啊，我一定会特别兴奋的。这样一来即便它把家具弄满了泥土，那也没有任何关系！我更希望能够知道它的巢筑好以后的命运，如果那巢是筑在并不稳固的东西上，比如，衣服或是窗幔上，那么它们该怎么办呢？

舍腰蜂的窠巢是利用硬质灰泥制作而成的。它的巢一般都围绕在树枝的四周。由于是灰泥组成的，所以它能够非常坚固地附着在上面。但是，舍腰蜂的窠巢，只是用泥土做成的，并没有添加水泥，或者是其他能让它坚固的成分。那么，这些问题又该怎么解决呢？【名师点睛：这段话起到了承前启后的作用，直接引出后文。作者用反问句增强疑问的语气，勾起读者的好奇心。】

舍腰蜂并没有什么特殊的建筑材料，只是用从湿地上取来的潮湿的泥土，因此，河边的黏土对它们来说是最合适的选择。但是，在我们这样一个多沙石的村庄里，河道少得可怜。碰巧的是在我自己的小园子里，在种植蔬菜的区域里，我挖掘了一些小沟渠，以便更好地耕种。因此有些时候，有一些水整天都会在沟里流。因而，舍腰蜂的身影便经常会在这里出没，因为它们要在这里寻找适宜的泥土。所以每当我无事可做的时候，我就可以观察这些建筑家了，而且这里还是一个很有利的观察地点。

每当舍腰蜂飞过沟渠的时候，它自然会注意到这件可喜的事情，于是就匆匆忙忙地飞过来取一点点珍贵的湿泥。在这干燥的时节里，它们绝不会轻易放过这极为珍贵的发现。那它们又是如何掘取这泥土的呢？它们先用下颚刮取沟渠旁边那层表面光滑的泥，然后把足直立起来，振动着双翼，高高地抬举起它那黑色的身体。我的管家妇在这泥土旁边做工的时候，总是非常小心谨慎地提起她的裙子来，以免弄脏，但事实上，想要不沾上污渍几乎是不可能的。由此看来，这群不停搬取泥土的黄蜂应该脏得不成样子了，可事实上它们的身上竟然连一个泥点儿都没有。它们自然有专属它们自己的聪明办法来做到这一点——它们把身子提起来，这样就能使它们全身上下一点儿泥污也沾染不上了。除去它们的足尖以及用于工作的下颚之外，其他的地方都看不到任何泥迹之类的脏东西。

很快，一个跟豌豆差不多大小的泥球就做好了。然后，它们就会用牙齿把它衔住，飞回去，放在它自己的建筑物上面。这项工作完成以后，它没有选择休息，而是继续投入到新的工作之中——接着飞回来，再做第二个泥球。在一天之中，即使是天气最为炎热的时候，只要那片泥土仍然是潮湿的，那么，它们的工作就会不停地继续下去。

【名师点睛：舍腰蜂是热爱工作、认真勤劳的昆虫，它们坚持不懈的毅力值得我们学习。】

　　除了我园中小小的沟渠边有一片潮湿的泥土以外，村子里人们常牵着驴子去饮水的那片泉水旁边也有一片湿泥土，对于舍腰蜂来说，那里应该是村里最好的地方了。在这个地方，无论什么时候都有潮湿的黑色烂泥。哪怕是遇到最热的太阳，最强烈的风，也不足以把这片泥土吹晒干。对于那些走路的人来说，这种泥泞不堪的地方是非常不方便，也极不受欢迎的。但是，对于舍腰蜂来说却不同，它非常喜欢到这个地方来，因为这里的土质非常好，它也非常喜欢在驴子的蹄旁做小泥丸，每次它都会有丰富的收获。

　　和舍腰蜂这位黏土建筑家不一样，黄蜂并不会先把泥土做成水泥，而是直接把现成的泥土拿走，将它应用于建筑。所以，黄蜂的巢很不结实，也不稳定，完全不能抵挡千变万化的气候。【写作借鉴：用对比的手法将舍腰蜂筑巢的方法和黄蜂筑巢的方法进行对比，说明黄蜂的巢很不结实，也不稳定。】哪怕只落上去一个水滴，蜂巢也会变软，直至成为原来一样的泥土。要是再有一阵狂风大雨的话，它的巢穴就会被打成泥浆而不复存在了。这是因为，这种蜂巢实际上是用干了的烂泥做成的，一旦浸了水，就会马上变成和原来一样的软泥，巢穴也就自然不复存在了，这样它们就必须再次辛苦地建造家园了。

　　事实就是这样显而易见，就算幼小的舍腰蜂根本不惧怕寒冷，也不怕雨水把蜂巢打得粉碎，蜂巢也必须建在风雨不侵、不易被人发现的地方。这就是这种小动物喜欢选择在人类居住的屋子里建巢，而且特别是选择在温暖的烟筒里面来建筑自己的住所的缘故。安全是其中最重要的因素。【名师点睛：直接点明安全是舍腰蜂选择建筑地点的重要因素。】

　　在舍腰蜂最后一项装饰工作也就是把它辛苦制造的建筑的各层遮盖起来的工作完工之前，它的窠巢确实是十分具有自然美感的。它的一些小巢穴常常并列成一排，有点儿像口琴的形状。不过，它们更多的还是以那种互相堆叠起来的居多。有的时候，数一下有十五个小巢穴；有的时候，则有十个；有时，又会减少至三四个；有时，甚至只有一个。【名师点睛:作者在观察舍腰蜂的窝巢时观察得十分认真,连小巢穴的个数变化也会记录下来,可见他痴迷昆虫研究到了什么程度。】

舍腰蜂巢穴的形状类似一个圆筒。它的口稍微有点儿大,底部又稍细小一些。大的有一寸多长,半寸多宽,蜂巢有一个经过仔细粉饰过的表面,看上去非常别致。在这个表面上,会有一列线状的凸起围绕在它四周,就好像金线带子上的线一样。每一条线就是建筑物上的一层。这些线是在用泥土遮盖起每一层已建好的巢穴时显露出来而形成的。它的数量代表在舍腰蜂建筑巢穴的时候,它一共来回往返的次数。而它们通常是十五到二十层之间。每一个巢穴,大概需要这位不辞辛劳的建筑家来往返复二十次来搬运材料。可见,它们是多么辛劳啊!

蜂巢的口自然是朝上面的。如果一个罐子的口是朝下的,那么,它就没有办法盛下什么东西了,道理也就在这里。舍腰蜂的巢穴,并没有什么特别奇特的地方,总体上看就像一个罐子,其中预备盛储的食物便是:一堆小蜘蛛。

这些巢穴一一建造好了以后,舍腰蜂便会在里面塞满蜘蛛。等它们产下卵以后,就把它们全部封闭在里面。但是这时候,它依然保存着漂亮的外表,这种漂亮的外表一直会保持到舍腰蜂认为巢穴的数量足够多的时候为止。

这个时候,舍腰蜂就会把整个巢穴的四周再堆上一层泥土,以便使它更加坚固,从而起到更好的保护作用。在这次的工作中,舍腰蜂不会再进行什么周密的计算了,它不再做得那么精巧,更不像从前做巢那样,铺加以相当的修饰之物。舍腰蜂能带回多少泥土,就往上面堆积多少泥土。然后,再那么随意地、漫不经心地轻轻地敲几下,使这些泥土都铺开就行了。有了这一层包裹的土,建筑物的美观就统统都被掩盖住了。这最后一道工序完成以后,蜂巢的最终形状就形成了,此时此刻的蜂巢就好像是一堆泥,一堆被人们抛掷到墙壁上的泥。【名师点睛:虽然蜂巢外表不美观,但是非常实用。】

三、它的食物

现在，我们都已经很清楚这个装食物的罐子的形成过程了。接下来，我们得了解在这个罐子里边，究竟都隐藏了一些什么。

幼小的舍腰蜂，是以各种各样的蜘蛛作为食物的。甚至，在同一窠巢中，会有形状各异的食品，因为，不管什么样的蜘蛛，只要个头不是很大就可以充当食品。而那些大的由于无法装进罐子里而被放弃掉。在幼蜂的众多食品中，那种后背上画着三个交叉着的十字白点的蜘蛛，是最为常见的美味佳肴。其中的理由其实是很简单的，因为，舍腰蜂不会跑到离家很远的地方捕猎食物。它只会经常在住所的附近游猎。而在它的住宅附近的范围内，这种有交叉纹的蜘蛛是最容易寻找得到的。【名师点睛：点明十字蜘蛛成为幼蜂食品中最常见佳肴的原因，即最容易寻到。】

对于幼蜂而言，最最危险的野味儿，要算是那种生长着毒爪的蜘蛛了。假使蜘蛛的身体又特别的大，那么想要征服它，就必须拥有极大的勇气和超高的技艺才行。这可不是一件容易的事情！重要的是，蜂巢的地方太小，根本盛不下这么大的一个东西。所以，舍腰蜂只得放弃猎取大个儿的蜘蛛，还是更实际些吧，不去干这种吃力不讨好的傻事。【名师点睛：舍腰蜂懂得取舍，考虑到蜂巢的大小，不贪大，体现了它聪慧的特点。】

于是，它只得选择去猎取那些小型的蜘蛛为食。如果它碰上一群可以猎食的蜘蛛，它也从来不贪多，它总是很聪明地只选择其中最小的那一个。但是，即使个头儿都是较小的，但俘虏的身形之间还是有较大的差别。因此，大小不同，就会影响到数目的差异。可能在这个巢穴里面，盛有一打蜘蛛，而在另外一个巢穴里面，却只藏着五六个蜘蛛。

舍腰蜂专选那些个儿小的蜘蛛为食，还有一个理由，那就是在它把猎物装入巢穴里之前，得先把那个蜘蛛置于死地。它要采取几步行动:先是以快取胜，突然一下子落到蜘蛛的身上，趁翅膀都还没来得及停下来的时候，就把这个小蜘蛛带走。有些同类的昆虫在扑食时会采用麻醉的方法，但舍腰蜂对这个办法似乎一无所知。【名师点睛：我们可以看到这个小家伙猎取食物是光明正大地依靠自己的实力，不是用麻醉对手的方法。】这个小小的食物，一旦被储藏起来，就很容易腐败变质。幸好这个蜘蛛的个子小，只一顿就可以把它吃光。要是换成一只大一些的蜘蛛，那可不是一顿能吃得完的，要分成几次吃才行。这样的话，这个蜘蛛一定会腐烂，而烂了的食品会毒害到窠巢里其他的幼虫，从而危害到整个家族。

我经常能够看到，舍腰蜂的卵并没有放在蜂房上面，而是在蜂房的最下面。几乎都是这样的，完全没有例外。舍腰蜂都是把第一个被捉到的蜘蛛放在最下层，然后再在它上面产卵，再把别的蜘蛛放在顶上。这种办法还真是聪明，这样小幼虫就会先吃掉那些比较陈旧的死蜘蛛，然后再吃那些新鲜的。这样一来，蜂房里面储藏的食物也就没有足够的时间腐坏了。这的确是一种行之有效的办法。【名师点睛：为了让幼虫吃到新鲜的食物，舍腰蜂的食物摆放的位置也是有讲究的，可见这些小动物是很聪明的。】

蜂卵总是放在蜘蛛身上的某一部分。蜂卵中包含头的那一端，放在靠近蜘蛛肉最肥的地方。这对于幼虫是很有利的。因为，一经孵化，幼虫就可以直接吃到最柔软可口和最有营养的食物了。这是一个很聪明的主意。应该说，是大自然赋予了舍腰蜂这种巧妙的天性。这样一个有经济头脑的动物，不会浪费掉一点儿食物。等到它完全吃光这个蜘蛛的时候，这个蜘蛛就什么也没剩下了。这种大吃大喝的生活要经过八至十天之久。

在这样一顿盛餐之后，幼虫就开始做茧了。那是一种纯洁而又异常精致的白丝袋。为了能够使这个幼虫丝袋更加坚实而可以起到保护作用，幼虫还从它身体里制造出一种像漆一样的流质，这种流质渐渐地浸入丝的网眼里，然后再渐渐地变硬，就成为一种很光亮的保护漆了。随后，幼虫又会在它的茧下面增加一个硬硬的填充物，这样一切就都准备妥当了。

这项工作完成以后，这个茧就会呈现出漂亮的琥珀色，很容易让人联想到那种洋葱头的外皮。因为，它与洋葱头不仅有着同样细致的组织、同样的颜色和同样的透明感，而且，它和洋葱头一样，只要用指头轻轻一碰，便会发出沙沙的响声。完整的昆虫就是从这样的黄茧里孵化出来的。随着气候的变化，早一点或是迟一点，各有不同。

如果舍腰蜂在蜂巢中储藏好东西以后，跟它们开玩笑的话，舍腰蜂的本能反应就会立刻显露出来。

当舍腰蜂辛辛苦苦地把巢穴做好以后，就会立即带回它的第一只蜘蛛。随后舍腰蜂会马上把它拖进巢里，收藏起来，然后在它身体最肥大的部位产下一个卵。把这一切做好以后，它便又飞出去，继续它的野外捕猎之旅了。趁它不在家的时候，我把那只死蜘蛛连同那个卵从它的巢穴里一同取走了。就算是和这只舍腰蜂开个小小的玩笑吧，它会有什么样的反应呢？【名师点睛：作者恶作剧的行为充满了童趣，他与昆虫之间的相处就像是朋友般平常，这个小小的玩笑让读者会心一笑，也勾起了我们的好奇心。】

但凡这个小动物稍微有一点儿头脑的话，它一定能够发觉这个蜘蛛和卵失踪的，而且一定会感到非常惊奇！虽然蜂卵很小，但是，由于它是被产在大蜘蛛的身体上的。当蜂妈妈飞回来以后，一定会发现巢穴里面空空如也，那么它会怎么做呢？它又将会有哪些举动呢？它会很有理智地再产下一个卵，以补偿它所失去的那一个吗？事实上完全不是这样的，它的举动是非常不合情理的。【名师点睛：作者发挥自己的想象力，思考了一系列的问题，疑问的句式让我们也跟着思考，这个小东西的反应真的会如作者所料吗？】

现在，这个小东西所做的事情，只不过又带回了一只蜘蛛，而且非常坦然地再次把它放到巢穴里边去了，就好像什么都没有发生过一样，它似乎根本就没有发现自己的孩子已经不见了，还有那只刚刚捕获的蜘蛛。

它没有发现这不幸的变故，自然也就不会有任何吃惊、着急甚至是不知所措之类的表现了。在这以后，它居然若无其事地带了一只又一只的蜘蛛放在巢里。每次它都重复着同样的动作——把巢里的猎物和卵都安排妥当了以后，便再次飞出去，继续盲目而执着地奋斗着。每次在它飞出去的时候，我都会悄悄地把蜘蛛和蜂卵拿走。

因此，当它每一次游猎回来，它的储藏室里都是空空的。就这样，它徒劳地忙碌了整整两天。它怀揣着满心的热情与努力，无论如何也要装满这个不知为何永远也装不满的食物瓶子。而我同它一样，也不屈不挠地坚持了两天，一次又一次耐心地除去巢穴里的蜘蛛和卵。我真的想要看看这个执着的小傻瓜究竟要等到何时才会结束这毫无意义的工作。【名师点睛：一个坚持不懈地装进去，一个不停地取出来，作者和小动物较真的行为让人啼笑皆非，也让人惊叹，原来昆虫实验是这么有趣。】当这个傻乎乎的小动物终于完成了它的第二十次搬运的时候，也就是送来第二十个猎物的时候，这位辛苦多日的猎人大概以为这罐子已经装够了——又或许是在这么多次的旅行中疲倦了——于是，它便小心且谨慎地把巢穴封闭起来，而实际上，那巢穴里面却是空空的，什么东西都没有！它根本没有注意到这一点，它忙碌了这么久，却根本就没意识到自己的徒劳，真是让人怜惜啊！

在任何情况下，昆虫的智慧都是有限的。这是毫无疑问的，无论面临哪一种临时的困难，哪怕只是遇到一个小小的困难，对于昆虫，这种小小的动物来说，也算是一次艰难的考验了。无论是哪一个种类的昆虫，都很难对抗这种突如其来的变故。这一点，我可以罗列出一大堆的例子来证明，昆虫就是一种丝毫没有理解能力的动物。当然，它也是一种不具有意识的动物，虽然它们可以把工作做得异常完备。

【名师点睛：作者做完实验后得出了自己的结论，也解释了小动物没有意识到他的恶作剧的原因，作者的思路清晰，行文流畅，将他的专业知识娓娓道来。】

经过这么长时间的观察以及多年的研究经验，我可以得出结论：它们的劳动既不是自动的，也不受意识的支配。它们的建筑、纺织、打猎、杀害，以及麻醉它们的捕获物，都和消化食物或是分泌毒汁一样，其方法和目的完全是不自知的。所以，我相信一点，即这些动物对于它们所具备的特殊才能，完全是既不知也不觉的，所谓昆虫的才能是大自然赠予它们的一份厚礼。

我们无法改变动物的本能。经验不能指导它们；它们的无意识也不能因为时间而有一丝一毫的觉醒。如果它们只有单纯的本能，那么，它们又怎会有能力去应付大千世界，应付大自然的环境变化呢？环境一直在变化，意外的事情时有发生，也正因为如此，昆虫就必须具备一种特殊的能力，用来教导它，使它们自己能够清楚地了解到什么是应该接受的，什么又是应该拒绝的。【名师点睛：作者虽在讲昆虫，但我们可以看出他对环境有自己的认识和感悟，其实不仅是昆虫界，我们人类也需要提升能力来面对变化莫测的环境。】它的确需要某种指导，而这种指导，它自然是具备的。不过，如果用智慧这样一个名词来解释，似乎太牵强了点，在这里也并不适用。因此，我称之为辨别力。【名师点睛：对一个词的推敲，表现了作者做研究时的严谨态度。】

那么，昆虫能够意识到它自己的行动吗？能，但同时也不能。如果是由于它所拥有的本能而引起的行动，那么它就不能意识到自己的行动；如果它的行动是由于存在辨别力而产生的结果，那么，它就完全能够意识到。

比如，舍腰蜂利用软土来建造巢穴，这就是它的本能。它的巢穴都是这样建造的，从一生下来就会。既不是时间修炼的成果，也不是生活的磨炼得出的经验。而它模仿泥水匠的样子，用细沙水泥去建巢，就不是它的本能了。

舍腰蜂那个一定要建在一种隐蔽之处的泥巢，是要抵抗自然风雨的侵袭的。在最初的时候，它们也许只在石头下面建巢，也许只要是可以隐匿的地方就会被认为是相当合适的地点了。但是，当它发现还有更好的地方可以选择时，它便会立刻占据下来，然后搬到人家的屋子里边去住。这就属于它的辨别力了。

舍腰蜂利用蜘蛛作为子女的食物，这是它的一种本能。没有其他的任何方法能够让舍腰蜂懂得，小蟋蟀也和蜘蛛一样可以当作食物。不过假设那种长有交叉白点的蜘蛛变得少了，那它也绝不会让宝宝挨饿的。它一定会选择其他品种的蜘蛛，捕捉回来给它的子女吃。那么同样，这也是它们的辨别力。

正是在这种辨别力的作用之下，隐藏着昆虫将来在面对困难时做出任何进步的可能性。

四、它的来源

舍腰蜂又给我们带来了另外一个问题。它努力地寻找着房子里火炉的热量，就是因为它的巢穴是用软土建筑起来的，潮湿会把它的房子变成泥浆而无法居住。所以，必须寻找一个干燥而隐蔽的场所来做它的家。因此，热量成了舍腰蜂生活中的必备品。

那么，舍腰蜂会不会是一个侨民呢？或许它是被海水卷过来的？或者它是从有枣椰树的陆地来到这生长洋橄榄的陆地的？如果事实真是如此，那么它们也就必然会觉得我们这里的太阳是不够温暖的，那也就必须找到一些更温暖的地方，比如火炉，来作为它人工取暖的地方了。这样说的话它的习性就可以解释了，也许正是因为如此，它才和别的种类的黄蜂有那么大的差别，而且这种蜂都是会避人的。

在它还没有到我们这里来做客以前，它又过着什么样的生活呢？在没有住在我们的房屋里以前，它又住在什么样的地方呢？没有烟筒的时候，它的幼虫又被隐藏在哪里呢？【名师点睛：一连串的问题，使得

读者对舍腰蜂以前的生活更加好奇，引出下文对舍腰蜂来源的介绍。】

也许，<u>在古代山上的居民用燧石做武器、剥掉羊皮来做衣服、用树枝和泥土建造屋子的时候，这些屋子里便已经有了舍腰蜂的足迹了。也许那个时候，它们就把巢建筑在我们祖先用手指取黏土制作成的一个破盆里面，或者它就在狼皮及熊皮做的衣服的褶缝里边筑巢。</u>【名师点睛：作者做出了假设，开始了想象，细节描写十分丰富，可见他对昆虫的习性十分了解。】我一直想要知道的是，当它们把巢建在用树枝和黏土造成的粗糙的壁上时，它们是否也会选择那些靠近烟筒的地方呢？虽然这些烟筒并不同于我们现在所使用的，但是，在迫不得已时，那些烟筒也是完全可以利用的。

如果说，舍腰蜂的确和那些最古老的人们共同生活过，那么它所经历和亲见的时代的进步真的是太大了，而且，它所经历的文明的发展也丰富极了。它已经把人类在进步过程中获得的幸福转变成为自己的了。当人类想出在房屋的屋顶上铺天花板的法子时，想出在烟筒上加上管子的主意时，我们便也可以联想到，这种如此怕冷的动物会怎样自言自语："这是多么舒适啊！让我们在这里建造房屋吧！"

但是，我们也许还应该追寻得更远一点。在小屋还没有出现以前，在壁龛也不常见之际，甚至是在还没有人类之时，舍腰蜂又是在哪里造房子的呢？当然，这个问题绝不是一个孤立的问题，我们同样可以这样问：在没有窗子、烟筒等东西以前，燕子和麻雀又是在哪里筑巢的呢？

在人类出现以前，燕子、麻雀、舍腰蜂就是已经存在了的。显然，它们的工作并不是依靠人类开展的。当这里还没有人类的时候，它们一定就已经具有了同今日一样高超的建筑技艺了。

<u>在那个时候舍腰蜂是住在哪里的？三十多年来，我一直都在问我自己。</u>【名师点睛：探究一种小昆虫的来源让作者执着思考了三十年，他的毅力让人惊叹，身上更是具有孜孜不倦的科学探索精神。】

在我们屋子的外面，我们找不到它们窠巢的痕迹。在房子外边、在空旷的广场、在荒丘的草地里，我们没有找到任何一个舍腰蜂的住处。

但是，最终，我长期的研究结果表明，一个帮助我的机会出现了。

这堆东西在一个采石场上，有许多碎石头子和废弃物一直堆积在那里，已经经过了几百年。几个世纪的污泥沉积在这个乱石堆上，几百年的风风雨雨，最终以现在的姿态呈现在人们面前。

田鼠都跑到那里生活。在我寻找我想要的宝藏的时候，曾经三次在乱石堆中发现了舍腰蜂的巢。这三个巢与我们屋子里发现的是完全一样的，用泥土来建筑，也用泥土来做保护的外壳。

而这个地方存在的危险性，并没有促使这位建筑家有一丁点儿的改进。我们现在几乎无法看到舍腰蜂的巢筑在石堆里和不靠着地的平滑的石头下面。因此在舍腰蜂没有侵入到我们屋子里以前，它们一定是把窠巢修建在这样的地方的。然而，这三个巢的形状，真的是太凄惨了，湿气已经完全侵蚀了它们，可怜的茧子也被弄得粉碎。在它周围也并没有厚厚的土来保护，它们的幼虫也已经死去了——被田鼠或别的动物吃光了。

这个荒凉的景象，使我满怀疑惑地来到我邻居的屋外，想看看能否为舍腰蜂选择一个恰当而又安全的建巢地点。事实表明，母蜂不愿意这么做，并且还不至于被逼迫到如此绝望的地步。同时，如果说气候使它改变祖先的生活方式的话，那么，我可以断言，它必然是一个侨民。它应该是从遥远的异国他乡侨居到这里的。不过也可能是另一种移民，那种出于各种原因而不得不背井离乡的移民。又或许会是难民，为生计所迫，不得不远走他乡，投奔其他地方的难民。

事实也的确如此，它是从炎热、干燥、缺水的沙漠式的地方来的，在它们生活的地方，雨水贫乏，并且几乎是看不见雪的。

因此我觉得，舍腰蜂可能是从非洲迁移来的。

那应该是很久以前的事了，它经过了西班牙，又经过了意大利，来到我们这里，可以说得上是千里迢迢，也可以说它是不远万里、不辞辛苦地投奔到我们这里来的。

它没有越过长着洋橄榄树的地带北去。它的祖籍是在非洲，而现在它成了我们普罗旺斯的成员。

据说在非洲，它常把巢穴建在石头下面，而且听说马来群岛也有它们的同族、同宗，在那里它们是住在屋子里的。

从世界的一端，来到世界的另一端，从世界的南边来到世界的北边，从地球的南边——非洲，来到地球的北边——欧洲！最后来到了马来群岛。不管在哪里，它的嗜好都是一个样的：蜘蛛、泥巢，还有人类温暖的屋顶。【名师点睛：作者在这里再次点明舍腰蜂的习性。】

假如我住在马来群岛，那么我一定要翻开乱石堆，找到它居住的巢穴。那时，我会很高兴地在一块平滑的石头下面，发现它的巢穴，发现它的住所——那是它原来的位置，就在这些石头的下面。

Ｚ 知识考点

1.在舍腰蜂生活的地方,是很少能见到它自己家族的成员或亲属的。舍腰蜂身上有一种_____的习性,它们喜欢把巢建在_____的地方。

2.判断题:舍腰蜂的嗜好是蜘蛛、泥巢,还有人类的屋顶。 （　　　）

Ｙ 阅读与思考

1.为什么舍腰蜂喜欢选择人类居住的房子来建巢?

2.舍腰蜂的巢穴里装着什么食物?

螳　螂

M 名师导读

　　你见过螳螂吗？这些小家伙看起来温柔,其实十分凶猛。它们虽常见,但习性和筑巢本领都不为人熟知,让我们来看看作者的科普吧!

一、打猎

　　在南方有一种昆虫,它与蝉一样都很能引起人的兴趣,但因为它不能唱歌,所以并不出名。如果它也有一种钹,那么它的声誉,一定比有名的音乐家还要大,因为它的形体与习性都是极不寻常的。这些因素决定了它将是一名出色的乐手。

　　在几千年以前的古希腊时期,这种昆虫叫作螳螂,也有人把它称作先知者。农夫们时常看见它竖起前半身,立在被太阳灼烧的青草上,态度很庄严。它那宽阔、薄如轻纱的翼,前腿形状如臂,伸向半空,好像是在祈祷。【写作借鉴:从身材和姿态两方面描写螳螂的外表,加上拟人手法的巧妙运用,给人留下了温柔、端庄的初步印象。】在无知的农夫看来,它就是一个虔诚的女尼。因而,就有人称它为祈祷的螳螂了。

　　这完全是个巨大的错误!那貌似真诚的态度是虚假的;高举着的似乎是在祈祷的手臂,其实是最可怕的利刃。无论任何东西从它的身边经过,它都会立刻面露凶相,用它的凶器去捕杀它们。它真如饿虎般凶猛,如妖魔般残忍,它专以活的动物为食。这样看来,在它温柔的面纱下,隐藏着十分吓人的杀气。

　　若仅仅看它的外表,那是并不令人害怕的。相反,它看上去相当美丽——它有纤细而优雅的姿态、淡绿的体色、薄如轻纱的长翼。它的颈部是柔软的，头可以朝任何方向自由转动。也只有这种昆虫才能向各个方向凝视，真可谓是眼观六路。它甚至还有一个完整的面孔。这一切特征使它看上去就是一个温柔的小动物。【写作借鉴：外貌描写，作者对螳螂的外貌进行详细的描写，突出它温柔的姿态。但是它看起来温柔，其实非常凶猛，武器也是十分可怕，给人强烈的反差感。】

螳螂天生就拥有一副娴美而优雅的身材。不仅如此，它还拥有另外一种独特的东西，那便是生长在它前足上的那对武器。它极具杀伤力，并且极富进攻性，螳螂就是用它来冲杀和防御的。而它的这种身材和它这对武器之间的对比，实在是太大了，太明显了，真的令人难以置信。这个小动物是温存与残忍的共同体。【名师点睛：作者概括了螳螂身上的反差，总结出温存与残忍的特点。】

见过螳螂的人，都会十分清楚地发现，它有着长而纤细的腰部。而且不光很长，还特别有力。螳螂还有一对很长的大腿，与它的长腰相比，还要更长一些。而且，它的大腿下面还生长着两排十分锋利的锯齿状的东西。在这两排尖利的锯齿的后面，还生长着一些大齿，一共有三个。可以想象，螳螂的大腿简直就是两排刀口。螳螂可以随时把腿折叠起来，分别收放在这两排锯齿的中间，这样就安全了，不至于伤到自己。

如果说螳螂的大腿像是两排刀口锋利的锯齿的话，那么它的小腿可以说就是两排刀口上的锯子。那些小腿上的锯齿要远远多于长在大腿上的。而且，小腿上的锯齿和大腿上的并不完全相同。小腿锯齿的末端还生长着像金针一样的、尖锐且坚硬的钩子。除此以外，锯齿上还长着一把有着双面刃的刀，就好像那种弧形的修理各种花枝用的剪刀一样。

对于这些小硬钩，我曾经历过许多不堪回首的往事。每次想到它们，都有一种不舒服的感觉。记得从前有过许多次这样的经历——在我到野外去捕捉螳螂的时候，经常遭到这个小动物强有力的自卫与还击，总是捉它不成，反倒中了这个小东西厉害的"暗器"——被它的锯齿抓住了手。而且，它总是抓得很牢，很不容易让它放开，让我无法从中解脱出来。只有另想方法，请求他人前来相助，才能使我摆脱它的纠缠。所以，在我们这里，也许不会再有什么其他的昆虫比这小小的螳螂更难对付，更难捕捉了。【名师点睛：在介绍螳螂的器官功能的同时，作者在此插入自己捉螳螂的经历，给人以直观的感受，增强了文章的表现力和说服力。】

在螳螂身上有着各种各样的武器和暗器，因此，在遇到危险的时候，它可以用各种方法来保护自己。比如，它有如针般的硬钩，可以用镰钩钩住你的手指；它有锯齿般的尖刺，可以用它来扎、刺你的手；它还有一对锋利无比且十分健壮的大钳子，这对大钳子可是相当危险的，它有很强的威力，当它夹住你的手时，那滋味儿可实在不太好！

【写作借鉴：举例子，作者列举了螳螂身上的武器，说明它是一种很危险的动物，在介绍的时候用了排比和比喻的修辞手法，将螳螂的危险性生动形象地表现了出来。】总体说来，这种种颇具杀伤力的方法，绝对让你难以应对。要想活捉这个小动物，还真得动一番脑筋、费一番心思呢！否则，我们真的无法捉住它。这个小东西不知要比人类小多少倍，却能威吓住人类。

平时，这个异常勇猛的捕食机器，在它休息不动的时候，只是将身体蜷缩在胸坎处，看上去似乎十分平和温顺，好像不会有那么大的攻击性。甚至会让你觉得，这个小动物简直是一只热爱祈祷的温和的小昆虫。

然而，它并不总是这样，要不然，它身上具备的那些既能进攻又可防卫的武器还有什么用呢？只要有其他的昆虫从它们的身边走过，无论是哪种昆虫，也无论它们是无意路过，还是有意地偷袭，螳螂便会立刻失去那副安详平和的样子。它会结束蜷缩着休息的状态，伸展开它身体的每一部分。然后，那个可怜的路过者，在没有任何思想准备的情况下，便糊里糊涂地被螳螂的利钩俘虏了。它被重压在螳螂的两排锯齿之间，一动也不能动。然后，螳螂用它那有力的钳子用力一夹，一切战斗就都结束了。无论是蝗虫，还是蚱蜢，甚至是其他更强壮的昆虫，都无法从这四排锋利的锯齿下逃脱。所以，<u>一旦被捉，就只好束手就擒了。它可真是个凶残的"杀虫机器"</u>。【名师点睛：作者用"可怜"和"束手就擒"来形容这些昆虫在面对螳螂这个"杀虫机器"时的绝望之情，表现了螳螂的凶残。】

如果你想到原野里面去做详尽的研究，去观察螳螂的习性，那实在是太难做到了。因此，我不得不把螳螂捉到室内来观察、分析和研究。如果把螳螂放在一个用铜丝盖住的盆子里，再放一些沙子进去，那么，这只螳螂将会非常满意并生活得很愉快。而我需要做的，就只是给它提供充足而又新鲜的食物。有了这些必需的食品，它会生活得更满意。因为我想要进行一些实验，测量一下螳螂的筋力究竟有多大。所以，我不仅仅提供新鲜的蝗虫或者蚱蜢给螳螂吃，同时，还给它提供一些大个儿的蜘蛛，这样才能使它的身体更加强壮。<u>至于我的观察、研究，接下来我将一一给大家做详细的说明和阐释</u>。【名师点睛：领起下文，经过一系列的前期准备之后，这里用一句话引出下文的内容。】

有这样一只愚蠢的灰色蝗虫，它鲁莽地朝着那只螳螂迎面跳了过去，丝毫没有感觉到危险。后者，也就是那只螳螂，立即凶相毕露，然后，迅速地做出了一种让人感到特别震惊的姿势，使得那只无所畏惧的小蝗虫，此时此刻也充满了恐惧。这时螳螂所做出的这种奇怪的样子，我敢确定，你从来都没有见到过。

<u>螳螂把它的翅膀张到极限并且竖起，那种直立的状态就好像船的风帆一样。螳螂把翅膀竖在背后，并使身体的上端呈弯曲状，样子就像一根有着弯曲手柄的拐杖</u>，并且不时地上下起落着。它不光有着如此奇特的动作，与此同时，它还会发出一种声音，就像是毒蛇喘息时发出的声响。螳螂把自己的整个身体全都放置在后足上面。显然，它已经摆出了一副随时迎战的姿态——它已经把身体的前半部完全都竖

起来了，那对锋利的前臂也早已张开了，露出了那种黑白相间的斑点，随时准备东挡西杀。【写作借鉴:作者详细地刻画了螳螂发威时的姿态，动作描写十分具体形象。比喻句的运用，使螳螂的形象更加生动，具有画面感。】这样的姿势，谁能否认这是随时备战的姿势呢?

螳螂在做出这种令人惊讶的姿势之后，就一动也不动了。它用眼睛瞄准敌人，死死地盯着它未来的俘虏，准备随时上阵，来迎接激烈的战斗。哪怕那只蝗虫只是轻轻地、稍微移动一点点位置，螳螂都会马上转动它的头，目光始终跟随着蝗虫。螳螂这种用目光杀人的战术，其目的是很明显的，那就是利用对方的恐惧心理，把更大的恐惧深入到这个即将成为牺牲品的对手的心灵深处，形成"雪上加霜"的效果，给对手施加更大的压力。螳螂希望在战斗尚未打响之前，就能让面前的敌人因恐惧而陷于不利状态，从而达到不战自胜的目的。因此，螳螂正在虚张声势，利用心理战术，用假装凶猛的姿态和面前的敌人进行周旋。螳螂真可谓是个心理战术的专家啊!【名师点睛:从这里我们能够看出作者对螳螂的心理了解得很透彻，螳螂是心理战术的专家，作者也是研究昆虫心理学的专家。】

看起来，螳螂这个精心设计的作战策略已经起到了作用。那个天不怕、地不怕的小蝗虫果然被螳螂所蒙骗，真的是把它当成什么凶猛的怪物了。当它看到螳螂的这副奇怪的样子以后，立刻就被吓呆了。它紧紧地注视着面前的这个怪模怪样的家伙，一动也不敢动。在没有弄清面前敌人的身份之前，它是不会轻易地向对方发起任何攻击的。

这样一来，那一向蹦来蹦去的蝗虫，现在竟然突然不知所措了，甚至忘了要马上跳起来逃跑。这只被吓得慌了神儿的蝗虫，早就把"三十六计，走为上策"这一招儿丢到脑后去了。可怜的小蝗虫害怕极了，怯生生地伏在原地，不敢有半点儿动静，生怕稍不留神，就会命丧黄泉。在它最恐惧的时候，它竟然莫名其妙地向前移动，去接近螳螂。它居然害怕到这样的地步，竟然自己去送死。【写作借鉴:侧面描写，将螳螂心理战术的成功,通过小蝗虫的惶恐表现出来。】看来螳螂的心理战术是完全成功了。

当那个可怜的蝗虫移动到螳螂刚好可以碰到它的位置时,螳螂便毫不客气,一点儿也不留情地迅速动用它的武器——那有力的"掌"——重重地击打那个可怜的蝗虫,再用那两条锯子用力地把它压紧。这样,无论那个小俘虏如何顽强拼命地抵抗,也都无济于事了。接下来,这个残暴的魔鬼胜利者便开始享用它的战利品了,它一定是十分得意的。像秋风扫落叶一样干脆利落地制服敌人,是螳螂永远不变的信条。

在蜘蛛捕捉食物、降服敌人的时候,它通常会采取这样的办法:首先,是先发制人,以迅雷不及掩耳之势猛烈地刺向敌人的颈部,使它中毒。对手中了毒,自然也就浑身无力,不能继续做任何抵抗与防卫了。俗话说,先下手为强嘛!与此相同的是,螳螂在对蝗虫发起进攻的时候,也是首先重重地、毫不留情地袭击对方的颈部。在一顿拳打脚踢的痛捶之后,再加上前番万分的恐惧,蝗虫头脑的运转能力逐渐下降,动作也渐渐地迟缓下来,也许是因为如此重创使它头脑发昏了吧。

看来这种办法的确既有效又非常实用,螳螂就是利用这种办法,屡屡取得战斗的胜利的。无论是捕食和它大小相近的昆虫,还是对付比自己还要大一些的昆虫,这种办法都是十分有效的。【名师点睛:这里分析总结了螳螂降服敌人的方法的有效性。】不过,最让人感到不易理解的是,这么一只小小的昆虫,它的食量竟然如此之大,竟然能吃掉这么多的食物。

在螳螂的美食之中,那些喜好掘地的黄蜂,算得上是其中之一了,因此黄蜂的家经常会有螳螂光顾。螳螂总是埋伏在蜂巢的周围,等待时机,特别是那种能够一箭双雕的好机会。

为什么说是一箭双雕呢?因为有的时候,螳螂等待的不仅仅是黄蜂本身。因为在回巢的黄蜂身上常常也会携带一些属于它自己的俘虏,这样一来,对于螳螂而言,不就是双份的俘虏了吗?这便是一箭双雕的意思。【写作借鉴：作者用设问和反问的方式将螳螂的机智都表现了出来。】不过，螳螂并不会总是如此幸运，它也会遇到倒霉的时候。它甚至会常常什么都等不到，只好无功而返。这主要是因为黄蜂已经有所疑虑，并且开始有所戒备了，这才会让螳螂失望而归。但是，也有个别掉以轻心者虽然已经发觉敌人的存在，但仍不当心，这样就会被螳螂看准时机，一举将其抓获。这些命运悲惨的黄蜂是怎么落入螳螂的魔掌的呢？原来，总有一些粗心的黄蜂，当它们扇着翅膀从外面回家的时候，对早已埋伏起来的敌人毫无戒备。当它突然发觉大敌当前的时候，会被突如其来的敌人吓住，心里难免会稍稍有所迟疑，这样它飞行的速度就会忽然减慢下来。就在这千钧一发的关键时刻，螳螂出手了——这可怜的黄蜂瞬间便坠入那个有着两排锯齿的捕捉器中——螳螂的前臂和上臂的锯齿之中了。螳螂就是这样出其不意，以快制胜的。后面的事情，可想而知，那个不幸的牺牲者会被胜利者一口一口地吃掉，成为螳螂的一顿美餐。

记得有一次，我见到过这样有趣的一幕。有一只黄蜂，刚刚俘获了一只蜜蜂，并把它带回到自己的储藏室里。可没料到，正当它高兴地享用美味的时候，竟遭到了一只凶悍的螳螂的突然袭击，它无力还击，便只好束手就擒了。这只黄蜂正在贪婪地吸食蜜蜂嗉(sù)囊(náng)[鸟或昆虫储存食物的袋形器官，是消化器官的一部分]里储藏的蜜，但是螳螂的双锯，在不经意间竟然有力地夹在了它的身上。可是，就是在这生死攸关的关键时刻，这样巨大的惊吓、恐怖和痛苦，竟然都没有让这只贪吃的小动物停止吸食的动作，它依然在舔食着那芳香诱人的蜜汁。这真是太令人惊奇了，难道这就是所谓的"鸟为食亡"？【写作借鉴：作者用插叙的方式回忆往事，描写了螳螂狩猎的场面，将黄蜂至死都在贪吃的画面展现出来，引人深思。】

螳螂的食物范围并不仅仅局限于其他种类的昆虫。螳螂虽然有特别神圣的气概，但是，或许你都不会想到，因为这实在是让人太不可思议了——它还是一种食其同类的动物呢！也就是说，螳螂还会以螳螂为食，它们会吃掉自己的兄弟姐妹。而且，在它吃的时候，甚至还面不改色，泰然自若。那副样子，简直和它吃蝗虫、蚱蜢的时候一模一样，仿佛这也是天经地义的事情。

与此同时，在这样的情况下，围观的观众，也并没有任何反应，没有任何反抗的行动。不仅如此，这些观众还纷纷跃跃欲试，时刻准备着。一旦有了机会，它们也同样会这么做，也同样地毫不在乎，仿佛理所当然一样。另外，雌螳螂们甚至有食用丈夫的习性。这实在太让人惊讶了！在吃它的丈夫的时候，雌螳螂会咬住丈夫的头颈，然后再一口一口地吃下去。最后，剩余下来的只有它丈夫的那两片薄薄的翅膀而已。这真是太让人难以置信了。【名师点睛：作者用"然后"和"最后"等词描写了雌螳螂吃掉丈夫的过程，介绍简单，但内容让人触目惊心，表现了螳螂的凶残和可怕。】

螳螂真的是比狼还要狠毒十倍啊！听说，即便是狼，也不会以它们的同类为食。那么，螳螂真的是太可怕的动物了！

二、螳螂的巢

在我们看来螳螂是如此的凶猛可怕，它身上有那么多颇具杀伤性的有力武器，并且用那么凶残的捕食方法，甚至它要以自己的同类为食。然而尽管如此，螳螂也和人类一样，不光有令人厌弃的缺点和不足，也同样拥有很多优点。【写作借鉴：作者在这里用先抑后扬的写作手法，先讲螳螂可怕的缺点，再来讲它的优点，引出下文。】比如，螳螂会为自己建造十分精美的巢穴，这便是螳螂众多优点中最突出的一个。

在有阳光照耀的地方，随处都可以找到螳螂建造的窠巢。比如，石头堆里，木头块下，树枝上，枯草丛里，砖头底下，一条破布下，或者是旧皮鞋的破皮子上面，等等。总之，无论是什么东西，只要它有着凹凸不平的表面，便都可以作为它们筑巢的坚固的地基。螳螂就是利用这样的地基来建自己的房屋的。

螳螂的巢，大小一两寸长，不足一寸宽。巢的颜色是金黄色的，就像一粒麦子。【写作借鉴：这里用了比喻的修辞手法，形象贴切，让人一下子就记住了螳螂巢穴的颜色。】起初，这种巢是由一种多泡沫的物质构成的。在建成不久以后，这种多泡沫的物质就会逐渐变成固体，而且慢慢地变硬了。如果把它们点燃，便会产生出一种像燃烧丝质品一样的气味儿。螳螂的巢具有形态各异的特点，这主要是因为巢所附着的地点不同，因而它们会随着地形的变化而变化，如此一来就会有不同形状的巢存在。但是，不管巢的形状如何千变万化，它总是有一个凸起的表面——这一点是不变的。

整个螳螂的巢，大致可以分成三个部分。其中一部分是由一种小片做成的，并且排列成双行，前后相互叠压着，就像屋顶上瓦片的排列方式一样。在这种小片的边缘处，还有两行缺口，那是用来做门的。小螳螂在孵化之后，就是从这里爬出来的。至于其他部分的墙壁，全都是无法通行的。

螳螂的卵一层一层地堆积在巢穴里面。这些卵的头都是冲着门口的。前面我们已经提到过，那道门有两行，分成左右两边。所以，在这些卵孵化成幼虫以后，有一半会从左边的门出来，而其余的则从右边的门出来。

还有这样一个事实值得注意，那就是母螳螂在建造这个十分精致的巢穴的时候，也正是它产卵的时候。在这个时候，会有一种非常有黏性的物质从母螳螂的身体里排泄出来。这种物质与毛虫排泄出来的丝液极其相似。它在被排泄出来以后，会与空气互相混合而变成泡沫。然后，母螳螂还会用身体末端的小勺，把它打起更多的泡沫来。这种动作，就像我们用筷子打鸡蛋一样。那些被打起来的泡沫呈灰白色，与肥皂沫十分相似。【写作借鉴：这种对动作和色彩的比喻十分直观，直击要点，可以看出作者的想象力十分丰富。】开始的时候，泡沫是有黏性的，但是几分钟以后，这些黏性的泡沫就变成了固体。

母螳螂就是在这泡沫的海洋中产卵，并繁衍出后代的。每当产下一层卵以后，它就会在卵上覆盖上一层这样的泡沫。然后，这层泡沫很快就变成固体了。

在新建的巢穴的门外，螳螂还会用另外一层材料，把这个巢穴封起来。看上去，这层材料和其他的材料并不一样——那是一层多孔、纯洁无光的粉白色的材料。这与螳螂巢内部其他部分的灰白颜色是有着很大的差异的。就好像是面包师们把蛋白、糖和面粉搅和在一起，用来作饼干外衣的混合物一样。这种雪白色的外壳，是很容易破碎，也极容易脱落下来的。当这层外壳脱落下来的时候，螳螂巢的大门就会完全暴露在外面。通常在巢建成后，它就会被风吹雨打所侵蚀，变成一个个小片。然后，这些小片会逐渐地脱落。所以，在旧巢上，就无法再看见它的痕迹了。

虽然这两种材料从外表上来看，几乎没有任何共同点，然而实际上，它们的质地是完全相同的。它们是拥有同样原质的东西，只是有两种不同的表现形式罢了。螳螂用它身上的勺打扫着泡沫的表面，然后揭掉表面上的一层浮皮，把它做成一条带子，覆盖在巢穴的背面。这看起来就像一条冰霜形成的带子一样。【写作借鉴：作者用冰霜来比喻带子，突出了这条带子轻薄的特点和雪白的颜色。】因此，它实际上仅仅是黏性物质最薄、最轻的那一部分。它之所以看上去会显得比较白一些，主要是因为构成它的泡沫比较细巧，光的反射能力较强罢了。

这绝对是一个非常奇异的操作方式。螳螂有自己的一套好方法，可以很迅速、很自然地做成一种角质物质。于是，它的第一批卵就生产在这种物质上面了。

螳螂不仅是一种极其能干的动物，也是一种很有建筑才华的动物。【名师点睛：这句话是作者对螳螂总结性的认识，在结构上起了承前启后的作用，引出下文介绍螳螂在建筑方面的才华。】产卵时，它排泄出起到保护作用的泡沫，制造出糖一般柔软的包被物。同时，它还能制作出一种用于遮盖的薄片，以及通行用的小道。而在完成这些工作的过程中，螳螂都只是站立在巢的根脚处，一动也不动，连身体也不移动一下。

它就这样在它背后建筑起一座了不起的建筑物，而它自己对这个建筑物连看都不看一眼。在这整个建造过程中，它那粗壮而有力的大腿，竟然没有一丝用武之地，根本无法发挥什么作用，什么都做不了。这所有一切的繁杂工作，完全都是靠这部小机器——末端的小勺——自己完成的。

母亲的工作成功完成以后，就什么也不管，扔下一切，自顾自地走了。我总是对它抱有一线希望，希望它可以发发善心，回来探望一下它的孩子，以便表示它对整个家族的爱护和关切之情。但是，我总实现不了我的这个愿望。因为事实实在太明显，它对于我的希望竟然没有一点儿兴趣，它真的是一去不返了。【名师点睛：这段话带有作者强烈的感情色彩，从作者的视角来看，螳螂的确无情无义，表现出作者对螳螂这种行为的厌恶。】

所以，根据这一事实，我得出了以下这个结论：螳螂都是些没心没肺的东西，总是做一些极其残忍、恶毒的事情。比如，它会吞食自己的丈夫作为美餐。还比如，它会抛弃自己的子女，弃家出走且永不返还。

螳螂的卵都是在有太阳光的地方进行孵化的，并且通常是在六月中旬，上午十点钟的时候。

在前面已经和大家叙述过了，在螳螂的巢里，有两个小小的缺口可以作为螳螂幼虫的出路。这一部分指的就是窠巢里面那一块像鳞片的地方。如果你再仔细地观察一下，你就会发现在每一个鳞片的下面，都可以看见一个稍稍有一点儿透明的小块儿。紧挨着这个小块儿的后面，有两个大大的黑点。那不是别的什么东西，那就是这个可爱的小动物的一对小眼睛了。螳螂幼虫静静地在那个薄薄的片下面伏卧。【名师点睛：通过作者的细致观察，我们在巢穴里找到了小螳螂的位置，作者从螳螂的眼睛开始描述，表现了它的可爱。】

如果再观察仔细一点，就会发现它已经有将近一半的身体解放出来了。那么，让我们再来看看这个小东西的身体是怎样的吧。它的身体主要以黄色为主，还掺杂着一些红色。它长着一个十分肥胖而且硕大的脑袋。从这个幼虫的表皮来看，它的那对特别大的眼睛非常容易就能被分辨出来。它把自己的小嘴贴在胸部，腿又和它的腹部紧紧地挨在一起。这只小小的幼虫，从它的外形上看，如果没有它那些和腹部紧贴着的腿，其他部分很容易让人联想到另一种动物的状态，那就是刚刚才离开巢穴的蝉的最初状态。这两者简直是像极了。【写作借鉴：外形描写，作者详细描写了小螳螂的外貌，加深了我们对小螳螂的认识。】

和蝉一样，为了便捷与自身的安全，幼小的螳螂刚刚钻出巢降临到这个世界上，就必须穿上一层结实的外套来保护自己。要是幼虫打算从那狭小而又弯曲的小道里爬出巢来，而在此之前就把自己的小腿完全伸展开来，那几乎是不太可能的事。

这是因为，如果它真的完全伸展开身体，它那高高翘起的用来杀戮敌人的长矛，还有竖立起来的那极其灵敏的触须，就会完全把自己出世的道路给阻挡住了，这样它根本就无法前行，更别提从通道中爬出来了。也正是这个原因，这个小动物在它刚刚降临到这个世界上的时候，它是被包裹在一个像一只小船一般形状的襁（qiǎng）褓团团中的。

在幼虫刚刚降生的时候，它出现在巢中的薄片下面不久，它的头就开始逐渐长大，并继续膨胀，一直到像一粒水泡一样为止。这个有力气的小生命会在出生后不久，就开始靠自己的力量努力生存。它持续不断地伸缩着，努力地解放着自己的身体。它就是用这样的方法，每做一次动作，脑袋就会稍稍地变大一些。到了最后的时刻，它胸部的外皮终于破裂了。然后，它便更加努力地"乘胜追击"。它剧烈地摆动，速度也更加快了。它拼命挣扎着，用尽浑身的力气，锲（qiè）而不舍地弯曲扭动着它那副小小的躯干。看来，它真的是义无反顾地痛下决心要挣脱这难缠的外衣的束缚，它一定很想马上看到外面的大千世界究竟是个什么样子。渐渐地，它的腿和触须最先得到了解放。然后，通过后来不断地摆动与挣扎之后，它终于完全实现了自己的目的。【写作借鉴：精确的动作描写和细腻的心理刻画，融合着拟人化的生动描摹，将螳螂幼虫强烈的求生欲望表现得淋漓尽致，让人不得不感慨动物生存本能之强大。】

有几百只小螳螂，它们同时团团地拥挤在如此狭小的巢穴之中，这场景，倒真的可以说是一种了不起的奇观呢！在这小螳螂幼虫还没有集体打破外衣，没有集体冲出褪裩变成螳螂的样子之前，总会最先露出它们的那双小眼睛向外观看。我们通常很难见到一个螳螂幼虫独自行动。情况恰恰相反，它们就好像是在什么统一的信号指挥下行动一样。每当有这信号传达出来，几乎所有的卵在同一时刻孵化出来：一起打破它们的外衣，从硬壳中将身体钻出来。就像这样，在这一刹那之间，螳螂的巢穴中就如同召开大会一样，一下子集合起无数个幼虫来。它们将这个不太大的地方挤得满满的。【名师点睛：作者把螳螂孵化的场景描绘得具有强烈的画面感和表现力，这刹那间的变化让人惊叹。】它们近乎狂热地爬动着，看上去既兴奋又急切，它们要马上脱掉这件困扰它们生活的讨厌的外衣。它们有的不小心跌落，有的则使劲地爬行到巢穴附近的其他枝叶上面去。在接下来的几天中，还会有一群幼虫在巢穴中出现，它们同样要进行与前辈们相同的工作，直到它们全都孵化出来。于是，繁衍就这样时刻不停地继续着。

然而，世间总是有很多不幸！这些可怜的幼虫竟然孵化到了这样一个布满危险与恐怖的世界上来，虽然它们自己还并不清楚明白这一点。【名师点睛：这段话起转折作用，同时也设下悬念，让人好奇幼虫们会遇到怎样的危险。】

我曾经在门外边的围墙内，或者是在树林中的那些幽静的地方观察过它们好多次。每当看到那些小小的卵在孵化，一个个幼虫破壳而出，我总怀揣着一种美好的愿望，希望能够尽自己微薄的力量，保护好这些可爱的小生命，让它们能够平平安安而且快快乐乐地在这个世界上生活。但事情总是不能如愿。已经至少有二十次了（而实际上要比这个数目多得多），我总是能看到极其残暴的景象，总是能亲眼看见那令人恐惧的场面。

这些乳臭未干的小虫，当它们还未懂得什么叫危险的时候，就已经命丧黄泉；它们还没来得及体验一下生活，享受一下宝贵的生命，就已经丧命于刽子手的手中了，实在是太可怜了！【名师点睛：作者进一步渲染感情，表达对遭遇不测的幼虫的深切同情，同时也将这未知的危机放大，吸引读者的阅读兴趣，让人们想一探究竟到底是什么危险。】螳螂虽然产下了许多卵，然而事实上，它所生产出来的卵并没有足够的数量。至少，它产下的那些卵，有很大一部分被那些早已在巢穴门口埋伏多时的强大敌人所吃掉。只要幼虫出现，它们便会不失时机地加以杀戮。

对于螳螂幼虫而言，蚂蚁是它们最具杀伤力的天敌。每一天，我都会在不经意之间看到，一只只蚂蚁不厌其烦地到螳螂巢穴旁边守候。它们非常有耐心，而且信心十足地等待时机的成熟，以便立即采取强有力的行动。每当我看到它们，都会千方百计地帮螳螂把它们驱赶掉。【名师点睛：这句话体现了作者的善良和爱心，我们可以感受到他对小动物的关爱之情。】可惜，我的行动几乎起不到作用，我没有足够的能力驱逐它们。因为，它们总是抢先一步，率先占据有利的地形。如此说来，蚂蚁的时间观念还是很强的。虽然它们早早就在大门之外守候，可它们却很难深入到巢穴的内部去。这是因为，螳螂巢穴的四周都有一层厚厚的坚硬墙壁，这便形成了一道十分坚固的壁垒，而蚂蚁对此束手无策。它们还没有足够的智慧自己想出冲破这一层屏障的办法。所以，它们总是埋伏在巢穴的门口，静候它们的俘虏出来。

就因为这样，螳螂幼虫的处境实在是非常危险的。只要它跨出自家大门一步，那么马上就会成为蚂蚁的猎物，葬送掉自己的生命。因为守候在巢边的蚂蚁是绝不会轻易放过任何一顿美餐的。一旦有猎物探出头来，蚂蚁便立刻将其擒住，再用力扯掉幼虫身上的外衣，毫不客气地将其撕成碎片。

在这场战斗中，你可以看到，那些只能靠随意摆动身体来进行自我保护的小动物，会与那些前来捕获食物的异常凶猛、残忍的强盗进行激烈的拼杀。尽管这些小动物非常弱小，但它们仍然坚持着、挣扎着，不放弃一丝生存的机会。但是，这种挣扎与那些暴徒的残暴之举相比，实在是太微不足道了！用不了多久，也就是一小会儿的工夫，这场充满血腥的大屠杀便宣告结束了。<u>在这残暴的屠杀之后，能够幸存下来的，只不过是碰巧逃脱了敌人恶爪的少数几个幸存者而已。而其他的小生命，都已经成为蚂蚁的口中之食了。就这样，一个原本人丁兴旺的家族衰败了。</u>【名师点睛：螳螂是凶残的昆虫，但在幼小的时候却是任人宰割的状态，可见昆虫世界残酷的生存法则。】

这是非常奇怪的事情。我们在上文曾经提到过，螳螂是一种十分凶残的动物。它不仅以锋利的杀伤性武器去攻击并捕食其他的动物，而且会以自己的同类为食，并且在食用自己的至亲骨肉时，竟然还会那样心安理得。

然而，就是这种可以被视为昆虫杀手的螳螂，<u>在它的生命初期，竟还会牺牲在这极其渺小的蚂蚁的魔爪下，这真是一个奇妙的现象！大自然创造的生命真是让人不可思议啊！这个小小的恶魔，眼睁睁地看着它自己的家族被毁灭，眼睁睁地看着自己的兄弟姐妹被一群小小的侏儒所欺凌和吞食，却丝毫没有办法，只能傻傻地目送亲人们远离这个充满危险的世界。</u>【名师点睛：这里用"侏儒"来代指蚂蚁，表明蚂蚁这个对手的弱小，也表现了螳螂幼虫刚来到这个世界时，会遇到不可想象的危险。】

然而，这样的情形并不会持续太久。因为，遭遇不测的只是那些刚刚出世、才从卵中孵化出来的幼虫而已。当这些幼虫开始在大自然中生活以后，过不了多久，便可以拥有强壮的体魄。这样一来，在成长了一段时间之后，它就具备自我保护的能力了，再也不是任人宰割的可怜虫了！

当螳螂长大以后，情况就完全不同了。当它从蚂蚁群里迅速走过，它所经过的地方，那些曾经任意行凶的敌人纷纷跌倒下来，没有一个有能力去攻击和欺负这个已经长大了的"弱者"。螳螂在行进的时候，会把它的前臂放置在胸前，摆出一副自卫的警戒状态。它那种傲慢的态度和不可小视的神气，早已经把这群小小的蚂蚁吓得胆战心惊，它们再也不敢轻举妄动，而有些胆小鬼甚至已经望风而逃了。【名师点睛：通过长大前和长大后的不同情况的对比，讽刺了蚂蚁恃强凌弱的行为，衬托了螳螂的高傲和厉害。】

事实上，螳螂还有很多敌人，而不只是这些小个子的蚂蚁。而且其他的敌人还要强大得多。这些天敌可不像蚂蚁那样容易被吓倒。举例来说，那种在墙壁上面居住的小型的灰色蜥蜴，就很难对付。那些小小螳螂的自卫和恐吓的姿势，在它那里是完全起不到作用的。小蜥蜴进攻螳螂的方法主要是用它的舌尖，一个一个地舐起那些刚刚幸运地逃出蚂蚁虎口的小昆虫。

虽然一个小螳螂还不能填满蜥蜴的嘴，但是我们可以从蜥蜴的面部表情清楚地看出，这小螳螂是极美味的食品。看来，它相当满意，每吃掉一个，总是要微微闭一下眼皮，这真的表现出它的满足来。【名师点睛：作者连小动物的微表情也精确捕捉到了，从中揣测它们的心理，不愧是昆虫心理学的专家。】然而，对于那些年幼而又倒霉的小螳螂而言，它们可真的是"才出虎穴，又入狼窝"了！

不仅仅是在卵孵化出来以后是如此危险，事实上，甚至在卵还没有完全发育成熟的时候，就已经有万分危险笼罩着它们了。【名师点睛：这个过渡句为下文的描写做铺垫。】

有这样一种体形小巧的野蜂，它身上长着一种刺针，这种刺针极其尖利，它足以刺透螳螂用泡沫硬化以后筑成的巢穴。这样一来，螳螂的后代就如同蝉的子孙一样，遭受到相同的命运。这位无理的入侵者，在并没有受到邀请的情况下，就在螳螂的巢穴中擅自产下自己的卵。而且它的卵孵化起来也要早于这巢穴本来的主人。于是，螳螂的卵就会无可避免地受到侵略者的骚扰，被侵略者吞食。如果说螳螂产下一千枚卵，那么，最后能够幸存下来，而没有遭受厄运被残酷地毁灭掉的，大概也就只有一对而已。【名师点睛：孵化之前只有千分之二的存活率，可见螳螂的生活真是危机重重。】

　　这样一来，下面的这条生物链便形成了：螳螂以蝗虫为食，蚂蚁又会吃掉螳螂，而蚂蚁又是鸡的美食。然后，等秋天来了，鸡长大了，也长肥了，我们就又会把鸡做成佳肴吃掉，这实在是太有趣了！

　　或许螳螂、蝗虫、蚂蚁，甚至是其他长得更为微小的动物，被我们食用之后都可以增加脑力。它们采用一种非常奇妙但又极不常见的方法，为我们的大脑提供某种有益的物质。然后，再作为我们思想之灯的燃料，使我们的精力慢慢地发达起来，然后储蓄起来，并且一点一点地传送到我们身体的各个器官，流进我们的血脉里。它们滋养着我们身上的每一处不足，我们就是在它们死亡的基础之上生存的。这世界本来就是一个没有起始的循环着的圆环。各种物质完结以后，会在此基础上有其他物质重新开始一切。从某种意义上讲，各种物质的死，就是各种物质的生。它有着极其深刻的哲学含义。【名师点睛：作者用哲学家的眼光来思考问题，从昆虫世界思考到整个世界，探究社会人生，富含深刻的哲学含义。】

　　若干年前，人们总是习惯性地用迷信的眼光来看待螳螂的巢。在普罗旺斯这个地方，螳螂的巢被人们视为一种可以医治冻疮的灵丹妙药。很多人会用一个螳螂的巢来治病，他们把它劈成两半，将里面的浆汁挤出来，涂抹在患病的部位。农村里的人也常说，螳螂巢有着极好的功效，仿佛有什么神奇的魔力一样。然而，我自己并没有这样的感觉。不仅如此，还有一些人盛传，说螳螂巢医治牙痛也非常有效。假如你有了它，就再也不会被牙痛所困扰了。通常情况下，妇女们会在月夜里到野外去收集它，然后小心翼翼地把它收藏在杯碗橱柜的角落里，或者是把它们缝在一个袋子里面，仔细珍藏起来。如果附近的邻居们，有人患了牙痛病的话，就会跑来借用。妇女们把它叫作"铁格奴（Tigno）"。

如果是脸肿了的病人，他们会说："请你借给我一些铁格奴吧，我现在痛得厉害呢！"被求助的人就会赶快放下手里的针线活儿，拿出这个宝贝来。

而且她会很慎重地对朋友说："随便你怎么使用都可以，但是一定不要把它丢掉。我也仅剩这么一个了，而且，现在又没有月亮！"【写作借鉴:语言描写,作者假设情景进行对话描写,突出表现他们坚信螳螂巢能治病的认知模式。】

令人无法想象，农民们的这种心理上的简单而幼稚的行为，竟然被十九世纪的一位英国医生兼科学家所超越。他曾经向我们讲述过一个十分荒唐可笑的事情。他说在那个时候，如果一个小孩子在树林里迷了路，他就可以请求螳螂帮他指路。并且，他还告诉我们："螳螂会伸出它的一只足,告诉他正确的道路,并且很少甚至从不会有任何错误。"

Z 知识考点

1._____是螳螂幼虫的天敌。

2.判断题:螳螂是一种会食用同类的动物。 （　　）

Y 阅读与思考

1.螳螂身上有哪些武器？

2.螳螂是用什么办法制敌并屡屡获胜的？

蜜蜂、猫和红蚂蚁

M 名师导读

在本章中，作者介绍了三种大家都很熟知的小动物，作者为什么要将它们放在一起介绍呢？这三种不同的小动物身上有什么共同点吗？

我对蜜蜂有极大的兴趣，希望能够了解更多关于它们的故事。我曾听说它们有辨认方向的能力，无论被抛弃到哪里，它们总是可以回到原处。于是我想亲自做一次尝试。【名师点睛：作者开篇说明马上会有一场实验，将大家的兴趣吸引到了蜜蜂身上，增加了文章的趣味性。】

有一天，我让我的小女儿爱格兰在屋檐下等着。然后我在屋檐下的蜂窝里捉了四十只蜜蜂，我把蜜蜂放在纸袋里，带着它们走了二里半路，接着打开纸袋，把它们放飞在那里，看它们是不是真的可以飞回来。

为了区分飞到我家屋檐下的蜜蜂是否是被我扔到远处的那群，我在每个被放飞的蜜蜂的背上都做了白色的记号。虽然在这过程中，我的手被刺了好几次，但我一直坚持着做完，甚至忘记了自己的疼痛，只是紧紧地按住那些蜜蜂，把工作做完。结果有二十只蜜蜂受伤了。当我打开纸袋时，那些被闷了好久的蜜蜂一拥而出地向四处飞散，好像在区分哪个才是回家的方向。

把蜜蜂放走的时候，有微风从空中吹过。蜜蜂们飞得很低，几乎要触到地面，也许这样可以减少风的阻力，可是我就想不明白，它们飞得这样低，怎么可以眺望到它们遥远的家园呢？走在回家的路上，我想到在它们面前的恶劣环境，心里猜测它们定然是找不到回家的方向了。【名师点睛：

作者猜测蜜蜂是找不到回家的方向的，事实真的会如他所想吗？为下文做铺垫，达到出人意料的效果。】可还没等我跨进家门，爱格兰就冲出来，她激动极了，脸红红的。

她冲着我喊道："有两只蜜蜂回来了！在两点四十分的时候回到巢里的，还带回了满身的花粉！"

我放蜜蜂的时间是两点整。也就是说，在三刻钟左右的时间里，那两只小蜜蜂飞了二里半路，这还不包括中途采花粉的时间。

到了那天傍晚的时候，其他蜜蜂还没有赶回来。可是第二天当我检查蜂巢时，又看见了十五只背着白色记号的蜜蜂回来了。这样，二十只蜜蜂中有十七只没有迷失方向，它们准确无误地回到了家，尽管逆向的风阻碍着它们，尽管沿途陌生的景物干扰着它们的视线，但它们确确实实地回来了。也许是因为它们怀念着巢中的小宝贝和丰富的蜂蜜，凭借这种恋家的强烈本能，它们回来了。是的，这并不能说是一种超常的记忆力，而是一种不可解释的本能，而我们人类正缺少这样的本能。

有人说猫也和蜜蜂一样，能够认识自己的归途，而我一直没有相信这个说法。直到有一天我家的猫的确这样做到了，我才不得不相信这一事实。【名师点睛：通过介绍蜜蜂和猫共同的特点，将话题从蜜蜂过渡到了猫的身上，过渡自然流畅。】

那一天，我在花园里捡到一只小猫，它并不漂亮。薄薄的毛皮下显露出一节一节的肋骨，瘦骨嶙峋的。那时我的孩子们还都很小，他们对这只小猫很好，常喂给它一些面包吃，一片一片还都涂上了牛乳。小猫愉快地吃了好多，然后就走了。尽管我们一直在它后面温和地叫着它，"咪咪，咪咪——"，它还是义无反顾地走了。可是过了一会儿，小猫又饿了。它从墙头上爬下来，又美美地吃了几片。孩子们怜惜地爱抚着它瘦弱的身躯，眼里满是同情和关爱。

我们都很喜欢它，于是我和孩子们做了一次讨论，我们一致赞成驯养它。后来，它果然不负众望，长成一只小小的"美洲虎"——红红的毛，黑色的斑纹，虎头虎脑的，还有两对锋利的爪子。我们给它取了个名字叫作"阿虎"。【写作借鉴：外貌描写，说明小猫在作者一家的温馨照料下健康长大，与初见时瘦骨嶙峋的模样有了很大的不同，这样的对比衬托出作者一家对小动物的关爱之情。】后来阿虎有了伴侣，那也是一只从别处流浪来的小猫。它们俩生了一大堆小阿虎。不管我家有什么样的变迁，我一直收养着它们，大约有二十年的时间了。

第一次搬家时，我们很为它们担忧。如果遗弃它们，那么它们将失去我们的照顾而再度过上流浪的生活。可是如果把它们带上的话，也许雌猫和小猫们还能够听话，保持安静，可那两只大雄猫——一只老阿虎、一只小阿虎在旅途上是一定会吵闹不休的。最后我们做出了一个狠心的决定：把老阿虎带走，把小阿虎留在此地，另外找一个家收留它。

答应收留小阿虎的是我的朋友劳乐博士。于是在某天晚上，我们把它装在篮子里，送到他家去。我们回来后在晚餐席上谈论起这只猫，说它运气真好，找到了一户可以收养它的人家。可正说着，一个东西突然从窗口蹿进来，吓了我们一跳。仔细一看，这团狼狈不堪的东西正快活而亲切地用身体在我们的腿上蹭着，它正是那只被送掉的小阿虎。

于是第二天，我们便听到了关于它的故事：它在劳乐博士家被锁在一间卧室里，而当它发现自己已在一个陌生的地方做了囚犯时，它就发疯一般地乱跳。一会儿跳到家具上，一会儿跳到壁炉架上，撞着玻璃窗，似乎要把每一样东西都撞坏。劳乐夫人被这个小疯子吓坏了，赶紧打开窗子，于是它就从窗口里跳了出来。几分钟之后，它就回到了原来的家。

朋友们，这可不是件轻而易举的事啊，它几乎是从村庄的一端奔到另一端，在这之间有无数错综复杂的街道，其间可能遭遇到几千次的危险，比如碰到顽皮的孩子，或是碰到凶恶的狗，还有好几座桥。

可是它并不愿意绕着圈子去过桥，它拣取了一条最短的路径，于是它就勇敢地跳入水中——它那湿透了的毛告诉了我们一切。【名师点睛：作者详细写了小阿虎可能遇到的困难，将它长途跋涉的艰辛过程描绘出来，让人对这个执着的小家伙心生怜悯和敬佩之情。】

　　我很可怜这只小猫，它如此忠心耿耿地对待我们，我们怎么还能弃它不顾？我们都同意带它一起走，可正当我们担心它在路上会不安分的时候，这个难题竟"解决"了。因为几天之后，我们发现它躺在花园里的矮树下，身体已经僵硬了——有人把它毒死了。是谁干的呢？这种举动绝不会是出自好意！

　　还有那只老阿虎。当我们离开老屋的时候，它消失得无影无踪。于是我们只好另外给车夫两块钱，请他帮忙寻找那老阿虎，无论什么时候找到它，都要把它带到新家这边来。当车夫带着我们最后一车家具来的时候，他把老阿虎也带来了。它被藏在座位底下。当我打开这活动囚箱，看到这前两天就被关进去的囚徒的时候，我真的不能相信它就是我们的老阿虎了。

　　阿虎跑出来的时候，活像一只可怕的野兽。张牙舞爪的，口里挂着口水，嘴唇上沾满了白沫，充血的眼睛睁得大大的，毛全都倒竖起来，已经完全没有了原来的神态和风采。【写作借鉴：外貌描写，它曾被称作是活泼可爱的"美洲虎"，现在却变成了这副样子。变故来得如此突然，我们不禁想问这个小家伙到底是怎么了。】难道搬家的变故使它发疯了吗？我仔细把它检查了一番。

　　我终于明白了，它并没有疯，只是被吓坏了。可能是车夫捉他的时候把它吓坏了，也可能是长途旅行把它折磨得筋疲力尽。我不能确定到底是什么原因使它这样，但显而易见的是，它的性格大变。它不再常常口中念念有词，也不再用身体蹭我们的腿了，一天到晚只有一副粗暴的表情和深沉的忧郁。慈爱的抚慰也不能消除它的苦痛了。

　　终于有一天，我们发现它躺在火炉前的一堆灰上，它死了，它的生命结束在忧郁和衰老之中。如果它还年轻，有充足的精力的话，它会不会跑回到我们的老房子去呢？我不敢断定。但是，这样一个小生灵，因为衰老而失去了回到老家的体力，终于得了思乡病，忧郁而死。这总是一件令人感慨的事！【名师点睛：动物跟人一样，也会思念家乡，也会抑郁成疾。作者将猫人格化，把猫的灵性展现了出来。】

当我们第二次搬家的时候，阿虎家族的老一辈已完全没有了：老的死了，新的生出来了。其中有一只成年的小阿虎，长得酷似它的先辈。也只有它会在搬家的时候给我们增加麻烦。至于那些小猫咪和猫妈妈们，是很听话的，只要把它们放在一只篮子里就行了。而那只小阿虎却得被单独放在另一只篮子里，以免它把大家都闹得不太平。这样一路上总算相安无事。

到了新居以后，我们先把母猫们抱出篮子。它们一出篮子，就开始对新屋进行审视和检阅，一间一间仔细地看过去。它们靠粉红色的鼻子嗅出了那些熟悉的家具的气味。它们找到了属于自己的桌子、椅子和铺位，可是周围的环境确实不一样了。因而它们惊奇地发出微微的"喵喵"声，眼睛里还时时闪着怀疑的目光。我们疼爱地抚摸着它们，让它们尽情享用一盆盆的牛奶。第二天它们就像在原来的家里一样习惯了。

可是轮到我们的小阿虎，情形却相差太多了。我们把它放到阁楼上，让它渐渐习惯新的环境，因为那儿有好多空屋可以让它自由地游玩。我们给它加倍的食物，轮流陪着它，并常常把其余的猫也捉上去和它做伴。我们想让它知道，在这新屋里它并不是孤独的。为了让它忘掉原来的家，我们想尽了一切办法。【名师点睛：作者为了让小阿虎熟悉新环境费心费力，担心它会像先辈一样过于思念家乡，这样的忧虑为后文埋下伏笔。】

后来，它看上去似乎真的忘记了——每当我们抚摸它的时候，它都会非常温和驯良；叫它，它也会"咪咪"地叫着弓着背走过来。这样关了一个星期，我们觉得应该恢复它的自由了，于是把它从阁楼上放了出来。它走进了厨房，和别的猫一同站在桌边。后来它又走进了花园，我的女儿爱格兰紧紧地盯着它，看它会有什么异样的举动——那是一副非常天真的样子，东瞧瞧，西看看，最后仍回到屋里。太好了，小阿虎已经习惯了，不会再出逃了。

可是第二天，当我们唤它的时候，任凭我们叫了多少声"咪咪咪咪——"，就是没有它的影子！我们四处寻找，丝毫没有结果。骗子！骗子！我们都被它给骗了！它还是走了，我说它是回到老家去了，可是家里人都不相信。【名师点睛：作者虽然称呼小阿虎为"骗子"，但焦急的情绪下更多的是对这个小家伙的担忧，他断定小阿虎是回到原来的房子了，说明他对动物的想法了解得很透彻。】

我的两个女儿为此特意回了一次老家。不出我的所料，她们果然在那里找到了小阿虎。她们把它装在篮子里又带了回来。虽然天气很干燥，也没有泥浆，可它的爪子上和腹部都沾满了沙泥。无疑它一定是渡过河回老家去的，当它穿过田野的时候，泥土就粘在了它湿漉漉的毛上。而我们的新屋，距离原来的老家，足足有四里半呢！【名师点睛：这么远的距离，也拦不住深深思念老家的小阿虎。猫恋家的本能让人感叹。】

于是我们只好把这个逃犯再次关在阁楼上，整整两个星期之后，再放它出来。结果不到一天工夫，它就又跑回去了，对于它的未来，我们只能听天由命了。后来一位老屋的邻居来看我们，说起它，说他有一次看到它口里叼着一只野兔，躲在篱笆下。是啊，它必须得用自己的力量去寻找食物了，再也没有人喂食给它了。后来就再也没有它的消息传来了。它的结局一定是悲惨的，它变成了强盗，当然会遭遇强盗一样的命运。

这些是真实的故事，它们证明了猫和蜜蜂一样，有着辨别方向的本领。还有鸽子也是，当它们被送到几百里以外的时候，它们都能回来找到自己的老巢。还有燕子，以及许多的鸟都是这样。

让我们再继续对昆虫的叙述吧。蚂蚁和蜜蜂是昆虫中最相似的两种动物，因此我很想知道它们是不是像蜜蜂一样有着辨别方向的本领。

【名师点睛：这段话起到了过渡的作用，从蚂蚁和蜜蜂的相似点出发，让我们的注意力转移到了蚂蚁的身上，照应了题目。】

在一块废墟上，有一个红蚂蚁的山寨。红蚂蚁既不会抚育儿女也不会寻找食物，它们的生存手段，只有用不道德的办法去掠夺黑蚂蚁的儿女，把它们养在自己家里，而将来这些被它们强行掠夺来的蚂蚁就永远沦为了奴隶。

夏天的下午，我时常看见红蚂蚁出征的队伍。这队伍有五六码长。当它们发现黑蚂蚁的巢穴时，队伍的前面就会出现一阵忙乱，几只蚂蚁间谍先离开队伍往前走。后面的蚂蚁仍旧列着队伍蜿蜒不停地前进。有时候有条不紊(wěn)[形容有条有理，一点不乱]地穿过小径，有时在枯枝败叶中若隐若现。

最后，当到达黑蚂蚁巢穴的时候，它们就长驱直入进入到小蚂蚁的卧室里，把它们抱出来。在巢内，红蚂蚁和黑蚂蚁会有一番激烈的厮杀，可是最终败下阵来的黑蚂蚁只能无可奈何地让强盗们把自己的孩子抢走。

让我再详细叙述它们一路上回去的情形吧。

有一天我看见一队出征的蚂蚁沿着池边前进。那时天刮着大风，许多蚂蚁被吹进了池塘，白白地做了鱼的美餐。而这一次鱼又多吃了一批意外的食物——黑蚂蚁的婴儿。显然蚂蚁不如蜜蜂聪明，会选择另一条路回家，它们只会沿着原路返回。【写作借鉴：做比较，作者在这里将蚂蚁和蜜蜂做比较，说明它们虽然都能回家，但路线是不一样的，衬托出蜜蜂的聪明。】

我不能把整个下午都花费在这一队蚂蚁身上，所以我让小孙女拉茜帮我监视它们。她很高兴地接受我的嘱托，因为她喜欢听蚂蚁的故事，也曾亲眼看到红蚂蚁的战争。凡是天气好的时候，小拉茜便蹲在园子里，瞪着小眼睛在地上四处张望。

有一天，我在书房里听到拉茜的声音："快来快来！红蚂蚁已经走到黑蚂蚁的家里去了！"

"你知道它们是怎么走的吗？"

"知道，我都做好了记号。"

"什么记号？你怎么做的？"

"我沿路撒了好多小石子。"

于是我急忙跑到园子里。她说得对，红蚂蚁们正沿着那一条白色的石子路凯旋呢！而当我用一张叶子截走几只蚂蚁放到别处，结果它们就这样迷了路。其他的，凭着它们的记忆力沿着原路回去了。<u>这说明它们并不像蜜蜂那样，懂得辨认回家的方向，而仅仅是凭着对沿途景物的记忆寻找到来路的。所以即使它们出征的路程很长，需要几天几夜，但只要沿途的景物不变，它们就能找回来</u>。【名师点睛：作者在最后总结了观察结果，不同于猫和蜜蜂的恋家本能，蚂蚁没有辨认方向的能力，是靠着对沿途景物的记忆找到了回家的路。】

Z 知识考点

1.蚂蚁凭着_____找到来路，蜜蜂会选择另一条路回家，但是蚂蚁只会_____。

2.判断题：蜜蜂能辨别方向，能够认识自己的归途。 （   ）

Y 阅读与思考

1.学习完这一章节，你知道哪些动物有辨别方向的本领？

2.猫为什么要执着地回到原来的家？

开隧道的矿蜂

M 名师导读

你见过蜜蜂开隧道吗？这种蜜蜂被称作矿蜂，它们这么小的身体，是怎么开隧道的呢？快来看看吧！

有一种体形细长的蜜蜂叫作矿蜂，它们的身材大小不同，大的比黄蜂还大，小的比苍蝇还小。但是它们有一个共同的特征，即在腹部的底端有一条明显的沟，沟里隐藏着一根刺。当有敌人来侵犯时，这根刺可以沿着沟来回移动，以便保护自己。我这里要讲的是一种有红色斑纹的矿蜂。雌蜂有着炫目而美丽的斑纹，黑色和褐色的条纹环绕在它细长的腹部。至于它的身材，大约和黄蜂相差不多。【名师点睛：作者简单描摹了矿蜂的样子，让我们对它有了初步的认识。】

它们往往把巢建在结实的泥土里面，因为那里没有崩塌的危险。就像我家院子里那条平坦的小道就是它们最理想的屋基。每年春天，它们都会成群结队地来到这里安营扎寨。每群的数量不一，最多的有上百只。这个地方就是它们的城市。

在这里，每只蜜蜂都有自己单独的房间，这个房间除了它自己以外，是不可以让他人进去的。如果有哪只不识趣的蜜蜂想闯进别人的领地，那么主人就会毫不犹豫地刺它一剑。【写作借鉴：用"不识趣"来形容蜜蜂，将蜜蜂人格化，突出表现它们的领地意识很强，还很危险。】因此，大家都各自守着自己的家，从不互相冒犯，和平的气氛充满了这个小小的蜜蜂社会。

一到四月，它们就开始自觉地忙碌起来了。它们的工作成绩只有在那一堆堆新鲜的小土堆中显现。至于那些辛勤的劳动者，我们几乎是没有机会看到的。它们通常在坑的底下忙碌着，有时在这边，有时在那边。我们可以在外面看到，那些小土堆渐渐地有了动静，从顶部开始，接着就有东西沿着斜坡从顶上滚下来。一个劳动者捧着满怀的垃圾，从土堆顶端的开口处抛到外面来，而它们自己却不出来。

五月到了，太阳和鲜花给动物们带来了欢乐。四月的矿工们，这时却已经忙着四处采蜜了。它们常常披着满身黄色的尘土停在土堆上，而那些土堆也早已变成一只倒扣着的碗了，那碗底上的洞就是它们家的大门了。

它们的地下建筑在靠近地面的部分有一根几乎垂直的轴，大约有铅笔那样粗细，在地面下约有六寸到十二寸的深度，这个部分就算是家的走廊了。

走廊的下面，就是一个个小小的巢。【名师点睛：作者按照从外到内的顺序依次介绍了它们家的大门、走廊还有小巢，画面具有空间感，而且用人类居住地的名词来形容昆虫的住所，拉近了它与读者之间的距离。】这些小巢呈椭圆形，大概有四分之三寸长。那些小巢通过一条公共的走廊通到地上。

每一个小巢内部都被修饰得光滑而又精致。我们可以看到一个个淡淡的六角形的印子，这就是它们最后一次工作时留下的痕迹。这么精细的工作它们究竟是用什么工具来完成的呢？答案是它们的舌头。

我曾经把水灌进巢里面，想知道会有什么后果，可是水一点儿也流不进去。这是因为在巢上被矿蜂涂了一层唾液，这层唾液像油纸一样包住了巢。即使外面的雨下得再大，也不会弄湿巢里的小蜜蜂的。

矿蜂一般在三四月里筑巢。这时的天气并不好，地面上也少有花草。它们在地下工作，用它的嘴和四肢代替铁锹和耙子。当地面上堆满了成堆的泥粒之后，巢也就渐渐地做成了。最后只要用它的铲子——舌头，涂上一层唾液，整个工程就该完工了。【名师点睛：承接上文，介绍了矿蜂如何用舌头完成高难度的工作，突出介绍舌头的功用，与前文相呼应。】当快乐的五月到来，地下的工作完毕，那和煦的阳光和灿烂的鲜花便也开始向它们招手了。

田野里长满了各种各样的花，蒲公英、野蔷薇、雏菊花随处可见，而在花丛里尽是些忙忙碌碌的蜜蜂。它们满载花蜜和花粉，兴高采烈地回去了。它们回到自己的城市前，会突然改变飞行的方式，它们很低地盘旋着，好像认不清这么多外观相似的地穴哪个才是自己的家。但是用不了多久，它们就各自认清了自己的记号，快速又准确地钻了进去。

斑纹蜂作为矿蜂的一种，也像其他蜜蜂一样，每次采蜜回来，总是先把尾部塞入小巢内刷下花粉，然后转过身再把头部钻入小巢，这样花蜜就洒在花粉上了——劳动成果就这样被储藏起来。虽然每一次采集的花蜜和花粉都微乎其微，但它们的勤劳最终会积少成多，把小巢装得满满的。然后斑纹蜂就开始制造一个个"小面包"，"小面包"是我给这些精巧可爱的食物起的名字。

斑纹蜂开始为它未来的子女们准备食物了。它把花粉和花蜜搓成一粒粒豌豆大小的"小面包"，这种"小面包"并不是我们了解的面包的样子：干花粉包裹在甜甜的蜜里，而这些花粉并不甜，也没有味道。外面的花蜜是小蜜蜂早期的食物，而里面的花粉则为长大一点的小蜜蜂提供营养。

斑纹蜂准备好了食物，便开始产卵。它不会像别的蜜蜂一样，产了卵后就把小巢封起来。它还要继续采蜜，并且看护它的宝宝们。【写作借鉴：通过做比较的说明方法，突出斑纹蜂和其他蜜蜂的不同生活习性。】

小蜜蜂在母亲的精心养护和照看下渐渐长大，当它们进入作茧化蛹的时期，斑纹蜂就用泥把所有的小巢都封起来。而在它完成了这项工作以后，也就到该休息的时候了。如果不出意外的话，小蜜蜂经过短短的两个月孵化之后，就能跟随它们的妈妈，去花丛中工作和玩耍了。

然而斑纹蜂的生活并不像想象中那样安逸，有许多凶恶的强盗埋伏在它们周围，有一种小蚊子，是矿蜂真正的劲敌。

这是什么样的蚊子呢？它小得微不足道，身体不到五分之一寸长，有着红黑色的眼睛，而脸却是白色的。它有暗银灰色的胸甲，上面长着五排微小的黑点儿，还有许多刚毛，灰色的腹部，黑色的腿，像极了一个又凶恶又奸诈的杀手。【写作借鉴：作者在这里详细描写了小蚊子的外形，将它比作心狠手辣又奸诈狡猾的杀手。它微小的体形和作者形容的危险性形成强烈的反差，勾起了读者的好奇心。】

在我所观察到的这一群蜂的活动范围内，有许许多多这样的蚊子。在太阳底下这些蚊子会找一个隐蔽的地方潜伏起来，等到斑纹蜂采了许多花粉飞回来时，它们就紧紧地跟在后面，跟着斑纹蜂飞舞、打转。忽然，斑纹蜂俯身一冲，冲进自己的屋子。立刻，小蚊子们也就跟着停在洞口，它们把头向着洞口，就这样纹丝不动地等上几秒钟。

它们常常这样面对着面，僵持在只有一个手指那么宽的距离之外。但是它们彼此都异常镇定。斑纹蜂是温厚的长者，如果它愿意，完全有能力把守在门口的那个破坏它家庭的小强盗打倒。它也可以用嘴把它咬碎，可以用刺把它刺得遍体鳞伤。可它没有这么做，它任凭那小强盗安然地埋伏在那里。而那令人讨厌的小强盗呢？虽然有强大的对手在它眼前虎视眈眈，尽管它也知道斑纹蜂不费吹灰之力就可以把它撕碎，可它没有显现出丝毫恐惧的样子。【名师点睛：一个是宽容慈爱的长者，一个是霸道无畏的小强盗，作者通过塑造这两个截然不同的昆虫形象，给人强烈的反差感，衬托出斑纹蜂的不明智和蚊子的狡猾。】

不久斑纹蜂就飞走了，蚊子便开始了行动。它飞快地进入了巢中，就像回到自己的家里一样从容。它可以在食物丰富却没有主人的储藏室里胡作非为了。因为这些巢都还没有封好，它从从容容地选好一个巢，并把自己的卵产在里面。在主人回来之前，不会有什么来打扰它，它是安全的。而在主人回来的时候，任务早已完成，它也就拍拍屁股逃之夭夭了。【写作借鉴：用语精练，"胡作非为""从从容容""逃之夭夭"，这几个词既精练，又贴切，将蚊子强盗的行径表现得很生动。】然后，它便在附近再找一处藏身，等候着第二次盗窃的机会。

几个星期后，再让我们来看看斑纹蜂藏在巢里的花粉团吧！它们早已被吃得一片狼藉。而在藏着花粉的小巢里，我们会看到几条有着尖嘴的小虫在蠕动——它们就是蚊子的小宝宝。在它们中间，我们有时候也会发现幸存的斑纹蜂的幼虫——它们本该是这房子的真正的主人，却已经被饿得瘦极了。原该属于它们的一切都被那帮贪吃的入侵者剥夺了。这些可怜的小东西只有渐渐地衰弱、萎缩，最后消失掉了。而那凶恶的蚊子的幼虫甚至连这尸体也都一口一口地吞下去了。

小蜜蜂的母亲虽然常常来探望自己的孩子，可是它似乎并没有意识到巢里已经发生了天翻地覆的变化。它从不会毫不犹豫地把陌生的幼虫抛出门外，也不会把它们杀掉，它只认为巢里躺着的是它亲爱的小宝贝。它还会认真小心地把巢封好，好像自己的孩子正在里面睡觉一样。其实，那时巢里已经空空如也，连那蚊子的宝宝也早已趁机逃走了。【名师点睛：小蜜蜂遭遇危机，它们的母亲却一无所知，昆虫的智慧是有限的，但关爱孩子的本能是不变的。狡猾的蚊子利用这一点在蜜蜂的巢穴产下自己的卵，并让自己的宝宝吞噬蜜蜂的宝宝，如此凶狠毒辣，怪不得有杀手之称。】

小蜜蜂的母亲实在是太可怜了！

斑纹蜂的家里如果没有意外，也就是说没有被那样的小蚊子所偷袭，那么它们大概会有十个姐妹。它们不用再另外挖隧道，以便节约时间和劳动力，只要继续住在它们的母亲遗留下来的老屋就是了。大家都客客气气地从同一个门口进出，各自做着自己的工作，互不打扰。不过在走廊的尽头，它们会建出各自的家，每一个家都有一群小屋，那是它们自己挖的，只不过那走廊是公用的。

让我们来看看它们是如何奔忙的吧。当一只采完花蜜的蜜蜂从田里回来，它的腿上会沾满花粉。如果那时家门刚好开着，它便立刻一头钻进去——因为它忙得很，根本没有时间在门口徘徊。有几只蜜蜂同时到达门口的情况也很常见，可是那隧道又狭窄得不允许两只蜂并肩通过，尤其是在大家都满载花粉的时候，只要轻轻一碰花粉就会都掉到地上，那么半天的辛勤劳动就白费了。于是它们有它们的规矩：靠近洞口的一个赶紧先进去，其余的依次在门口排队等候。第一个进去，第二个快速跟上，然后是第三个，第四个，第五个……大家就这样排着队很有秩序地进去了。【名师点睛：作者通过描写矿蜂在隧道里奔忙的场景，将它们守秩序、守规矩的良好品质都表现了出来。】

有时候也会碰到这样的情况：一只刚要出来的蜜蜂与另一只正要进去的蜜蜂相遇。在这种情况下，那只要进去的蜜蜂会很客气地让路，让里面的蜜蜂先出来。蜜蜂们在自己的同类面前，都是非常有风度、有礼貌的。有一次我看到一只蜜蜂已经从走廊到达洞口，马上要出来了，可它又突然退了回去，把走廊让给刚从外面回来的蜜蜂。多有趣啊！这种互助谦让的精神实在令人佩服，值得人学习。正是在这种精神的支持下，它们的工作才能如此迅速地进行。【名师点睛：多么有礼貌的蜜蜂啊！作者描绘了两只蜜蜂相遇的场景，将虫性和人性交融，集趣味和哲思于一体，抒发了对蜜蜂互助谦让精神的敬佩之情。】

让我们睁大眼睛仔细地观察，更有趣的事情出现了！当一只蜜蜂从花田里采了花粉回到洞口的时候，我们可以看到一块堵住洞口的活门忽然落下，一条通路显露出来。而当外来的蜜蜂进去以后，这活门又升上来把洞口堵住。同样，当里面的蜜蜂要出来的时候，这活门也是先降下，等里面的蜜蜂飞出去后，再升上来关好。

这里为什么会有这个像针筒的活塞一般忽上忽下的东西呢？这也是一只蜂，是这所房子的门警。【写作借鉴：作者用设问的手法引出了对门警蜜蜂的介绍。】它用它大大的头顶住了洞口。当这所房子的居民要进出的时候，它就会拔起"门闩"，也就是说，它会立刻退到一边——那儿的隧道特别宽大，可以容得下两只蜂。当别的蜜蜂都通过了，它便又上来用头顶住洞口。它一动不动地守着，是那样尽职尽责，它是不会擅自离开岗位的，除非它不得不去驱除一些不知好歹的不速之客。

这位门警偶尔也会到洞外来走一走，让我们趁机仔仔细细地看看它——我们发现它和其他蜂没有什么不同，只是它的头长得很扁，衣服是深黑色的，并且有着一条条的纹路。身上的绒毛已经看不清了，它本该有的那种美丽的红棕色的花纹也没有了。【写作借鉴：外形描写，我们可以看出这只尽职尽责的门警蜜蜂样子已经不再年轻了，它的身上有着岁月的痕迹，往日的艳丽都已不在。那么，为什么会是这样的一只蜜蜂来当门警呢？作者接下来会告诉你答案。】这一套破碎的衣服似乎让我们了解了一切。

这一只用自己的身躯顶住门口充当门警的蜜蜂，它看起来比谁都显得沧桑和衰老。而事实上它正是这所屋子的建筑者，这群工蜂的母亲，现在的幼虫的祖母。就在三个月之前，它还是年轻的，那时候正是它独自辛辛苦苦地建造起这座房子。现在它算是告老退休了——不，它没有退休，它还在发挥它的余热，它正用全力来守护着这个家呢。

你听过那多疑的小山羊的故事吗？它会从门缝里往外张望，并且对门外的狼说："你是我们的妈妈吗？请你把白腿伸给我看，如果你的腿是黑色的，就不是我的妈妈"。【写作借鉴：作者引用了小山羊的童话故事，增加了文章的趣味性，将多疑的小山羊和看守巢穴的门警蜜蜂进行对比，衬托出门警蜜蜂尽职尽责的工作态度和警惕严厉的性格特征。】

我们这位老祖母的警惕绝不亚于那小山羊。它会对每一位来客说："把你蜜蜂的黑脚伸给我看，否则就别想进来。"

只有当它认出这是它家的成员时，才会开门，否则它是绝不会让任何客人进入到它家里去的。

你看！一只蚂蚁在洞旁走过，它一定是一个大胆的冒险家。它一定很想知道这个散发着一阵阵诱人的蜂蜜香味的地方究竟是怎样的。

"滚开！"老蜜蜂摇了摇头说道。蚂蚁吓了一跳，悻悻地走开了。它走开还是明智的，如果它仍在蜂房旁逗留的话，那老蜜蜂就要离开自己的岗位，飞过去不客气地攻击它了。

也有一种樵叶蜂，它们并不擅长挖隧道，它只有寻找人家从前挖掘好的隧道来居住。斑纹蜂的隧道对它再适合不过了。那些以前受蚊子偷袭、被蚊子占据的斑纹蜂的巢一直就是空的。因为蚊子断了它们家的后代，整个家就破败凋零了。于是樵叶蜂就顺理成章地占据了这个空巢，利用一下这个废弃的屋子了。

为了找到这样的空巢，以便于让它存放那些用枯叶做成的蜜罐，这帮樵叶蜂常到斑纹蜂的领地里来巡视。有时候它似乎找到了目标，可还没有站稳脚跟，它的嗡嗡声就已经引起了门警的注意。门警就会立刻冲出洞来，在门口做几下手势，告诉它这洞早就有主人了。樵叶蜂明白它的意思，也就只好立即飞到别处去找房子了。

有时候门警没有出来，樵叶蜂就已经急不可耐地把头伸了进去。于是忠于职守的老祖母立刻用头来塞住通路，并且发出一个警示的信号，警告它这间屋子的主人还在，樵叶蜂立即明白了这屋子的所有权，很快就离开了。

有一种"小贼"，它是樵叶蜂的寄生虫，有时候也会受到斑纹蜂的教训。我曾亲眼看到它受到了重罚。这鲁莽的小东西一闯进隧道便为所欲为，以为自己进的是樵叶蜂的家。可是不一会儿，它就发现这是一个致命的错误，这里是斑纹蜂的家，而不是樵叶蜂的。它碰到了守门的老祖母，被严厉地惩罚了一顿。于是它只好急急忙忙地逃到外面去。同样，其他野心勃勃又没有头脑的傻瓜，如果也想闯进斑纹蜂的家，那么它也必将受到同样的待遇。【名师点睛：作者列举了樵叶蜂和它身上的寄生虫小贼在守门的老祖母面前败下阵来的例子，突出了老祖母的凶狠，它虽然年迈，但守护家族的热情让它宝刀未老。】

有时候守门的蜜蜂也会和另外一位老祖母发生争执。七月中旬，在蜜蜂们最忙的时候，我们会看到两种完全不同的蜂群：那就是老蜜蜂和年轻的母蜂。年轻的母蜂漂亮又灵敏，忙忙碌碌地飞来飞去，灵巧地往返于花与巢之间。而那些年老的蜜蜂，早已失去了青春和活力，只是从一个洞口踱到另一个洞口，看上去像是迷失了方向而找不到自己的家。

【名师点睛：年轻的母蜂漂亮有活力，年老的蜜蜂却老无所依，这种鲜明的对比略显残忍，为何差别如此之大，矿蜂不是彬彬有礼的生物吗？让我们随着作者一起去弄清真相吧。】

　　这些可怜的流浪者究竟是谁呢？它们是失去了家庭的老蜜蜂，因为它们受了那些可恶的小强盗的蒙骗。当初夏来临的时候，这些老蜜蜂发现从自己的巢里钻出来的不是自己的孩子，而是可恶的蚊子，这才恍然大悟、痛心疾首。可是为时已晚，它已经成了无家可归的孤老。

【名师点睛：照应前文，真是可怜的母蜂啊！不仅失去了自己的孩子，年老之时还孤苦无依，都是可恶的蚊子作祟。作者的语言饱含对老蜂的同情。】它只好委屈地离开自己的老家，到别处去另谋生路——看看哪一家需要一个管家或是门警。可是那些幸福的家庭都有自己的祖母来照看一切。而这些老祖母往往对这些外来的、抢自己饭碗的老蜂心存敌意，给它一个很不客气的答复。的确，一个家只需要一个门警就足够了。如果有两个的话，反而会把那原本就不宽敞的走廊给堵住。

　　有些时候，两个老祖母之间真的会发生一场恶斗。当流浪的老蜜蜂停在别家门口的时候，看门老祖母会一边紧紧守着门，一边张牙舞爪地向外来的老蜂挑战。而输掉的那一方，往往是那身心疲惫、悲伤孱弱的老孤蜂。

　　这些无家可归的老蜜蜂会有什么命运呢？它们会一天天地衰老下去，渐渐地数目会越来越少，最后绝迹了。它们有的是被那些灰色的小蜥蜴吃掉的，有的是饿死的，有的是老死的，还有的是万念俱灰、心力衰竭而死的。

　　至于那守门的老祖母，它似乎从不用休息，每天清晨天气还很凉快的时候，它便已经上岗到位了。到了中午，正是工蜂们采蜜最忙的时

昆虫记

候，许许多多蜜蜂从洞口进进出出，而它仍旧守护在那里。到了下午，外边燥热得很，工蜂不去采蜜了，都留在家里建造新巢，而这时候的老祖母也仍旧在上面坚守。在这种闷热的时候，它连瞌睡都不打一下。它是不能打瞌睡的，它守护着整个家的安全。到了晚上，甚至是深夜，蜜蜂们都休息了，而它还要像白天一样坚守，防备着夜里来的盗贼。【名师点睛：老祖母尽职尽责，老了依旧在发光发热，无私奉献。它在蜜蜂家族里依旧发挥着重要的作用，作者对它的赞叹之情不言而喻。】

在它小心的守护下，整个蜂巢的安全可以一直持续到五月以后。让那些抢巢的蚊子尽管来吧，老祖母会立即冲出去和它拼个你死我活。但这个时候它们不会来，因为在明年冬天到来之前，它们还只是蛹，还躲在茧子里面。

虽然没有蚊子，但还有很多其他的寄生虫。它们也会来侵犯蜂巢。但奇怪的是，我天天认真观察那个蜂巢，却从未在它的附近发现什么蜂类的敌人。它在整个夏天都那么安静而平和。可见这老祖母十分厉害，已经吓跑了那些暴徒，也可见老祖母是何等警觉了。

Z 知识考点

1._____是矿蜂的劲敌。

2.判断题：樵叶蜂不擅长挖隧道，所以它会找矿蜂的空巢，以便于存放枯叶，有时候它冒失地闯进了有主的蜂巢，就会受到矿蜂老祖母的惩罚。 （　　　）

Y 阅读与思考

1.矿蜂靠什么精密的武器完成高难度的工作？

2.矿蜂们在隧道里排队进出说明了什么？

萤

　　想必大家都听过萤火虫的大名吧？这些小东西晚上会在草丛里游荡，发出一闪一闪的亮光，可漂亮了，它们到底为什么会发光呢？一起来看看吧！

一、它的外科器具

　　在众多种昆虫中，很少有会发光的，但其中有一种却以发光而著名。这个稀奇的小动物像是在尾巴上挂了一盏灯似的，每天用这明亮的灯光来表达它对快乐生活的美好祝愿。即便是我们并不认识它，不曾在黑夜里见过它从草丛上飞过，更不曾见过它从圆月上飞下来，就算我们没有深入地了解过它，那么至少，从它的名字上我们可以多少有一些了解。古代的时候，希腊人曾经把它叫作亮尾巴，这是一个非常形象的名字。现在，科学家们给它起了一个新的名字，叫作萤火虫。

【名师点睛：在遥远的古代，萤火虫就为人们熟知，可见它是一种存活了很久的动物。】

　　事实上，萤根本不属于蠕虫——即便是从它的外表上来看，它也不能算作是蠕虫。它长着六只短短的腿，并且它懂得怎样去利用这些短足。从某种程度上说，它可真算得上一位真正的旅游家。当雄性的萤发育完全的时候，会有翅盖生长出来，就像真的甲虫一样。其实，它就是甲虫的一种。

　　然而，雌性的萤却并不像雄性的那样引人注意，它甚至从来都没有体会过飞行的快乐。这实在是太可怜了，它竟然不懂得世界上还有自由飞行这种快乐可以享受。它始终都处于幼虫的状态，也就是说处于一种不完全的状态，它似乎永远也不可能长大。

可是，即便是在这种状态下，"蠕虫"这个名字对于它来说也是很不贴切的。在我们法国，经常会用"像蠕虫一样的粉光"这样的话来形容一些没有丝毫保护和遮掩的动物，然而萤却是穿着衣服的。可以说，它的外皮就是它的衣服，它就是用自己的外皮来保护自己的。而且，它的外皮还具有非常好看的颜色呢：它的胸部有一些微红，但全身是黑棕色的，并且在它身体的每一节的边沿处，都有一些粉红色的斑点作为装饰。像这样美丽鲜艳的衣服，蠕虫怎么会有呢？【写作借鉴：作者在这里用反问的语气，增强阅读效果，说明萤外衣的漂亮，强调萤和蠕虫的区别。】

就算事实是这样的，我们也还姑且继续把它叫作发光的蠕虫吧。因为，这个名字是全世界的人都熟知的。

萤有两个很有趣的特点：首先，就是它获取食物的方法；其次，就是它尾巴上的那盏灯。

有一位在研究食物方面很著名的法国科学家曾经说过："如果让我知道，你吃的是什么东西，那么我就可以告诉你，你究竟是什么东西。"

【名师点睛：作者在介绍萤获取食物的方法之前，插入法国科学家的话，丰富了文章的内容，为后文做铺垫。】

同样的问题，应该也适用于任何昆虫。我们所研究的就是这些昆虫的生活习性——因为，我们人类常说"民以食为天"，那么，关于昆虫的食物方面的知识，便也是在它们的生活中最主要的问题。因而，它们的饮食习惯也就成了我们应该重点研究的问题之一。

虽然，从萤的外表来看，它似乎是一个纯洁善良而且非常可爱的小动物，但是事实上，它却是一个食肉动物，并且凶猛无比。它很善于猎取山珍野味，而且它还有着十分凶恶的捕猎方法。【写作借鉴：作者再一次强调了萤捕猎方法的凶恶，并通过描写它柔美的外表来突出这种反差，勾起了读者的好奇心。]这样看来，它那美丽的外表也是像其他一些昆虫一样的，是具有欺骗性的迷惑工具。通常，它喜欢捕获一些蜗牛来作为食物，而且人们早就了解到了它的这种喜好。而人们所不了解的，是萤的那种颇有些稀奇古怪的捕食方法。而且至今，我还并没有在其他的地方看到过相同的例子，足以见其非同一般。

下面就让我来详细叙述一下萤的这种捕食方法吧：在它开始捕食它的俘虏以前，它也是先要给它打一针麻醉药的，和其他的昆虫一样，先使这个小猎物失去知觉，从而失去防御抵抗的能力，才有利于它捕捉并食用。也许可以这样来打个比方，我们人类在动手术之前，都要先接受麻醉，渐渐失去知觉以后就不会感到疼痛了，它们的捕猎方法应该就是这个原理。【写作借鉴：作者在这里通过打比方的说明方法来说明萤的捕食方法，利用它和人类手术麻醉的例子的相似之处来做比较，增强说明的形象性和生动性。】

通常，萤所猎取的食物，都是一些很小很小的蜗牛，它们很少能捕捉到比樱桃大的蜗牛。在天气非常炎热的时候，经常会有大群的蜗牛聚集在路旁边的枯草或者是麦根上，就像集体纳凉一般。正因为酷热难耐，它们成群结队地一动也不动地伏在那里，就像生怕稍稍动一动，就会中暑一样。它们就这样静止着，懒洋洋地度过炎热的夏天。于是，我便会经常在这些地方看到，一些萤在咀嚼它们那已经失去知觉的俘虏。萤就是在这些摇摆不定的植物上把它们麻醉了的。

除了上述路边的枯草、麦根等地方以外，萤也常常选择其他一些可以获得食物的地方出没或停留。例如，它常到一些阴凉潮湿的沟渠附近去转悠。因为这样的地方，通常都会有很多杂草密密地生长在那里，因而也就可以在那里找到大量的蜗牛。这可真是难得的美餐啊！饱饱地吃上几顿是完全没有问题的。萤经常在这些地方，把它们的俘虏杀死在地上——就像人类的就地处决一样——干净利落地结束战斗。然后，获得丰厚的战利品。我为了方便观察，就在我自家的屋子里，制造出类似这样的场所，吸引萤到这里来捕食。因此，待在家里，我便可以制造出一个战场，让我更加仔细地观察它们的一举一动。【名师点睛：在自己的家中制造一个昆虫之间的战场，可见作者对昆虫研究的痴迷程度多么深，体现了他对昆虫的热爱。】

那么，下面就让我来叙述一下这奇怪的场面吧。

我取来一只大玻璃瓶，然后再在里面放进一些小草，随后我便将几只萤和一些蜗牛放了进去。我所选用的蜗牛，大小都比较合适，不算特别大，也不算特别小。当这一切都准备就绪以后，我们所需要继续进行的工作，就是等待，而且是极其耐心的等待。另外，还有最为重要的一点，那就是必须十分留心，时刻注意着玻璃瓶中发生的一切动静，就算是极其微小的动作也不能轻易放过。因为这整个的捕猎事件，通常都是在不经意的时候发生的，而且也不会持续很长的时间，几乎就是一瞬间的事情。所以，我必须目不转睛地紧紧盯住瓶中的这些小动物。

不一会儿，我希望看到的事情就要发生了。萤已经开始注意到那些食物了。看起来，蜗牛对于萤而言，的确是具有极强的、难以抗拒的吸引力。在一般情况下，根据蜗牛的习性，除了外套膜的边缘那一部分会微微露出一点儿以外，身体的其他部分全部都隐藏在它的家中——它一直背着的壳子里面，因为这样它才会觉得更安全一些。【名师点睛：蜗牛有壳保护，自身警惕意识也很强，把自己都藏在了壳里，这样一来就为萤的狩猎增加难度，进一步铺垫，引出对萤狩猎方式的介绍。】

于是，这位猎人跃跃欲试，准备要发起总攻了。它首先采取的行动，就是把自己随身携带的兵器迅速地抽出来——这件兵器是那样细小，如果不依靠放大镜的帮助，简直是一点儿也看不出来。萤的身上长有两片颚，它们分别弯曲起来，再合拢到一起，就形成了一把钩子——尖利、细小，就像毛发一样纤细的钩子。倘若把它放到显微镜下面观察，我们就可以发现，在这把钩子上有一道沟槽。这件武器就是这个样子的，并没有什么其他更特别的地方。然而，这可是一件非常厉害的兵器，是可以轻易地置对手于死地的利刃。

这个小小的昆虫，正是利用这样一件兵器，在蜗牛的外膜上不停地、反复地刺击。但是，萤却始终保持一种很平和的态度，神情也很温和，并不凶恶残酷，冷眼看去，好像并不是猎人在捕获食物，攻击它的俘虏，倒好像是两个动物在亲昵接吻一般。就像小孩子在一起互相戏弄对方的时候，常常用两个手指头，互相握住对方的皮肤，轻轻地揉搓一样。【名师点睛：作者用平和的语言来描绘捕猎的场景，用"亲吻"来形容萤的动作，场面看似平静温和，实则暗藏危机。】也许，通常我们会用"扭"这个字眼儿来形容这个动作。但事实上，这种动作近乎相互搔痒，而并不是那样重重地击打。

那么现在，也让我们来使用"扭"这个字吧。如果说描述动物，除了那些最简单平实的字以外，那些在言语中使用频繁的字，大部分都是用不到的。但是，应该允许我们这样说：萤是在"扭"动蜗牛，这也许更贴切一些。

萤在扭动蜗牛时，颇有它自己的方法。你会觉得它一点儿也不着急，不慌不忙的，而且很有章法。它每扭动一下对方之后，都要停下来一小会儿，仿佛是在做一些观察，看看这一次的扭动产生了什么样的效果。萤扭动的次数并不多，也就五六次而已。就是这么简单的几下，便足以让蜗牛动弹不得，失去一切知觉而不省人事。再后来，也就是在萤开始享用它的时候，再扭上几下。看起来，这是很重要的几下扭动。

但是，萤究竟为什么还要再扭上几下呢？我就真的不得而知了。确实在最初的时候，只要轻轻地攻击几下，就足以使蜗牛慢慢地失去知觉而不能动弹了。那么，它们为什么在食用前，还要再扭几下呢？我始终也没有想明白，所以至今仍是个谜。萤的动作异常迅速而敏捷，快得如同闪电一般，一瞬间就已经将毒汁从沟槽注射到蜗牛的体内了。

【写作借鉴:照应前文,将萤捕猎的速度比作闪电,形容速度之快。还好作者早有准备,前文就说过这是一瞬间的事情,果然不出他的意料,体现了作者观察的细致,连这么快速的动作都能捕捉到。】这只是刹那间的一个动作,如果不是非常仔细地观察,是没那么容易就看到的。

当然,有一点是不必怀疑的,那就是在萤对蜗牛进行刺击时,蜗牛是感觉不到丝毫的痛苦的。对于这个小小的推测,我曾经做过一次小实验来证实:我利用一只萤去进攻一只蜗牛,当萤扭了它四五次以后,我立刻迅速地把那只受到毒汁侵害的蜗牛拿开。然后,用一根细小的针去刺激这可怜的蜗牛的皮肤。可是那块被刺伤了的肉,竟然没有一点儿收缩的迹象,没有丝毫的反应。这就已经很明显了,此时此刻,这只受到攻击的蜗牛已经一点儿活气儿也没有了。它已经不会感觉到任何痛苦,因为它早就已经游荡到另一个世界里去了。

还有一次,我偶然地发现一只可怜的蜗牛遭到了萤的袭击。当时,这只蜗牛正在自由自在地向前爬行着——它的足慢慢地蠕动,触角长长地伸着。忽然,这突如其来的刺激和兴奋,使这只蜗牛不由自主地抽动了几下。然后,它马上就静止了下来。它的足不再向前缓缓爬动,整个身体也全然失去了刚才的那种温文尔雅[温文:态度温和,有礼貌;尔雅:文雅。形容人态度温和,举动斯文。现有时也指缺乏斗争性,做事不大胆泼辣,没有闯劲]的曲线。它那长长的触角也变软了,不再伸展了,有气无力地垂下来,就像是一根坏了的手杖一样,再也感受不到任何东西了。【写作借鉴:作者用比喻的修辞手法,把蜗牛比作坏掉的手杖,把有生命的物体比作没有生命的东西,说明蜗牛此刻的模样已经看不到生机,跟死物没有两样了。】所有的这一切现象都表明,这只蜗牛已经死了,它的灵魂已经到另一个世界里去了。

然而实际上,这只蜗牛并没有完全死去。我完全有办法让它重新活过来,给它第二次生命。【名师点睛:设置悬念,吸引读者的阅读兴趣,引发读者的思考,难道作者有超能力,能够起死复生?他会怎么做呢？】就在这个可怜的蜗牛生不生、死不死的几天内，我每天都坚持给它洗澡，清洁身体，尤其是清洗伤口。就这样，在几天以后，奇迹就出现了。这只被萤无情地伤害了的蜗牛，这只悲惨的、几乎丧命的小动物，竟然恢复到了以前的状态，它甚至已经能够自由地爬行了。

同时，它的知觉也恢复正常了，当我再用小针刺激它的肉时，它立刻就会做出反应——小小的躯体会马上缩到背壳里去躲藏起来。这充分说明它已经完全恢复了知觉，就像并没有受到那些伤害一样。现在，它完全可以爬行了，那对长长的触角又重新伸展开了，就像从来没有发生过什么意外的事情一样。而且令人惊喜的是，它的精神甚至更好了。在它失去知觉的那些日子里，它就像进入了一种完全无知的沉醉状态，一切事物、一切变化都惊动不了它，而现在就大不一样了。它醒了，而且是完全苏醒了。它从死亡中复活了，奇迹般地逃离了魔爪，获得了新的生命。

在我们的科学中，人们已经发明创造了可以让人不会感觉疼痛的方法，并已经利用在外科手术上。这种方法经过了多次医学上的实践，已经被证明是非常成功的了。然而，就在人类还没有找到这种方法之前，萤以及很多其他种类的动物，就已经使用了好久了。

所不同的是，外科医生在手术前，会让我们嗅乙醚气体或者是注射其他麻醉剂。而那些昆虫所采用的方法却不同，它们会利用天生就长着的毒牙，向自己的猎物注射少量的特殊的毒药，以达到让它失去知觉的目的。【写作借鉴：通过对比，说明外科医生和萤使用麻醉方法的不同。】

当我们偶然想到蜗牛具有这样温柔、平和而无害的天性，再看到萤却要采取这种注射毒汁来麻醉它的特殊方法来制服它，然后以它为食的时候，我们总会有些奇怪的感觉。但是，我想我可以了解，萤利用这种方法来猎取蜗牛的种种鲜为人知的理由。

如果蜗牛在地上爬行，或者蜷缩在自己的壳子里，那么，对它进行种种攻击，并不是困难的事情。原因是这样的，因为蜗牛除了背上背着的壳儿以外，并没有任何可以遮盖的东西来保护自己了，而且，蜗牛身体的前部是完全暴露在外面的，根本毫无遮挡。但是实际上，事情并没有这么简单。蜗牛不仅仅会在地上爬行，它还经常置身于高且不稳定的地方：它喜欢趴在草秆的顶上，喜欢待在表面光滑的石头上。如果它贴身在这些地方，那么就不需要什么其他的保护了。因为，这样的地点本身就为它提供了再好不过的天然屏障。这是什么原因呢？这是因为当蜗牛把自己的身体紧紧地依附在这些东西上面时，这些东西就自然而然地起到了盖子的作用。于是，便能很好地保护蜗牛了。不过，就算是在这样的保护之下，只要稍稍有些不小心，哪怕只有一点儿没有遮盖严密，一旦被萤发现，那么它的钩子可是一点儿也不讲情面的。只要有机可乘，它是绝不会放弃的。而且，萤的钩子总有办法可以触及蜗牛的身体。它会一下子将猎物钩住，释放出毒液，于是蜗牛便失去知觉了。然后萤就可以找个地方坐下来，安安稳稳地享用它的美餐了。【名师点睛：蜗牛即使有外壳的保护，也避免不了萤的趁机下手，体现出萤的凶残和蜗牛的可怜。】

　　不过，蜗牛身居高处，也是有一定危险的。【名师点睛：昆虫界自有残酷的生存法则，柔弱的动物面临重重的危机。】当它爬到草秆上时，也是很容易跌下来的。哪怕有一点儿轻微的扭动，或者是挣扎，蜗牛就会移动它的身体。而一旦蜗牛落到地面上，那么，萤就不得不去选择一个更好的猎物。所以，萤捕捉蜗牛时，必须使它感觉不到丝毫的痛苦，使它没有知觉，让它动弹不得，从而就不能轻易地跑掉了。因此，萤在进攻蜗牛的时候，通常都会采取很轻微的触动方法，以免惊动了这只蜗牛，更避免它从摇摆不定的草秆上掉落下来。否则的话，就前功尽弃，白费一番心思了。这样看来，我推测萤之所以具备这样的外科器具，理由也就应该是这样了吧！除此之外，我真的再也找不出更合适的理由了。

　　二、蔷薇花饰物

萤不仅会在草木的枝干上结束战斗，使它的俘虏逐渐失去知觉，而且为了避免意外的发生，就算这里是存在一定危险性的地方，萤也会很快地就地把它解决处理掉，也就是把它给完全吃掉。所以，萤获得食物的过程可并没有想象中那么简单容易！

那么，萤在吃蜗牛的时候，又是采用怎样奇特的方法呢？它真的是在食用它吗？是不是也需要把蜗牛分解成小块，或者是割成一些小碎片或碎粒的样子，然后再慢慢地、细细地咀嚼品味它呢？【名师点睛：作者对萤进食蜗牛的方法提出了自己的猜想，通过一连串的疑问句构成悬念，吸引读者的注意，使读者带着问题往下深究。】由于我从来没有在这些动物体内发现过任何这种小颗粒食物，我猜想，它并不是以这样普通的方式来食用蜗牛的。

我认为萤的吃，并不是通常意义上的吃，它只不过是以另一种方式来解决问题罢了。具体方法应该是这样的：它要将蜗牛先制成非常稀滑的肉粥，然后再来饮用。就像蝇吃小虫一样，它能够在捕获食物之后，先把它变成流质，然后再痛快地享用。

更为具体的情形和做法是这样的：无论这只蜗牛有多大，萤都会先使蜗牛失去知觉，在开始的时候，总是只有一只萤来享用它。然后就会有客人三三两两地跑过来，它们绝不会与主人发生任何争执，它们会聚集到一起，和主人一起分享食物。【名师点睛：昆虫界中不少昆虫为了食物互相残杀，但是萤的客人却不和主人发生争执，主人也乐于分享，这是为什么呢？作者埋下伏笔，为下文介绍萤的嘴巴做铺垫。】再过两三天以后，如果把蜗牛的身体翻转过来，将它的壳朝下放置，那么它体内剩余的东西，就会像锅里的羹一样流出来。到了这个时候，萤的膳食也就开始了。它所吃下的只不过是一些其他动物吃剩下的东西。就这样，一只蜗牛被众多昆虫同时分享了。

事实是很明显的，与前面我们看到过的"扭"的动作相似，经过几次轻咬之后，蜗牛的肉就已经变成了肉粥。【名师点睛：前后照应，这里

105

提到与"扭"的动作相似的轻咬，与前文中的内容相呼应。】然后，许多其他昆虫跑过来共同享用。它们都很随意，每一个客人都毫不客气地把它吃掉。同时，每一位客人又都利用自己的一种消化素把它变成肉汤。<u>它们需要用这种方法来进食，说明萤的嘴是非常柔软的。</u>【名师点睛：*介绍萤的进食方式后说明原因，条理清晰，同时也为我们说明了萤的嘴巴柔软的特点。*】萤在用毒牙给蜗牛注射麻醉剂的同时，也会注入其他的物质到蜗牛的体内，以使蜗牛身上固体的肉能够变成流质。这样，那柔软的嘴便有了适合的食物，也就使它吃得更加方便自如。

那被我关在玻璃瓶里的蜗牛，它并不是一直都站得特别稳，因此它总是非常小心谨慎的。有的时候，蜗牛会爬到瓶子的顶部，而那顶口是用玻璃片盖住的，于是为了能够更加稳固、踏实地停留在那里，它就要利用自己身体中拥有的黏性液体，将自己粘在那个玻璃片上。如此一来，的确是非常稳固安全的。只不过一定要用足够多的黏液才行，不然的话，哪怕就稍微少了那么一点儿，都将是十分危险的——在这样的情况下，即便是轻微的一个动作，也足以使它的壳脱离那个玻璃片，掉到下面去。

而萤则常常要利用一种爬行器——为了弥补它自己腿部以及足部力量的不足——爬到瓶子的顶部去。它们会先仔细地观察一下蜗牛的动静，然后做出相应的判断和选择，再寻找方便下来的地方。当确定好这一切以后，再那么迅速地轻轻一咬，于是对手便失去知觉了。这一切都在刹那间发生。接下来的事情大家也都清楚了，萤绝不会拖延时间，它会马上开始抓紧时间来制造它的美味佳肴——肉粥，以便作为数日内的食品。

<u>萤在一阵风卷残云般的吞食以后便吃饱了，剩下的蜗牛壳也就完全空了。然而，没有了主人的空壳依然是粘在玻璃片上的，并没有脱落下来。而且，壳的位置也没有丝毫的改变，这都是黏液的作用。</u>【名师点睛：*黏液的黏性还没有退却，主人却已经沦为萤的盘中餐被享用完毕。*

空空的蜗牛壳仍然粘在那儿，这样的描写使人对可怜的蜗牛心生怜悯之情。那个牺牲了的蜗牛在没有一点儿反抗的情况下，就这样静悄悄地、不知不觉地被宰割了，最终，变成了别人嘴里营养丰富、美不胜收的大餐。如今，就在它那受到攻击的地点，它的身体逐渐流干了，只剩一个空空如也的壳儿。整个故事就是这个样子的。它向我们表明了一个事实：萤的这种麻醉式的咬伤，有着相当大的功效。因此可以说，萤处理蜗牛的方法是十分巧妙的。

萤要想顺利地完成自己的任务，达到自己的目的——比如，爬到悬在半空中的玻璃片上去，或者爬到有蜗牛小憩的草秆上去，必须具备一种特别的爬行足或其他什么有利的器官，这样才可以使它自己不至于在还未触及猎物时，就先从高空跌落下来，从而半途而废。它现有的笨拙的足显然是不够用的，于是它就必须有一种辅助的东西。

如果我们把一只萤放到放大镜下面进行仔细地观察和研究，我们就可以很容易地发现，在萤的身上的确存在着一种特别的器官。大自然在创造它的时候真的很公平，它是那样细心，并没有忘掉赐给它必要的工具。在萤身体的后半部，接近它尾巴的地方有一个白点。通过放大镜我们可以清楚地看到，这个白点是由一定数量的短小的细管或者是指头组合而成的。

有的时候，这些东西会合拢在一起，团成一团；而有的时候，它们则会张开，变成蔷薇花的形状。正是这种精细的结构，这些隆起来的指头，给萤提供了巨大的帮助，使得它能够牢牢地吸附在非常光滑的表面上，不仅如此，还可以帮助它向前爬行。如果萤想使自己紧紧地吸到玻璃片上，或者是草秆上，那么它就会放开那些指头，让蔷薇花绽放开来。【写作借鉴：作者运用比喻的修辞手法，把萤放开指头的动作比喻为蔷薇花的开放，用艺术家的眼光来欣赏这一过程，将画面描述得极具美感。】萤就利用这些小指头自然的吸附力而牢固地粘在那些它想停留的支撑物体上。而且，当萤想在它所处的地方爬行时，它只要让那些指头相互交错地一张一缩就可以了。因为有了这些微小的器官，萤才可以在看起来如此危险的地方自由地爬行。

那些长在萤身上的、构成蔷薇花形的指头是没有节的。但是，它们每一个都可以向任何方向随意地转动。而且事实上，与其说它们像指头，倒不如说它们更像一根根细细的管子。因为，这一个比喻似乎更加合适、贴切。如果说它们像指头的话，它们却并不能拿起什么东西，它们只能利用其吸附力而附着在其他东西上。【名师点睛：作者把握白点的具体特点来寻找恰当的比喻物，以加深我们对萤这一器官的印象。】它们是有很大的作用的，除了上面所说的黏附以及在危险处爬行这两大功能以外，它还具有第三种功能——当作海绵以及刷子使用。【名师点睛：这一句话将白点的三个功能概述出来，并且引起下文中对第三个功能的具体叙述。】

萤饱餐一顿以后，它会适当地休息，这个时候它便会利用这种自动的小刷子，在头上、身上到处进行扫刷和清洁，这样既方便，又卫生。因为那管子有着很好的柔韧性，而且使用起来又相当便利，所以它才能够如此游刃有余地利用身体的这一器官。在它饱餐之后，萤舒舒服服地休息一下，再用刷子清理——从身体的这一端刷到另外一端，而且非常仔细、认真，所有的部位都不会被遗漏掉。从这一点我可以推测，它是一种非常爱清洁、又很注意自身形象的小动物。从它那副神采奕奕、得意洋洋，又特别舒服的表情来判断，这个小动物对清理个人卫生的事情还是非常重视的，而且是非常有兴趣去做的。【名师点睛：作者作为一个昆虫心理学专家，研究萤的习性时对萤的心理揣摩得透彻，还流露出对小动物爱干净的赞美之情。】

当我们看到这些的时候，我们不禁会产生这样的疑问：为什么这个小东西会如此专心致志地拂拭自己呢？其实答案是显而易见的：把一只蜗牛做成一锅肉粥，花费了很多心思，然后再用很多天的时间去消化它，定然会把自己的身体弄得很肮脏。那么，在饱餐之后，的确很有必要认认真真地把自己的身体好好清洗一番，让自己焕然一新。

三、它的灯

我们正在介绍的萤，如果除了会利用那种类似于接吻一样的动作——轻轻地扭动几下——来施行麻醉术以外，再也没有什么其他的才能，那么它也就不会有如此大的名声了，更不会有这么多的人都知道它的大名。所以，它一定还具有一些其他的动物所没有的特殊本领，比如特异功能什么的。那么它究竟还有什么样的奇特本领呢？

我们大家都知道，它的身上还有一盏灯，它会在黑夜里点燃这盏灯。而在黑夜中为自己留一盏灯，照耀着自己前进的路程，这就是使它成名的最重要的原因之一了。【写作借鉴：与前文呼应，运用比喻的修辞手法，把萤的发光器官比作灯，引出对萤发光器官的介绍。】

雌萤发光的器官，生长在它身体最后三节的地方。在这三节的前两节中，每一节下面都发出光来，形成了宽宽的节形。而位于第三节的发光部位要比前两节小得多，那里只有两个小小的点。它发出的光亮从背面透射出来，所以我们可以在这个小昆虫的上下两面看见光。这些地方发出来的光是微微带有蓝色的、很明亮的光。

而雄性的萤却不同。与雌萤相比，雄萤只有雌萤那许多盏灯中的小灯，也就是说，只有尾部最后一节处的两个小亮点。而这两个小点，是所有的萤类都具有的一个器官，从萤还是幼虫开始，它们就已经具备了这两个用于发光的小点。此后萤长大，它们也随着萤的身体不断地长大，这在萤的一生中都不会有丝毫改变。这两个小点，通常是在身体的任何一个方向都能看见的。然而雌萤所特有的那两条宽带子则不同，它是只会在下面发光的。这就是雄、雌萤的主要区别之一。【名师点睛：作者直接点出雌萤和雄萤的区别，便于读者区分，将读者的目光吸引到了这两条发光的宽带子上，引出下文。】

我曾经在我的显微镜下观察过这两条发光的带子。在萤的皮上，有很细很细的粒形物质，那是由一种白颜色的涂料形成的，光就发源于这个地方。在这些物质的附近，更是分布着一种非常奇特的器官，那是一些生长着很多细枝的东西。这种枝干分散生长在发光物体的上面，有的还深入其中。

我可以清楚地说明，光亮是由萤的呼吸器官产生的。世界上有一些物质，当它和空气相混合以后，便会发出亮光，有一些甚至还会燃烧，产生火焰。这样的物质被人们称为"可燃物"。而那种和空气相混合后发光或者产生火焰的作用，则通常被人们称为"氧化作用"。【名师点睛：作者用通俗易懂的语言为我们科普了"可燃物"和"氧化作用"，传达了丰富的知识。】萤能够发光，正是为这种氧化作用提供了一个很好的例证与说明——萤的灯就是氧化的结果。那些像白色涂料一样的物质，就是经过氧化作用以后剩下的余物。氧化作用所需要的空气，是由与萤的呼吸器官相连的细细的小管提供的，而那种发光物质的性质，至今尚无人知晓其答案。

现在，有一个问题我们了解得还算清楚。我们知道，萤是有能力调节它身体上发出的亮光的强度的，也就是说，它可以随意地将自己身上的光加亮，或者是调暗，或者是干脆熄灭它。

那么，这个聪明的小动物，究竟是如何调节它自身的光亮的呢？经过仔细观察，我了解到，如果萤身上的细管里面流入的空气量增加了，那么它发出来的光的亮度就会有所增强；要是哪天萤觉得倦了，把气管里面空气的输送停止下来，那么，光的亮度自然也就会变得微弱，甚至熄灭。

还有一些外界的刺激，也会对气管产生影响。这盏精致的小灯——萤身上最后一节上的两个小点——哪怕只有一点点的侵扰，它都会立刻熄灭。这一点我确实深有体会，每当我想要捕捉这些幼稚可爱的小动物时，它们总是喜欢和我捉迷藏。明明就在刚才，清清楚楚地看见它在草丛里发光，并且飞舞个不停，可是只要我的脚步稍微有一点儿不慎，发出一点儿声响，或者是我在不知不觉中触动了身边的一些枝条，那个光亮就会马上消失掉，这个昆虫自然也就看不见了。这样，我也就失去了捕捉的对象，浪费了一次机会。【名师点睛：作者举出自己亲身经历的事件，说明受到惊扰的话，萤的光带会产生变化。语言生动，增强了文章的真实性。同时也表达了作者没有将萤捕捉成功的惋惜之情。】

然而雌萤的光带，即便是受到极大的惊吓与扰动，都不会有多大的变化。比如说，把一个雌萤放在铁丝做的笼子里面，空气是完全可以流通的。然后我们在铁笼子附近放上一枪。就是这样暴烈的声音，竟然对萤毫无影响。萤似乎什么也没有听到，就算是听到了，也置之不理。它的光亮依然在闪烁，没有丝毫的变化。

于是，我只好再换一种方法试探：我把冷水洒到它们的身上去，但是，仍然没有成功。然后，我又尝试了其他的方法，然而各种刺激居然都不奏效，没有一盏灯会熄灭，顶多是把光亮稍微停一下，而且这样的情况也是很少发生的。最后，我又拿了一个烟斗，吹进一阵烟到铁笼子里去。【名师点睛：作者用"于是""然后""最后"来承接变化的实验方式，说明作者从各个方面都做了实验，对生物研究一直怀有严谨的精神。】这一吹，那光亮倒真的停止了一段时间，有一些竟然熄掉了，可片刻之后便又点着了。等到烟雾全部散去以后，那光亮便又像刚才一样明亮了。如果把它们拿在手掌上，轻轻地捏一捏，只要你捏得不是特别重，那么，它们的光亮也并不会减少很多。所以，到目前为止，我们根本就没有办法能让它们同时熄灭。

从各个方面来看，毫无疑问，萤的确可以控制并调节它自己的发光器官，它可以随意地使它更明亮、更微弱，或是熄灭。【名师点睛：做完上面的实验后作者做出了总结，结合上面两段，作者运用了分分总的结构。】不过，也许在某一种我们还并不了解的条件下，它也会失去它的这种自我调节的能力。如果我们从它发光的地方割下一片皮来，把它放在玻璃瓶或管子里面，这块皮也仍然可以发光，不过亮度暗些罢了。

因为对于发光的物质而言，是并不需要什么生命因素来支持的。这是因为能够发光的外皮可以直接和空气相接触而发出光亮。因此，气管中氧气的流通也就不是必要的了。就是在那种含有空气的水中，这层外皮发出的光也和在空气中时一样明亮。然而，如果把它放在那种已经煮沸过的水里，由于空气已经被"驱逐"出来了，于是光也就会渐渐地熄灭。因此，再没有比这更好的证据来证明萤的光是氧化作用的结果了。

萤发出来的光，是白色且平静的。它那柔和的光对人的眼睛产生不了任何刺激。人们看过这种光以后，会自然而然地联想到，它们简直就是那种从月亮里面掉落下来的一朵朵可爱洁白的小花朵，充满诗情画意的温馨。【写作借鉴：作者用比喻的修辞手法，把萤的光比作月亮里掉落出来的小白花，也就是皎洁的月光，将光亮的柔美体现了出来。】

虽然这种光亮十分灿烂，但是同时它又是那样的微弱。假使我们在黑暗之中捉住一只细小的萤，然后用它的光向书上的文字照过去，我们便会很容易地辨别出每一个字母，甚至可分辨出不是很长的词来。超过了这光亮所照射到的狭小的范围，就什么都看不清楚了。不过，这样微弱的灯，这样吝啬的光亮，不久就会令读书人感到厌倦的。

然而，这些能够发光的小动物，这些本该在心中充满光明的小昆虫，事实上却是一群心理上相当黑暗的家伙。它们对整个家族完全没有感情。家庭对于它们来说是无关紧要的，柔情对于它们也是没有丝毫实际意义的。

它们会随时随地地产卵：有的时候，产在地面上；有的时候，产在草叶上。无论何时何地，也不管在什么样的条件下，它们都可以随意散播自己的后代。真可谓是四处闯荡，四海为家，随遇而安。而且在它们产下卵以后，就再也不去注意它们了，任凭它们自生自灭，自由地去生长。

从生到死，萤是一直放着亮光的，甚至连它的卵也会发光，幼虫也是如此。当寒冷的气候马上就要降临的时候，幼虫就会立刻钻到浅浅的地面下边去。假如我从地面下把它挖掘出来，它的小灯也仍然是亮的。即便是在土壤的下面，它的小灯也依旧点着，它会永远为自己点亮希望的灯！【名师点睛：即便是身处黑暗，也不忘点亮希望的明灯，从萤身上引申出这种可贵的品质值得我们学习。】

Z 知识考点

1.通常，萤会选择猎捕_____来作为食物。

2.判断题：本章作者总结了萤身上两个很有趣的特点，一个是它获取食物的方法，还有一个是它尾巴上的那盏灯。　　　　　　　（　　）

Y 阅读与思考

1.作者是如何赋予被萤袭击过的蜗牛的第二次生命的？

2.萤身上的白点器官有什么作用？

被管虫

M名师导读

被管虫是一种会给自己做衣服的昆虫。你知道吗？这个小家伙可是会讲究穿着、看重脸面的呢！一起来认识这个聪明的小裁缝吧！

一、衣冠齐整的毛虫

每当春姑娘到来之际，如果我们在破旧的墙壁和尘土飞扬的大道上，或是在那些空旷的土地上，用我们的双眼仔细去观察，一定能够找到一种特别奇怪的小玩意儿。

那个奇特的小玩意儿看似是一个小柴束，却不知为什么，它可以自由自在地行动，一跳一跳地向前走。这到底是怎么一回事呢？原本没有生命的东西却突然有了生命，不会活动的居然也能够跳动了。

这的确是一件稀奇的事情，实在令人感到奇怪。但是只要我们再走近一些，仔细地看一看，很快就能解开这个谜了。

在那些会动的柴束中间，藏着一条身上装饰着白色和黑色条纹的漂亮毛虫。【名师点睛：通过前面的铺垫，主角被管虫终于登场了。解开了谜，原来柴束会动，是因为里面有被管虫这个小东西。】倘若我们从未见过它甚至没有听说过它，那我们一定会觉得它的行为让我们有些捉摸不透。也许它是在为自己或者同伴寻找食物，也许它是想找到一个能让它安全顺利地化成蛾的地方。我们暂时不知道这些也没有关系，接着观察，就能在它的所作所为中了解清楚了。

它总是用树枝做成一件足够把自己的身体完全遮挡住，仅仅露出头和长有六只短足的前部的奇异服装，在树枝的保护下怯怯地向前走着。

因为它实在太小，一不小心就可能被其他的东西所伤害，所以它学会了一种自我保护的技能。它只要感受到一点小小的动静，就会迅速将身体藏进那树枝做的衣服里。

这就是一束柴枝也会走动的原因。柴束里面的毛虫就是柴把毛虫，它是属于被管虫一类的。这个既非常害怕寒冷又全身赤裸的被管虫，为了防御气候的变化，用自己的聪明才智特意建起了一个轻便又舒适的隐蔽场所，一个可以移动的安全的茅草屋。【名师点睛：这里将被管虫建的场所比作茅草屋，说明了它是以树枝作为材料的，又体现了这个场所温暖的特点。】

我们不必担心它会丢弃那看似简陋的茅屋，除非它变成一只飞蛾。茅屋虽然简陋，但在它眼里，它比那种有轮盘的豪华草屋还要好，因为茅屋完全是用一种特殊材料制成的专属于它的隐形外衣。

在山谷里有一个农夫，叫邓内白，他经常穿着一种用兰草带子紧紧扎住的外衣。一件皮板朝里、皮毛朝外的羊皮外衣。那些居住在深山里的农夫，尤其是中国黄土高坡上的农夫，这种穿着打扮更是常见。除此之外他们还要在头上系一条白色的羊肚毛巾。相比较而言，被管虫的外衣比这种打扮要更简单，因为它们只是用一个普普通通的柴枝做成一件朴素得不能再朴素的外衣，并且上面没有任何的装饰物品。可见，它们是多么不拘于小节啊！【写作借鉴：作者在这一自然段中用了做比较的说明方法，通过比较农夫的外衣和被管虫的外衣，衬托出被管虫外衣朴素简单的特点。】

四月的时候，在我们家的作坊上面有很多昆虫。其中也有很多的被管虫在作坊的墙上生活，它们向我提供了广泛而详尽的知识。如果它正处在蛰伏的状态下，这就说明它们不久就要变成蛾子了。因而，这是一个极好的机会，只有这个时候我才能够直接地仔细地观察到它那柴草的外衣。

这些外衣有着相同的形状，就像是一个纺锤，大约有一寸半那么长。那位于前端的细枝是固定的，而末端则是分散开的，它们就这样整齐地排列着，如果没有什么更好的地方可以保护自己，那么这里就是可以抵挡日光与雨水侵袭的最佳避难场所了。

在不熟悉它以前，乍一看去，它真的就像一捆普通的草束。不过用草束这两个字并不能十分准确地形容它的样子，因为麦茎实在是太少见了。

它的这件外衣主要以那些光滑的、柔韧的、富有木髓的小枝和小叶为材料，其次则会选用草叶和柏树的鳞片枝，最后如果材料不够用了，它们还会用那些干叶的碎片或碎枝。总之，小毛虫遇到什么就使用什么，只要它是轻巧的、柔韧的、光滑的、干燥的、大小适当的，就会被小毛虫选中。所以，它的要求并不算很高。【名师点睛：作者介绍了被管虫制作外衣的材料及其特点，原来被管虫不单单使用小叶，还会用鳞片枝和碎枝等材料，体现了被管虫的习性，同时也说明了作者的观察十分细致。】

它十分重视自然美和原装美，所以总是原封不动地利用材料，完全都是依照其原有的形状，一点儿都不加以改变。也就是说既保持原有材料的性质，又保持原有材料的形状。

对于一些过长的材料，它也从不修整一下，使其成为长度适合。即使是造屋顶的板条也被它拉过来直接使用，而它的任务只不过是把前面固定住就可以了。对于它来说，这项工作特别简单轻易，不值一提。

但是要想让旅行中的毛虫可以自由地行动，尤其是在它装上新枝以后，仍然能够保持它的头和足以自如地活动，那么这个匣子的前部就必须用一种特别的方法来进行装置。仅仅用树枝来制造，对它而言是不适用的，其中的道理简单得很，树枝不仅特别长而且很硬实。这就对这位勤劳工人的工作造成了极大的妨碍，使它无法实现自己的目标。

对它来说，拥有一个柔软的前部是极其必要的，这样使得它可以向任何方向自由地旋转，最终可以很愉快地完成应该做的任务。

所以这些硬树枝通常在距离毛虫前部相当远的位置，离毛虫前部较近的地方是用一种碎木屑做成的丝带一般的领圈。这样一来，也就增加了保护层的强度和韧性，也就不用担心保护层会妨碍毛虫的弯曲了。【名师点睛：从实用性出发，说明被管虫外衣前部柔软的特点，同时也引出对领圈的介绍。】由此可见，这样一个领圈对于毛虫来说是非常重要，而且绝对不可缺少的。它能保证毛虫自由地行动和弯曲。因而所有的被管虫都要用到它——无论它的做法有什么不同。在柴束前部，有一张触摸起来让人觉得很柔软的网，网的内部是用纯丝织成的，外面包裹着绒状的木屑，这张网不仅要保护毛虫的头部，还要确保其头部可以自由转动。而那些木屑，是毛虫在割碎那些干草的时候得到的。

如果把草匣的外层轻轻地剥掉，并将它撕碎，就会发现里面有很多纤细的枝干，我曾经仔细地数过，大概有八十个呢。【名师点睛：原来草匣里藏了这么多树枝，怪不得被管虫的外衣能起保暖和防护作用。】在这里面，从靠近毛虫的一端起到另一端结束，我又发现了一模一样的内衣。在打开它的外衣以前，我们只能看见中部与前端，而现在则可以看到全部了。这种内衣全都是由坚韧的丝织成的，这种丝有很强的韧性，以至于我们基本不可能用手拉断它。这是一种光滑的组织，别看它的外部是褐色的长有皱纹且有细碎木屑分散地装饰在上面的壳，虽然看起来并不漂亮，但它的内部有美丽的白色，十分精致。

这件小巧精致的外衣又一次勾起了我的兴趣，使我迫不及待地观察它的制作过程。这件外衣内外共有三层，它们按照一定的次序叠加在一起：第一层是极细的绫子，它是直接与毛虫的皮肤相接触的；第二层是粉碎的木屑，它被用来保护衣服上的丝，并使之坚韧；最后一层就是用小树枝做成的外壳。【名师点睛：作者用充满条理性的语言，对被管虫的外衣进行了细致地描写。】

虽然每只被管虫都穿上了这种三层的衣服，不过不同种族的外壳还是有所差别的。比如，有一种【名师点睛：在文章中适当地添加例子，能够让你的观点更有说服力。】——那是在六月底的时候，我在靠近屋子旁边的一条尘土飞扬的大路上遇见的——它的壳无论从形式还是从做法上来看，都比前边提到过的那一种要更加完美。它外面的保护层是用很多种材料制作而成的。有那种空心树干的断片、细麦秆的小片，还有那些青草的碎叶等。在壳的前部，几乎找不到一点儿枯叶的痕迹——而前文提到过的那一种虽然很常见，却足以妨碍其美观。在它的背部，也没有什么长的突出物。当它长出外皮之后，除了那颈部的领圈以外，整个毛虫就全都武装在那个用细秆做成的壳里面。二者相比较来说，总体上并没有太大的差别，最明显的差别就是后者有比较完整的外观。

还有一种体形小巧、衣服也穿得简易一些的被管虫。在冬天就要过去的时候，在墙上或树上，尤其是在树皮多皱的老树上，比如洋橄榄树或榆树上，常常可以发现它的踪迹，当然在其他的地方也可以见到。它的壳非常小，通常还不足一寸的五分之二长。它会随意地拾起一些干草，把它们平行地黏合起来，如果不包括丝质的内壳，那么这就是它的全身衣服的材料。

衣服既要穿得更经济、更便宜，又要看上去更漂亮、更美丽，那可真是件具有相当大难度的事情啊！

二、良母

如果想知道更多关于它们的情况，那么我们就得在四月的时候捉几条幼小的被管虫，放在铁丝罩子里面养起来，这样我们就能观察得更多一点，也可以了解得更清楚一点了。【名师点睛：通过饲养观察，掌握昆虫的生长发育变化过程，有助于提高观察记录的真实性。】

这时它们中的大多数还都作为蛹而生活，等待着能够变成蛾子的那一天。但是它们并不都是那么安分守己地静静地待着，有一些是比较活跃好动的。它们会很自豪地慢慢爬到铁丝格子上去。然后，它们在那里用丝编织成小垫子，将自身悬挂在格子里，偶尔荡一荡。无论是对它们来说还是对我来说，那时要做的只有耐心地等待，在几个星期之后，才会有一些事情发生。

到了六月底，雄性的幼虫就已经孵化好了。当它从壳里跑出来的时候，它就已经不再是什么毛虫，它已经变成蛾子了。

这个壳——就是那一束细秆——你应当还记得，它有两个出口，一个在前面，另一个在后面。前面的一个，是这个毛虫很谨慎、很当心地制作的，它必须永远封闭着，因为毛虫要利用这一端钉在支持物上，以便使蛹能够固定在上面。所以，孵化的蛾只能从后面的口钻出来。在毛虫还没有变成蛾子之前，都要先在壳内来个一百八十度大转身，然后才能成功破蛹而出。

雄蛾只穿着一件朴素的黄灰色的衣服，长着羽毛状的触须，翼边还挂着细细的须头，所以即使它的翼翅与苍蝇差不多大小，它看上去还是比苍蝇漂亮太多。【名师点睛：这里对雄蛾的美丽外形进行了具体介绍。】

雌蛾极不常见，所以我们几乎不可能在一些比较显眼暴露的地方捕捉到它。

雌蛾可以说是个怪物，其形状简直是难看到了极点。它的孵化会比别的昆虫迟几天，总是在其他昆虫已经孵化以后，它才会慢悠悠地从壳里钻出来。如果你是第一次看到它，它的样子没准真的会吓你一跳，你也许会被吓得叫起来，没有一个人能够马上就看得惯眼前这个凄惨的生命。

它的难看程度并不比那些毛虫差——它什么都没有，没有翅膀，甚至在它背的中央，连毛也没有，光秃秃、圆溜溜的，让人真的不忍心再看第二眼。它那一段圆圆的身体，戴着一顶灰白色的小帽子，在它身体的第一节上，背部的中央，长着一个大大的、长方形的黑色斑点——这也是它身上唯一的装饰物，雌被管虫没有蛾类所拥有的一切美丽。这就是雌蛾，一个怪物般的存在。【写作借鉴：作者细致描写了雌蛾的外形，联系前文对雄蛾漂亮外形的赞美，作者娴熟地运用对比的手法，在这里更加衬托出了雌蛾的丑陋。】

当它将要离开蛹壳的时候，就会提前在里面产卵。于是，母亲的茅屋（也就是它的外套）就留传给它的子孙后代了。它要产很多卵，所以这产卵的时间也就格外长，通常需要三十个小时以上。

产完卵后，它必须将门关闭起来保护好它的卵，以免有外来的事物侵扰，从而获得一种安全感。但要想关上门那就必须有填充物。于是这位伟大的母亲，只能利用自己仅有的衣服了，因为它现在一贫如洗、穷困潦倒。它利用戴在它体端的那顶丝绒帽子来塞住门口，以保母子能安然无恙地生活。

当然，它所做的还不限于此，它还要用自己的身体来做屏障。经过一次激烈的震动以后，它就会死在这个新屋的门前，然后在那里慢慢地风干。所以就算在死后，它还是依然留守在阵地上，为了它的下一代，死而无怨。都说不能以貌取人，看来不能以貌评价的不只是人。这看起来丑陋不堪的雌蛾，作为母亲，它的内心、它的精神是多么伟大啊！【名师点睛：雌蛾虽然外表丑陋，但对自己孩子的爱是那么伟大无私，作者通过写这种外貌与心灵的反差，来表达对雌蛾的赞美之情。】

如果破开外面的壳，我们就可以看到那里面储存着的蛹的外衣。仔细观察会发现除了前面蛾子钻出来的地方有孔以外，其他的地方一点也没有受到损坏。如果雄蛾要从这个狭小的隧道中出来，一定会感到它的翼和羽毛是很笨重的负担，并且会对它产生一定的阻力。

因此，当毛虫还处在蛹的时代时，就会拼命地朝门口奔跑出将近一半的路程来。这样它才有可能最后成功地撞开琥珀色的外衣，破蛹之后就会有一块开阔的场所出现在它的面前，它便可以自由自在地飞行了。

相比而言，母蛹没有翼，也不生羽毛，所以它们就不需要经过这种艰难的步骤。

它的圆筒形的身体是软软的、光溜溜的，和毛虫没有多少区别。正因为这一点，它可以在狭小的隧道中爬出爬进，不存在一点儿困难。因此它才会把外衣抛弃在后面——在壳里面，作为盖着茅草的屋顶。

同时，它还有一种深谋远虑的举动，这足以表现出它极其深切的母爱。<u>事实上虫卵好像已经被装在桶里面了——母蛾已经很巧妙地把卵产在它脱下的羊皮纸状的袋子里面了，直到把它装满为止。但是仅仅把它的房子与丝绒帽子留传给子孙，这并不能让它感到满足。最后，它决定还要把自己的皮也奉献出来留给子孙，在它身上，真的是充分感受到了"可怜天下父母心"这句话。</u>【名师点睛：作者描写母蛾对子孙的关爱，突出刻画它身上闪耀的母性光辉，用抒情的语言发出感慨，照应本小节的题目"良母"。】

我想方便地观察这件事情的整个过程，于是我便从柴草的外壳里捡来一只装满卵的蛹袋，并把它放在玻璃管中。在七月的第一个星期里，我无意间发现它们竟然都孵化成了一个兴旺的被管虫大家族。它们有如此之快的孵化速度，以致我还没来得及注意，就有差不多四十只的新生毛虫偷偷地穿上新衣服了。

它们穿着用光亮的白绒制作而成的衣服，特别像波斯人戴的头巾，说的通俗一些，就像一种没有帽缨子的白棉礼帽。

不过说起来也很奇怪，它们并不把这顶帽子戴在头顶上，而是从尾部一直披到前面来。它们在这玻璃管里得意地跑来跑去，因为这是属于它们自己的舒适的屋子啊！<u>现在，我就想要了解一下这顶帽子，看它究竟是由什么材料做成的，又是如何织造出来的。</u>【名师点睛：作者提出了问题，是对下文主要内容的起领，即下文将要记述帽子的材料和织造过程。】

幸运得很，蛹袋并没有变空。我又在里面找到了它们的第二个大家族，其成员的数目和瞒着我偷偷孵化出来的那些差不多，大概还有五打或六打的卵在里面。

我拿走了那些已经穿好衣服的毛虫，只留下这些赤裸着身体的懒客人在玻璃管里面。它们的头部是鲜红的，而身体的其余部分则全都是灰白的，全身还不足一寸的二十五分之一长。【写作借鉴：外形描写，这是被管虫没有穿外衣的样子，身上还没有装饰漂亮的条纹，没有外衣的它们就是作者观察的主角。因为它们就要开始做衣服了！】

这次的等待并不久，从第二天起，这些小动物就开始慢慢地、成群结队地离开它们的蛹袋。它们小心翼翼地向出口爬去，尽量不把这温暖的摇篮弄破，它们的母亲给它们留下的破口使它们更加容易实现这一愿望。虽然它们都有洋葱头般漂亮的琥珀色，但是没有一个利用那些柔软摇床的毛绒来做衣服。我们都以为这种柔软的材料可以被这些怕冷的动物做成毛毯，然而事实上没有一个小动物要去利用它。因为那是妈妈留给它们的礼物啊！

我故意为它们留下来一些柴枝壳，并且靠近那个装有卵的蛹袋。这些小虫一出来便冲到那粗糙的表面，然后它们开始感觉到眼前的情况有些不对头了，于是便产生了一种迫切感。

在你还未进入丛林去打猎以前，首先要做的是必须穿好自己的衣服，对于这些小动物来说，这一点同样是适用的。它们异常焦急，恨不得马上就丢弃这个令人厌倦的陈旧的老壳，赶快换上那早已准备好的安全的外衣。【名师点睛：以情入理，作者从生物本能出发，让大家理解这些小动物急需外衣的迫切心理。】

有一部分小虫已经注意到了被咬裂开的细枝，它们撕下那柔软洁白的内层，而有的很大胆，直接钻进空茎的隧道，在黑暗中努力寻找自己满意的材料。它们的勇敢注定会有所回报的——它们都找到了极其适用的材料，然后用这些织成雪白的衣服。还有一些毛虫还在其中添加了一些它们所喜欢的材料，制作的衣服就成了杂色，这样雪白的颜色被黑的微粒给污染了。

小毛虫是用它们的大头来制作衣服的。它们的大头看上去就像一把剪刀，并且长有五颗坚硬的利齿。这把剪刀的刀口靠得很紧凑，虽然它的个头很小，但它却十分锋利。这样锋利的刀，不仅能夹住东西而且能轻易剪断各种纤维。【写作借鉴：作者运用比喻的修辞手法，把小毛虫的头比作剪刀，说明它大头的作用，突出大头锋利的特点。】

如果把它放在显微镜下，我们就可以清晰地观察到，小毛虫的这把剪刀竟然可以算是机械的、标准的，而且是强有力的奇异标本。

如果羊也具备一个这样锋利的剪刀头，并且与小毛虫的身体比例相同，那么羊就不光可以吃草，即使是树干也能吃了。由此可见，小毛虫的头可是决不能被轻视的啊！

观察这些被管虫的幼虫是如何制造棉花一样的灰白色的礼帽，是很能启发人们智慧的事情。无论是它们工作的进程，还是它们所运用的方法，都是很值得我们去学习借鉴的。它们实在太微小了，也太纤弱了。以致我用放大镜观察它时，都必须非常小心谨慎，既不敢使劲呼吸或喘粗气，也不敢大声说话，生怕稍稍有一点不小心，就会惊扰了它们。哪怕是微小的气流也可能会把它们移动了位置，如果吹一口气一定就把它们给吹跑了。【名师点睛：作者抓住幼虫制作礼帽的事件，生动细致地描绘了自己观察时的谨慎小心，让读者对幼虫的弱小印象十分深刻。】

可千万别小看了这个小东西，它虽然这么微小，但它可是一位有着高超的制造毛毯技术的专家。这个刚刚降生的小孤儿，竟然天生就知道该如何从它母亲遗留给它的旧衣服上裁剪下自己所需要的衣服来。我现在可以告诉你们它所采用的方法，只不过在此之前，我必须先交代一点关于它那死去的母亲的事情。

我已经介绍过那铺在蛹袋里的毛绒被，它就像一张鸭绒床铺一样，软软乎乎、舒舒服服的。每当小毛虫从卵中钻出来以后，都会睡在这张床上面稍作休息，并在其中最后感受母亲的温暖，感受母亲带给自己的勇气，为到外面的世界中去工作做好准备。

野鸭会脱下身上的绒毛，为子孙后代做成一张华丽舒适的床。母兔则会用身上那些最柔软的毛为它新出生的儿女做一床温暖的被褥。而雌性被管虫也同样是这么做的。看来，任何一种生物的母亲都免不了有一些共性的，而决定这些共性的就是它们的本能，一种无私地疼爱自己的儿女的本能。【名师点睛：作者列举了野鸭和母兔的例子，联系雌性被管虫，从它们的共性出发，表达自然界中母爱无私的感情，赞美母亲的本能。】

小虫的母亲会用一块柔软的充塞物，给小毛虫做成温暖的外衣，而充塞物的材料是那样精细和美观。如果通过显微镜仔细地观察，我们就可以看到上面有一点一点的鳞片状物体，这就是它为小儿女们制作衣服准备的最好的呢绒材料。过不了多久，小幼虫就会在壳里出现，因此当务之急是给它们准备一个温暖的屋子，让它们可以在里面自由地嬉戏玩耍，并且在里面增加修养，积蓄力量，以便它们日后能平安顺利地进入到广大的世界中去。母蛾就像母兔、母鸭一样，用从身上取下的毛，不辞辛劳地为儿女们建造出一片美好的天地。

这或许是一种非常机械的行动方式，就像是无意识地、条件反射地去连续不断地摩擦墙壁一样。然而一切只是我们的推测，并没有什么科学依据。即使是最蠢笨的母亲也有它自己的先见之明，就像这位看上去似乎不太正常的蛾子翻来覆去地打着滚，并在狭窄的通道中跑来跑去，想尽一切办法把自己身上的毛弄下来，给它的家族制作舒适的床铺。

有些书上甚至提到过，自从小被管虫有了生命以后，就会吃掉自己的母亲。但事实上，我从来没有看到过这样的事情发生，而且也不能理解这个说法是如何形成的。的确，这小小的母亲已经为它的家族奉献、牺牲了很多，最后只留下干干瘪瘪的一个尸体，这也许还不够这众多小子孙一虫一口的。在我看来，小被管虫们是不吃自己的母亲的。至少我观察到的是这样，它们自从穿上衣服以后，一直到自己开始吃食，没有一个会咬自己已死去的母亲。【名师点睛：作者对生物研究一直保持着求真求实的严谨的科学态度，他通过自己的观察否定了小被管虫会吃掉母亲的说法，为小被管虫洗刷冤情。】

三、聪明的裁缝

现在就让我详细地描述一下这些小幼虫的衣服吧。

在七月初，卵就开始孵化了。这个时候小幼虫的头部和身体的上部呈现出鲜明的黑色，而身体下面的两节是棕色的，其他部分都是灰灰的琥珀色。它们是一种经常快速地用它们短小的脚跑来跑去的十分可爱、活泼的小生物。

它们孵化以后，从袋里钻出来，然后在相当长的一段时间里，它们仍然需要待在绒毛堆里——那些从它们的母亲身上取来的绒毛做成的褥子。这里要比培育它们的那个袋子更加空旷舒适一些。它们待在绒毛堆里，有些在十分悠闲地休息，有些却十分忙乱，还有一些比较心急，迫不及待地展开了自己的行走之旅。它们在离开外壳以前，全都在这里修身养性，增强体质，以便有足够的能力经受未知世界中风风雨雨的考验。

然而它们却似乎并不留恋这个看上去比较奢华安全又舒适的地方。当它们的精力逐渐充沛起来后，就会争先恐后地爬出来，分散地待在壳上面。随后就要开始积极地工作了，对于自己的穿着，它们也慢慢讲究起来——看来这些小家伙很看重脸面上的事情，食物问题饿了以后才会想起来解决，目前只有穿衣服才是最要紧的事情。【写作借鉴：作者用诙谐幽默的语言将被管虫人格化，它们也会"讲究穿着"和"看重脸面"，读起来让人啼笑皆非。】

蒙坦每次穿上他父亲从前穿过的衣服时都会说："我穿起我父亲的衣服了。"同样，幼小的被管虫穿起了自己母亲的衣服（必须分清楚的是，不是它身上的皮，而是它的衣服）。它们从树枝的外壳——也就是既会被我们称作屋子，又会被我们称作衣服的那种东西——剥取下一些适当的材料，然后开始利用这些材料为自己制作新衣。比较容易取到的小树枝的木髓，特别是裂开的树枝，是它们首选的制作新衣的材料。

我们应该特别注意一下它们制作衣服的方法。这个小动物所采用的方法，实在是出乎我们人类的意料。它们是那样灵巧，做起工作来又是那样认真仔细。首先它们把那种填塞物都弄成极其微小的圆球。那么它们又是如何将这些小圆球连接在一起的呢？【名师点睛：用疑问句引发读者的思考，引出下文对毛虫能力的介绍。】很明显这位小裁缝需要一种连接物作为一个支撑，而这个连接物却是从毛虫自己的身体上得到的。

这些小家伙都十分聪明，所以这个困难根本算不了什么。它们把小圆球聚集成一堆，然后用丝依次将它们一个个绑起来，这样，困难就轻易地被克服了。

现在你应该可以了解到，毛虫也能自己吐出丝来，就像蜘蛛能吐丝织网一样。它们就是用这样的方法，把圆球或微粒连接在同一根丝上，做成一种特别漂亮的花环。等到连接得足够长了以后，这个小动物就会将花环围绕在自己的腰间，只留出六只脚来确保自己能行动自如。最后再用丝捆住末梢，于是一根圈带就大功告成了，紧紧地包裹在这个小幼虫的身上。

这个圈带就是幼虫所需的支持物和所有工作的起点。当第一道工序完成以后，小幼虫便用大腮从壳上取下树心，固定上去，使它增长，于是一件完整的外衣就做好了。它们有时会将这些碎树心或圆球放置在顶上，有时又会放在底下或旁边，不过通常都是放在前边的。无论是哪一种设计，都不会比这个花环的做法更好了。外衣刚做出来的时候是平的，一旦小毛虫穿上后，它就成了带子的形状，圈在小毛虫的身体上。

最初的工作已经完成了，不过它会继续纺织下去。于是，那个最初的圈带就不断变为披肩、背心和短衫，后来更会变为长袍，经过几个小时的劳作以后，就完全变成一件崭新雪白的大衣了。

还要感谢它母亲的先见之明，小幼虫才得以免去光着身子跑来跑去的危险。假如它将那个旧的壳丢掉，那么，这将为它们获得新衣服材料增加困难，会给它们带来特别多的麻烦，毕竟草束和有心髓的枝干并不是随处可见的！但是，如果它们不想暴露而死，那么迟早它们都得找到它们要穿的衣服，因为它们可以利用其他能利用的材料——只要能找得到，什么都行。我也曾经利用那些在我的玻璃管中出生的小幼虫做过好几回类似的实验。

它会毫不犹豫地从一种蒲公英的茎里挖出雪白的心髓，然后将它做成洁净的长袍子，这显然要比由它的母亲遗留给它的旧衣服所改制的新衣精致得多。当然还存在更好的衣服，那是用一种特殊植物的心髓织造而成的。这件新衣服上面装饰着细点，就像白糖颗粒一样的一粒粒的结晶块。这应该算得上是我们的裁缝家的杰出作品了。【名师点睛：作者称这位成功做出了新衣服的小家伙为"我们的裁缝家"，语气充满了自豪感，体现出了他对小被管虫的喜爱之情。】

第二种材料是我提供给它们的。那是一张吸墨纸，与上一种材料相同，我的小幼虫也毫不犹豫地将其表面割碎，用它做成一件纸衣服，它们非常喜欢这种新奇的材料，也非常感兴趣。后来，当我再次提供原来那种柴壳作为服装的材料给它们时，它们竟然看也不看，弃而不顾，而选取这种吸墨纸继续做它们的衣服了。

那些我没有提供任何材料的小幼虫，也并没有因此而失败。它们非常聪明，很快就采用了另一种方法。它们迅速地割碎那个瓶塞，并把它弄成小小的碎块，然后再将这些小碎块割成极其微小的颗粒，就好像它们和它们的祖先曾经利用过这种材料一样——因为看上去它们对这些材料非常熟悉。这种对于它们来说十分稀奇的材料，毛虫们也许从来都没有遇到过，但是它们却能把这些材料拿来做成衣服，并且做出来的成品丝毫不亚于其他材料的成品。这些小幼虫的能力真的是让人感到超级惊奇！

现在，我已经了解它们能够接受干而轻的植物材料了，<u>是时候换一种方法来实验了</u>。【名师点睛：作者在实验的过程中抓住时机变换方法，从实践出发，记录昆虫的真实生活。】随后，我选用动物与矿物的材料来尝试。我割下一片大孔雀蛾的翅膀，然后把两个赤裸的小毛虫放在上面。有好长一段时间，它们两个都一动不动。不知过了多久，其中的一个似乎决定要利用这块奇怪的地毯来尝试了，于是不到一天的工夫，它就穿起了它用大孔雀蛾的鳞片亲手做成的灰色的绒衣了。

后来，我又尝试了一些软质的石块，它们都相当柔软，只要轻轻一碰，就能破碎到如同蝴蝶翼上的粉粒的程度。我放了四个需要衣服的毛虫在这种材料上，其中一只很快就决定要开始化妆打扮了，所以它开始为自己缝制衣服了。它的金属般的衣服，发出彩虹一样多彩炫目的亮光，闪烁在小毛虫的外壳上。这当然是特别贵重，而且十分华丽的衣服，只是对于小毛虫而言似乎太笨重了。<u>有了这样一个沉重的金属物的重压，小毛虫的行走变得非常辛苦，也非常缓慢。不过想象一下，东罗马的皇帝在有重大仪式的时候，应该也是这样的吧</u>。【名师点睛：作者看着小毛虫，想到了东罗马的皇帝，体现了他丰富的想象力，也侧面说明了小毛虫的金属衣服非常华丽。】

为了满足本能上的迫切需要，幼小的毛虫基本不会顾及这衣服会不会影响行动。穿衣服的需要太迫切了，纺织一些矿物来做衣服总比光着身子好一些。再小的昆虫也会有爱美之心，它也希望自己可以打扮得漂漂亮亮的。<u>吃的东西对它来说并没有像穿的东西那样重要，只顾穿衣打扮，只注重外表，是这些小毛虫的共性与天性</u>。如果先将它关起来两天，然后再脱去它的衣服，将它放在它喜欢的食物面前——比如一片山柳菊的叶子——那么它一定会先做一件衣服。【名师点睛：一般来说，吃才是昆虫们最在意的，但是被管虫不一样，它们更注重衣服。作者假设了情境，说明被管虫面对食物的诱惑时，也要先执着地做衣服，真是稀奇。】这是必然的，因为只有身上穿了一件自己满意的衣服后，它才会有安全感，才会放心地去实现它的饮食需要。

它们如此迫切地需要衣服，并不是因为它们受过多少严寒，而是因为这种毛虫的先见。每当冬季来临，大多数毛虫有的会把自己隐藏在厚厚的树叶里，有的则藏在地下的巢穴里避寒，有的会在树枝的裂缝里取暖——这都是怕寒的毛虫。但是，我们所说的被管虫却可以安然地暴露在空气当中。它不惧寒，也不怕冷，它自出生之日起就已经学会了如何预防冬季的寒冷。

当秋天细雨渐渐来临之时，它又开始赶做外层的柴壳。刚开始时它们做得很粗糙、很不用心，参差不齐的草茎和一片片凌乱的枯叶混杂在一起，没有次序地缀在颈部后面的衬衣上，然而头部必须使用柔软的材料，这样才不会妨碍毛虫向任何方向自由转动。这些不整齐的第一批材料，并不妨碍建筑物后来的整齐。当这件长袍的头部逐渐完善后，那些不完美的材料便被甩到后边去了。

经过一段时间以后，碎叶会逐渐地加长。这时小毛虫便更细心地选择材料了。它把每一种材料都依次铺下去。它铺置草茎时的敏捷与精巧，着实令人吃惊。但是使我们惊异的不仅是它们如此迅速、如此轻巧的动作，更是它们认真实在的态度。它们能做出一些大的昆虫都无法做出的那么舒适的铺垫。它真的不能被小看啊！

它将这些东西放在它的腮和脚之间，不停地搓卷，然后再用下腮紧紧地把它们含住，将末端少许削去，再立即将其贴在长袍的尾端。这样做也许可以使丝线粘得更坚固、更结实些。这似乎和铅管工匠的做法相类似——他们会在铅管的接合处锉(cuò)[用钢制成的磨钢、铁、竹、木等的工具]去一点。

于是，在还没有放到背上以前，小毛虫会用腮的力气，努力将草管竖起来，并且在空中舞动它，随后吐丝口便立即开始工作，将它粘在适当的地方。此后，毛虫便不再摸索着行动，也不再移动，一切工作就全都完成了。保护自己的、温暖的外壳已经做好了，只等寒冷气候的来临，这样它便可以安心地生活了。

虽然这衣服内部的丝毡并不很厚实，但也足以使它感到舒适和安逸。等到春天来临以后，它就可以再利用闲暇的时间加以改良，使它又厚又密，并且变得更加柔软。到时候就算我们将它的外壳拿掉，它也用不着再重新制造了。它只管在衬衣上一层一层地叠加，直到不能再加为止。这件长袍非常柔软，宽松而且多皱，不仅舒适，还很美观。它的外衣既没有保护，也没有隐避之所，然而它并不在意这些。做木工的时期早就过去了，该是装饰室内的时候了。【名师点睛：出生起便知道如何抵御寒冬的被管虫，在春天卸下了心防，居安不思危。】它全身心地装饰起它的屋子，填充房子——也就是它的长袍。但是由于房子没有了，那么它终将凄惨地死去——被蚂蚁咬得粉碎，成为蚂蚁的佳肴。这也许就是过分坚持本能的结果吧！

Z 知识考点

1.被管虫穿_____层衣服，它用自己的_____来制作衣服。

2.判断题：被管虫的领圈有让它自由行动和弯曲的作用。　　（　　　）

Y 阅读与思考

1.被管虫对外衣材料有什么要求？

2.作者观察被管虫的时候，否定了某些书上的说法，得出了什么结论？

樵叶蜂

M 名师导读

在矿蜂的那一章中,作者就讲过樵叶蜂这种小生物,它们会找矿蜂的空巢来存放枯叶蜜罐,还记得吗? 下面就让我们来看看樵叶蜂还有什么特别的地方吧!

如果你喜欢在园子里漫步,就会经常看到在丁香花或玫瑰花的叶子上,有一些精致的小洞。它们呈圆形或者椭圆形,好像是被谁用巧妙的手法修剪过了一般。有些叶子上的洞实在太多了,有的甚至只剩下叶脉了。这是谁干的呢? 它们为什么要破坏这些叶子呢? 是因为好吃,还是好玩呢?【名师点睛:作者开篇描写了叶子上的小洞,通过一连串的问句,引出破坏叶子的小家伙,勾起读者的好奇心。】

其实,这些都是樵叶蜂干的,它们用嘴巴当作剪刀,靠眼睛和身体的配合,在叶子上剪出了小洞。它们这么做,既不是觉得好吃,也不是因为好玩,而是因为这些剪下来的小叶片在它们的生活中有着至关重要的作用。它们会把收集的众多小叶片凑成一个个针箍形的小袋子,用来储藏蜂蜜和卵。每一个樵叶蜂的巢都有很多个针箍形的小袋子,那些小袋子一个个地重叠在一起。

我们常见的那种樵叶蜂是白色的,身上带着条纹。它常常在蚯蚓的地道里生活。如果你走到泥滩边,蹲下身子仔细地寻找,会很快找到这样的地道。但是樵叶蜂并不会利用整个地道来做自己的居所,因为地道的深处既阴暗又潮湿,不适合排泄废物,并且容易遭受昆虫的偷袭。所以它常常将靠近地面七八寸长的那段地道当作自己的居所。

　　樵叶蜂的天敌有很多，而那地道毕竟也不是一个十分安全坚固的防御居所，那么它会用什么方法来保卫自己的家园呢？每当这时那些剪下来的碎叶便又派上大用场了。它用剪下的那么多零零碎碎的小叶片，把地道的深处堵塞住。但是这些用来堵塞的小叶片并不像筑巢用的那些一样整齐，它们都是樵叶蜂随意地从叶子上剪下来的，看上去非常零碎，并不规则。

　　在樵叶蜂的防御工事之上有一串小巢，有五六个。这些小巢正是用樵叶蜂所剪的小叶片筑成的。这些筑巢用的小叶片比起那些做防御工事的碎片，质量要好得多，它们都是大小相当、形状整齐的碎叶。圆形叶片用来做巢盖，椭圆形叶片用来做底和边缘。

　　这些小叶片是怎样剪出来的呢？这都是樵叶蜂用它那把小刀——嘴巴剪成的。【写作借鉴：作者通过设问的形式，介绍了樵叶蜂嘴巴的功能；用比喻的修辞手法，把它的嘴巴比作小刀，形容它的锋利。】为了适应巢的各部分的不同要求，它经常会用这把剪刀剪出大小不同的叶片。对于巢的底部，它往往会精心设计，丝毫不敢怠慢。即使一张较大的叶片不能完全与地道的截面相吻合，也不用担心，它们会用两三张较小的椭圆形叶片凑成一个巢底，一直到紧密地与地道截面吻合为止，决不留一丝一毫的空隙。

　　做巢盖子必须用到一张正圆形的叶片。它好像是用圆规精确地测量过，可以完美无缺地盖在小巢上。

　　在一连串的小巢做成以后，樵叶蜂就开始着手剪出许多大小不一的叶片，做成一个塞子一样的东西把地道塞好。

　　最值得我们思考的是，樵叶蜂没有任何可以用来充当模子的工具。它是如何剪下这么多如此精确的几何图形的叶子的呢？它用什么充当它的模子呢？又或者它是用了什么特殊仪器来测量的呢？【名师点睛：作者围绕樵叶蜂身上的秘密，提出一系列的猜想，用疑问的语气设下悬念，引发思考。】

有人猜想，樵叶蜂也许是将身体当作圆规来裁剪的，一端固定住——用尾部固定在叶片某一点上。然后用另一端，也就是它们的头部，像圆规的另一只脚一样在叶片上旋转。这样就可以剪下一个标准的圆。就像我们的手臂一样，以肩为轴挥动一圈就可以形成一个圆。【写作借鉴：举例说明，作者通过用圆规画圆和手臂画圆的例子，来说明樵叶蜂精准剪叶的原理。】但是我们的手臂无法像樵叶蜂那样巧妙又精确地画出大小一样的圆圈，更不会使这些用来做盖子的圆叶片，丝毫不差地盖在巢上，并且那么完美。而小巢在地道的下面，它们并不能轻易准确地测量小巢的大小，它们只靠自己摸索得到的感觉，来裁剪出适合这只小巢的叶盖。

圆形的叶片，不能剪得太大或太小。太大了盖不下，太小了会掉进小巢里面，使卵活活闷死。但你完全不用担心樵叶蜂的技术，它能精确而熟练地从叶子上剪下适合的叶片，即使并没有模子，却依然那么精确。樵叶蜂是如何掌握这么深厚的几何学基础的呢？【名师点睛：答案依旧无从知晓，悬念进一步加深。引出下文的实验。】

冬天的一个晚上，我们围坐在炉子的旁边。我想起樵叶蜂剪叶片的事情，所以我设计了一个小实验。

"明天是赶集的日子，你们中需要有人出去买回整个星期所需要的东西。厨房里有一只天天都要用的罐子，但它的盖子被猫打破了。我希望出去的人买一只盖子回来，要大小合适，恰好能盖住我们那个罐子。在去买之前，我们允许他仔细地把那罐子的大小估计一下，但不可以用任何东西来测量，然后明天到集市去，凭借记忆买一个合适的盖子回来。"大家听了都面面相觑(qù)[觑：看。你看我，我看你，不知道如何是好。形容人们因惊惧或无可奈何而互相望着，都不说话]，谁也不敢接下这项听起来根本不可能完成的任务。【写作借鉴：语言描写，将樵叶蜂的工作换种形式转化到人类社会中，从人们为难的反应中可以看出樵叶蜂是多么厉害，完成了我们认为不可能做到的事情。】

的确，这确实是一件很难办到的事。可是樵叶蜂的工作比这件事要难上百倍，它没有看过自己的巢盖，根本没有这样一个印象；它也不能像我们选择盖子似的在一大堆待选品中，靠着互相比较来选择一个最为合适的盖子。

对于樵叶蜂来说，它必须在距家遥远的地方，毫不犹豫地剪下一片圆叶，使叶片恰好盖住它的巢。我们觉得如此困难的事，对它来说却像小孩子做游戏一样简单平常。如果我们不用测量工具的话，比如绳子、一个模型或是一个图样，那么我们真的很难选择出大小如此适宜的盖子。然而樵叶蜂什么都用不着，在这一点看来，它们的确比我们聪明得多。【名师点睛：将我们和樵叶蜂做比较，写人类是会使用工具的生物，樵叶蜂却能不用工具就完成这项挑战，说明昆虫虽小，却能创造奇迹。】

在实用几何学问题上，樵叶蜂胜过我们。当我看到樵叶蜂的巢和盖子，结合观察其他昆虫在"科技"方面创造的奇迹之后——那些都不是用我们的结构学所能解释的。我不得不承认我们的科学在某些方面还远不及它们。

Z 知识考点

1.樵叶蜂在叶子上剪出小洞，把小叶片凑成一个个针箍形的小袋子，用来储藏_____和_____。

2.判断题：作者看到樵叶蜂的巢和盖子，再观察了其他昆虫在"科技"方面创造的奇迹之后，不得不承认人类的科学在某些方面还远不及它们。

（　　）

Y 阅读与思考

1.樵叶蜂能够完成什么让人们觉得困难的事情？

2.樵叶蜂对筑巢用的叶片有什么要求？

采棉蜂和采脂蜂

M 名师导读

你见过不会筑巢的蜜蜂吗？没有巢，它们住在哪里呢？本章作者为我们介绍的采棉蜂和采脂蜂就不会筑巢，让我们来看看它们的生活是怎样的吧！

我们知道，有许多蜜蜂像樵叶蜂一样是不会自己筑巢的，只会寄居在别的动物遗留或抛弃的巢穴中。有的蜜蜂会寄居在舍腰蜂的弃宅，有的会寄居在蚯蚓的地道或蜗牛的空壳里，有的则会占据矿蜂曾经盘踞过的树枝，而还有的会搬进掘地蜂曾居住过的沙坑。在这些过着寄居生活的蜜蜂中有一种叫作采棉蜂，它有着非常独特的寄居方式。它会在芦枝上做一个棉袋，而这个棉袋就是它绝佳的睡袋；还有一种叫采脂蜂，它则把树胶和树脂塞在蜗牛的空壳里，再经过一番装修，完成自己的住所。

舍腰蜂只需要尽快用泥土筑成"水泥巢"，就算大功告成了；木匠蜂只要在枯木上钻一个约九英寸深的小洞便心满意足了。以采蜜产卵为首要任务的它们丝毫不在意它们那粗糙、简陋的家，更别说花费宝贵的时间去精心装饰了。在它们眼里，屋子只要能够遮风挡雨就行了。相比而言，另外几类蜜蜂可以算得上是艺术装饰的大师了：像能在蚯蚓的地道中做一串盖着叶片的小巢的樵叶蜂；像在芦枝中做一个小小的精致棉袋的采棉蜂，它们使简陋的地道和干瘪的芦枝别有一番风情，高超的技术令人拍案叫绝。【名师点睛：作者运用铺垫的方式，引出采棉蜂的巢，即一个精致的棉袋，并表达了自己对这种巢的欣赏。】

　　看到那一个个洁白精致的小棉袋，我们就可以推测采棉蜂的确是不适宜做掘土类的工作的，它们只可能成为优秀的装修师。它们的棉袋做得长长的、白白的，尤其是还没有装入蜜糖的时候，它简直就是一件轻盈精致的艺术品。我想不会有一种鸟可以把巢做得像采棉蜂的棉袋一样整洁、精巧。它是从哪里采到的棉花？如何将棉花裹成球，并且拼成一个针箍形的袋子的呢？除了一张和舍腰蜂、樵叶蜂一样灵巧的嘴外，它并没有其他特殊的工具。但它们的工作从方式和成果上看，却是截然不同的。一般情况下，我们都没有办法看清楚采棉蜂在芦枝内工作的情形，它们经常在毛蕊花、蓟花、鸢尾草上采棉花，因为那些棉花早已没了水分，所以建出来的巢也不会出现难看的水痕。

　　它是这样工作的：它先停在植物的干枝上，用嘴巴把干枝外表的皮撕去。当采到足够的棉花之后，它便用后足把棉花压到胸部，慢慢压成一个小球。等到小球像豌豆那样大的时候，它就会把小球含到嘴里，衔着它飞走了。如果我们耐心等待，将会看到它每一次都会回到同一棵植物上采棉，直到采够它做棉袋的材料。

　　采棉蜂还会把采到的棉花分成不同等级，以适应袋中不同部分的需要。鸟类会把硬硬的树枝卷成架子使自己的巢结实一些，然后用各种羽毛填满巢的底部，这样会使巢更加温暖舒适，且更宜于孵育小鸟。在这一点上，采棉蜂和小鸟极其相似，采棉蜂也是这样完成它的巢的。它用最细最柔软的棉絮衬在巢的内部，而入口处则用坚硬的树枝或叶片来做"门窗"。【写作借鉴：作者举出鸟类筑巢的例子，并采用对比的手法，说明与采棉蜂的筑巢方式的相似之处，表明它们会为自己创造舒适的环境。】我从未看到采棉蜂在树枝上做巢的样子，但我却看到了它是怎样做"塞子"的，而这"塞子"其实就是它的"屋顶"。它用后足把采来的棉花撕开铺平，并用嘴巴把棉花内的硬块扯松，然后一层层地叠起来，接着用它的额头把它压结实。这项工作似乎并不是很细致，所以以此推论，它在做其他部分的时候，估计也是使用这种方法的。

采棉蜂在做好屋顶后,还要把树枝间的空隙填起来而使它更牢靠。它们会利用自己所能找到的一切材料：小粒的沙土、一撮泥、几片木屑、一小块水泥,或是各种植物的断枝碎叶。这巢建成以后的确是一个坚固的防御居所,是任何敌人都无法轻易攻进去的。【名师点睛：这里提到了采棉蜂筑巢所用的材料,并表明它的巢十分坚固。】

采棉蜂藏在它巢内的蜂蜜是一种淡黄色的胶状颗粒,因此它们不会从棉袋里渗出来。这特殊形状的蜂蜜也是它产卵的地方。不久,幼虫孵出来了,它们一睁开眼睛就会把头钻进早已准备好的食物里,贪婪地吃着,吃得是那样香甜,充足的食物为它们提供丰富的营养,丝毫不用担心它们饿肚子,无法健康成长了。现在它已经可以不用我们去照看了。因为我们知道,不久它就会织起一个茧子,再出来的时候就会变成一只和它们母亲一样的采棉蜂了。

另外有一种蜜蜂,它们也是稍稍改造一下人家丢弃的房子,使之变为自己的住处,那就是采脂蜂。在矿石附近的石堆上,总可以看见坐在那里吃各种坚果的蜗牛。它们吃完后就走了,只留下石堆上的一堆空壳。在空壳中间我们很容易找到几只被塞了树脂的壳,这就是采脂蜂的巢了。虽说竹蜂也是用蜗牛壳做巢的,但是它们是用泥土来做填充物。采脂蜂巢内的情形我们很难知道。因为它的巢总是被安置在蜗牛壳螺旋的末端,距离壳口还有很远,从外面是根本没法看到里面的构造的。我拿起一只壳照了照,它看上去是透明的,这足以说明这是只空壳,这就意味着它以后很可能会被某个采脂蜂看中,作为安家的主材料。于是我把它放回了原处,希望它将来能成为某个采脂蜂的巢。随后,我又换一只照照,结果发现它的第二节是不透明的,想必一定有些东西在里面。那么是什么呢？是下雨时冲进去的泥沙？还是蜗牛的尸体？我不能确定。于是我在壳的末端弄了一个小洞,一层发亮的树脂映入了我的眼帘,上面还嵌着沙粒,一切都真相大白了：这正是我在寻找的采脂蜂的巢。

采脂蜂往往在蜗牛壳中选择大小适宜的一节当作它的巢。在个体较大的壳中，它的巢往往在其末端。而在小壳中，它的巢会选择筑在靠近壳口的地方。它常常用细沙装饰树胶，以此做成有图案的薄膜。起初，我并不知道这种黄色半透明的东西就是树胶。它很脆，并且能在酒精中溶解，燃烧的时候有烟，而且伴有强烈的树脂气味。根据这些特点，我大概可以判断出这就是树干里流出来的树脂。

而在用树脂和沙粒做成的薄膜盖子下，还有第二道防线。它一般都是用沙粒、细枝等做的壁垒，这样一来整个壳的空隙都被这些保护物包裹得严严实实。在这一点上，采棉蜂和采脂蜂差不多。不同的是，采脂蜂的这种工程只有在较大的壳中才有，因为只有大壳中会有那么多空隙。而在小的壳中，它们大多把巢安置在入口处，所以它完全用不着筑第二道防线了。

小房间就在这第二道防线之后了。在采脂蜂所选定的一节壳的末尾，共有两间小屋，前屋较大，有一只雄蜂，后室较小，有一只雌蜂——采脂蜂的雄蜂要比雌蜂大。<u>这里还有一件令科学家们至今仍无法解释的事情，那就是母蜂是怎么预知它所产的卵的性别的呢？换句话说，它们如何能保证产在前屋的卵就会变成一只雄蜂，而产在后屋的卵一定就会变成雌蜂呢？</u>【名师点睛：我们又一次见到了昆虫的神奇能力，母蜂居然能够预知它所产的卵的性别。】

有时候，采脂蜂筑巢的时候，一个小小的疏忽会给下一代带来巨大的灾难。让我们来看看那只因为疏忽而十分倒霉悲惨的采脂蜂吧！它先选择了一只大空壳，把巢筑在壳的末端，但是它却忘了用废料来填充从入口处到巢的那一段空间。前面我们提到过有一种也是把巢筑在蜗牛壳里的竹蜂，但粗心的它们不会进行彻底的检查，所以根本不会知道这壳的底部其实已有了主人。它们一看到这个壳里还留有一段空隙，就把巢筑在这里了，并且用厚厚的泥土把入口处封好。

当七月来临，悲剧就开始了。后面采脂蜂巢里的蜂长大了，它们咬破了胶膜，冲破了防线，想解放自己。可是，它们的通路却早已被一个陌生的家庭给堵住了。它们努力试图通知这个邻居，让它们先放自己出去，可是无论它们如何折腾，那邻居始终没有任何回应。难道是它们故意装作听不见？当然不是，真正的原因是竹蜂的幼虫还在孕育之中，至少要到明年春天才能长大呢！难怪它们一直没有反应。如果采脂蜂无法冲破这泥土的堡垒，就意味着一切都快要结束了，它们只能活活地饿死在洞里。这只能怪那粗心的母亲，如果不是它那个小小的疏忽，这悲剧也就绝对不会发生了。如果那粗心的母亲得知是自己亲手葬送了孩子们的性命，那该有多悔恨啊！

　　然而不幸的遭遇并不能使采脂蜂的后代吸取教训，事实上，总会有采脂蜂犯相同的错误。这似乎与科学家所说的"动物能不断地从自己的错误和经验中学习和进步"相悖。【名师点睛：作者通过自己的观察与实验对科学理论提出异议，可见他对生物研究抱有求真求实的态度，他的怀疑探索精神让人敬佩。】不过这也不难理解，那些不幸被关在壳里的小蜂被永远地埋在了里面，没有一个能活着出来，致使这种教训也随着小蜂们的死去而永远地埋在了泥土里，成了无人能知的千古谜案，更不用说让采脂蜂的后代吸取教训了。

Z 知识考点

　　1.采棉蜂是这样工作的：它先停在植物的干枝上，用＿＿＿＿把干枝的外皮撕去，采到足够的＿＿＿＿后，将棉花压成一个＿＿＿＿衔走。

　　2.判断题：采脂蜂通常选择空的蜗牛壳作为它的巢。　　（　　）

Y 阅读与思考

　　1.采棉蜂的棉袋有什么特点？

　　2.采脂蜂的巢里为什么有两间小屋？

西班牙犀头的自制

M **名师**导读

　　在甲虫大家族里,最漂亮,个子也最大的,要数西班牙犀头甲虫了,它跟蜣螂有什么区别呢?

　　还记得蜣螂吧,它耗费大量时间,做成既可以当食物又可以当梨形窝巢的基础的圆球。

　　我已经说过,这种形状对于小甲虫来说有很大的好处,因为圆形是非常完美的形状,可以把食物保存得既不干也不硬。

　　我长时间观察这种甲虫的工作后,开始怀疑我对它本能的极力赞扬是不是错了。它们是否真的那么关心它们的小幼虫,并为它们准备好最柔软最合适的食物?甲虫把做球当成它们自己的职业啊!难道在地底下做球不是很奇怪吗?【名师点睛:作者勇于怀疑自己,及时改正自己的错误认知,这种品质是可贵的。】对于有着长而弯的腿的动物来说,把球在地上滚来滚去并不是什么难事儿。不管在哪儿,它们都想要从事自己所喜欢的职业。它们知道只有把想干的工作干好,才能在自然界中生存下去,才能在大自然中繁衍后代,一代一代地生存下去。

　　它并不顾及自己的幼虫,做成梨形的外壳这件事或许仅仅是一个巧合。

　　为了更好地解决这个疑难问题,我还观察过一种清道夫甲虫。做球这样的工作并不是它的日常工作,从它做球的动作就可以看出来。但是,到了产卵期,它就不得不改变以往的习惯,将自己储存的所有食物都做成一个圆圆的团。这一点表明它是真的关心它的幼虫,而不仅仅是习惯而已。【名师点睛：通过比较蜣螂和清道夫甲虫，从做球的区别看出它们的本意，说明清道夫甲虫是为了幼虫，蜣螂只是有做球的习惯。】

现在，在我的住所附近就有这样一种甲虫。它虽然不如蜣螂那么魁伟，但它却是甲虫中最漂亮，个子最大的。它的名字就是西班牙犀头。【名师点睛：作者用简洁的语言，安排西班牙犀头出场，并将它的形象大致描绘出来。】

它最与众不同的地方，就是它胸部的陡坡和头上长的角。

这种甲虫是圆的并且很短，自然也就不适合做蜣螂所做的那些运动。它的腿不适合用来做球。它不是一个勇敢者，也没有像蜣螂那样勇敢的气魄。因为稍有一点惊扰，它的腿就会本能地发软到瘫在地上。

它们根本没有搓滚弹丸的工具，它们那种发育不全的可怜样，表明它们缺乏挖掘性，这足以使我们清楚地知道它是不能带着一个滚动的圆球走路的。犀头有着很不活泼的性格。有一次，我看到它在月光下寻找到了食物，就在那个地方挖了一个洞。这个洞它挖得十分草率，其中最大的也仅仅能够放下一个苹果。

它把刚刚找来的食品和食料一股脑地堆在这个地方，直到食物堆满整个洞穴，而且都堆到洞穴门口了。

由此我们不难看出这个犀头的贪吃和馋嘴了，因为它把大量的食物堆积为不成形的一大堆。它在这个地底下所待时间的长短，完全取决于食物能支撑多久。它不会想要出去，除非吃完所有食物。【名师点睛：作者在这里介绍甲虫贪吃的特点，为后文埋下伏笔。】

等吃完所有存储的食物以后，它的食品仓库空空如也，它这才重新跑到地面上，再去寻找新鲜的食物。然后又另挖掘一个洞穴，重复它那种存了吃、吃了再出来找的周期性运动。

可以毫不客气地说，它只不过是一个清道夫，是一个肥料的收集者而已。除此之外，它没有什么特别的本事，只是一个平平庸庸的虫子。【名师点睛：概括性的语言，将西班牙犀头的形象展现出来，即清道

夫和肥料收集者。】

对于搓捏圆球的技术，它显然是个外行。它那短而笨的腿，也完全不能胜任这种技术性的工作。

但是每当五六月之间，产卵的时候一到，这个昆虫就变成了一个能手，非常擅长选择最柔软的材料，选择最舒适的环境，为它顺利地产卵打造一个良好的环境。【写作借鉴：作者用欲扬先抑的手法，先讲小昆虫的缺点，再来介绍它的优点。】

它开始为它的家族准备食物了。与其他甲虫不同的是，它从不旅行，从不搬运。一旦找到一个它认为是最好的地方，就立刻把食物埋在地下，不做任何添加配制工作，也从不进行再加工。

不过，我发现它藏食物的洞穴挖掘得比它自己吃食用的临时洞穴更宽大一些，而且建造得也更加精细一些。

在这种野外的环境里，我觉得要想仔细观察犀头的一些生活习惯和生长过程，是非常困难的。后来为了我可以更加认真仔细地观察它，我决定把它放到我的昆虫屋里面。这为我自己提供了许多方便。

刚被我俘虏回昆虫屋时，这个可怜的小昆虫可能以为自己大难临头了，所以十分胆怯。当它把洞穴做好以后，出入洞穴时都表现得格外小心翼翼，唯恐我再一次伤害它。然而慢慢的它的胆子越来越大，竟然在一夜之间，将我提供给它的全部食物都偷偷储存了起来。

过了差不多一个星期的时候，我掘起了昆虫屋中的泥土。我按照记忆找到它以前用来储存食物的洞穴。挖开发现，那里有一个很大的厅堂，一个很大的仓库。它有着不太整齐的屋顶，很普通的四壁，算得上平平坦坦的地板。

在一个角上有个圆孔，从这里一直通往倾斜的走廊，通过这个走廊可以到达土地上。这个昆虫的别墅是在新鲜的泥土中挖掘成的一个大洞。它的墙壁被它很仔细地压过，并且认真地进行过装饰，牢固到足以抵抗我在做实验时所引起的地震。在这里可以很清晰地看到这个昆虫和它所有的技能。它不遗余力地、用尽所有的掘地力量，来做一个永久的家，可是它的餐厅却仅仅是一个土穴，墙壁也没有那么坚固。

我觉得，当它从事这个大型工程建设的时候，它的丈夫或者它的伴侣一定会来帮助它的，因为我常常看见它和它的丈夫一同待在一个洞穴里。这便说明食物的收集和储存也极有可能是由丈夫和妻子共同完成的，妻子会因为丈夫的帮助而更加勤快地工作。因为夫妻二人共同做一件事情，同干一份工作，效率自然高很多，至少比一个人做事要快得多。不过，当它们储备够它以后生活的食物后，它的丈夫也就要离开了。这位丈夫从地底下上来，到别的地方去居住了。它也就结束了一个丈夫应尽的职责，也就此结束了对这个家庭的义务。

那么，在土屋放下许多食物后，我所看到的又是什么样的呢？是一大堆互相堆叠在一起的小土块吗？完全错误。事实上根本不是我想象中的那个样子。【写作借鉴：作者用设问的手法，推翻自己的猜想，制造意外感，增加可读性。】除了一条小路以外，我只看到一个孤零零的大土块，储存食物的那个屋子全都被塞满了。

这种食物圆堆形状各异，有的像吐绶鸡的蛋，有的像普通的洋葱头，有的差不多是完整的圆形——这使我想起了荷兰的那种圆形硬酪，有的是圆形而上部微微有点突起。【写作借鉴：作者用比喻的修辞手法，将食物圆堆比作蛋和洋葱头，形象贴切地描绘出食物圆堆各种各样的形状，作者还联想到了圆形奶酪，展现了丰富的想象力。】但是任何一种，表面都非常光滑，呈现出来的曲线也十分精致。

这位母亲，不辞辛苦地把很多材料一次次地带回，并收集在一起搓成一个大团。它是这样做的：先将材料捣碎成许多小堆，然后将它们合在一起，并把它们糅合起来，同时不断踩踏它们。有好几回我都见到它在这个巨大的球顶上不停地劳作。它的球比蜣螂做的那个球要大得多，如果说它的球是个煤球，那蜣螂的球只不过是个小小的弹丸。它有时也徘徊在约四寸直径的凸面上，敲、拍、打、揉、含，把它变得坚固而又平坦。如此新奇的景观，我见过一次，而且仅此一次。这是多么难能可贵的机会啊！可惜的是，它一见到我就立刻滚到弯曲的斜坡下消失了。因为它已经发现，自己的所作所为被人注意，完全暴露了身份和目标，所以它选择溜之大吉了。

我得力于一排墨纸盖住的玻璃瓶，在这里我发现了许许多多有趣的事情。

首先，我发现这个大球通常被雕饰得很整齐，无论其倾斜程度有多大的差异——这并不是由于搓滚的方法而形成的。

实际上我明白，它根本无法把这么大的体积滚进这个差不多已经被塞满了的洞里去，况且这个昆虫的力量还没大到可以移动这么一大堆东西的地步。

我每次到瓶边观察，都看到同样一番景象：母虫爬到球顶上，看看这里、又瞅瞅那里，瞧瞧这边、又窥窥那边，它轻轻地敲，轻轻地拍，尽量让它变得光滑，丝毫也看不出它有移动这个球的意思。【写作借鉴：作者的描写生动形象，用"看看""瞅瞅""瞧瞧""窥窥"这一连串的动作描写说明母虫并没有移动这个球，就连"敲"也是"轻轻地"。】

事实证明，制造这个球绝对不是采用搓滚的方法。

就像面包工人将面粉团分成许多小块，每一块都将成为面包一样，这犀头甲虫的做法也是一样的。它用头部锋利的边缘和前爪的利齿，划开一道圆形的裂口，从大块上随意割下小小的一块来。【名师点睛：作者把犀头甲虫切割圆球和面粉工人分面粉团两件事情联系到一起，通过相似之处的描写展现了犀头甲虫的行为。】在做这项工作的时候，它没有一点犹豫，也从来不重复改做。它不会在这里加上一点，也不会在那里去掉一点。它一气呵成，一次切割就得到满意的一块。

其次，就是如何把球变成一定的形状。它费力地用它那双短臂将球抱起，试图用压力把它做成圆块。它的动作让人感觉它很不适合做这项工作。它无比认真地在一块不成形的食物上爬来爬去，时而左爬，时而右爬，时而前爬，时而后爬。它不停地爬呀爬呀，耐心地一次又一次地触摸，终于在工作二十四小时以上的时间后，成功将有棱有角的东西爬圆了，使其像成熟的梅子一般大小。

在它那间狭小的技术操作室里，几乎没有可以让它自由转动一下的余地。令人惊叹的是，经过如此漫长的时间和忍耐以后，它竟然做成了一个十分适当的圆球。<u>在我们看来，这几乎是不可能的，因为它的工具是多么笨拙，地位是多么低微啊！</u>【名师点睛：作者对它地位的贬低，其实是对它能力的肯定。】

它乐此不疲地用足摩擦着圆球的表面，又经过了很长的时间，它才终于满意了。它爬到这个圆球的顶部，慢慢地向下压出一个浅浅的坑来，之后它就在这个像盆一样的小坑里产下一枚卵。

它非常小心地把这个盆的边缘合拢起来，以保护它产下的那枚卵，而后又把边缘向上挤，使之变得略略尖细而突出。完成后，这个球就变成了椭圆形。

完成了第一个，这个昆虫又用同样的方法开始第二个小块的工作。接着，又重新做第三个、第四个……你一定还记得，蜣螂用很熟悉的方法只做一个梨形的巢。

这个昆虫的洞穴中隐藏着三四个蛋形的球，一个紧挨着一个，而且都排放得特别整齐，细小的一端全都朝着上面。

在经过长期艰苦的工作以后，它是否也会像蜣螂一样，跑出来寻找自己的食物去呢？事实可不是你想的那样，它并不那样做。它没有跑出去，也没有去寻找食物，而是一动不动地待在那里守护着。要知道自打钻入地下以后，它可是一点儿食物也没有吃过。它像大自然中<u>所有的母亲一样，充满着无私和奉献的精神，对自己的子女永远只有爱护、关怀与牺牲。它不肯去碰一下那些为自己的子女预备下的丰盛的食物。它宁愿自己承受饥饿，甚至宁愿自己忍受痛苦，也不愿意让自己的小幼虫将来受到一丁点儿的伤害。这是多么伟大的奉献精神</u>

啊！在昆虫的世界里，我们也充分体会到了最伟大的母爱！【名师点睛：作者用抒情的语言赞叹母虫伟大的奉献精神，从母爱出发，引起读者的共鸣。】

它为了看守这几个盛着自己子女的摇篮，宁肯不出去寻食，因为这是这个家族能够继续繁衍生息的宝贵财富。这是它们的家，是它们的小别墅，是子女们生活在世上的第一个安身的地方，因而一定要仔细地看护好。

正是因为母亲的离开，蜣螂的梨才遭到了伤害。母亲一经离开，梨就有可能被破坏。再经过相当长的一段时间，梨就不成形了，一个家也就这样随之消失了。

这种甲虫的蛋之所以可以长时间完好地保存，正是因为它有母亲的关心与爱护。正是母亲的这份责任感，它们的蛋才得以完好地保存下来。

这种甲虫从这一个蛋跑到那一个上，再从那一个跑到另一个上，看一看，听一听，就怕它们有什么闪失，受到什么外来的侵害。这就像人类母亲对待自己怀里的婴儿一样，关怀得无微不至。多么好的一位甲虫妈妈啊！【名师点睛：将甲虫妈妈与人类母亲相提并论，表现了作者对甲虫妈妈爱护孩子的赞扬。】

它不停地忙碌着，一会儿修补这儿，一会儿又修补那儿，生怕它的幼虫受到什么伤害，受到外来的欺辱。它虽然很笨拙，并且仅凭自己的角和足在黑暗中行动，但是它却比我们在日光中看得还要清楚。我的肉眼看不出任何缺陷了，但它还在凭借自己的灵敏感觉修修补补。这一点我们真的可以深刻地感觉到，只要上面有细微的破裂，它立刻就会跑过去，赶紧修补，防止空气透进去，威胁它的卵。它为了保护自己的卵，在摇篮中的狭窄过道里跑进跑出，仔细观察，认真巡视。如果我们打扰到它，破坏了它正常的生活，它就会立刻用身体抵住翼尖壳的边缘，发出细微的沙沙声，好像渴求和平的低鸣，又像强烈抗议的怒喊。【写作借鉴：细节描写，通过描写甲虫妈妈保护孩子的画面，表现甲虫妈妈伟大无私的母爱，认真负责的行为体现了它对孩子的关切之情。】

它就是如此，兢兢业业地守护着它的摇篮，连休息的时间几乎都没有。有时候它实在困得支撑不住，也会在旁边睡上一小会儿，但也只是打一会儿盹而已，绝不会高枕无忧地大睡一场。这位母亲就是这样时时守护着它的卵，将自己的一切都奉献给了它们，为儿女操碎了一颗心。

犀头在地下室中，有着一个昆虫所少有的特点，那就是自始至终都照顾着家庭。多么伟大的母爱呀！这是一个奉献者的自豪。

它通过自己弄的缺口，可以听见它的幼虫在壳内爬动，渴望获取自由。当那里的小囚犯，伸直了腿，挺直了腰，想要推开压在自己头上的天花板时，它的母亲会立马感应到，自己的宝贝正在一天天地长大，快要独立地生活了。让自己的小宝宝快快出来，去尽情感受自由与生命的美好吧！

母虫既然有建造修理洞穴的本领，为什么不选择把它打碎呢？我不能肯定或否定，因为我没有见到过这种事情发生。或许有人会说，这个母虫是因为它被关在无法逃脱的玻璃瓶子里，没有任何行动的自由，所以只能一直守在巢中。不过，即使是这样，它坚持进行摩擦工作和长时间的观察，难道就不感到疲惫厌烦吗？在我们看来，它做起这个工作是那么顺手自然，想必这工作就是它生活中的一部分。

假使它真想恢复自由，它就会在瓶中爬上爬下，毫无休止地忙碌，想尽一切办法出去。但是，我看见的它常常很平静地，也很安心地待在它的圆球旁。

为了得到确切的第一手资料，了解事情的真相，我随时都会去察看玻璃瓶中正在发生着的一切。【名师点睛：不难猜想，母虫如此平静，是在守护自己的孩子，但是作者没有直接下结论，而是通过细致的观察来进一步记录昆虫报告，体现了他严谨的态度。】

如果它想要休息，它可以随时钻入沙土中，完全隐藏自己的身体；

如果它想要饮食，也随时可以出来收集新鲜食物。然而无论是休息也好，享受美味的食物也好，都无法诱使它离开自己的家族片刻。<u>它静静地坐在那里，一直等到最后一个圆球破裂。我时常看见它坐在摇篮旁边，那份安静、那份勇于承担的责任感很让我感动。</u>【名师点睛：作者在此直抒胸臆，表达了自己对它的这份责任感的感动。】

它大概会有四个月的时间不吃任何食物，这时的它早已没有了最初为照顾家族而不断收集食物的馋猫样了。取而代之的是长时间的坐守，其自制力让人惊叹！

<u>母鸡伏在它的蛋上，直到自己的蛋孵化出小鸡，前后也只经历了数星期的时间，而犀头却能忘记饮食长达三分之一个年头那么久。</u>【写作借鉴：作者再一次强调了甲虫妈妈禁食的时间，并与母鸡做比较，衬托出甲虫妈妈为了守护孩子，寸步不离甚至忘记饮食的行为是多么伟大！】

每当夏天过去的时候，人类和牲畜都盼望着下几场雨。终于盼来了，地上随即积了很深的水。

于是在我们普罗旺斯酷热干燥、生命不安的夏季过后，就迎来了凉爽的气候来使它恢复生机。

<u>石南开放了红色钟形的花，海葱绽放出穗状的花朵，草莓树的珊瑚色果子也已经开始变软了，蜣螂和犀头也准备蜕去外层的包壳，跑到地面上来，享受一下一年来最后这几天的好天气。</u>【名师点睛：景物描写，描绘了生机勃勃的美丽景色，给人带来轻松的心情。】

犀头家族的成员们解放了，由它们的母亲带领，慢悠悠地爬到地面。一般有三四个，最多的是五个。

公的犀头生有比较长的角，特别容易分辨出来。

母的犀头与母亲则很难分辨。因此，很容易把它们搞混淆。

过不了多久，它们的母亲又会来一次突然的改变。从那个牺牲一切、无私奉献的母亲，转变为不再那么关心家族利益的母亲。

从那以后，它们需要独自管理自己的家和自己的利益，彼此之间也就不相互照应了。

虽然现在的母甲虫对家族变得漠不关心，但我们不能因此而忘记它四个月来辛辛苦苦的看护，避免蜜蜂、黄蜂、蚂蚁等外来者的干涉和侵犯。据我所知，再没有别的昆虫能够做到独自养育儿女，关心它们的安全和健康，一直陪伴它们成长了。【写作借鉴：通过和别的昆虫做对比，突出母甲虫行为的可贵。】

它近乎完全独立地为每个孩子预备摇篮似的食物，细心呵护，尽心修补，以防止其破损，使摇篮十分温暖安全。这是一个母亲无私的奉献！它拥有如此浓厚与执着的情感，使它失掉了一切的欲望和饮食的需要。在洞穴的黑暗里看护它的骨肉达到四个月之久。在子女们未得到真正的解放之前，它决不恢复户外的快乐生活。我们竟然从田野中笨拙的清道夫身上，看到了最深切的关于母性的本能，对这种小昆虫的敬意油然而生。

Z 知识考点

1.西班牙犀头最与众不同的地方是＿＿＿＿＿＿和＿＿＿＿＿＿。

2.判断题：清道夫甲虫和蜣螂做圆球都是为了幼虫。　　　（　　）

Y 阅读与思考

1.为什么作者说犀头甲虫是搓球的外行？

2.犀头甲虫的卵为什么可以长时间完好地保存？

两种稀奇的蚱蜢

M名师导读

你见过外表像魔鬼的蚱蜢吗？你听说过会把卵种在土里的蚱蜢吗？本章作者为我们介绍了两种稀奇的蚱蜢，一起认识它们吧！

一、恩布沙

海是生物起源的地方，至今还有许多种奇形怪状的动物生活在那里，我们无法统计出它们的具体数目，也说不清它们到底有多少种类。这些动物以最原始的形态，生活在海洋的深处。因此我们时常说，海洋是人类无价的宝库，它是人类生存的重要条件之一。

但是在陆地上，远古的奇异动物，差不多都已经灭绝了，能活下来繁衍至今的可以说微乎其微。能存活到现在的绝大多数都是昆虫类的动物。那种祈祷的螳螂就是其中之一，关于它特有的形状和习性，我已经在前文叙述过了。另外一种则是恩布沙。【名师点睛：作者开篇用海洋引出陆地，用我们熟悉的"祈祷的螳螂"引出恩布沙这种昆虫，循序渐进，进入重点。】

这种昆虫在它的幼虫时期，可以说是普罗旺斯省内最怪的动物了。它是一种身材细长，总是摇摆不定的奇异的昆虫。它的形状不同于任何一种昆虫，没有看习惯的人，决不敢贸然用手指去碰触它。我邻居家的那个小孩，在见到这个奇怪的昆虫以后，对它这种奇异的模样感到极其惊讶。它的怪模样给他留下了深刻的印象，他把它称为"小鬼"。他认为它和妖魔鬼怪多少有些关系。【名师点睛：用邻居小孩的故事为恩布沙蒙上一层神秘感，让我们好奇到底它长什么样子，才会被称作是"小鬼"。】从春季到夏季，再到秋季，甚至在有阳光的、温暖的冬季，我们都可以遇见它们，虽然它们从不成群结队地活动。

荒地上坚韧的草丛，还有在日光照耀下有石头遮蔽的矮树丛，都是惧怕寒冷的恩布沙最喜欢的住宅。

下面，我要告诉你们我所知道的一切，告诉你们它究竟长着一副什么模样。它的尾部常常向背上卷起，曲在背上，像钩子一样卷着。在身体的下面，即弯曲的钩子上面，生长着许多叶状的鳞片，并排列成三行。这个钩架长在四只细长如高跷的腿上。在每个大腿和小腿连接之处，都有一个弯形的、突出的刀片，这个刀片就像屠夫切肉常用的那种刀片一样。

在高跷或四足上的钩的前面，有很长而且很直的突起的胸部。那是一个很细的圆形突起，像一根草一样。在这草干的末梢，藏着它的狩猎工具，完全类似于螳螂的那种猎具。【写作借鉴：尾部像钩子，腿像高跷，上面的刀片像屠夫的刀，胸部的突起像草，作者用一连串的比喻来描写这个昆虫的形象，让读者对恩布沙奇特的外形有了大致的了解。】

那里长着十分尖利的鱼叉，还有一个厉害的老虎钳，生长着像锯子一般的牙齿。上臂做成的钳口中间有一道沟，两边各有五只长长的钉，当中也长有小锯齿。小臂做成的钳口也有同样的沟，只是它的锯齿比较细巧，排列得更加密集，更加整齐。

在它休息的时候，前臂的锯齿嵌在上臂的沟里。整体看来，它就像一架用来加工的机器，有锯齿、有老虎钳、有沟、有道，如果这部机器的规模再稍微大一点，那它就是一套令人恐惧的刑具了。【写作借鉴：将它的身体比作机器和刑具，将它休息时的状态形象地表现了出来。】

它的头部和这个机器相辅相成。并且，它这个头长得是那么怪异！尖尖的面孔，长而卷曲的胡须，巨大突出的眼睛，在它们之间还长着像短剑一样锋利的刀。此外，还有一种从未见过的东西长在前额——那是一种像高高的僧帽一样的东西，一种向前突出的精美头饰，向左右两边分开，形成尖起的翅膀。

为什么这个"小鬼"会长着这种像古代占卜家才会选择戴的奇形怪状的尖帽子呢？不久以后我们就会了解到这其中的奥秘了。【名师点睛：提出疑问，设下悬念，为后文做铺垫。】

这"小鬼"在小时候全身几乎都是普通的灰色，等到它完全发育以后，就会装饰上灰绿、白，还有粉红色的条纹。

你也许会在丛林中遇见这个奇怪的东西，它在四只长足上晃荡，头部不停地向着你摇摆的同时转动它的僧帽，凝视着你的面容。

从它尖尖的脸上，我们似乎可以看到危险即将来临的信号。但是，只要你做出要捉它的举动，它便会立刻放弃这种恐吓姿势，立马消失得无影无踪。【名师点睛：我们可以看到，恩布沙的外表奇怪又危险，但胆子似乎很小，为后文关于它性格的介绍埋下伏笔。】

在遇到危险的情况下，它会低下高举的胸部，它的武器会帮助它握着小树枝，然后竭尽全力迈开大步逃之夭夭。如果你有很敏锐的眼光，那就很容易捉住它，再把它关在铁丝笼子里。

起初，我并不知道该如何喂养它们。我的"小鬼"又都很弱小，最多只有一两个月大。起初我会捉一些大小合适的蝗虫喂养它们，并且特意选取其中最小的一些喂给它们吃。

"小鬼"不但不吃它们，还表现出一副惧怕的样子。无论蝗虫怎么小心翼翼地靠近它，结果都会遭到野蛮的一击。它们会让尖帽子低下来，再愤怒地一捅，于是蝗虫便连滚带爬地被扔出去了。

原来，这个魔术家的帽子竟是它自卫的武器。恩布沙的僧帽就像公羊前额的犄角一样，公羊用它来冲撞、与对手进行搏斗，恩布沙则用它来自卫和斗争。

第二次，我喂给它一只活的苍蝇，没想到恩布沙立即就接受了，而且把它当成美味佳肴。当苍蝇向它靠近的时候，早已守候着的恩布沙马上将它的头掉转过来，胸部弯曲，给苍蝇猛然一叉，这样便把它夹在那两条锯子之间了。这一系列的动作比猫扑老鼠还要迅速。【写作借鉴：将恩布沙捕食苍蝇的过程比作猫抓老鼠的过程，表现了恩布沙动作的敏捷和快速。】

我惊讶地发现，相貌凶恶的恩布沙竟然只有那么少的一点儿食量。一只小小的苍蝇对于它来说不是一顿美餐，而是一天甚至好几天的食物。

我开始以为它们是一个个凶恶的魔鬼，但是后来我发现它们有着像病人一样少的食量。经过一个时期以后，它们就连小苍蝇也懒得吃了。在整个冬天里它们完全没有进食。直到春天，才又开始准备吃极少的米蝶或者蝗虫。它们总是攻击俘虏的颈部，如同螳螂一般。【名师点睛：通过观察，作者对恩布沙的印象也发生了改变。同时说明虽然它的食量跟病人一样，但也攻击猎物的脆弱部位，这是狩猎者的共性。】

幼小的恩布沙在被我关在笼子里的时候，还有着一种非常特殊的习性。

它在铁丝笼里的姿势自始至终都是一样的，而且那是一种极其奇怪的姿势。它用它那有四只后足的爪，紧握着铁丝，一动不动地倒悬在那里，活像一只倒挂在横杠上的小金丝猴。它将背部冲下，整个身体就挂在那四个点上。如果它想要移动一下身体，它就会把前面的鱼叉张开，向外伸展开去，然后紧握住另一根铁丝，并把它朝怀里拉过来。

在铁丝上来回移动时，它的背一直向下，鱼叉则乖乖合拢，缩回来放在胸前。

如果我们一直处于这种倒悬的位置，那一定会很难受，而且也几乎不可能做到。因为如果我们长时间这样做，很可能会得高血压，或是脑出血。但是，恩布沙却能长久地保持这样的姿势。它在铁丝笼里保持着倒悬的姿势，甚至可以持续十个月以上。

苍蝇趴在天花板上的时候，用的也是这样的姿势。但是它有休息的时间，它累了就要休息一会儿，等到养足了精神以后，再继续做这种动作。它会在空中飞舞，用习惯的方式走路，并沐浴在阳光中。

而恩布沙则完全相反，它要长时间地保持这种奇怪的姿势——达到十个月以上——绝不休息。它背部朝下悬挂在铁丝网上，捕猎、吃饭、消化、睡眠，直到死亡。所以它爬上去倒挂时还是个年幼的昆虫，而落下来的时候，已经是可怜的尸首了。

我们应该注意到，它只有处在俘囚期的时候，才会如此地保持着它的习惯性的动作，这并不是它天生的、固有的习惯。因为在户外，通常情况下，它是背脊向上地站在草上的，而并不是倒悬着的。

我还可以告诉你们另外一个与这种行为相似的、稀奇的例子，它比这个还要特殊一些。那就是一种黄蜂在夜晚休息时的姿态。那是一种被叫作"泥蜂"的长着红色前脚的特别的黄蜂。八月底的时候，在我的花园里随处可见。它们很喜欢在薄荷草上休息。在日入薄暮、黄昏将至的时候，特别是在暴风雨将至，十分闷热的日子里，我们总能看见一个奇怪的睡眠者——不管外界如何风雨大作，它都会在那里安详地熟睡着。【写作借鉴：用词精妙，这里的"日入薄暮""黄昏将至""风雨大作"等词，将外部环境表现了出来，衬托出泥蜂睡得很熟。】

不会再有任何一种昆虫的睡眠姿势比它奇怪了。当你见到它以后，一定会异常地惊讶。它用颚紧紧地咬住薄荷草的茎，一般它会选择方形的茎，因为它比圆的茎要更容易握牢。然后它的身体笔直地悬在空中，它的腿折叠着，和树干成直角。这就意味着它把全身的重量，完完全全地放在了它的颚上。【名师点睛：这里将泥蜂熟睡的状态和姿势，详细地展现了出来。】

泥蜂正是利用它强有力的颚将身体在空中伸展，用这样的姿势睡觉的。如果从它的这种习惯来推测，那么我们一直以来对于休息的固有观念就要被推翻了。

这位睡眠者从不为这摇晃的吊床而烦扰，任凭风暴狂欢，枝叶摇摆，最多需要在适当的时候用前足抵住这摇摆不定的枝干罢了。也许黄蜂的颚与鸟类的足趾有着相似的特征——它具有极强的抓力，甚至比风的力量还要强大许多。

　　尽管这姿势看上去非常困难，但有好几种黄蜂和蜜蜂都是采用这种奇怪的姿势来睡眠的——用它们有力的大腮咬住枝干，舒展身体，把腿蜷缩着。

　　大约到了五月中旬，恩布沙已经发育得差不多了。它的体态和服饰比螳螂更引人注目。但它始终不能完全摆脱幼虫时代的怪相——垂直的胸部，膝上的武器和它身体下面的三行鳞片。不过它早已经不能再将身体卷成钩子，所以现在看起来文雅多了——它有着巨大的灰绿色翅膀，会矫捷地飞翔，还有粉红色的肩头，身体的下部装饰着白色和绿色的条纹。【名师点睛：长大了的恩布沙虽然样子十分奇怪，但比起幼虫时代要好很多。】

　　雄性的恩布沙是极其注意外表的。与有些蛾类相似，它极其夸张地用羽毛状的触须修饰着自己。

　　春天到来的时候，当农夫们遇见恩布沙，他们总会以为是看到了螳螂——这个秋天的女儿。

　　它们有着相似的外表，所以人们都怀疑它们的习性也是一样的。由于它们的外观相似，又都是昆虫类的动物，没有人认真仔细地观察过它们，更没有人仔细考察过它们的行动和坐卧，仅凭外貌就猜测它们的生活习惯是一样的。

　　它拥有的那种奇怪的甲胄，会使人们觉得恩布沙的生活方式一定要比螳螂凶狠得多。但是这种想法完全错了，对恩布沙来说，这是个天大的误会。未经过调查研究的结论是靠不住的。【名师点睛：多次强调人们对恩布沙性格和生活习性的误解，为下文中正确解释恩布沙的习性做铺垫。】尽管它们具有极其相似的作战姿态，但是恩布沙却是一个比较和平友好的温柔的动物！它绝不是一个好斗好战的狠毒的昆虫。【名师点睛：虽然姿态相似，但是螳螂好斗好战，恩布沙和平友好，两者有很大的不同。恩布沙的外表和性格也形成鲜明的反差。】

它们被我关在铁丝罩里，无论是半打还是只有一对，它们之间都是极和平友好，并且互利相处的。它们一刻也不会改变柔和的态度。一直到发育完成的时候，它们之间也都是互相体谅、互相谦让、互不侵犯的。

它们的食量相当小，通常有两三只苍蝇就足够吃一天了。那些食量大的小动物，自然是好争斗的。当它们吃得饱饱的时候，就会把争斗当作一种消化食物的手段，抑或是一种健身的方式。争强好胜，事事不让人，从来不吃亏，这是典型的弱肉强食者的特点。它们从来都以利益和好处为先——见便宜就占，见利益就争，见好事就抢。就像螳螂一见到蝗虫就会立刻兴奋起来，这样战争也就不可避免地展开了。当螳螂迅速扑向蝗虫时，蝗虫自然也不会示弱，二者你争我斗，蝗虫会用利齿猛咬螳螂，而螳螂则用它尖利的双夹给蝗虫以有力的反击。这是一场极为精彩的争斗。但是，与它们完全不同，节食的恩布沙绝对是个和平的使者。它从不会因为任何事跟邻居们争斗；也从不装神弄鬼去恐吓外来者；更不会以自己的兄弟姐妹等家人为食。像争夺地盘，像毒蛇那样凶恶地吐舌头一样地突然张开自己的翅膀，像螳螂吞食自己的丈夫这样的事情，恩布沙是绝对不可能做的。

恩布沙和螳螂的器官，几乎相差无几，所以它们在性格和习性上的差异与身体的形状无关，与其外表也无关。那么造成这些差异的原因或许就是食物吧。

无论是人还是动物，淳朴的生活总可以使性格变得温和一些，随和一些。这些都是营造一个和平共处的好环境的条件。但是，生活安逸了，就会开始变得残忍起来。贪食者吃肉又饮酒——这是野性勃发的基本原因，它们从不能像善于节制的隐士一样温和平静。恩布沙只是过着简单的生活——就像吃些面包，在牛奶里泡泡。它是一种普普通通的昆虫，它是平和、温柔、和善的，而螳螂则是十足的贪婪者。

【名师点睛:作者以虫性思考人性,用哲学家的眼光来思考食物对性格的影

响，具有启迪性。】

虽然我已经做了如此清楚明白的解释，但是一定还会有人提出更深一层的问题。

这两种昆虫拥有完全相同的形状，那么它们的生活需求想来一定也是差不多的。那么为什么，一种如此贪食，而另一种却又如此有节制呢？如同已经被我们所了解的其他昆虫一样，它们的嗜好和习性并不完全取决于自身的形状和身体结构，而是一定还有决定着本能的定律存在。

二、白面孔螽斯

在我的住所附近生活的螽斯长着白色的面孔。它极其善于歌唱，并且自带一种庄严的气质，在这个方面它可以算得上是领袖。它通体灰色，有一对强有力的大腮以及宽阔的象牙白色的面孔。【写作借鉴：外形描写，这里对白面孔螽斯这种小昆虫的外形进行了简单的勾勒，使读者对其有了初步印象。】

想要捕捉它，其实并没有什么困难。我们经常可以在夏天最炎热的时候，见到它在长长的草上蹦来蹦去，特别是在生长着松树的岩石下面。

希腊字 Dectikos（白面孔螽斯、Dectique 的语源）是咬的意思，表示喜欢咬。白面孔螽斯便因此而得名。它也确实是善于咬的昆虫。【名师点睛：通过探寻它的名字渊源，引出它"喜欢咬"的特点，为后文做铺垫。】

假如你被一种强壮的蚱蜢抓住了指头，那么你可一定要当心一点儿，它会把你的指头咬出血来，那是很疼的，甚至会疼到无法忍受。它用那强有力的颚作为凶猛的武器。每当我要捕捉它时，我都必须极其小心地提防它，否则随时都有可能被它咬伤甚至被它咬出血。当它需要切碎它捕捉的、硬皮的捕获物时，那两颊突出的大型肌肉便派上用场了。

在笼子里饲养白面孔螽斯时，我发现只要是鲜活的蝗虫或蚱蜢，它们都会欣然接受,但是最受它们欢迎的还是那种长着蓝色翅膀的蝗虫。

每当我把食物放进笼子里时,总是会引起一阵骚动。尤其是在它们十分饥饿的时候。它们笨重地一步一步地努力向前突进——因为它们的脖子很长,阻碍了行动,所以它们没法很敏捷地跑动。这也是引起骚动的原因之一,有的蝗虫一放进去就立即被捉住,但是有些反应快的就在笼子里乱飞、乱跳,运气好的跳到笼子顶上暂时逃过一劫,因为螽斯笨重的身体根本无法爬上那样的高度。不过蝗虫也就仅仅是稍稍延长了自己的生命而已,当它们因疲倦或被美食所引诱,纷纷从上面跳下来时,它们就无法逃脱被白面孔螽斯蚕食的命运了。那些螽斯会立即将它们捕获,所以它们最终还是成了螽斯的美食。

这种螽斯,虽然没有很强的智力,但是却会用一种科学的杀戮方法。就像老虎、猎豹等哺乳动物一样,它们也是常常先刺捕猎物的颈部,再咬住主宰它运动的神经,使它立刻失去抵抗的能力。这些肉食动物都是先将自己所捕捉的猎物的喉管咬住,让它无法呼吸,使之丧失反抗能力以后,再将它一点点地吃掉,螽斯就是用与这相似的方法捕食的。

蝗虫是很难被杀死的,因而这不失为一种很聪明的方法。有时蝗虫的头已经被切掉了,但是它的躯体却还能够不停地跳动。我甚至曾经见过几只已经被捕食者吃掉一部分后还死里逃生、到处乱跳乱蹦的蝗虫。【名师点睛:即便是弱小的蝗虫,也有旺盛的生命力,这样顽强的求生欲和强大的再生能力让人惊叹。】

因为白面孔螽斯喜欢以蝗虫和一些对未成熟的谷类有害的虫类为食,所以这类螽斯多一些,对于农业也是有很多好处的。【名师点睛:作者分析了这种昆虫的社会意义,指明它们能给农业带来好处,呼吁大家重视昆虫,保护益虫。】

不过,对于目前已经在土地上生长着的果实,它们是起不到太多的保护作用的。它最吸引我们注意的应该是那些从远古时代继承下来

的纪念品——它留给我们的一些在现今已经不常见的习性。【名师点睛:
作者点明自己对螽斯的习性十分感兴趣,也引起下文中对它的习性的介绍。】

　　我应该感谢白面孔螽斯,它让我对幼小螽斯有了更进一步的了解。
它与蝗虫、螳螂的产卵方式截然不同。它不会像螳螂一样把卵装在硬
沫做成的桶里,也不会像蝉那样,将它们产在树枝的洞穴里。

　　白面孔螽斯会像播种植物一般,把卵直接种植在土壤里。在母白
面孔螽斯身体的尾部有一种器官,它可以利用这个器官在土地上掘下
一个小小的洞穴。然后在这个洞穴内产下若干个卵,再将洞穴四周的
土稍稍翻松。用这种器具将土推入洞中,就像我们种好树后填土一样。
它们就是用这样的方法,将这个小土井盖好,再将上面的土打扫平整。

【写作借鉴:作者详细描写了母虫把卵种在土壤里的过程,将过程比喻成我
们人类种树填土,生动形象。】

　　然后,它会去附近散步,来做一些消遣和放松。在不久之后,它
就会回到刚刚产卵的那个地方,在第一次产卵地点的旁边——它会记
得清清楚楚——开始新一轮的工作。如果我们用一个小时的时间仔细
观察它,就可以看到它的全部动作。它们会反复五次以上,连附近的
散步也包括在内。它产卵的地点往往都是邻近的。

　　当各种工作都已经完成以后,我察看了它的这些小穴。那里只有
卵,并没有小室或者任何壳状物来保护它们。在一个穴里通常约有六
十个卵,大部分是紫灰色的有棱角的。

　　随后我开始观察螽斯的工作状况,想深入了解它的卵孵化的具体
情形。于是在八月底的时候,我就取来了很多卵,放在一个玻璃瓶子
中,并在里面铺了一层沙土。它们在里面度过了安安稳稳的八个月,
在那里它们感受不到气候的变化带来的痛苦:没有风暴,没有大雨,没
有大雪,也没有它们在户外所必须经历的过度炎热的光照和日晒。

　　当第二年六月来临的时候,生长在瓶中的卵还没有表现出任何孵
化的征兆。和九个月以前我刚把它们取来的时候一样,既没有发皱,

也没有变色，反而呈现出极其健康的外观。然而在六月的田野里，小螽斯应该已经随处可见了，有的甚至已经发育得很大了。对此我非常疑惑，究竟是什么原因导致卵还不孵化呢？【名师点睛：问句的提出，引起读者的思考和对下文内容的介绍。】

温室中的花朵让我产生了一种猜想，这种螽斯的卵，就应该像植物一样被种在土地里面，没有任何保护地暴露在风雨大雪之中。

然而在我瓶子里的卵，是在恒温并且比较干燥的环境下度过了大约八个月的时间。也许就因为它们本来是像植物种子一样散播着的，所以它的孵化应该需要潮湿的环境，需要适合它孵化的一切条件，就如同种子需要潮湿才能发芽一样。因此，我决定用新的方法试一试。

我将那些实验的卵分出来一部分，放在我的玻璃管里，然后在它们上面加上薄薄的一层潮湿的细沙。最后我用湿棉花把玻璃管塞好，用以保持里面的湿度。无论谁看见我的实验，都以为我是在做种子实验的植物学家。【写作借鉴：作者将卵比作种子，将卵孵化过程比作种子发芽的过程，还用诙谐的语言把自己比作植物学家，十分有趣。】

幸运的是，这次我的实验成功了。在温暖的、潮湿的环境之下，这些卵不久就表现出要孵化的迹象了。它们渐渐地涨大，它的壳随时都有裂开来的可能。我用了两个星期的时间，每个小时我都很认真仔细地照顾着它，不知疲倦地守候着它。我真的是一点儿也不想错过小螽斯从卵里孵化出来的情形，以解答之前遗留在我心中的疑问。

我已经知道，白面孔螽斯，在通常情况下是把卵埋在土下边约一寸深的地方。新生的小螽斯在夏初时就可以在草地上跳跃了。它们长得完全一样——有一对又细又长的触须，细得如同发丝一般；在它们身后还长着两条非常奇怪的腿，像两条跳高用的撑竿，对于走路来说，是最大的障碍。【写作借鉴：比喻，将它的触须比作发丝，表现了触须又细又长的特点，将腿比作撑竿，形象而贴切地表现了腿的弹跳作用。】

我很想了解，这个如此柔弱的小动物携带着这笨重的行李，是如何顺利爬到地面上来进行它的那些工作的呢？它使用了什么工具，又是如何在土中开出一条小路来的呢？它的触角是那么脆弱，仿佛遇到一粒小沙都可能会折断；还有那一双纤细的长腿，极小的力量也会使其断掉，这个小动物显然是不可能仅仅依靠自己的力量就能从土坑中逃出来的。

我曾经告诉过你们：蝉和螳螂，当它们从枝头或是巢里出来的时候，在身体表面都有一层保护膜，就像一件大衣一样。

我想，这个小螽斯，在从沙土里钻出来的时候，一定也有一种外皮，这个外皮一定比后来它在草间跳跃时所穿的衣服还要简单瘦小，它便用这层外皮作为自己的保护罩。【写作借鉴：作者通过列举我们熟悉的蝉和螳螂，用比喻的修辞手法将昆虫的保护层比作大衣，引出对螽斯的保护罩的介绍。】

我的猜想是正确的。那个时候，白面孔螽斯和别的昆虫一样，的确穿有一件保护外衣。这个细小柔弱的白色小动物，就是长在一个鞘里的，它的六个足平置在胸前，并向后伸直。

为了让自己出来的时候更容易一些，它将大腿绑在身旁，而另外一个碍事的器官——触须——则被紧紧地压在这个保护层里面。

它的颈向胸部弯曲，大的黑点——是它的眼睛，还有那经常被人误以为是盔帽的毫无生气且异常肿大的面孔。颈部则因头的弯曲显得十分开阔。它那微微跳动、时张时合的筋脉是新生螽斯的头部自由转动的动力。它们依赖颈部推动潮湿的沙土，挖掘出一个小洞穴，然后将筋脉伸展开，成为球状，紧塞在洞里。这样当它成长为幼虫的时候，就会有足够的力量移动它的背，并推开厚厚的土层。

这样，这个小动物离成功更进一步了。球泡的每一次涨起，都能不断推动小螽斯向洞外爬行，它就是用这样的方式一点点慢慢爬出洞来的。

这个软弱的小动物努力地移动自己那膨胀的颈部，挖土掘壁的可怜模样真是让人感到十分心疼。【名师点睛：作者在此直抒胸臆，蝉斯幼虫爬出洞这个过程很艰辛，作者表达了对它的怜悯。】在它的肌肉还没有变得强健的时候，就不得不与硬石做斗争，真的是无异于以卵击石。不过在它锲而不舍的努力奋斗下，还是获得了最终的成功。

终于有一天早晨，蝉斯在这块地方打通了一个小小的孔道，这个孔道不是直的，约有一寸深，有一根柴草那么宽。这个筋疲力尽的昆虫终于通过努力从这个孔道爬到地面上了。

这位奋斗者在还未完全脱离土壤之前，必须休息一会儿，因为奋斗并没有结束，它还要储存力量完成最后的工作。用尽全身力气，竭力膨胀头后面突出的筋脉，以便它自己成功突破那个自出生以来就保护着自己的鞘，这也是它奔向自由生活的最后一项挑战。随后，这层坚固的外衣就被它抛弃了。

现在，它终于成长为一个幼小的蝉斯了。别看现在它还是灰色的，到了第二天就渐渐变黑了，与发育完全的蝉斯比起来，它简直就是一个黑煤球。不过不用去怀疑它成熟时所拥有的象牙色的面孔是不是天生的，因为在它大腿之下，有一条窄窄的白色斑纹。

被我养大的蝉斯啊！你要面对的生活实在是太凶险了。【写作借鉴：作者之前介绍蝉斯一直用第三人称"它"，现在转化成第二人称"你"，作者情感上的变化体现出了他对蝉斯的担忧。】你那众多的同类，有好大一部分在尚没有得到自由之前，就因疲倦而死去了。在我的玻璃管中，有好多蝉斯因受到沙粒的阻碍而放弃了即将成功的奋斗。

白面孔蝉斯的身上长着一种绒毛，会把它的身体包裹起来。如果我不给它们以帮助，那么它们到地面上来就会遇到更多的危险，因为屋子外面的泥土已经被太阳晒硬了，要比试管里的粗糙得多。

这个长着白色条纹的黑怪物，吃着我给它的莴苣菜叶，并在我提供给它的房子里面尽情地跳跃，我可以很轻松地豢(huàn)养[喂养牲畜。比喻收买并利用]它。

不过从它那里我已经得到了足够多的知识，它已不能再提供给我更多信息了，所以我就恢复了它的自由。为了报答它教给我的那些知识，我送给它这个房子——玻璃管，还有花园里的那些蝗虫。【名师点睛：作者给蚤斯提供生存的环境和食物，蚤斯回报作者昆虫的信息资料。我们从作者和蚤斯的关系中看到了平等，体现了作者对生命的尊重。】

通过它，我知道在它孵化成幼虫的时候，它是穿着一件临时的保护服的，并且将那些最笨、最重的部分——如它的长腿和触角等等，全都包裹在鞘里。它也使我了解到，这种略微伸缩、呈干尸状的奇怪动物，在它的头颈上生长着一种瘤，或者说是颤动的泡泡——这是一种生来就有的机器，对它的旅行有很大的帮助。但在我最初观察蚤斯的时候，却并没有察觉这个工具对行走的作用。

Z 知识考点

1._____的武器是长在前额的僧帽；_____会像播种植物一般，把卵直接种植在土壤里。

2.判断题：恩布沙能在笼子里保持倒悬的姿势，持续十个月以上。

（　　）

Y 阅读与思考

1.恩布沙和螳螂性格上有什么差异？

2.请简单介绍白面孔蚤斯的捕食方法。

黄　蜂

Ⓜ名师导读

　　你一定听说过黄蜂吧！你了解这种蜜蜂吗？它们有怎样的生活习性呢？睁大你的眼睛，来瞧瞧吧！

一、它们是聪明又愚笨的

　　那是九月的一天，我带着我的小儿子保罗跑出去，想瞧一瞧黄蜂的巢。【名师点睛：作者开篇用回忆的口吻叙事，运用故事性的语言，增加了文章的可读性，吸引了读者的阅读兴趣。】

　　小保罗极好的眼力和超级集中的注意力能为我们观察提供很好的帮助，所以，我们在欣赏小路两旁的风景中展开了搜索之旅。【名师点睛：介绍了小保罗的特点，即眼力好和注意力集中，这为下文中小保罗首先发现黄蜂做了铺垫。】

　　忽然，小保罗指着不远的地方，冲着我喊："快看！那是黄蜂的巢。就在那边，一个黄蜂的巢，能看得清清楚楚呢！"果然，在大约二十米以外的地方，小保罗看见一种行动非常迅速的东西，一个一个地从地面上飞跃起来，随即迅速地飞去，好像在那些草丛里面隐藏着一个小小的火山口，马上就要喷发出来一般。

　　我们小心谨慎地向那个地点跑去，生怕一不留神惊动了这些凶猛的动物，进而引起它们的注意和攻击，如果那样的话，后果将是不堪设想的。

　　这些小动物的住所门边，有一个圆圆的裂缝，只有人的大拇指般大小。共同居住的同伴们进进出出，向不同的方向飞来飞去，不停地忙碌着。

突然，"噗"的一声，让我大吃一惊，但马上又醒悟过来了。我忽然意识到我们正处于一个极不安全的时期。如果我们靠太近去观察它们，那必然是十分危险的。因为，像我们这样的不速之客会让它们惶惶不安，稍有不对就会激怒这些容易发脾气的战士来袭击我们了。因此，我们不敢再逗留了，再待下去就意味着要面临巨大的风险。

我和小保罗记住了那个地点，以便在天黑之后再来观察。夕阳西下，这个巢里的居住者，应该全部从野外回家了，那样的话，我们就可以更好地进行观察了。

在一个人决定要征服黄蜂的巢，并且他没有经过谨慎而细致的思考，就贸然采取行动的前提下，这种行动无疑就是一种冒险。我带了半品脱[容量单位，主要于英国、美国及爱尔兰使用]的石油、九寸长的空芦管、一块相当坚实的黏土，作为我的全部武器装备。还有一点必须说明的是，在以前的几次小小的观察研究之中，我已稍稍积累了一点儿成功的经验，这所有的装备与经验对我而言，都是一种再好不过的安全保障了。【名师点睛：作者在行动前做好了准备，说明他在以往的实验中积累了丰富的经验，体现作者作为一位昆虫学家的素养。】

有一种方法对我而言是极其重要的，那就是让蜜蜂窒息。除非我选择用我不能容忍的牺牲的方法，否则，我必须学会窒息。当瑞木特要把一个活的黄蜂的巢放在玻璃匣子里，并观察里面的同居者的习性时，他并不是亲自行动的，而是选择了另外一种方法。他雇用了一个帮手来协助他完成实验。这个帮手经常从事这种痛苦不堪的工作。他们情愿牺牲自己的皮肤来获取优厚的报酬，为科学家们提供这种有偿服务。但是，我却宁愿去牺牲自己的皮肤。

在还未挖出我所要的蜂巢之前，我做了两次细致的思考，然后才开始我的计划。我首先要将蜂巢里的居民闷住，死了的黄蜂是不会刺人的。这个方法是残忍的，但对我来说是十分安全的，这样就可以让我不用置身于危险之中了。我采用的是石油，因为它的刺激作用并不十分猛烈。

我需要做一次观察，因为我不希望所有的黄蜂全都死掉，不然的话观察死了的对象，又有什么意义呢。现在最棘手的问题是怎样把石油倒进有蜂巢的穴里去。蜂巢穴的出入孔道大约有九寸长，而且几乎与地面平行，一直通到地底下的窠巢。假如把石油直接倒入隧道的口上，就会犯一个极大的错误，而且会带来极其严重的后果。这是什么原因呢？因为少量的石油，会被泥土吸收进去，而无法到达地下的窠巢。【名师点睛：作者自问自答，分析将石油倒入蜂巢穴里的方法，说明作者考虑得十分周到。】这样一来，到了第二天，当我们凭着想象，以为这时挖掘、凿开窠巢一定是很安全的时候，危险就会扑面而来。如果真是那样，我们一定会碰到一群发疯般的黄蜂，在我们的铁铲下回旋飞舞，对我们的人身安全造成很大的威胁。

在这个时候，那早已准备好的九寸长的空芦管就要派上用场了，它可以完美地阻止这一不幸事件的发生。当我把这根空芦管插进差不多九寸长的隧道里面的时候，就形成了一根自动的引水管。我将石油顺着导管倒入土穴中，就一点儿也不会浪费了，而且速度也快得很。然后，我们再用一块事先捏好的泥土，像瓶塞子一样，塞住那个孔道口，切断这些黄蜂的退路。这样，我们的工作就暂时告一段落了，接下来要做的就是静静地等待。

当我们准备下一项工作的时候，正是月色昏暗的九点钟，小保罗和我一起出去。我们只带了一盏灯，以及装有所需工具的篮子。一路上我们可以听见远处农家相互吠叫着的狗声，在橄榄树高枝上的猫头鹰的鸣叫，以及在浓密草丛中的蟋蟀的歌声。而小保罗和我则在谈论着昆虫，他激动而好奇地问了我很多问题。为了不让他失望，我承诺会将我所知道的全都讲给他听，以便帮助他学习，丰富他的知识，提高他的兴趣。【名师点睛：小保罗是作者的儿子，他与父亲一样，对昆虫充满了兴趣。这是一个快乐的猎取黄蜂的夜晚，让我们忘记了睡眠以及被黄蜂攻击的风险。

将芦管插入土穴是一件细致的工作，并且需要一定的技巧。因为孔道的方向我们无从知晓，颇需要一番试探。而且有时候，黄蜂保卫室里的门卫会突然警觉地飞出来，毫不留情地攻击正在进行工作而且没有防备的人的手掌。为了防止这种突如其来的不幸发生，我和小保罗决定，一个人负责在一旁守卫，时刻保持警惕，必要时用手帕不停地驱赶进攻的敌人。这样一来，即使有人不幸被命中，手上的皮肤隆起了一块，也算是尽可能地把危险和伤害降到了最低。

当石油慢慢涌入土穴，我们便会陆陆续续听到群蜂的惊呼声和逃窜声。随后，我们迅速用湿泥将孔道封闭起来，一遍一遍地用脚踏实，确保这封口坚不可摧，以免让它们有路可逃。所有的事情都暂时忙完了，剩下的事要明天再做，所以我和小保罗飞快地收拾好一切就回去睡觉了。

到了第二天清晨，我们带了一把锄头和一把铁铲，重新又回到了那个地方。我们选择清晨就开始工作，是担心有部分没有及时飞回土穴的黄蜂在我们挖土的时候碰巧飞回来，如果遇到这种情况，我们的处境就又会变得极其危险了。并且，清晨冷冷的空气，多少可以削弱它们的凶恶和威风。【名师点睛：从这里我们能够看出作者还考虑到了黄蜂的作息时间，说明他很细心。】

在孔道前，芦管依然还插在那里。我们挖了一条壕沟出来，宽度刚好能容下我俩，行动也很方便。于是，我们便从沟道的两边继续挖下去，小心翼翼地一片一片铲去。终于，在差不多有二十寸深的地方，蜂巢暴露出来了。它吊在土穴的屋脊当中，丝毫没有被损坏的痕迹，完好无损地悬挂在那里，这让我们感到兴奋极了。

这是一个多么美丽壮观的建筑啊！它大得简直像一个南瓜。【写作借鉴：比喻，将蜂巢比作南瓜，形象而生动地将蜂巢的形状表现了出来。】除去顶部以外的其他部分全都是悬空的，在它顶上生长着很多条根，其中多数是茅草根，它们穿透了深深的"墙壁"进入墙内，和蜂巢紧紧融为一体，异常坚实。如果那地方的土地是软的，它的形状便呈圆形，并且各部分也都一样的坚固；如果那地方的土地是沙砾的，那黄蜂掘凿时就会遇到一些阻碍，蜂巢的形状也会随之而变化，至少不会那么圆滑整齐。
【写作借鉴：作者用"如果……如果……"的句式，说明蜂巢的形状会随着旁边土壤性质的不同而变化。】

在巢底部和地下室的旁边，常常留有手掌宽的一块空隙，那里是宽阔的街道。这些建筑者可以在这里自由行动，持续不断地进行它们各自的工作，靠它们自己的努力，使它们的窠巢更大更坚固。通向外面的那条孔道也连接着这里。除此之外，在蜂巢的下面还有一块更大的呈现圆形的空隙，就像是一个大圆盆。在蜂巢扩建新房时，便可以增大其体积。这个空穴，还有另外一个用途，那就是作为一个盛废弃物品的垃圾场。看来这里还真是设施齐全啊。

这个地穴是黄蜂们靠自己的"双手"挖掘出来的。这一点是不容置疑的。因为自然界不会有现成的如此之大、如此整齐并且刚好适合的洞穴。当初，第一个开辟巢穴的黄蜂，也许是利用了鼹鼠所做的洞穴，对它加以改造，以图开始创建的便利。然而，筑巢的绝大部分工作还得黄蜂亲自完成。

奇怪的是，在蜂巢的大门之外，并没有堆积一些被挖出的泥土。那么，黄蜂们挖出的泥土被扔到哪去了呢？其实它们已经被弃散在不引人注意的空旷的野外去了。有成千上万的黄蜂参与了这项挖掘工作，而且必要的时候，还要将它扩大。这千百万只黄蜂飞到外面去的时候，每一只身上都会附带着一些土屑，并把它们抛撒在离窠巢很远的地面上。因此，在洞穴周围我们丝毫看不见那些多余的泥土。这也让蜂巢看上去洁净无染。【名师点睛：作者在探究黄蜂们挖出的泥土的去处的同时，向我们说明了蜂巢干净的特点。】

黄蜂的巢是用一种薄而柔韧的材料做成的。这种材料是木头的碎粒，看上去就像是一种棕色的纸。它的上面有成条的带，由于所用木头的不同而色彩不一。如果蜂巢是用整张"纸"做的，便可以稍稍抵御寒冷，起到一些保暖的作用。【写作借鉴：由于上文中将这种材料比作棕色的纸，这里就用"纸"来指代黄蜂的巢的材料。】但是，黄蜂就像做气球的人一样，它们似乎明白可以利用各层外壳中所含有的空气来保持温度。所以，黄蜂把它们的巢做成宽宽的鳞片状，一片挨一片松松地铺起来，很有层次。整个蜂巢就像铺了一层粗粗的毛毯，厚厚的，而且多孔，内部含有大量的空气。这样一来，外壳里的温度在天气很热时，一定也是很高的。【写作借鉴：将黄蜂比作做气球的人，将黄蜂筑巢的过程比作人做气球的过程，通过相似性说明黄蜂巢穴温暖的特点。】

大黄蜂——黄蜂们的领袖，运用同一理念建筑了自己的巢。它或在杨柳的树孔中，或在空的壳层里，用木头的碎片做成脆弱的黄色的"纸板"。它就利用这样的材料来包裹自己的巢。一层一层相互叠压起来，就像是凸起的大鳞片一样，可以想象这里的保暖性该有多好！这个大鳞片的中间有充分的空隙，空气停留在里边动也不动。

黄蜂们的举止常常与物理学和几何学的定理相吻合。它们会利用空气——这个不良导体来保持室内的温度。它们早在人类想到做毛毯之前，就已经设计并创造出了类似的东西，而且技艺还很高。它们在建筑窠巢的外墙时，只要极小的空间就足以造出很多个房间，它们的小房子也同样如此，其面积与材料都很节约。

然而这些看起来如此聪慧的建筑家在遇到一点小小的困难时，居然表现出一副束手无策、毫无办法的样子，这着实让人感到惊讶。【名师点睛：这段话在结构上起承前启后的作用，承接上文感叹黄蜂的智慧，笔锋一转，引出下文黄蜂面对小问题束手无策的介绍。】

有句话叫"如果上帝给你关上一扇门，一定会给你开一扇窗"，根据我的观察，黄蜂的智力其实非常低，所以它们那像科学家一样的行动能力，应该算是上帝为它开的一扇窗。对于它们的智力，我做了各种各样的实验。

因为黄蜂碰巧将房子安置在我家花园的路旁边，因此我便有机会利用一个玻璃罩来做实验了。我无法在原野里利用这种器具，因为乡下的小孩子们总会把它打破，进而破坏了我精心准备的实验。

有一天晚上，天已经黑了，黄蜂也已经陆续回家了。于是我铲平了泥土，用一个玻璃罩罩住黄蜂的洞口。到了第二天清晨，黄蜂们习惯性地开始工作。我很好奇当它们发觉有东西阻碍了它们的飞行时，它们能否在玻璃罩的边上挖掘出另外一条道路呢？这些能够创造出广阔洞穴的动物是否知道，只要挖掘出一条短短的地道，便可以使自己重获自由呢？这便是我做这个实验的主要原因。那么，结果又是怎样的呢？【名师点睛：一连几个问题的提出，留给读者想象和思考的空间，同时引出下文中答案的揭示。】

第二天早晨，我看到温暖耀眼的阳光已经照射在玻璃罩上了。这些工作者也已经开始成群地由地下上来，急于出去寻觅食物了。但是，它们一次又一次地撞在透明的"墙壁"上直至精力耗尽而跌落下来，然后下一批又会涌上来不断重复。

就这样，它们成群结队地团团飞转，不停地尝试，丝毫没有放弃的意思。其中有一些，终于跳得疲倦了，脾气暴躁地乱跑一气，就又回到住宅里去了。后来又有一些，当太阳更加炽热的时候，重复着与前者同样的动作，但毫无疑问不会有结果。它们就这样轮换着倒班。但是，始终没有一只大智大勇的黄蜂能够伸出手足，到玻璃罩四周的边沿下去抓、挖泥土，以此来为自己和同伴打开新生之路。这足以说明它们是不会设法逃脱的，它们有限的智慧不足以帮它们解决这个难题。【写作借鉴：作者用一连串的动作描写，说明黄蜂遇到极小的困难也毫无办法，与前文相呼应。】

这个时候，有少数在外面过夜的黄蜂从原野飞回来了。它们围绕着玻璃罩盘旋飞舞，徘徊不定，不知该怎么办才好。终于有一个带头向玻璃罩的下边挖去，而其他的黄蜂也随着它的样子去做。于是，在大家的共同努力之下，很快地，一条新的通路便轻易地被开辟出来了。它们跑了进去，终于到家了。为了避免这群黄蜂带领穴里的同伴原路返回，轻松逃走，我决定用土将这条新开辟的小路堵住。我很愿意让这些囚徒用自己的观察和努力来争得自由，去享受沐浴阳光的欢乐，领会大自然的美妙。

无论黄蜂的理解能力有多差劲，我想它们最终还是可以顺利地使自己逃脱的。我猜想那些刚刚进去的黄蜂自然会指引一下路径，并且一定会指教其他的黄蜂如何向玻璃罩下边挖，以便尽快地逃离牢笼。

可是，事实却没有那么乐观。我非常失望，可爱的黄蜂们居然没有借鉴一点儿前人的经验和教训，也没有表现出模仿的意图。在那个玻璃罩里，没有任何一只黄蜂显现出要挖掘地道而出逃的迹象。这些小昆虫仍旧只是团团乱飞，没有计划，没有目的，它们只是盲目地乱碰乱撞，挤作一团，不知究竟发生了什么意外。【名师点睛：这里点出了黄蜂全军覆没的原因，即没有计划、目的，乱飞乱撞，挤作一团，表现了黄蜂愚笨的一面。】每天都有数不胜数的黄蜂死于饥饿和炎热之下。一个星期以后，一个令人遗憾的结果产生了，没有一只黄蜂能够侥幸存活下来，它们全军覆没了。一堆死尸铺在地面上，其状甚为惨烈。【写作借鉴：作者用失望的语气描写黄蜂乱碰乱撞的画面，表现它们的愚笨。用"全军覆没"来形容它们最后的结局，营造惨烈的氛围。】

那么为什么从原野返回的黄蜂们可以另辟蹊径，毫不费力地回到家中呢？那是因为从泥土外面可以嗅到它们家的味道，并引导它们去寻找。这是黄蜂想方设法投入家的怀抱的一种本能的表现，或者说这是它们的一种防御方法，是一种无法用科学思维去解释的行为。自从小小的黄蜂降生到这个世界上开始，每一只黄蜂都对地面上的任何阻碍有了一定的了解。

但是，对于那些被罩在玻璃罩里的黄蜂，就没有任何本能来帮助它们从险境逃脱了。它们的目的是简单而明确的。它们只想到阳光里面去，到野外去觅食。但它们被罩在玻璃罩里，这个透明的牢狱使它们能够看到日光，它们就这样被蒙骗了，它们以为自己已经达到了目的。

它们几经努力，一往无前，持续不断地和玻璃罩抗衡、碰撞，心中满怀无限希望，一心想要朝着日光飞得再近一点儿，以便能够寻觅到急需的食物。可事实上那只是徒劳。由于它们没有过类似的经历，当然就不存在拥有任何经验和实践指导它们如何解决这样的难题，它们不知道该如何行事。于是它们只能在盲目地固守着它们生来就惯有的古老习性中走投无路，直到把自己和生的希望拉得越来越远，最终只能眼睁睁地把自己推向可怕的死亡深渊。【名师点睛：顽固自封只会自取灭亡，积极探索才能看到新的希望。】

二、它们的几种习性

我们掀开蜂巢的外层，可以看到有很多蜂房隐藏在其中。那是好几层的小房间，上下排列着，中间有稳固而结实的柱子使它们紧密地连在一起。房间层数一般不固定，通常会有十层左右，或者更多一些。神奇的是这些小房间的门口都是向下开的。在这个看起来有些奇怪的小空间里，幼蜂无论是在睡眠还是在饮食的时候，都是大头冲下生长的，也就是倒挂着的。

这一层一层的楼就是蜂房层，这里有足够大的空间把它们分隔开。在外壳与蜂房之间，有一条能够通往任何部分的路。这条路上时常会有很多负责照顾蜂巢中幼虫的守护者来来往往。在外壳的一边，仿佛有一个繁华多样的都市大门，但那其实是一个没有经过过多修饰的裂缝而已，隐藏在被包裹着的薄鳞片中。正对着这个大门的，就是那隧道的进出口，那里可以从地穴深处直通到外面的大千世界。【名师点睛：这里对黄蜂的蜂房进行了细致的描述，使读者能够想象出一个形象的建筑物。】

在黄蜂的社会中，成员的数量是相当多的。它们将全部的生命完全投入到忙忙碌碌的工作之中。它们的主要责任就是，在人口持续增加的时候，不停地扩建家园，以便新的公民可以安身。尽管有些并不是自己的后代，可它们对巢内幼虫的精心呵护，都极小心勤勉、无微不至。【写作借鉴:作者将黄蜂的世界比作社会，赋予黄蜂"公民"身份，使其人格化，强调其责任感，赞美它们呵护幼虫的美德。】

为了能够观察到它们的工作状况，并且了解到冬天将至的时候它们的一切举动，我在十月里，就把少许巢的小片放在盖子下面。那里面居住着很多的卵和幼虫，并且还有上百个在细心地看护着它们的工蜂。

为了方便观察，我将那些蜂房分隔开来，并且让小房间的口朝着上面并排放起来。这样颠倒了的生活，似乎并没有引起我的这些小囚徒的烦恼，它们很快就适应了新的生活状态，不仅恢复了原来的空间状态，而且重新开始忙碌而辛勤地工作，好像之前的变化都只是一场梦。【名师点睛:作者把蜂房颠倒过来，也没有影响到黄蜂的生活，说明黄蜂对环境有良好的适应性。】

事实上，它们需要再扩建一下它们的房屋。因此，我选择了一块软木头送给它们，并用蜂蜜来喂养它们。我用一个铁丝盖着的大泥锅来充当隐藏蜂巢的土穴，再盖上一个用纸板做的可以移动的圆顶形的东西，这样就使得内部与巢穴内部一样昏暗了。当然，如果我需要一些亮度来观察时就会把它移开。

黄蜂继续着它们的日常工作，就好像从来不曾受到过任何的打扰一样。工蜂们不仅要认真照料巢中的宝宝，还要保护并扩建好它们自己的房子。它们一起卖力地干活，一道新的铜墙铁壁慢慢地建起来了。这墙壁保护着它们最宝贵的蜂房。

看起来，它们似乎是在重新建造一个新的外壳，用这个新的外壳来代替那个被我用铁铲毁坏了的旧外壳。这些工蜂并没有选择在旧外壳的基础上简单地进行修补，而是从被我破坏了的那个地方开始重建。它们很快就筑成了一个弧形的纸鳞片似的房顶，这个房顶差不多就遮盖住了三分之一的蜂房。如果这个蜂巢不曾被我破坏的话，那么这些工蜂搭建起的这个屋顶足以连接到外壳呢。而现在它们亲手做成的这个房顶显然还不够大，只能遮盖住整个房间的一部分而已。

它们对于我事先为它们精心准备好的那块软木头根本不予理睬，甚至连看都不曾看一眼，好像它就根本不存在一样。或许这种"新型"材料并不适合黄蜂们做巢，所以它们选择置之不理，而继续选用那些被废弃不用了的旧巢，只有这样才用得更加得心应手。我想它们喜欢这些旧的小巢，是因为利用它便可不必再辛辛苦苦地重新制作纤维。它是已经做好了的，既方便又实用，只需要拿来稍微加以改造就行了。而且，它们也不用再浪费那么多的唾液，只需极少的唾液，再用它们的大腮仔细咀嚼几下，便能够得到上等的糨糊——一种上好的建筑材料。

然后，它们一同把不再用的小房间统统毁掉，再利用这些破碎的材料做成一种类似天篷一样的东西。如果有必要的话，它们还会利用同样的方法筑造出新的小屋，用以居住和活动。

与它们齐心协力筑造屋顶的情形相比较，喂养幼虫才是更加生动有趣的。【名师点睛：过渡句，吸引读者的阅读兴趣，引发读者的思考，让读者随作者一同探究黄蜂是如何喂养幼虫的。】

刚才还是一个个粗暴刚强、工作卖力的勇士，忽然就摇身一变，做起了温柔、体贴的小保姆。我相信看到这样的情景，没有人会感到厌倦和反感。就这样，转瞬间，那充满了战斗气息的军营立刻变成了温馨的育婴室了。真是妙趣横生啊！【写作借鉴：用拟人的修辞手法，将黄蜂比作勇士和保姆，用比喻的修辞手法将蜂巢比作战场和育婴室，突出黄蜂形象的转变。】

喂养可爱、柔弱的小宝宝可是一项相当需要耐心的工作。如果我们全神贯注地盯着一只正在忙碌工作的黄蜂的话，我们就可以清楚地观察到，在它的嗉囊里，充满了蜜汁。它喂食的样子非常有趣，它会停在一个小房间前面，小心翼翼地把它的头缓缓地伸进洞口里面去，然后再用它那尖尖的触须轻轻地唤醒里面的一个小幼虫。当那个小宝宝慢慢地清醒以后看到了那个育婴师递送进去的触须，于是幼虫便微微地张开小嘴。幼虫乞食的样子，就像一只初生不久、羽毛未丰的小鸟，迫切地向着刚刚辛辛苦苦为它觅食而归的妈妈张开小嘴，索取食品一般，让人感到温馨无比。【名师点睛：这里详细介绍了黄蜂喂食的过程。】

这个刚刚从梦中苏醒过来的小宝宝，拼命地摇摆着它们的小脑袋，渴望能够马上寻找到它急需的食物，这也算是它的天性了。然而它只能盲目地摸索，一次次地试探着外面的黄蜂为它们提供食物的位置，可以想象小宝宝的心情是多么急切啊。不知过了多久，两张小嘴终于连接到了一起，一滴浆汁便从"小保姆"的嘴里流出来，流进那个被看护者的小嘴里。仅仅这一点点便足以喂饱这样一个小宝宝了。现在，该轮到第二个黄蜂婴儿吃饭了。于是，这个小保姆又赶快马不停蹄地跑到下一个育婴室去，继续着它神圣的使命。

大部分的蜜汁都通过它们口对口的交接被小宝宝们吃下。但是，进食并不会随之结束，因为它们还有剩余的美食没有吃完呢。在黄蜂喂食的时候，总会有东西从嘴里漏下来。这个时候，幼虫的胸部会逐渐膨胀起来，如同一块围嘴或餐巾纸一样，那漏下来的东西就落在它上面。于是，在保姆走后，小宝宝们就会在它们自己的颈根上舔来舔去，吮吸滴落在胸部的蜜汁，尽情地享受剩余的美食，舍不得浪费一丁点儿食物。大部分的蜜汁被咽下以后，幼虫胸部的鼓胀便会渐渐地消失掉了。然后，幼虫会稍稍向蜂巢内部缩回去一点，继续去做它那还未做完的美梦。

在我的笼子里，小幼虫们的头是朝上的，黄蜂在喂养它们的时候，从它们的小嘴里遗漏出来的东西，自然会全部滴落在"围嘴"上面。但是在蜂巢里，它们的小脑袋都是朝下的，对此，我敢肯定，即便是在那种头向下的情况下，小幼虫的"围嘴"一样可以发挥作用，并且有着同样的功效。这是因为幼虫在蜂巢中时，它的头会略微有一点弯度，并不是直的。【名师点睛：照应前文，通过再次说明作者的笼子和黄蜂的巢穴是不一样的，引出对幼虫的"围嘴"的功效的介绍。]因此，幼蜂的胸部还是能够接住从它的嘴巴里流出来的蜜汁的。而且，从幼蜂嘴里溢出的蜜汁十分黏稠，很快就会粘在幼蜂那婴儿围嘴般的胸部上。要是碰上个细心的小保姆，它们很有可能在这种情况下再得到一些美味的蜜汁。总之，无论幼蜂的头是朝上还是朝下，那块围嘴是在头的上部还是下部，从幼蜂嘴里流出来的那些蜜汁都不会被浪费。再加上幼蜂的食物本身就具有一定的黏性，可以牢牢地粘在围嘴上，所以从某种意义上来说，幼蜂胸前这块天然形成的小围嘴，就是一个干净卫生又携带方便的小碟子。这个小小的工具可以避免许多不必要的麻烦，也减少了喂食过程中的困难。既方便了我们的小保姆，使得它们省时又省力，还可以使得小幼虫们享用美味佳肴时能够更加舒适宁静，直至一饱口福，吃到满足为止。除此之外，还有最后一个好处，那就是可以让小宝宝们不至于吃得太饱，以免撑坏了小肚皮而夭折。

如果它们生活在野外的大自然中，每当年末食品极其缺乏的时候，多会有些青黄不接[青：田时的青苗；黄：成熟的谷物。旧粮已经吃完，新粮尚未接上。也比喻人才或物力前后接不上]。而在这种情况下，大多数的小保姆就会选择其他种类的食物来喂养小宝宝。通常它们会选择苍蝇——先将它们切碎，然后再喂给小幼虫们食用。但是，在我的蜂房之中，是一概不选择其他东西作为幼虫的食品的，我只为它们准备足够的有营养的蜜汁。

吃了这些蜜汁以后，所有的看护者和被看护者似乎都变得精力旺盛起来。而且，一旦有什么不速之客突然闯进蜂房，试图偷袭或侵略，它们的下场除了不幸的死亡，不会存在其他可能。很明显，黄蜂是一种极不好客的小虫，它们从不会厚待宾客，更不允许有其他动物随意侵犯自己的家园。

即便是那种形状和颜色与黄蜂极其相像的被叫作拖足蜂的蜂，也是不被欢迎的。假如它们稍稍靠近一点，企图来分享黄蜂的蜜汁，那么它们很快就会被觉察出来，而这种企图也会很快破灭，黄蜂们会一拥而起，直到置其于死地为止。

拖足蜂并不能凭借其相似的外貌来欺骗黄蜂那敏锐的目光。如果拖足蜂反应迟缓，没有及时退避，那么就只有大难临头招来杀身之祸，被黄蜂残酷地杀死。因此，擅自闯入黄蜂的巢，的确是一件极不明智的选择。即使那来访的客人长得与它们极为相似，工作也没有什么差别，几乎可以说是同一团体中的成员，也是绝对行不通的。黄蜂是不会轻易地放过任何不请自来、自找没趣的所谓的客人的。因此，其他动物还得有些自知之明，回避才是上策。

我已经不止一两次看到过黄蜂是如何野蛮地对待它的客人们。如果那非法入境的不速之客是个相当有杀伤力而且凶猛无比的敌人，那么在它受到群攻而送命之后它的尸首便立即被拖到蜂巢之外，抛弃在下面的垃圾堆里。但是，<u>黄蜂似乎不会轻易地动用它那有毒的短剑来攻击其他的动物，一般情况下它还是会手下留情的。</u>【名师点睛：这里表现了黄蜂仁慈的一面，与上文中的凶狠形成了对比。】

我曾经把一只锯蝇[一种膜翅目昆虫，包含多个种类，因其产卵器像锯的刀片而得名。锯蝇的幼虫很像毛虫，以树叶、作物或蔬菜等为食]的幼虫扔到黄蜂群里面。黄蜂们对这条绿黑色的小龙一样的侵入者，表现得饶有趣味，它们一定感到十分奇怪。<u>没多久，它们便向它发起了进攻，但是它只是弄伤了它，并没有用它们的毒针刺死它。随后众蜂齐心协力，打算把它拖到巢的外面去。然而这条"小龙"似乎并不服输，顽强地抵抗着，用它的钩子钩住蜂房——有时利用它的前足，有时利用它的后足。可是最终，这条可怜的"小龙"还是因为严重的伤势和软弱的身体败下阵来，被勇猛有力的黄蜂拉了出来。这条"小龙"很惨，小小的身体上布满了血迹，一直被拖到垃圾堆上去。</u>【名师点睛：这里为我们展现了黄蜂驱逐锯蝇的过程，细致而又生动。】黄蜂们也并不轻松，它们驱赶这样一条浑身无力的可怜虫，耗费了足足两个小时的时间呢！

　　如果，我在蜂巢里面放的不是一个弱小的幼虫，而是一个在樱桃树孔里生活的那种相对比较凶猛的幼虫，那结果就大不相同了。估计立刻会有五六只黄蜂一同拥上来，纷纷用毒针去刺它的身体。这种情况并不会持续太久，这只强壮有力的幼虫便难逃厄运，最终一命呜呼了。如何处理这个不速之客的尸体成了黄蜂们最头疼的问题。它是那样庞大，黄蜂们想要凭借自己的力量把它搬运到巢外几乎不可能。所以，黄蜂们只得选择其他的方法，比如吃掉它，或者至少要想方设法减轻它的体重才行。因此，它们便一直以它为食，直到剩余的那部分可以被拖动为止。最后，这残缺的尸体还是难逃被丢到外面去的命运。

三、它们悲惨的命运

　　黄蜂一方面用如此凶猛而残酷的方法来抵御外来的入侵者，一方面又用如此温柔巧妙的方法来喂养幼虫，这些小幼虫便在我制作的笼子里一天一天地长大，黄蜂家族也随之日益兴旺起来。不过，也有例外的情况。黄蜂的窠巢里，也会有一些非常柔弱的小幼虫，它们还未长大成人，还未经历世间的风雨，沐浴阳光的温暖，便过早地夭折了。

　　在观察之中，我发现了那些柔弱的小家伙，亲眼看见了它们不能继续享用蜜汁，不能进食，一点点地憔悴下去、衰弱下去。相信那些小保姆早已比我更清楚地了解了这一切。它们能做的只有无奈地把头轻轻弯下来，用触须很小心地去检查一下那些可怜的小幼虫，然后得出无奈的结论——这些病者的确是无药可救了。随着时间的推移，这个无法再挽救的弱小生命慢慢走到了生命的尽头。毫无疑问，最终，它只能被黄蜂毫不怜惜地从自己的小房间里拖出去扔掉。

　　在这样一个充满野蛮气息的黄蜂群落里，久病者不过就是没有用处的垃圾而已，只有赶快处理掉，才能更好地防止病毒蔓延传染。病毒传染对于黄蜂来说是极可怕的事情。但是最可怕的事情并非如此。随着冬天悄悄来临，黄蜂们便已经预感到自己将来的命运了。它们已经知道，自己的末日就要来临了。

十一月里，在极其寒冷的夜晚，蜂巢的内部发生了巨大变化。它们已经失去了大搞基础建设的热情。在储蜜的地方，从事这一工作的黄蜂不再频繁地去干活了。整个家族里所有的黄蜂全都放任自流了。饥饿难耐的幼虫大张着小嘴寻找着食物，可是，等到的要么是迟缓而又微薄的救济品，要么干脆没有人到这里来喂养它们了。

惆怅与悲哀深深地侵袭了那些小保姆的心灵，它们从前的那份工作热情也不见了，最终甚至会转化为厌恶。它们知道，用不了多久，一切就将变成悲剧了。那么，这些小保姆存在的价值还在哪里呢？还会有什么好处可以索取吗？其实，在看护蜂的心中早已有了答案，而答案是否定的。于是，当饥饿真正来临时，厄运便逐渐降临到了小幼虫们的头上，它们只能无助地一个接一个悲惨而孤独地死去。而从前那些温柔体贴的小保姆则沦为了不可思议的凶残的刽子手。

那些小保姆会安慰自己："我们没有必要留下那么多可怜的孤儿。反正不久以后，我们都要离开这里，还能有谁来照顾这些可怜的孩子呢？没有。既然这注定是一个如此残酷的结局，还不如让我们的孩子死在自己家人的手里，总比在饥饿中煎熬，一点一点地饿死要好得多呢，痛快地死去总是强于漫长的煎熬！"【名师点睛：作者揣测看护蜂的心理，用设问的句式增强感情。从情感上来分析它从一个保姆变成刽子手的心理变化，表明了看护蜂的无奈。】

接下来的一幕闹剧，更像是一场残忍的屠杀。黄蜂们残忍地咬住了小幼虫的后颈，然后粗暴地将它们逐个从小房间里拖出来，拉到蜂巢外面，抛到那土穴底下的垃圾堆里。那情景真的是惨不忍睹，凶残至极！曾经的小保姆，也就是工蜂，在把幼虫从小房间中强行拖拉出来时，那种情形，就好像在处理一些外来的入侵者抑或是一群已经没有生命迹象的尸体。它们野蛮地拖着那些小小的尸体，有时还会将它们扯碎。而那些可怜的小卵，则会被工蜂们撕扯开来，最后吃掉。

这曾经的保姆，如今的刽子手，就这样毫无生气地苟延残喘。一日接一日地，我只能满怀无比的不忍与惊奇，注视着我的这些昆虫最终的结局。然而最让我感到意外的是，这些工蜂在忽然间就全部死掉了。它们集体跑到上面，跌下来，躺在地上，然后再也没有爬起来，就如同遭了电击一般。它们有自己的生命周期，它们被时间这个无情无义的毒药毒死了。就像是一只钟表内的零件，当它的发条松到最后一圈时，结局就是如此。

工蜂们老了！然而，母蜂却仍是年轻而又强壮的，因为它们是蜂巢中最迟生出来的。所以，当寒冬来临，受到寒冷的威胁时，它们仍有能力来抵挡一阵。至于那些即将走到生命尽头的黄蜂，我们能够很容易从它们外表的病态上分辨出来。它们的背上满是尘土，而在它们健壮年轻的时候，是决不允许身上有一丝灰尘的。一旦发现有尘土附着在身上，它们就会不停地拂拭，把那黑色、黄色的外衣清洁得异常鲜亮。可是现在，它们生病了，没有精力再注意清洁卫生了，它们已经无暇顾及太多了。年迈的它们只能一动不动地停留在阳光底下，或是迟缓地踱来踱去。它们已经不再拂拭那曾经美丽的衣衫了，因为一旦到了这个年纪，一切都不再那么重要了，身外之物都没有了任何意义。【名师点睛：通过对比黄蜂年轻和年老时对外衣的不同要求，描绘老蜂了无生机的状态。】

这种外表的随意表现，就是一种不祥的征兆。过了两三天以后，那身上沾满尘土的昆虫便离开自己的巢穴，准备最后一次的旅行。它拼尽全力跑出来，想要再享受一点点阳光的温暖。用不了多久，它便突然跌倒在地上，动也不动，再也不能够重新站起来了。它总是尽量避免着在它所热爱和生存的巢里死去。因为在黄蜂的群落中，存在一条不成文的规定——巢里要保持绝对的干净整洁。就算是这个生命即将结束的黄蜂，依然选择遵守规定来安排它的葬礼。它直接把自己跌落在土穴下面的坑里，这样就可以保持巢的清洁和卫生。这些苦行主义者，是绝不会允许自己死在蜂房里的。至于那些剩余下来的，还没有死去的黄蜂，它们也会毫不犹豫地保持这种习俗，直到它们死亡为止。这是一条不曾被摒弃的法律条文，无论黄蜂世界中的人口如何增长，或是减少，这一传统总是要坚守的。【名师点睛：黄蜂至死也遵循习俗，保持蜂巢的干净整洁，这种无私的精神令人敬佩。】

现在我的笼子里变得空阔了很多。虽然这个屋子仍然是温暖的，而且里面仍储备着很多蜜汁，供剩下来的那些健康者食用。可是，到了圣诞节的时候，仅仅剩下了约一打的雌蜂。到了第二年的一月六日，所有的黄蜂全都死掉了，一个也不剩。

它们并没有挨过饿，也没有受过冻，更没有离家的苦痛。那么这种死亡究竟是从哪里来的呢？是什么让我的黄蜂统统都丧命了呢？【名师点睛：作者连续提出几个问题，引起读者的思考，引出下文对黄蜂死亡原因的揭示。】

至少我们不该归罪于囚禁，因为即便是在野外，也会有同样的事情发生。在十二月末的时候，我也曾到野外去观察过，那里的蜂巢也都经历过同样的情况。大量的黄蜂都会面临死亡，这不是因为发生了什么意外，也不是由于疾病的困扰，更不是因为某种气候的不利影响，而是一种不可摆脱的命运。这种命运摧残折磨着它们，这与鼓舞着它们生存下去的力量是一样强大的。不过它们这样的命运，对于我们人类来说，倒是很有好处的。通常一只母黄蜂就可以创造出三万多后代，假如全体黄蜂都存活下来，可想而知，这将是一场巨大的灾难！若真是那样的话，黄蜂们就完全可以在野外成立自己的王国，并且雄极一世，称霸一方了。【名师点睛：黄蜂短暂的生命和强大的繁衍能力形成强烈的反差，这种反差又在一定程度上保证了自然的和谐。】

到了后期，蜂巢会自己毁灭。那种将来会变成外表平庸的飞蛾的毛虫，还有那赤色的小甲虫，以及身着鳞状金丝绒外衣的小幼虫，它们都是有可能攻击、毁灭蜂巢。它们会利用锋利的牙齿，咬碎小巢的地板，进而毁掉整个蜂巢内的所有住房。最后，残余的仅仅是几把尘土和些许棕色的纸片。

当春姑娘再一次来到此地，黄蜂们便又开始废物利用，白手起家，发挥大自然赋予它们的、在建筑房屋方面极高的灵性和悟性，重新建造起属于它们自己的家园。新的结构精巧而又坚固不摧的城池，仍会被一个庞大的家族占领并居住其中。它们将一切从零开始。它们将继续繁衍后代，喂养宝宝，继续抵御外来的侵袭，与大自然奋力抗争，为家族的安全而战斗，为快乐的生活贡献自己的一份力量。生命不息，奋斗不止！

Z知识考点

1.在作者想要征服黄蜂巢的时候，对他极其重要的方法是_____。

2.因为黄蜂会利用_____来保持室内的温度，所以作者说黄蜂的举止常常和_____学与_____学的定理相吻合。

3.判断题：黄蜂的群落有条不成文的规定，那就是巢里要保持绝对的干净整洁。　　　　　　　　　　　　　　（　　）

Y阅读与思考

1.为什么从原野返回的黄蜂可以另辟蹊径，毫不费力地回到家中呢？

2.黄蜂幼虫的"围嘴"有什么作用？

蜂螨的冒险

M 名师导读

你知道吗？蜂螨的生命只有一两天。生命虽然短暂，但这些天生的冒险家可不甘于平凡，让我们来看看它们的冒险旅程吧！

一、蜂螨

在卡本托拉斯乡下沙土地的高堤附近，聚集着数量众多的黄蜂和蜜蜂。为什么它们会偏爱这个地方？究其原因，主要是因为这一地区有着非常充足的阳光，而且这一带还非常容易开凿，特别适合黄蜂和蜜蜂在这里定居。【名师点睛：作者用设问的手法自问自答，说出了黄蜂和蜜蜂在此聚集的原因，同时也点明蜜蜂对居住地的要求。】

五月份，这里数量最多的主要有两种蜜蜂。它们都属于泥水匠蜂，是地下一个个小屋的建造者。其中有一种蜜蜂，它们常常在自己的住宅门口构建起一个土筒——一道自认为固若金汤的用来防御的壁垒。整个筒是弧形的而且在它的里面留有空隙，筒的长和宽跟人的一个手指头差不多。很多蜜蜂首次飞到这一带来准备定居时，都会对这一个个弧形的土手指的装饰而感到奇怪，似乎压根不能理解这个怪东西。

还有另外一种我们大家对它可能比较熟悉的蜜蜂，它们被称作掘地蜂。因为它们将自己的住所直接暴露在外面，其走廊的外口并未设置类似上一种蜂的手指形的防御壁垒。它们乐于在旧墙石头之间的缝隙中、废弃的房舍或者是沙石显露的表面来安营扎寨、开展工作。然而，最令它们满意和向往的，也是它们常常成群结队奔赴的地方，要数那些朝着南方的地面突起的地方了。因为在那里我经常可以找到它

们开凿的处所。【名师点睛：作者列举了掘地蜂喜欢的地方，为下文介绍掘地蜂开凿住所做铺垫。】

它们常常在这好多码宽的墙上，凿出很多很多的小孔，让这里整体看起来就像是一块海绵。这么多小小的洞孔，一定是用锥子戳出来的吧，毕竟它们是那么的整齐有度，每一个孔穴差不多都有四五寸深，都与盘曲的走廊相通相连。而蜂巢就在这底下。如果你对这种蜜蜂的工作情况感兴趣的话，就一定要在五月的中下旬到它们的工作场地去。但是为了保护自身安全，千万要注意和它们保持一定的距离。这样，我们就会发现它们一群一群地会合在一起，喧哗着，众志成城地以一种惊人的毅力，愉快地开展着关于食物和蜂巢的各项工作。

然而，我光顾这个被掘地蜂占领了的地方，次数最多的不是五月，而是在八九月间。那个时候正值夏天休假，到处充满了快乐和自由。在那个季节里，掘地蜂窠巢的附近，一切都变得非常宁静了，因为掘地蜂所有工作都早已处理完毕。这时会有很多的蜘蛛拥挤地待在缝隙里面，将有丝的管子伸入到蜜蜂的走廊里。

这里曾经住满了蜂，到处都是它们忙忙碌碌的身影，现在却突然变成了凄惨、悲凉的废墟一般的存在。这中间到底发生了什么，我们谁也无从知晓。在大地表面以下约数寸深的土室中，有成千的幼虫被封闭在里面。它们全都悄悄地静候着春天的来临。这些柔弱而又没有防御能力的幼虫，是这样肥胖，这样有吸引力，自然会吸引某种寄生者，或者招来某种正处在饥饿之中到处寻觅食物的外来昆虫。这件事应该很值得研究一下。

有两件事引起了我的注意。这里时常被一种身上半黑半白的非常丑陋的苍蝇围绕着。这些苍蝇慢慢地在几个洞穴之间飞来飞去，以便把卵产在自己满意的地方。其中，有一些卵是挂在网上的，早已干枯死了。而在其他的地方，比如在堤上的蜘蛛网上，挂着许多某种甲虫——蜂螨的尸体。这些尸体，雌雄夹杂着。不过，仍然还有一少部分是有生命的。雌性的甲虫一定早已深入到了蜂的住宅里面，而且毫无疑问，它们一定是在蜂的窠巢中产下了自己的卵。【名师点睛：经过前面的铺垫，本章的主人公蜂螨终于登场了，它是在蜂的窠巢里产下自己的卵的一种甲虫。同时也设下悬念，这些枯死的卵是什么动物呢？】

如果我们耐心地在堤的表面下寻找，很多有趣的东西就会展现在我们面前。刚到八月的时候，我们就会发现，顶上有一层小房屋，它们的样子和底下的蜂巢相比，相差甚远。这是怎么一回事呢？其实主要是因为这是由两种不一样的蜂建造而成的。其中有一种我们已经介绍过了，就是掘地蜂；而另外一种，有一个很好听的名字，叫竹蜂。

掘地蜂组成了一支先锋队，负责完成挖掘地道的工作。【写作借鉴：拟人手法的运用，将掘地蜂比作先锋队，将掘地蜂挖地道的工作状态表现了出来。】它们懂得，必须把它们自己的住所选择建在合适的地方。一旦发生或即将发生什么危险的事情，它们就会果断离开它们辛苦建筑起来的外部的小房间。

掘地蜂一离开，竹蜂立马集合队伍飞扑进去，将这一方难得的宝地据为己有。然后它们开始利用很粗糙的土壁，把走廊简单地分割成不仅大小不完全相同而且看起来还毫无艺术特色的众多房间。它们的建筑构思是如此简单，并且没有美感，可见它们是多么投机取巧，并且缺少艺术灵感的蜂。

相比而言，掘地蜂建造的窠巢非常整洁而又美观，并且进行了非常精心别致的粉饰和装修。在我们看来，它们从事的工作是极具艺术性的，它们都是具有高超的艺术创造才能的建筑师。【名师点睛：作者用艺术家的眼光来欣赏掘地蜂的窠巢，通过对比来赞美掘地蜂建造窠巢的才能。】它们善于利用合适的土壤，建造好的窠巢，没有任何一个普通敌人能够轻易入侵到窠巢中。也正是由于这个原因，这种蜜蜂的幼虫才没有像其他幼虫一样学着做茧。它们只要"赤身裸体"地躺在温暖的小房间中静静地等待就行了，房间里面光滑得如同粉饰过一样。

然而，竹蜂的小房间里却截然不同。那里必须用一些东西来加以保护才行。原因很明显，它们的窠巢做得非常草率肤浅。那些巢只是建筑在土壤的表面上，而且只有很薄的墙壁做壁垒。因此，竹蜂的幼虫就没有掘地蜂幼虫那么好的福气，它们必须把自己藏在非常坚固且厚重的虫茧里才能不被侵扰。这样做有两点好处：一方面，厚厚的茧可以保护幼虫不会被巢里草率建成的粗糙墙壁碰伤；另一方面，它可以使小幼虫免于仇敌爪牙的侵袭，不至于还在襁褓之中，就遭到不测而夭折离世。

虽然这两种蜂都居住在这个堤上，但是我们还是很容易就可以分辨出哪些蜂巢属于哪一种蜜蜂。很显然，"一丝不挂"的赤裸小幼虫被保护在坚固而美观的掘地蜂的窠巢里；而用坚实的茧包裹着的小幼虫则待在草率的竹蜂的窠巢中。【名师点睛：掘地蜂的巢很精美结实，所以它们的幼虫不需要茧；竹蜂做巢很草率，它们的幼虫要待在厚实的茧里。作者总结了两种蜂巢的不同，以便我们能够将两个邻居分辨开来。】

与此同时，这两种不同的蜜蜂还都有着自己特殊的寄生者，或者说是不世仇敌。竹蜂的寄生者，是那种黑白相间的蝇，它们经常在蜂巢隧道的门口出没。它们闯到窠巢中，然后将自己的卵产在里面。掘地蜂的寄生者是蜂螨，在堤面上时常能发现这种甲虫的尸首。

如果我们将竹蜂的小房间从上面移开，便可以观察掘地蜂的家了。里面一部分小房间居住着正在成长之中的昆虫，还有一部分小房间中，住满了掘地蜂的幼虫。除此之外，还会有一些小房间中，藏着一个蛋形的壳。这种壳分成了好几节，上面还带有突出来的呼吸孔。它不仅薄而且很脆，特别易碎。它有着琥珀的颜色，非常透明。因此，如果从外边看，我们可以很清楚地看到，里面会有一个已经发育完全的蜂螨在挣扎着，极其渴望能早日从里面解放出来，获得自由。【名师点睛：要观察寄生虫是很困难的，因为它们太小了。掘地蜂的窠巢里藏着蜂螨的卵，作者详细介绍了这个装有蜂螨幼虫的壳，观察得十分细致。】

那么，这个很奇特的壳到底是个什么东西呢？看起来，它并不太像某一种甲虫的壳。这个寄生者究竟是怎么出现在这个蜂巢里面的呢？【名师点睛：疑问句的提出，引起读者的思考，将文章引入对这个壳的介绍上。】

单从掘地蜂窠巢的地理位置上来看，完全是不可能被侵入的。即使你使用放大镜进行仔细观察，也看不出它有过什么受损的痕迹。经过三年周密而细致的观察，我终于揭开了这个神秘的谜底。【名师点睛：作者为了解开一个甲虫的谜题，进行了三年周密而细致的观察。其为了研究昆虫在不停地探索，持之以恒的毅力令人佩服。】我将它记录在了我的昆虫生活史上，于是它又增加了一页奇怪而有趣的内容。下面就是我对这个问题的研究结果。

蜂螨，它完整发育的时期也只不过有一两天的时间而已，而它的全部生命，都是在掘地蜂的门口度过的。它在这短暂的生命里，除了繁衍后代，它不用再做任何的事情。

蜂螨也像其他的动物一样，具备所有的消化器官，但是它究竟要不要吃食物，我始终无法肯定。雌甲虫的唯一愿望和目的，就是要产下它的小宝宝。做完这件事，它的生命也就到头，可以放心地离开这个世界了。那么雄性呢？它们在这种土穴上伏上一两天之后，也同样命归九泉了。【名师点睛：在蜂螨短暂的生命中，它还要完成繁育后代的使命，这是多么伟大的生命啊！】

现在我们差不多就可以解释为什么蜂的住宅旁边的那片蜘蛛网上悬挂着那么多莫名其妙的尸首了。【名师点睛：前后呼应，照应前文，解释了前文留下的悬念。】

人们也许会以为，这种甲虫在产卵的时候，一定是把所有的房间全都跑遍，并且在每一个蜜蜂的幼虫身上都要产下一个卵。可是，事实好像并非如此，我曾经仔仔细细地把蜜蜂的隧道内部搜寻过一遍，最后发现，蜂螨只是在蜂巢的门口那边产卵，在距离门口有一到两寸

187

远的地方积累成一堆。<u>这些卵全部呈白颜色，其形状为蛋形。它们的体积都很小，互相之间轻轻地粘连在一起。我保守地估计，其数目也得有一两千吧</u>。【名师点睛：这是对蜂螨的卵的外形描述，形象而具体，数目的估计也表现了作者观察仔细。】

这一事实不太符合一般人的思维，它们并没有把卵产在蜂巢的里面，而选择将它们产在蜜蜂住宅的门口附近，而且堆成一小堆。更加奇怪的是，它们的母亲并没有在它们的保护上下功夫，既没有储备或布置一些起保护作用的东西，不考虑为它们防御冬天的寒冷，也没有替它们关上这扇进出孔道的大门，以便抵御可能前来伤害它们的成千上万的敌人。总而言之，它们的母亲把它们产下之后，它们就变成了孤儿，这个世界要靠它们独自去闯荡了。在冬日的严寒还不曾到来之前，蜘蛛或其他更为凶悍的侵略者便沿着这条开着门的隧道，随意践踏和侵占，那些可怜的卵理所当然地成了侵犯者的可口美餐了。

为了能更清楚地弄明白这一点，我把若干的卵放在一个盒子里面。大约到了九月，它们还没有孵化出来的时候，我就开始想象着，它们孵化完成，就立刻跑开去，到处寻找掘地蜂小房间的模样。然而，结果证明我完全错了。这一群幼虫——小小的黑色动物，还不到二十五分之一寸长——虽然它们拥有强有力的小粗腿，但似乎并没有派上什么用场。它们并不愿跑散开，而是更喜欢非常混乱地相处在一起，和脱下来的卵壳混杂地生活在一起。我有意在它们面前悄悄地放了一块带有蜂巢的土块，想看看它们会采取怎样的行动。可是结果却令我大失所望，蜂巢似乎一点诱惑力都没有，这些小家伙丝毫没有离开自己卵壳的意思。后来我又强行把其中的几个挪开一些，但是它们很快就又跑回去了，继续躲在其他的同伴里面，和它们混居生活在一起。

<u>最终，我在冬天的时候特意跑到了卡本托拉斯的野外，打算到那里去观察掘地蜂居住的地方。我想知道在自然的状态之下，蜂螨的幼虫们是否也是如此，即在孵化之后，不分散开居住，而是混杂地生活</u>

在一起。【名师点睛：作者在严寒的冬天里坚持去野外观察，表现了他执着的探索精神。】观察的结果告诉我，完全一样。在野外的情况与我的小盒子里的情况真的相差无几。我看到那些在野外的蜂螨的幼虫同样是挤在一堆，并且也是和它们的卵壳混住在一起的。

到现在为止，我还有个疑问不能解答：蜂螨究竟是怎么进到蜜蜂的小房间里面的呢？它们又是怎样走进另一种并不属于自己的壳里去的呢？【名师点睛：作者在这里给我们提出了问题，留待我们思考，也为下文中它们的冒险设置了悬念。】

二、第一次的冒险

在仔细观察过幼小蜂螨的外表以后，我便立刻察觉到，它们有很特别的生活习性，这一定会很有趣。

我通过认真的研究，得出一个结论，蜂螨想要在平常那种平地上边移动是一件极其困难的事情。在蜂螨幼虫居住的地方，我们很清楚地了解到，它们有时会有跌落下去的危险。这种事情是不是就一定会发生呢？其实，从蜂螨幼虫的角度来说，这根本就不能算是一个问题。因为它们天生就生着一对弯曲锋利并且强劲有力的大腮；它们还有着强有力的腿和能够自由活动的爪以及许许多多坚硬的毛和如锋芒一般的针；而且它们生来就带着一副坚硬的长钉，上面长着锐利且结实的尖儿，很像那种犁头的形状，任何光滑的土都能被它牢固地刺入而不松动。除了刚刚介绍的这些利器以外，它还有一个自己专属的独门秘技，就是它的身体可以分泌出一种具有很强黏性的液汁。假使其他的任何器官都不存在，单单靠这种液汁，它也可以紧紧地粘在物体上而不会滑下去。【写作借鉴：外形描写，作者侧重描写了蜂螨的武器，说明它有着强大的自我保护能力。】由此可见，它有多么强的自我防护能力啊！

但是到底是什么样的原因，致使这些幼虫一定要在这里居住？我曾一再绞尽脑汁，冥思苦想着这个问题，可怎么也想不出满意的答案来。为了能很快地得到答案，我只能焦急地等待着大自然的气候能够尽快转暖一些。

　　我一直将蜂螨幼虫禁闭在牢笼中，以前它们几乎是躺着不动的，只会躲藏在像海绵一样的卵壳堆里边睡大觉。可到了四月底的时候，它们忽然开始活动了。一开始，这些小家伙在那个度过严冬的盒子里到处爬走着。它们好像正在寻找什么东西——一些它们迫切需要的东西，从它们匆匆忙忙的动作和它们那不知疲倦的精气神儿就能轻易看出来。很明显，它们所需要找的东西应该是它们的食物了。因为，从九月底这些蜂螨的幼虫们开始孵化时算起，一直到现在四月底，差不多足足有七个月的时间了。虽然它们一直处于一种麻木停滞的状态，但它们也应该需要获取一点儿有营养的东西来补充一下自己的体力了。自从开始孵化，它们就像是被上天判了七个月禁闭的囚徒一样，不能做任何事情，只能保持着一种姿势，这些小动物可是具有生命的"精灵"啊。

　　此时此刻，当我发现它们一个个如此富有激情、充满动力地奔波的时候，很自然地就猜想到，它们一定是饿坏了。也只有饥饿才能驱使这些有生命的小动物如此忙忙碌碌、不辞劳苦地进行工作了。

　　这些匆匆忙忙寻找食物的小动物，真正想要得到的食物应该是存在蜂巢中的储藏品。我凭什么这样说呢？因为到了后期的时候，我们是从那些蜂巢中发现的这些蜂螨。现在这些储藏品不只限于蜜蜂的幼虫来食用，蜂螨们也可以分享它们。

　　于是我给它们提供里面藏着蜜蜂幼虫的蜂巢，甚至把蜂螨直接放到蜂巢里边去。可以说，我想尽了各种办法，施展了所有伎俩，想要成功挑起它们的食欲。然而，我的努力并没有收到一点儿回报。接着，我想到利用蜂蜜进行试探的方法。为此，我花去了五月份的大部分时间去寻找我所需要的存储着蜜汁的蜂巢。【名师点睛：作者付出了诸多的努力来帮助蜂螨，我们自然会顺势地想到蜂螨的生活会很舒适，可是事实却不是这样，引发了读者的思考。】

最后我终于找到了自己想要的蜂巢。我用蜂螨的幼虫替换掉其中一些蜜蜂的幼虫，把它们放到蜂巢中储备的蜂蜜里。就在我以为自己即将成功的时候，实验的结果却再一次狠狠地打击了我。可以说这是我做过的最失败的一次实验并且没有之一。蜂螨幼虫们根本就没有去饮食那些蜜汁，更令人沮丧的是，这种黏黏的东西把它们粘住了，最后它们都被闷死其中，这完全出乎了我的意料！

我对着它们非常失望地喊道：“这里有现成的蜂巢、蜜蜂幼虫，还有蜜汁提供给你们，难道这些还不足够吗？你们就这么贪婪吗？你们这些可恶的小东西，到底什么东西才是你们需要的呢？”【写作借鉴:语言描写，流露出浓浓的失望之情。作者不仅是在气恼幼虫的行为，也在气恼自己不能进一步理解这些小动物的心思。】

不过抱怨归抱怨，我还是发现了它们真正需要的东西。原来，它们并不渴求什么特殊的东西。它们是想要掘地蜂把它们亲自带到蜂巢里边去。

在前面我已经提到过，当四月即将来临的时候，居住在蜂巢门内的一堆蜂螨幼虫已经开始蠢蠢欲动，有一点儿活动的迹象了。仅仅就在这几天以后，它们便会陆续离开那个地方。它们会紧紧地依附在蜜蜂的毛上，直到被带到了野外，谁也不知会被带到多么遥远的地方。多么怪异的小动物啊！【名师点睛:蜂螨以寄生的方式生存，寄生在比它大的蜜蜂身上，寄生虫的命运就是这样，依附寄主生存。】

每当掘地蜂要经过蜂巢门口的时候，无论它是即将远行，还是刚从远方归来，一旦停在了门口，那些已经等待了很久的蜂螨的幼虫，便会迫不及待地爬到蜜蜂的身上去。它们钻进掘地蜂的绒毛里面，紧紧地抓住它，即使这只掘地蜂要飞到很远很远的地方去，我们也不必担心它们有掉到地上去的危险，因为它们抓得实在是太紧了。它们这样做自然有它们自己的道理，那就是可以借助蜜蜂强壮的身体，到达那些储藏有大量蜂蜜的巢里去。它们是不是很聪明呢？

当我们第一次发现这样的情形时，一定会觉得这种喜欢冒险的小幼虫，要在蜜蜂的身上先寻觅到一些食物来填下肚子。但是，事实再一次证明这种想法是错的，蜂螨的幼虫在靠近蜜蜂肩头细细的绒毛里面伏卧着，它们通常会把头朝向里面，然后把尾巴朝向外面，与蜜蜂的身体呈直角状。

它们一旦选择好了位置，便不会再随便地移动。如果真如我们所想的那样，它们打算在蜜蜂的身上寻觅些吃的东西的话，它们就不会待在原地，而应该想方设法地在蜜蜂的身上到处跑动，寻找最鲜嫩的一部分才对。

不过，事实告诉我们，它们总是会选择靠近蜜蜂翅膀下面的部位或是蜜蜂的头部这些蜜蜂身上最坚硬的地方来附着。并且它们只要攀住一根毛就不会再动了。因此，事实总归是事实，并不是我们想当然的那样。【名师点睛：作者从事实出发，求真求实，其他的寄生虫都是选择寄主身上最鲜嫩的地方下手，汲取营养，维持生存，蜂螨却选择依附在蜜蜂身上最硬的部分，说明它们并不是要汲取蜜蜂身上的营养。设下悬念，这些寄生虫吃什么呢？】这些小甲虫为什么如此执着地附着在蜜蜂的身体上呢？我想，仅仅是希望让蜜蜂把它们带到即将要建造起来的蜂巢里去吧。

不过这位未来的寄生者，飞行时必须紧紧抓牢它主人的毛才行。因为蜜蜂或许会在鲜花绿叶中急速地穿梭飞行，或许会在窠巢里摩擦行进，甚至它有时还会用足清洁它的身体，无论是在哪一种情况下，小幼虫都必须抓得很牢才行，否则就会有生命危险！

我们曾经一度猜想过，究竟是什么东西可以使蜂螨的幼虫依附在蜜蜂的身上，经受如此的波折都不会掉落？答案现在已经很明了了，让人意外的是，真正帮助那些小家伙的其实是蜜蜂身上的绒毛。

同时，长在蜂螨身上的那两根大钉也会发挥它独特的用途。这两个大钉比那些最精密的人工钳子还要精密得多。它们只要合拢起来，便可以紧紧握住蜜蜂身上的毛。【写作借鉴:照应前文,介绍蜂螨身上的大钉的作用,解开蜂螨能紧紧依附在蜜蜂身上的缘由。将蜂螨的大钉和钳子做对比,衬托出大钉精密的特点,说明它实用性强。】

同时,那些黏液也突显出了自己的价值。它能将这个小动物的身体更加牢固地粘在蜜蜂的身上,而不致脱落。而且,幼虫足上长着的尖针和硬毛在这一过程中也起到了一点作用,它们都紧紧地插入到蜜蜂的软毛里,这使得它本来已经牢固的地位更加稳固了。

多么不可思议啊!当幼虫在平面上爬时,那些在我们看来似乎毫无用武之地的"组合设备",居然在此时发挥出如此巨大的作用。这个柔弱的小动物,在它冒着危险去周游大千世界的时候,竟然有如此多的利器可供利用,以保护它不会从蜜蜂的身上跌落下来,这是多么奇妙啊!

三、第二次的冒险

我在五月二十一日这一天去了卡本托拉斯,想仔细看一看蜂螨进入蜂巢时的门路。

这件工作很不好做,我们得用尽全力才可能成功。在野外宽广的地面上,我们发现了一群好似受到日光刺激而正疯狂乱舞的蜜蜂。就在我正注视着它们眼花缭乱的动作时,一种单调而可怕的喧哗声在狂乱的蜂群中突然响起。紧接着,掘地蜂以闪电般速度飞身而起,四散开来去寻找食物了。【名师点睛:设下悬念,让读者对掘地蜂为什么会突然受到刺激产生好奇,营造危险又紧张的气氛,为介绍蜜蜂的习性做铺垫。】

与此同时,另外一群成千上万的蜜蜂正在往家的方向飞来。它们身上有的携带着已经采好了的蜜汁,有的携带着用来建造蜂巢的泥土。

还好在那时,我已经掌握了一些有关这类昆虫的知识,对它们的一些习性也有所了解了。要知道,不管是谁有意还是无意地闯进它们的群里,哪怕只是轻轻地碰一碰它们的住所,它也会立马被蜂拥而至的毒刺刺到千疮百孔,然后中毒身亡。相信我这辈子都不会忘记那次去查看大黄蜂蜂房，因靠得太近而传遍全身的那种恐惧的颤抖。

但是，如果我不进入到这种可怕的蜂群里，不去想方设法克服这种恐惧，又怎能得到我所渴望知道的答案呢？【名师点睛：作者为了科学研究，克服恐惧，冒险进入蜂群，表现了作者为科学献身的精神。】而且一般情况下，我们需要在那里站上几个钟头，有时候甚至一整天都需要待在原地。我必须手拿放大镜，站在它们当中一动也不能动，仔细盯着它们的工作，目不转睛地时刻注意着蜂巢里的动向。与此同时，为了得到最好的观察效果，我不能使用任何类似面套、手套的保护工具，因为我担心它们会对我产生妨碍。其实对我来说，只要能够得到自己想要的答案，其他的一切都不那么重要。哪怕我离开蜂巢时，脸已经被蜇得快让人认不出来了，我也不会选择为了保护自己而穿戴各种遮盖的东西。【名师点睛：作者为了研究昆虫，克服恐惧，冒险观察，受伤也不放弃，这种伟大的奉献精神值得我们学习。】

那一天，我终于解决那个困扰了很长时间的难题。

我很幸运地用网子捉住了几只掘地蜂，这让我感到十分高兴。因为它们就是我一直在寻找的身上栖息着蜂螨幼虫的黄蜂。

然后我扣紧衣服，突然冲入这群蜜蜂的中心，飞快地拿锄头锄下一块泥。令我感到非常奇怪和幸运的是，我居然一点儿也没有受到它们的攻击和伤害。

随后我又进行了一次实验，花的时间比第一次还要更长一些，可结果仍然是同样的，我并没有受一点儿伤害，并没有一个蜜蜂试图利用它的尖针来刺我。从此以后，我就再也没有因此担惊受怕了。每一次，我都大胆地长时间地逗留在蜂巢前面，掀起土块，赶走其中的蜜蜂，取出里面的蜂蜜。在这一过程中，自始至终都没有发生类似那种喧哗的可怕的事情。这其中的原因又是什么呢？主要是因为掘地蜂是一种比较爱好和平的动物。【名师点睛：作者用设问的手法揭开谜底，介绍掘地蜂性情温和、不爱争斗、爱好和平的特点。】如果它们集的内部被破坏，它们就会马上离开那里，转移地点，躲避到其他的地方去重新安家。即便是它们有的时候受了一点儿攻击，也不会轻易使用它们的尖针。只有当它们被人捉住的时候，才会考虑用它来反抗一下。

事实上，我确实应该感谢一下掘地蜂的胆小和爱好和平。正因如此，我才能在毫无防护的情况下，在这些喧闹的蜂群中选择一块石头，安安静静地坐上几个小时甚至一整天来观察它们的巢穴而不被它们刺上一刺。这段时间，经过这个地方的乡下人，看见我居然能如此悠闲地坐在蜂群之中，都以为是我对它们施加了什么魔法，控制住了它们。

就通过这样的方法，我细致地研究了许多蜜蜂的蜂巢。其中有些蜂巢还是大开着的，里面还多少储备着一些蜜汁；还有一些用土掩盖起来的蜂巢，而里面放的东西与前者大不相同。有的时候是一些蜜蜂的幼虫；有的时候又是其他种类的比较肥大的幼虫；还有些时候，是一个漂浮在蜜汁表面上的卵。这就是掘地蜂的卵，它呈非常美丽的白颜色，是稍微有一点儿弯曲的圆柱形，大概有五分之二寸的或者六分之一寸长。【写作借鉴：对掘地蜂的卵的外形描写，具体而形象。】

只有在少数的小房间中，我才能看到这种虫卵浮在蜂蜜表面上的现象，而在其他的许多小房间中，更多呈现在眼前的是蜂螨的幼虫。它们在蜜蜂的卵上伏卧着，就好像是伏在一个木筏上，其形状和大小都和刚刚孵化出来的时候是一样的，基本没有什么变化。在这个蜜蜂巢里，敌人居然已经卧在家门口了。

它到底是在什么时候，又是用什么方法进来的呢？【名师点睛：用疑问的句式，表达作者的疑惑，启发读者的思考，引出下文。】这些小房间全都封闭得很严密，我仔细地观察了很多这样的小房间，也没有找出一丁点儿它们可以闯进去的缝隙。所以我认为，在储藏蜂蜜的仓库大门还没有关上之前，这位寄生者一定就已经进去了。但是另一方面，在门没有关上的小房间里面我只看到了蜂蜜，没有发现有卵浮在那上面，也没有蜂螨的幼虫在里面留宿。这也就说明，这些幼虫要么是在蜜蜂产卵的时候进去的，要么是后来蜜蜂封门的时候进去的。根据我的经验判断，幼虫一定是在蜜蜂将卵产在蜜上的那一瞬间进入小房间的。

我拿了一个里面装满蜂蜜并且表面浮有一个卵的小房间，然后又拿上几只蜂螨的幼虫，将它们一起放到玻璃罩里面进行观察。然而我发现，它们很少会跑到蜂巢里边去，而且自己根本无法安然地跑到"木筏"上边去！对它们而言，围绕着这个"木筏"的蜂蜜看起来不是那么安全。即使有那么几只幼虫离这个蜜湖很近了，或者一不小心涉足其中，一旦它们看到这个黏性很大的东西，也会立即千方百计地想办法逃离这个危险的地方。

然而，总会有一些倒霉的幼虫跌落到蜂的窠巢里面，然后被渐渐闷死。所以，根据这一点我们可以断定，蜂螨的幼虫是绝对不敢轻易离开蜜蜂的毛的，尤其是在蜜蜂待在小房间里或靠近小房间的时候，就更得牢牢地依附着蜜蜂的身体。这是因为，只要和蜂蜜的表面稍有一点儿接触，柔弱的小幼虫就很可能窒息而亡。【名师点睛：照应本章标题，说明蜂螨的冒险旅程充满了危机。环境越是危险，衬托这些柔弱的幼虫越勇敢。】

我们必须清楚地认识到，我们是在封闭的小房间中发现幼小的蜂螨的，并且它们一定是待在蜜蜂的卵上面的。这个小小的卵，不仅可以给这个小小的动物充当一个安全的木筏，以便它能漂浮在这个可怕的蜜湖中不被粘掉，又可以为幼虫提供第一顿美味佳肴。【写作借鉴：将蜜蜂的卵比作木筏，表现了卵能漂浮在液体上的功能。】

当然，这只蜂螨的幼虫想要到达这只在蜜湖中心漂浮着的、可以成为它美味食品的木筏，必须确保不让自己与蜂蜜接触，不然的话，后果只能是死路一条。要想达到目的，完成这关键的一步，这个小东西应该怎么做呢？原来聪明的小幼虫趁着蜜蜂正在产卵的时候，一下子就从它的身上迅速地滑落到了那个卵上。这样一来它就巧妙地达到了自己的目的。于是，幼虫便和卵一起做伴，一起在蜜上浮着。我们在一个蜂室里面只能看到一个蜂螨的幼虫，因为这只由蜜蜂产下的卵太小了，不能同时乘载超过一个以上的幼虫。

蜂螨的幼虫这种在我们人类看来很聪明的动作，好像是异常有灵性似的。随着我们对昆虫的进一步研究，我们会发现它们还将为我们提供更多的像这样有灵感的例子。【名师点睛：昆虫的灵性常常能给人类带来灵感，作者毫不吝啬地表达了对蜂螨的幼虫机智的赞扬，表达了他对昆虫研究的热爱。】

可以这样说，当蜜蜂把产下的卵放在蜜汁上时，也就把它们的小天敌——蜂螨的幼虫一起放到了小房间里面，随后，蜜蜂会特别认真地把小房间的门用土给密封好。这样，它所需要做的工作就都完成了。接下来，蜜蜂应该也要重复前面的所有过程，在第一个小房间的旁边做第二个、第三个小房间。就照这样，反反复复，不停地继续下去，直到把隐蔽在蜜蜂绒毛中的寄生者全都安顿好了，才算是结束了。

现在，让我们暂时不去怜悯这位有些傻乎乎的母亲，不去管它所做的毫无结果的工作，而把我们的注意力转移到这些蜂螨的幼虫身上。它们用很巧妙的方法最终得到了膳宿，看看它对我们的实验会有怎样的反应。

假使我们把装有一只蜂螨幼虫的小房间上面的盖子拿走，我们不妨猜一猜，将会发生什么样的事情呢？

刚开始卵还是完好无损的，也没有受到一点儿破坏。可是好景不长，没过多久，蜂螨的幼虫便开始了它的破坏工作。我们可以看到，幼虫跑到一个长有小黑点的白卵上面。然后，突然停住了，它的六只脚可以很轻松地让它稳当地停下来。接下来，它使出全身的气力，利用长在自己身上的大腮的尖钩咬住那个卵身上的薄皮儿，猛烈地拉拽着，直到那个卵被它拉破为止。随后，卵里面的东西就都流了出来。那只幼虫看见了这种东西非常得意，就像一个得胜的将军，马上高兴地把它消灭光。这个小小的家伙，竟然把它的大腿尖钩的第一次用在拉破蜂卵上。【名师点睛：原来蜂螨的幼虫的目的是吸食蜜蜂的卵，它们得到营养健康成长，蜜蜂的宝宝却失去了生命，作者突出这种对比，表现昆虫世界的残酷。】

蜂螨的幼虫能想出这样奇妙的方法，真是聪明的天才啊！借着这种巧妙的方法，小小的幼虫便可以在它所寄生的蜂巢小房间中大肆作为，毫无顾忌了。而且它还可以随便地享用香甜的蜜汁，因为蜜蜂的幼虫在孵化过程中，同样也是需要蜜汁来补充营养的。不过，这么一点点的营养品在孵化中只够蜂卵自己吸收，而不可能在日后为两者一起享用。所以蜂螨的幼虫在拉扯卵皮期间，越迅速，越用力，就对它越有利。这么一番折腾之后，"僧多粥少"的这个难题自然就解决了。

蜂卵本身也有着一种奇妙的滋味，这也是蜂螨的幼虫非要破坏蜂卵的另外一个重要的原因。正是这种特殊的滋味吸引着蜂螨的幼虫，驱使着它在第一餐就迫不及待地享用这个香甜可口的小卵。在刚刚把卵撕破的时候，这个小幼虫吃到的是从卵里流出来的诱人的浆汁。过不了几天以后，幼虫就变得越来越得寸进尺了。它不断地加油努力，把卵的裂口撕扯得更大一些，这时卵内部的流质也就被它贪婪地享受到了，就这么一直下去，直到满足为止。

幼虫一直在不断地吸食着蜂卵，而储备在蜂卵周围的鲜美的蜜汁，却根本诱惑不了贪吃的蜂螨的幼虫，它压根没去碰它们，连理都不愿理睬一下。由此看来，对于蜂螨的幼虫而言，蜂卵的美味程度是无可取代的，它是小幼虫必需的食品。这么一个小小的蜂卵，既可以保护它在蜜湖中安全地行进，充当蜂螨的幼虫的一叶扁舟，又可以为幼虫提供相当有营养的食物，这也是幼虫茁壮成长的重要条件之一。

等到整整一个星期以后，一个还未出生的生命就这样悄悄地结束了。这个可怜的小蜂卵只留下了一个空空如也的干壳，除此之外再也没有剩下任何东西了。相反的是，蜂螨的幼虫已经美美地享用完了它第一顿人生大餐，成功茁壮了不少，几乎长到原来的两倍大了。它的形状也发生了一些明显的变化，背部裂开了，形成了自己的第二种形状，真正地成为一只简单的甲虫。小幼虫从那个裂缝中解脱出来了，从它身上脱下来一个壳，然后自己就落到了蜂蜜上。而那个被它脱掉的壳还依旧停留在原来的那个小小的"木筏"上。不过，它们在不久以后也都会淹没在蜜浪之中了。

说到这里，蜂螨的幼虫的历史便圆满地结束了！

Z 知识考点

1.掘地蜂向往朝向_____、地面_____的地方。

2.判断题：竹蜂的寄生者是蜂螨，掘地蜂的寄生者是蝇。 （ ）

Y 阅读与思考

为什么掘地蜂的幼虫没必要像其他幼虫一样学着做茧？

蟋　蟀

Ⅿ**名师**导读

　　你们一定见过蟋蟀吧,它也是一位了不起的歌唱家呢!而且它还深藏不露,身怀高超的建筑才能。快来见识一下吧!

一、家政

　　在草地里居住的蟋蟀,几乎是和蝉齐名的动物。它们在为数不多的几种模范式的昆虫中,表现得极其优秀。它之所以名声在外,主要是因为它所建造的住所,和它出色的音乐天分。哪怕它只有这其中的一项优势,都不足以让它们成就如此大的名气。

　　那位名叫拉·封丹的动物故事学家,对它只是做了为数不多的几句讲解,似乎并没有留意到这种小动物的天才与名气。另外,还有一位法国的寓言作家也曾经写过一篇关于蟋蟀的寓言故事,只是可惜得很,他的这个故事太缺乏真实性和含蓄的幽默感。而且,这位寓言作家在这个蟋蟀的故事中犯了一个巨大的错误,他在故事中写道:蟋蟀并不满意如今的生活,一直在叹息自己的命运!然而事实可以证明,这真的是完全错误的观点。因为,无论是谁,只要曾经亲自研究过蟋蟀,观察过它们的生活状态,哪怕仅仅是从表面上进行的观察与研究,都能够感觉到蟋蟀对于自己的住所,以及它们天生的歌唱才能,都是非常满意而且极其享受的。的确,无论是谁,有了这两项荣耀,都该为自己感到自豪了。【名师点睛:昆虫的真实习性与寓言故事里所讲的似乎有很大的差别,作者勇敢指出了寓言故事中的错误观点,想带我们了解蟋蟀的真正模样。】

在这个故事的结尾处，作者也承认了蟋蟀的这种满足感。他在文中写道：

我的舒适的小家庭，是个充满快乐的地方，

如果你想要快乐生活，那就请隐居在这里面吧！

而在我的一位朋友所作的另一首诗中，我却读出了一种不一样的感觉。我觉得这首诗的表达更具有真实性，而且更加有力地表现出了蟋蟀对生活的热爱。【名师点睛：作者对比两首与蟋蟀有关的诗，不仅帮助我们了解了热爱生活的蟋蟀，还让这篇昆虫报告富有诗意。】

下面就是我的朋友写的那首诗：

曾经有个关于动物的故事，

一只可怜的蟋蟀跑出来，

它来到它的房门边，

在金黄色的阳光下晒太阳。

它看见了一只趾高气扬的蝴蝶。

那蝴蝶飞舞着，

后面拖着那骄傲的尾巴，

尾巴上长着半月形的蓝色花纹。

它们轻轻快快地排着长队，

深黄色的星点与黑色的丝带，

骄傲的飞行者轻轻地拂过。

隐士说道：飞走吧，

整天到你们的花丛里徘徊吧，

不论菊花白，

还是玫瑰红，

都比不上我低凹的房子。

突然，

一阵风暴降临了，

雨水擒住了飞行者，

她那破碎的丝绒衣上染上了污点，

她那漂亮的翅膀涂满了烂泥。

而蟋蟀藏匿着，

淋不到雨，

吹不到风，

它冷眼观察着，

发出歌声。

风暴的威严与它毫不相关，

狂风暴雨也对它没有丝毫的阻碍。

远离这纷扰的世界吧！

不要过分留恋它的快乐与繁华，

一个低凹的庭院，

安逸而宁静，

至少可以给你以无忧无虑的时光。

读一读这首诗，我们应该对这可爱的蟋蟀有更进一步的了解了。

我经常可以在蟋蟀的家门口看到它们正卷动着它们的触须，以此来帮助自己前半部分身体保持凉爽，后半部分身体能够保持温暖。

它们从来不会羡慕妒忌那些蝴蝶，即使它们可以在空中翩翩起舞。与此相反的是，蟋蟀有些怜惜它们。【名师点睛：作者用"嫉妒""怜惜"这种表示人类情绪的词来形容蟋蟀，将蟋蟀人格化，为这个昆虫的形象增加了灵性。】它们表现出的那种态度，就像是我们经常看到的那种有家庭、能够体会到家的欢乐的人，每当讲起那些无家可归、孤苦伶仃的人时，所流露出的那种怜悯的表情。

蟋蟀从来不诉苦，也不悲观，它一向是积极向上的十分乐观的小虫子。它对自己拥有的一切——房屋，以及它的那把简单的小提琴——都相当地满意和欣慰。我可以这样说，在某种意义上，蟋蟀绝对是个地道的哲学家。它似乎对世间万事的虚无缥缈了解得非常清楚。它仿佛还能够感觉到那种盲目追求的快乐，甚至近乎于疯狂的人的烦扰，并且深刻地知道避开这种烦扰的好处。【写作借鉴：作者用哲学家的眼光来看蟋蟀，他眼中的蟋蟀也成了哲学家，通过拟人的修辞手法，表明蟋蟀乐观向上的生活态度。】

对了，也许这种描述方式对于我们的蟋蟀，不管怎样，都应该是正确的。不过，仍然需要用几行文字才能把蟋蟀的优点公之于众。自从它们被那个动物故事学家拉·封丹忽略了以后，蟋蟀已经经历了如此漫长的等待，等待着人们对它加以介绍、描述，并予以重视。然而它们的人类朋友却一次又一次地忽略了它们。

对于我，一个自然学者而言，之所以提到前面的两篇寓言，最为重要的原因，乃是蟋蟀的巢穴。因为很多关于蟋蟀的教训便建立在这巢穴上面。

寓言作家在诗中谈到了蟋蟀舒适的隐居地点，而拉·封丹也赞美了在他看来那低下的家庭。因而这样看来，最能引起人们注意的，毫无疑问，就是蟋蟀的住宅。它的住宅，成功吸引了诗人的目光，尽管诗人通常不会注意到那些真正存在的事物。【名师点睛：大多数人都不会去在意小虫子住在什么地方，何况是诗人。但是蟋蟀的住宅却能够吸引诗人的目光，可想蟋蟀的住宅一定很特别。】

确实，蟋蟀在建造巢穴以及管理家庭方面可以算是技艺超群了。这众多的昆虫当中，只有蟋蟀在长大之后能够拥有固定的住所和家庭，这也算是它辛苦工作一生的报酬吧！一般情况下，每当一年之中最糟糕的那个时节来临时，大多数的昆虫，都只会搭建一个临时的处所作为自己暂时的避风港，在里面躲避自然界的风风雨雨。它们的隐蔽场所得来得如此轻易，就不难想象它在抛弃避风港的时候，也不会觉得有任何可惜之处。

这些昆虫也经常会制造出一些让人感到惊奇的东西，来安置它们自己的家。比如，棉花袋子，用各种树叶制作而成的篮子，还有那种用水泥制成的塔，等等。还有很多的昆虫，它们长期生活在自己准备好的埋伏点，等待着时机，以捕获自己垂涎已久的猎物。例如虎甲虫，它常常挖掘出一个垂直的洞，再利用自己平坦的、青铜颜色的小脑袋塞住洞口，努力创造出一个极具迷惑性的大门。一旦有其他种类的昆虫涉足这个诱捕它们的大门上时，虎甲虫就会毫不犹豫地采取行动，火速掀起门来捕捉它。于是，这位倒霉的过路人，就这样落入虎甲虫精心伪装的陷阱里了。【写作借鉴：举例子，作者列举了虎甲虫，说明它和蟋蟀相似，都会设下埋伏来捕获猎物。】

另外还有一个关于蚁狮的例子，它会在沙子上面做一个倾斜的隧道。在这里牺牲的往往是小小的蚂蚁。蚂蚁们一旦误入歧途，便会从这个斜坡上滑下去，根本无法停住，然后马上就会死在乱石的袭击之下。而这些乱石，正是在这条隧道中守候猎物的猎者用颈部弹射出去的。

但是，上面提到的例子统统都只是一种临时性的避难所或是陷阱而已，根本不能称其为永久的家。

昆虫住在经过自己辛苦劳作而构造出来的家里面，无论是朝气蓬勃、生机盎然的春天，或者是在寒风刺骨、漫天飘雪的冬季，昆虫们都会无比的依赖，不会想迁移到其他任何的地方去居住。【写作借鉴：用词准确，用"朝气蓬勃"和"生机盎然"来形容春天，用"寒风刺骨"和"漫天飘雪"来形容冬天，形象而贴切。】这样一个真正适于居住的地方，是为了安全和舒适而建筑的，并且是从长远的角度考虑的，而并不像前面所提到的其他昆虫那样，仅仅为了狩猎而建起家来，或是所谓的"育儿院"之类的后续工程。

如此说来，只有蟋蟀的家是为了安全和温馨而建造的。在一些充满阳光的草坡上，蟋蟀就是这个充满着隐士氛围的场院的主人。而当其他的昆虫过着孤独流浪的生活时，或者是那些卧在露天地里，埋伏在枯树叶、石头或老树的树皮底下的昆虫，正在为没有一个稳定的家庭而烦恼时，蟋蟀就理所当然地成为大自然中一个拥有稳定住所的幸福的昆虫居民。从这件事情中我们就足以看出它的远见。

然而要想建造一个稳固的住宅，并不是那么简单的事情。不过，对于蟋蟀、兔子，当然还有人类而言，这根本算不上什么困难的事了。在我的住所附近，有狐狸和獾猪搭建的洞穴，它们绝大部分只是用零乱的岩石构建而成的，而且一看就会发现，这些洞穴几乎都是没有进行过任何修整的。当然，对于这类动物而言，只要有一个能让它暂且偷生的洞就已经很好了，"茅屋虽破能避风雨"，这样它们也就满足了。相比较之下，兔子要比它们更聪明一些。如果兔子没有找到任何天然的可以供自己居住的洞穴，那么为了躲避外界的侵袭与烦扰，它们会到处寻找自己喜欢的地点进行挖掘，然后动手建造属于它自己的房子。

然而，蟋蟀要比它们中的任何一位都聪明。【写作借鉴：做比较，作者在前文介绍了狐狸和兔子的洞穴，将它们与蟋蟀做对比，衬托出蟋蟀的聪明。】在选择住所时，它从来不会重视那些偶然碰到的天然避难场所，更不会选择用它们来做自己的住所。它总是非常慎重地为自己选择一个最佳的家庭住址。最受它们欢迎的要数那些拥有良好的排水条件并且有阳光照耀的温暖舒适的地方。只要是符合这样条件的地方，都被它们视为宝地，绝对会优先考虑。

蟋蟀是一种对居住环境要求严格，并且对安全性要求极高的动物。那些天然的洞穴不仅十分粗糙，没有美感，而且几乎没有什么安全可言，所以蟋蟀对它往往不屑一顾，不到万不得已，绝不考虑它。蟋蟀对自己的别墅有相当高的要求，每一点都必须是自己亲手挖掘而成的，从它的大厅一直到卧室，无一例外。

除人类以外，至今我还不曾发现任何比蟋蟀建筑技艺更高超的动物。即便是人类，在发现混合沙石与灰泥使之凝固的方法以前，在用黏土涂抹墙壁的方法尚未发明之前，也不过是躲在岩洞里面，同野兽战斗，同大自然搏击。【名师点睛：作者赞美蟋蟀建造住宅的才能，将它

的建筑技术与人类做对比，使这个小动物的形象变得高大。】

　　那么，大自然为什么要将这样一种非常特殊且极其有用的本领赋予蟋蟀呢？它是如此渺小的动物，却可以居住在如此完美和舒适的地方。它拥有自己的家，这里有很多不被文明的人类所知晓的优点：它拥有安全可靠的隐藏躲避的场所；它有享受不尽的舒适与安逸；同时，在它自己所属的辖区内，没有其他任何的昆虫能居住下来，与它们成为邻居。除了我们人类，没有谁可以与蟋蟀相比。

　　这确实令人感到不解与迷惑，这样一种小动物，它怎么会拥有这样的才能呢？难道说，是大自然太偏爱它们，赐予了它们某种特别的工具吗？当然，答案是否定的。蟋蟀，它可不是什么掘凿技术方面的专家。实际上，人们只是觉得蟋蟀的工作结果与蟋蟀柔弱的外表看起来不那么搭。换句话说，就是人们被蟋蟀能建出如此完美的住宅所震惊。

　　那么，是不是由于蟋蟀的皮肤过于柔嫩，经不起风雨的考验，才不得不建造出这样一个稳固的住宅呢？事实证明这个推断也是错误的。因为，在它的同类兄弟姐妹中，也有和它一样，拥有着柔美的、感觉灵敏的皮肤，但是，它们却并不躲避，并不害怕暴露于大自然之中。

　　或者有没有可能是因为它身体结构上的一些原因，致使它得到了可以建筑安全舒适的住宅的高超才能呢？它到底是否拥有帮助它们完成任务的特殊器官呢？答案又是否定的。【名师点睛：作者接连提出三个猜想，又给出否定的答案，加深了读者的好奇心，为蟋蟀蒙上了一层神秘的面纱。】我可以来说明：在我住所的附近，分别生活着三种不同的蟋蟀。这三种蟋蟀，无论是从外表、颜色，还是身体的构造来看，都与田野里常见的蟋蟀非常相像。

　　在刚开始看到它们的时候，我经常会误以为它们就是田野中的蟋蟀。然而，这些由一个模子刻出来的同类，竟然没有一个懂得要如何去为自己搭建一个安全温暖的家。其中，有一种身上长有斑点的蟋蟀，它只会把家安置在潮湿的草堆里边；还有一种性格孤僻的蟋蟀，它只会独自在园丁们翻土时弄起的土块上，寂寞地跳来跳去，就像一个无家可归的流浪汉一样；【写作借鉴：将蟋蟀比作无家可归的流浪汉，表现了它的性格孤僻的特点。】更有甚者，如波尔多蟋蟀，它们甚至会毫无顾忌、毫不恐惧地闯到我们的屋子里来，它们总是不顾主人的意愿，不请自来。从八月份一直到九月份，它们都独自待在那些既昏暗又特别寒冷的地方，小心翼翼地唱着歌。

如果再继续纠结前面已经提到过的那些问题，那就没有丝毫意义了。因为那些问题的答案往往都会被否定的。那些都是蟋蟀自然形成的本能，根本不可能成为我们有关问题的答案。如果将答案寄希望于蟋蟀的体态、身体结构，或是工作时所利用的工具上，想要这样来解释那些问题，同样是行不通的。长在昆虫身上的所有器官，几乎没有什么能够为我们的答案提供帮助抑或是给出解释。它们根本无法让我们知晓任何原因，也给不了我们任何有力的帮助。

在这四种长相相似的蟋蟀中，只有一种能够挖掘洞穴。于是，我们便明白，蟋蟀本能的由来是我们尚不可知的。

难道有谁会不晓得蟋蟀的家吗？相信在每个人都还是小孩子的时候，都曾经到访过这位隐士的居所。可是不管你有多么小心，这个小小的动物总能发觉你靠近的脚步，察觉到你的来访。然后，它便立刻警觉起来，随时做出反应——马上躲到更加隐蔽的地方去。而当你好不容易才接近它的定居地时，这座住宅的门前早已空空如也，真是让人失望极了。

我认为，凡是有过这样经历的人，都会知道该怎样才能把这些隐匿者从躲藏之处诱惑出来——用一根草就可以了。【名师点睛：作者用充满童趣的口吻把读者的思绪引回童年，激发读者共鸣，引出下文对诱惑蟋蟀的方法的介绍。】我们把草伸到蟋蟀的洞穴里面去，再轻轻地转动几下，反复几次就可以看见明显效果了。这样一来，小蟋蟀肯定会认为地面上发生了什么事情。于是，这只已经被搔痒了甚至已经有些被恼怒了的蟋蟀，便从里面的房间跑出来。不过谨慎的它会停留在过道中，迟疑着，同时，鼓动着它那细细的触须，认真而警觉地打探着外面的一切动静。在没有探知到任何危险以后，它才渐渐地跑到有亮光的地方来。

只要这个小东西一跑到外面来，那便是自投罗网，人们也就很容易捉住它了。因为我们故意制造的这一系列事情，已经糊弄住了我们这只可怜的小动物。它那简单的头脑已经被我们搞得晕头转向了，毕竟它的智力水平还是有限的啊！当然假如这一次，小蟋蟀幸运地逃脱掉了，那么它将会变得更加谨慎，更加机警，再也不肯轻易地从躲避的地方跑出来。如果出现了这样的情况，那我们就只能选择其他的手段来捕捉它了。比如，你可以利用一杯水，把蟋蟀从洞穴中冲出来。

回想我们的童年，那真是值得人怀念与羡慕的时光啊。我们曾经在草地里跑来跑去，四处捉拿蟋蟀。捉到以后，我们就把它们带回家，用笼子把它们养起来，并采集一些新鲜的莴苣叶子来喂养它们。那真是一种莫大的快乐啊！

让我们再回过头来谈谈我这里的情况吧。为了能够更好地研究它们，我到处搜寻着它们的巢穴，就像回到孩童时代，和同伴捉起了蟋蟀。当我的小同伴——小保罗——一个在利用草须捉蟋蟀方面堪称专家的孩子，在长时间地实施他的战略之后，他会忽然十分激动而兴奋地叫起来："我捉住它了！我捉住它了！一只多么可爱的小蟋蟀！"

"动作要快，"我对小保罗说道，"我这里有一个袋子。我的小俘虏，你快些跳进去吧，里面有充足的饮食，你就在袋子里面安心地居住吧。不过，我还有个条件——你可千万不要让我们失望啊！你一定要赶快告诉我们一些关于你的事情，一些我们渴望知道而且正在苦苦寻觅的答案。而这些事情中，你首先要做的便是：让我仔细看一看你的家。"

【写作借鉴：语言描写，作者对蟋蟀说亲密的话语，表达了他对记录昆虫信息的渴望和研究昆虫生活的热情。】

二、它的住所

在那些青翠的草丛之中，倘若你不加注意的话，丝毫不会发现一个隐藏着的不为人知的隧道。这是一个有一定倾斜角度的隧道。在这里，即便是下一场暴雨，也不会有任何积水。这个隐蔽的隧道，最多不过有九寸深的样子，宽度也只有人的一根手指头那样宽。隧道根据不同的地形情况和性质，或是弯曲，或是垂直。但是，<u>总会有一叶草把这间住屋半遮掩起来</u>——就像我们所学的那些定律一样，它的作用是显而易见的，它就像一所罩壁一样，把进出洞穴的孔道遮避在黑暗之中。【写作借鉴：作者运用比喻的修辞手法，将隧道里的那叶草比作罩壁，突出草的遮蔽作用。】蟋蟀跑出来吃周围的青草的时候，也绝不会去碰这片草。蟋蟀们会将那微斜的门口，仔细用扫帚打扫干净，收拾得整洁宽敞。然后这里就被它们当成了一座平台。每当周围异常宁静的时候，蟋蟀就会悠闲自在地在这里聚集，弹奏起它的四弦提琴，举办一场温馨的消夏音乐会。

屋子的内部并没有那么奢华，那里有暴露着的，但是并不粗糙的墙——这些房子的主人有很多空闲的时间去修整太粗糙的地方。卧室就在隧道的底部，这里比其他的地方修饰得略微精细一些，并且更为宽敞。总体来说，这是个很简洁的住所，里面打扫得非常干净，而且并不潮湿，一切都符合卫生标准。但是，如果从另一方面来考虑，蟋蟀是用极其简单的挖掘工具来掘土的，那么这个房屋真的可以说是一个伟大的工程了。<u>我们必须回溯到蟋蟀刚刚产卵的时候，才能得知它是如何建成它的房屋，又是什么时候开始这一巨大工程的。</u>【名师点睛：过渡句，将读者的目光从蟋蟀建宅转移到蟋蟀产卵上。】

蟋蟀像黑螽斯一样，只把卵产在土里深约四分之三寸的地方。它将它们排列成群，总数有五百到六百个。这卵真是令人称奇。<u>它们在孵化以后，看起来就像一只灰白色的长瓶子，瓶顶上有一个整齐的孔。</u>【写作借鉴：将蟋蟀孵化的卵比作长瓶子，形象而贴切。】在孔的旁边有一个像盖子一样的小帽子。这个盖子是如何去掉的呢？并不是因为幼虫在里面不停地冲撞，才把盖子弄破了，而是因为在它上面有一种环绕着的线——一种抵抗力很弱的线，到了一定时间它就会自动裂开。

卵产下两个星期以后，前端会出现两个大的幼虫，那是待在襁褓中的幼虫，穿着紧紧的衣服，还不能辨别得很清楚。你应该还记得，螽斯也以同样的方法孵化。当它来到地面上时，也同样是穿着一件保护身体的紧身外衣的。蟋蟀和螽斯是同类的动物，因而它也穿着一件同样的制服，【名师点睛：联系前面讲过的昆虫来介绍蟋蟀的特性，说明昆虫之间有共性，也便于读者理解。】虽然事实上它并不需要。螽斯的卵会在地下生活八个月之久，它必须同已经变硬了的土壤搏斗一番，才能从地底下出来，因此它需要一件长衣来保护它的长腿。但是蟋蟀从整体上看是短粗的，卵在地下也不过就待几天的时间，而且它出来时只要穿过粉状的泥土就可以了，根本用不着和硬化的泥土相抗争。正是因为有以上几种原因，才证明其实它并不需要外衣，于是它会把这件外衣抛弃在后面的壳里。

当蟋蟀脱去襁褓时，它的身体几乎完全是灰白色的，随后它将要展开与眼前泥土的斗争了。它用它的大腮将那些毫无抵抗力的泥土咬出来，然后把它们扔在一旁或干脆踢到后面去，这样它很快就可以到地面上享受阳光了。它看起来是一个那样弱小的可怜虫，个头还没有跳蚤大，但它不得不冒着与同类相冲突的危险开始生活了。

再过二十四小时以后，它就变黑了，这时它的黑檀色足以和发育完全的蟋蟀相媲美。它几乎脱掉了全部的灰白色，到最后只留下来一条围绕着胸部的白色带子。除此之外，它身上长着两个黑色的点。这其中的一点，就在长瓶的头上。你可以看见一条环绕着的、薄薄的、突起的线，这层壳子将来就会在这条线上裂开。【写作借鉴：细节描写，可见作者对蟋蟀幼虫的外形观察得很认真，同时语言上转变成"你"这种第二人称的叙述方式，与读者亲切对话，加深读者的代入感，使读者身临其境。】因为它的卵是透明的，所以我们可以清楚地看见这个小动物身上长着的节。现在应该是加倍注意的时候了，尤其是在早上的时候。

加倍关注会带给我们好运，如果我们不断地到卵旁边去观察，我们就会得到想要的报酬。在突起的线的四周，壳的抵抗力会渐渐消失，卵的一端在被里面的小动物不断用头部顶撞后逐渐裂开，然后突然升起被丢落到一旁，就像一瓶正在使用的香水的盖子。随后小虫就从瓶子里跳了出来。

当它出去以后，卵壳还是长形的，并且仍然光滑、完整、洁白，小小的盖子挂在瓶口的一端。鸡卵破裂，就是小鸡用嘴尖上的小硬瘤撞破的，而蟋蟀的卵做得比小鸡更加巧妙，好比打开一个象牙盒子的盖。它的头顶已经完全可以完成这件工作了。

我们在上文说过，当盖子去掉以后，一个幼小的蟋蟀就会跳出来，这句话还并不十分精确。它是非常灵敏和活泼的，它会不时地用长长的颤动着的触须打探四周的情况，并且匆忙地跑来跳去。直到有一天，它长胖了，没法再做出如此放肆的行为，那才真有些滑稽呢！

母蟋蟀为什么一次性产下这么多的卵呢？我们还需要继续了解一下。这是因为多数的蟋蟀是无法存活下来的，它们经常遭到其他动物大量并且残忍的屠杀，特别是被那些小型的灰蜥蜴和蚂蚁所杀害。蚂蚁这种讨厌的流寇，常常将我们花园里的蟋蟀全都杀掉，它一口就能咬住这可怜的小动物，然后狼吞虎咽地把它们吃下去。【写作借鉴：将蚂蚁比作流寇，表达作者对蚂蚁的厌恶之情，以及对被蚂蚁杀害的小蟋蟀的怜悯之情。】

唉，这个可恨的恶人。大家不妨仔细回想一下，蚂蚁一般是被我们放在比较高级的昆虫中的。为它所写的书也不占少数，很多都对它称赞不已，好评之声不绝于耳。自然学者对它们很是推崇，这也使它的名誉日益增加。从这一点看来，动物和人一样，损害别人，是引起人们注意的最绝妙的方法。【名师点睛：蚂蚁的恶劣和人们对它的称赞形

成强烈的反差，作者通过研究虫性来思考人性，具有启迪性。】

人们很少注意到那些从事对自己十分有益处的清洁工作的甲虫，它们极少能引来人们的注意与称赞，而吃人血的蚊虫，却是每个人都熟悉的。还有那些带着毒剑、暴躁而又浮夸的黄蜂，以及专做坏事的蚂蚁，也同样被人们所熟知。后者在我们南方的村庄中，经常会跑到人们的家里弄坏橡子，每当它们做这些坏事的时候，都会像品尝无花果一样高兴。

我花园里的蟋蟀已经被蚂蚁残杀殆尽，于是，我不得不跑到其他地方去寻找它们。在八月里，落叶下的草还没有完全被太阳晒干。我看到那些幼小的蟋蟀已经全部变成黑色了，那白肩带的痕迹一点儿也没有存留下来，它们长大了。它们在这个时期，过的是流浪式的日子，一片枯叶，一块扁石头，就已经足够它去应付大千世界中的任何事情了。

许多曾从蚂蚁口中逃脱的蟋蟀，现在又成了黄蜂的牺牲品。黄蜂们猎取这些旅行者，然后把它们埋在地下。其实只要蟋蟀提前几个星期做好防护的工作，它们完全可以成功躲避这种危险。但是它们从来没有这样做过，它们死守着旧习惯，一副视死如归的样子。

一直等到十月末，寒气袭人的日子逼近了，蟋蟀才开始动手建造自己的巢穴。如果根据我们对养在笼子里的蟋蟀的观察来判断，这项工作应该并不复杂。蟋蟀挖穴绝不会选择裸露的地面，而会选择那些有莴苣叶等残留下来的食物掩盖的地方，或者会选择一些周围有能代替草叶覆盖洞穴的地方来确保它们住宅的安全。

这位勤劳的矿工用它的前足扒着土地，然后用大腮咬去较大的石块。我看到它用那强有力的后足用力地蹬踏着土地，并用后腿上长着的两排锯齿式的东西进行打扫。它将清扫出的尘土推到后面，并把它们倾斜地铺开。现在，我差不多已经掌握了蟋蟀挖掘巢穴的全部方法了。

它们的工作开始做得很快。在我笼子里的土中，它钻在下面一干就是两个小时，并且每隔一小会儿，它就会到进出口的地方来。但是这时它通常是面向里面的，因为它在不停地打扫着尘土。如果干活干得劳累了，它就会在还未完成的家门口休息——把头朝向外面，特别无力地摆动着触须，给人一副倦怠的样子。不久之后，它就又钻进去，用钳子和耙继续工作。再后来，我观察得有些不耐烦了，因为它的休息时间渐渐加长了。【名师点睛：蟋蟀挖掘巢穴的速度先快后慢，它们休息的时间加长，说明天气越来越冷。】

　　这项工作最重要的部分基本完成了。洞口已经有两寸多深，足够这小虫满足一时之需了。余下的事情就好办得多了，今天做一点，明天再做一点，然后这个洞就会随着天气的渐渐寒冷以及蟋蟀身体的成长而加大加深了。如果是在比较暖和的冬天里，太阳可以照射到住宅的门口，我们仍然可以看见蟋蟀从洞穴里面扔出泥土来。就算在春意盎然的时节，这住宅的修理工作仍然在继续。这些小虫总是永不停歇地做着改良和装饰的工作，直到死去。

　　到了四月底，蟋蟀便开始唱歌了。在最初，这是一种生疏而又羞涩的独唱，不久，就会成为一曲美妙的合唱。它是非常善于演奏动听乐曲的音乐家，每块泥土都会夸赞它，我乐意称它为春天歌唱者的魁首。【写作借鉴：作者将蟋蟀比作音乐家，将泥土描述成会说话的赞美者，表达了对蟋蟀的喜爱之情。】在我们荒芜的土地上，在百里香和欧薄荷争相开放的时节，百灵鸟如火箭般飞起来，它用动听的喉咙纵情歌唱，将优美的歌声从天空广泛地散布下来。每当这时，待在地上的蟋蟀，也会情不自禁地被这歌声吸引，跟随着放歌一曲，以求与相知者相应和。它们的歌声单纯而又无艺术感，但它的这种单调正与它生命复苏的单纯喜悦相协调，这是一种警醒的歌颂，是被萌芽的种子和初生的叶片所了解和体味的。至于这二人合奏的乐曲，我想蟋蟀是当之无愧的优胜者。它歌唱的数目和不间断的演唱足以使它独占鳌头。当百灵鸟的歌声渐渐消失以后，在这田野上生长着的青灰色的欧薄荷——在

日光下摇摆着的芳香的批评家，仍然能够享受到这朴实的歌唱家的一首赞美之歌。这首歌会伴随它们度过寂寞的时光。这是多么可靠的伴侣啊！它用美好的歌声回报大自然。

三、它的乐器

为了使研究更为科学，我们可以很坦率地要求蟋蟀："把你的乐器给我们看看。"与很多价值不菲但构造简单的东西一样，它的乐器也非常简单。它和螽斯的乐器有同样的原理。它有一个形似弓的东西，弓上有一只钩子，以及一种振动膜。【名师点睛：简明扼要地介绍了蟋蟀的乐器的原理。】右翼鞘几乎完全遮盖在左翼鞘上，只除去后面和转折包在体侧的那一部分，这种样式和我们原先看到的蚱蜢、螽斯及其同类正好相反。蟋蟀是用右翼鞘盖着左翼鞘，而蚱蜢则是左翼鞘盖着右翼鞘。

这两个翼鞘有着完全相同的构造，我们只需要了解其中一个。它们分别平铺在蟋蟀的身上。然后在旁边，突然倾斜成直角，紧裹在蟋蟀的身上，上面还长有细脉。

如果你揭开这两个翼鞘，然后对着亮光仔细地观察，你就可以看到它其实是一种极淡的淡红色。除去那两个用于连接的地方以外，前面是一个大的三角形，后面则是一个小的椭圆形，上面生长着模糊的皱纹，它就是利用这两个地方进行唱歌的。这里的皮是透明的，比其他部位的皮要更加紧密一些，并且略带着一些烟灰色。

在前一部分的后端，有五六条黑色的条纹在边隙的空隙中生长着，像是梯子的台阶一样。它们能互相摩擦，从而增加与下面弓的接触，以增强其振动。

在下面，围绕着空隙的两条脉线中有一条呈肋状。而切成钩子形状的就是弓，它长着大约一百五十个三角形的齿，排列得十分整齐，完全符合几何学的规律。

这的确可以说是一件非常精致的乐器。弓上的一百五十个齿，全都嵌在对面翼鞘的梯级里面，它们可以通过下面的一对直接摩擦，上面的一对靠摆动摩擦来使四个发声器同时振动。它们凭借这四个发音器就能将音乐传到数百码以外的地方，可以想象这声音是多么强烈而急促啊！

它的声音可以与蝉清澈的鸣叫相媲美，并且没有后者的粗糙感。相比较而言，蟋蟀的叫声要更好听一些，因为它知道该如何调节它的曲调。【写作借鉴：通过蟋蟀和蝉的声音的对比，衬托出蟋蟀的叫声更加悦耳动听。】蟋蟀的翼鞘向着两个不同的方向伸出，因而异常开阔，这就形成了制音器。如果把它放低一点，那就能改变其声音的强度。蟋蟀唱歌的声响很大程度上取决于翼鞘形成的制音器与它自己柔软的身体相接触的程度，所以蟋蟀既可以柔和低声地吟唱，又可以极其高亢地歌颂。

蟋蟀身上有两个完全相似的翼盘，这一点是非常值得注意的。我可以清楚地看到上面弓的作用和四个发声器的动作。然而下面的那一个——左翼的弓又有什么样的用处呢？它并不被放置在任何东西上，也没有被放在同样装饰着齿的钩子上。它是完全孤立的，根本起不到作用。除非能将两部分器具调换一下位置，将下面的放到上面去。倘若真的这样变换，那么这些器具的功用还是和以前一样，只不过这一次是利用它目前没有用到的那只弓演奏罢了。下面的胡琴弓搬到上面来，所演奏出来的调子是不会变的。

最初我以为蟋蟀的两只弓都是有用的，或者至少它们中有些是用左面那一只的。但是观察的结果与我的想象恰恰相反，我所观察过的众多蟋蟀都是将右翼鞘盖在左翼鞘上的，没有一只例外。

我一度试图人为改变这种情况：我用钳子将左翼鞘搭在右翼鞘上，尽可能不碰破它一点儿皮。这个工作看起来很难，但只要有一点技巧和耐心，就可以做得很好。待我完成工作后，这个小东西肩上的任何东西都完好无损，连翼膜都没有一点褶皱。

我很希望蟋蟀可以在我想要的那种状态下尽情歌唱，但结果还是令我失望了，它会自己恢复到原来的状态。我又重复做了好几次，最终蟋蟀的顽固终于还是战胜了我的摆布。

后来我猜测这种实验应该在翼鞘还是新的、软的时候进行才可能成功，也就是说在幼虫刚刚蜕去皮的时候。于是，我利用一只刚刚蜕化的幼虫做实验。【名师点睛：经历了多次失败，但作者并没有放弃，他坚持实验，乐于探索，这种精神令人敬佩。】在这个时候，它未来的翼和翼鞘形状完全就是四个极小的薄片，它们长得极其短小，并且向着不同方向铺开去，这使我联想到面包师穿的那种短马甲。不久，这只幼虫便在我的面前脱去了这层衣服。

小蟋蟀在慢慢长大，它的翼鞘随之不断变大，不过这时依旧分辨不出哪一扇翼鞘会盖在上面。后来两边渐渐接近了，几分钟之后，眼看着右边的马上就要盖到左边的上面去了。于是这时候我便开始干涉了。

我用一根草轻轻地调整翼鞘的位置，使左边的翼鞘盖到右边的翼鞘上面。蟋蟀虽然很不喜欢我这样做，但是最终我还是成功了。我将左边的翼鞘稍稍推向前方，然后我放下它，这样翼鞘在被我变换了的位置下逐渐长大。蟋蟀已经逐渐向左边发展了，我很希望它能够使用它的家族从未用过的左琴弓来演奏，也很期待听听它用左琴弓演奏出的美妙动人的乐曲。

第三天，它就开始了自己的创作。我先听到几声摩擦的声音，好像机器的齿轮还没有磨合好，正在调整一样。随后演奏便正式开始了，仍然是它那种固有的音调。

唉，看来我太高估自己的能力了，我以为我破坏自然规律的行为可以成功；我以为可以造就一位新式的奏乐师，然而事实证明我太异想天开了。蟋蟀仍然拉它右面的琴弓，而且常常这样拉。后来，它拼命尝试，想把被我颠倒放置的翼鞘调整回它们该有的位置，结果导致肩膀脱臼。经过它的几番努力与挣扎，现在它已经把本来就应该在上面的翼鞘放回到原来的位置上了，那应该放在下面的仍然放在下面。我想改变它演奏习惯的做法的确是缺乏科学性的，所以它通过自己的行动来嘲笑我的行动。最终，它还是以右手琴师的身份度过了一生。

我们已经讲了半天它的乐器了，那现在让我们来欣赏一下它的音乐吧！【名师点睛：过渡句，将话题由蟋蟀的乐器转到对它的音乐的介绍。】

蟋蟀喜欢在温暖的阳光下面唱歌，而且它会趴在自家的门口，而不是躲在屋里自我陶醉。在它唱歌的时候，翼鞘发出"克利克利"柔和的振动声。那音调圆满，又非常响亮，并且明朗而精美，每到延长之处，仿佛还有一种余音绕梁之感。整个春天寂寞的时光就这样过去了。这位隐士最初的歌唱只是为了让自己过得更快乐些。它为照耀在它身上的阳光而歌唱，为供给它食物的青草而歌唱，为它居住的平安隐蔽之所而歌唱。它拨动琴弦的第一目的，就是歌颂它生存的快乐，表达它对大自然恩赐的真诚谢意。【写作借鉴：作者把蟋蟀称作"隐士"，用排比的句式抒发这个小动物对生命和自然的热爱。】

过一段时间之后，它便不再独自歌唱了，它开始为它的伴侣而弹奏。但是说实话，它的这种关心并不会得到应有的报偿，因为到后来它和它的伴侣发生了激烈的争斗，它若不逃走，它的伴侣会把它弄成残废，甚至吃掉它的一部分肢体。不过无论它是否能成功从伴侣的欺压下逃脱，它终究是难逃一死的。因为到了六月，它的生命便走到了尽头。

据说喜欢听音乐的希腊人常常将蝉养在笼子里，每日听它们唱歌。我绝不信会有这样的事，至少也要表示怀疑：首先，蝉发出的声音是略带烦嚣的，如果听久了，耳朵是受不了的，希腊人恐怕不见得那么喜欢听这种粗糙的、来自田野间的音乐吧！其次，蝉是不能长久地养在笼子里面的，除非我们连洋橄榄或榛子系木一齐都放在笼子里面养。哪怕只是将它关上一天，这只喜欢高飞的昆虫也会用死来进行反抗。【名师点睛：对希腊人喜欢养蝉这件事，作者表示怀疑，并列出两点理由，表现了作者清晰的逻辑。】

将蟋蟀错误地当作蝉，就好像将蝉错误地当作蚱蜢一样，这是极有可能的。如此形容蟋蟀，不是没有道理。圈养生活对它来说也是很快乐的，它不会因此而烦恼。它很满意在笼子里被饲养的生活，这样一来，它什么都不用干了。只要每天都有莴苣叶子吃，就算是被关在不及拳头大的笼子里，它也一样能非常快乐地生活，并且愉快地歌唱。【名师点睛：作者分析蟋蟀对圈养生活的态度，说明蟋蟀是一种随遇而安、很会享受生活的动物。】那被雅典小孩子挂在窗口笼子里养的，应该就是它吧。

普罗旺斯以及南方各处的小孩子们，也都喜欢把它们饲养起来。在城市里，蟋蟀更是荣幸地成为孩子们珍贵的财产。这种昆虫在主人那里备受恩宠，每天都有享不尽的美味佳肴。当然，它们也会用自己特有的方式来回报好心的主人，那就是经常为他们唱起乡下的快乐之歌。如果有一天它死了，那么全家人都会为它感到悲哀，可见它与人类的关系是多么亲密啊。

在我们附近生活着的其他三种蟋蟀，都有着极其相似的乐器，只是在细微处稍有一些不同。它们有着相似的歌声，只是声音的大小有所不同。波尔多蟋蟀，有时候会在我家厨房的黑暗处出现，它是蟋蟀一族中最小的，并且它的歌声也很细微，必须侧耳静听才能听得见。

田野里的蟋蟀经常在春天阳光明媚的时候歌唱。到了夏天的晚上，我们常听到的则是意大利蟋蟀的声音了。它是个瘦弱的昆虫，拥有近乎于白色的浅淡颜色——这似乎和它夜间行动的习惯相吻合。如果你将它放在手指中，你一定会担心自己不小心把它捏扁。它喜欢待在高高的空中，各种灌木里或者是比较高的草上，它们很少爬到地面上来。在七月到十月这些炎热的夜晚，它那甜蜜的歌声，伴随着日落西山，一直继续到半夜。

普罗旺斯的人都熟悉它的歌声，哪怕是最小的灌木叶下都会有它的乐队。那里有很柔和很慢的"格里里，格里里"的声音，加以轻微的颤音相辅助，听起来格外有趣。如果它们不被外来的事情打扰，这种声音便会一直持续下去，但是只要被一点儿声响打扰，它就生气地闭口不唱了。

你本来听见它就在你的附近，但是忽然你又觉得，它已在十五码以外的地方唱歌了。但是如果你再朝着那个方向去寻找，它却并不在那里，这时听来，声音又好像是从原来的地方传过来的，再仔细听来，仿佛又并不是这样的。这声音究竟是从左面传来，还是从后面传来的呢？你会发现自己完全摸不着头脑了，根本辨别不出歌声到底是从何处发出来的了。

有两种方法可以造成这种距离不定的幻声。声音的高低与抑扬，根据下翼鞘被弓压迫的部位不同而产生。同时，翼鞘位置的不同也会影响声音。如果要发较高的声音，翼鞘就会抬得很高；如果翼鞘低下来一点，那么声音也会变低。淡色的蟋蟀会迷惑来捕捉它的人，用它颤动板的边缘压住柔软的身体，这样就能使听者发生幻觉。【名师点睛：蟋蟀有让听者产生幻觉的能力，作者通过介绍它声音的这个特点，向我们展示了昆虫界神奇又有趣的一面。】

在我所了解的昆虫中，其他任何昆虫的歌声都不如它的歌声动人、清晰。【名师点睛：作者在此直抒胸臆，表达了他对蟋蟀歌声的喜爱和赞叹。】每当八月夜深人静的晚上，我们都可以听到它优美的歌声。我常常俯卧在我荒石园里迷迭(dié)香旁边的草地上，安静地欣赏这种动听的音乐，这种感觉可以说是无比惬意了。

在我的小花园中，生活着许多意大利蟋蟀。在每一株开着红花的野玫瑰上，都有它的歌颂者。欧薄荷上也有很多，另外野草莓树、小松树，也都变成了音乐演奏场所。它的声音是那样清澈动听，极富美感，美妙动人。所以在这个世界中，即便是一根小小的树枝上，都会有颂扬生存的快乐之歌飘出来，这简直就是动物世界的"欢乐颂"！

在我头顶上，有天鹅高高地飞翔于银河之间，而在地面上，有昆虫快乐的音乐围绕着我，时断时续，时起时息。这个微小的生命，用歌声传递着它的快乐，它们甚至使我忘记欣赏星辰的美景，完全陶醉于这美妙动听的音乐世界之中了。天上那些星星像闪烁的眼睛，全都向下看着我，静静的，冷冷的，它们丝毫也不能扣动我的心弦，为什么呢？因为它们缺少一个重要的因素——生命。因为我们有理智，所以我们知道：那些被太阳灼烧的地方，同我们的一样，不过最终来说，这种信念也不过是一种猜想，而不是一件准确无疑的事。

在我所有的同伴里，能让我感受到如此强烈的生命活力的，就是你了——我的蟋蟀，你们是我们土地的灵魂。这就是为什么我不再喜欢看天上的星辰，而只集中注意力欣赏你们动听的歌声的原因。一个活着的小生命——如此弱小生命的喜怒哀乐甚至比其他巨大但毫无生命的物质更能引起我的兴趣，这也让我无比地热爱你们！【名师点睛：作者直抒胸臆，满怀柔情，抒发对蟋蟀的喜爱，赞美蟋蟀生命的活力，体现了他对生命的尊重和敬爱。】

Z 知识考点

1.蟋蟀会选择在有良好的_____条件和_____充足的地方建造家园。

2.判断题：蟋蟀不仅在建造住所方面有优秀的才能，而且在音乐方面也有出色的天分。 （　　）

Y 阅读与思考

1.从什么地方能够看出蟋蟀是一种有远见的动物？

2.蟋蟀的乐器是什么？

娇小的赤条蜂

M **名师** 导读

　　本章我们会认识到一种身材很有特点的蜜蜂,叫作赤条蜂。这个名字让人遐想,它的身上是有红条吗? 它到底是什么样子的呢?

　　有一种被称作赤条蜂的小动物,它拥有纤细的腰肢,玲珑的身材。它们的身体分为两节,上面的小,下面的大,就好像被一条红色腰带分开的黑色小鬼。【写作借鉴:外形描写,作者为我们简单介绍了赤条蜂的样子,用清晰的语言将它娇小的身材描绘了出来。】

　　赤条蜂通常会选择那些有疏松泥土的地方建筑巢穴。在小路的两旁,有太阳照耀着的泥滩上,这些地方的草长得都很稀疏,那都是赤条蜂最理想的住所。在春季,四月初的时候,我们总可以在这样的地方找到它们。

　　赤条蜂通常会在泥土里筑一个垂直的洞,就像一口迷你版的井一样,口径只有鹅毛管般粗细,约有两寸深,洞底是一个单独的专为产卵用的小房间。赤条蜂总是静静地、慢慢地建巢,不会表现出丝毫愉悦或是兴奋的样子。

　　与别的蜂相同,它也是用前足做耙,用嘴巴做挖掘的工具。【名师点睛:将赤条蜂建巢时的方式与其他蜂进行比较,说明蜂类建巢时的方式差不多。】

　　如果我们仔细地听就可以听到,洞底时常传来尖厉、刺耳的摩擦声,这是因为它遇到了一颗很难搬掉的沙粒而引起翅膀和全身剧烈振动。在它建巢的过程中,每隔十几分钟,我们就可以看到它出现在洞口,它的嘴里会衔着一些垃圾或是一颗沙粒。它总要把这些垃圾丢到几寸以外的地方，以便保持自己的居所以及周围环境干净整洁。

有些特殊的沙粒总会受到赤条蜂的区别对待，它会对它们进行特殊的处理，而不是把它们远远地抛出去。赤条蜂们会把这些沙粒堆在洞的附近，以便将来派上用场。当赤条蜂把洞完全挖好了，它就会在这小沙滩上寻找符合它要求的沙粒。如果没有，它就只好再到附近去找，直到找到为止。其实，这个时候它所需要的是一粒可以当作门来使用的沙粒。它必须是扁平的，而且要比它的洞口稍稍大一些，这样才可以完美地盖住洞口。如果第二天它从外面猎取一条毛毛虫回来，就可以不慌不忙地把门打开，把猎物拖进去。这门看起来和其他沙粒没有一点区别，所以谁也不会想到在它下面还会藏着食物，甚至藏着一只赤条蜂的家，只有它自己才能分辨出哪个沙粒下是它的家。它打开门，不慌不忙地把猎物放到洞底以后，便开始在上面产卵，然后再用它以前放在附近的沙粒把洞口牢牢堵住。这听起来很像是《阿里巴巴与四十大盗》中那个"芝麻开门"的故事。

赤条蜂所猎取的食物是一种灰蛾的幼虫。这种虫通常是在地底下生活的，那么赤条蜂又是怎样捉住它的呢？让我们来仔细地观察一下吧。【名师点睛：引出下文对赤条蜂猎食的具体过程的描述。】

有一天，当我散步归来的时候，刚好看到一只赤条蜂在一丛百里香底下忙碌着，于是我立刻躺在它附近的地上。幸运的是，我的出现并没有惊吓到它。它先飞到我的衣袖上停了一会儿，断定我对它没有任何伤害之后，便又飞回到百里香丛中去了。

根据多年来观察的经验，我知道这意味着什么：它忙得很，没有时间来考虑我这个不速之客。赤条蜂是这样寻找食物的：它先把百里香根部的泥土挖去，再把周围的小草拔掉，然后把头钻进被它挖松的土块里。它匆匆忙忙地飞来飞去，认真地向每一条裂缝里张望。它并不是在为自己寻找筑巢的地点，而是在寻找地底下的食物，就像一只猎狗在寻找洞里的野兔一般。

灰蛾的幼虫感觉到上面的动静以后，它就会离开自己的巢，爬到地面上来看看究竟发生了什么事，也就是这小小的举动决定了它的命运。那赤条蜂是早已准备好了的，就等着它自投罗网了。果然，灰蛾的幼虫刚刚露出地面，赤条蜂就立刻冲过去将它抓住了。然后伏在它的背上，像一个经验丰富的外科医生一样，熟练地用刺把毛虫的每一节都刺一下。从前到后一节一节地往下刺，没有一处遗漏。它那娴熟的动作会让人想起游刃有余的屠夫。【写作借鉴：运用拟人的修辞手法，将赤条蜂比作外科医生和屠夫，突出它娴熟的捕猎技巧。】

赤条蜂的技巧令科学家们都自愧不如，它可以靠观察推断出人类所不知道的事情。它十分熟悉俘虏的神经系统，它知道往哪些神经中枢上扎刺，就可以使它的俘虏神经麻木又不至于死亡。那么问题来了，它是如何学到这种技巧的呢？我们通过学校、老师，还有各种书籍逐渐积累知识才懂得了大自然的许多奥妙，可是赤条蜂是通过什么学到这些复杂的知识的呢？而且不用练习就可以将技术掌握得如此熟练，难道早在它们出生前，冥冥之中就有神灵赋予它们这种本领了吗？【写作借鉴：通过与人类对比，衬托出赤条蜂本能的神奇。用反问的句式使情绪更加强烈，更好地表达了作者的惊叹。】大自然是如此神奇，当我们还在孜孜不倦地探索它的奥秘时，它便早已经有条不紊地安排好了一切！

现在，我还要告诉你另一个故事——赤条蜂和毛毛虫的大战，这也是我亲眼所见的。那是在五月里，我看着赤条蜂在一条光洁的路旁为它的巢做最后一步的清理工作。在它几码以外的地方有一只已经被它麻醉了的毛毛虫，当它清除好那条街道并且把洞开得足够大以后，它就打算出去搬毛毛虫了。

它很快就找到了那条躺在地上的毛毛虫。可是糟糕的是，蚂蚁们也在猎取那条毛毛虫。赤条蜂显然不愿意和蚂蚁分享这条毛毛虫，可是想要把蚂蚁赶走，那几乎是不可能的事情。于是考虑再三之后，它感觉到自己的能力不足以与之争夺，决定还是不要做无谓的牺牲。于是它便只好放弃这条毛毛虫，再重新去找其他的食物了。

它在离巢大约十尺以内的地方，一步一步缓缓地挪动着。它仔细察看着泥土，并不时地用它那弯曲的触须在地面上挥动，就像是一名执着的用探雷针寻找着地雷的士兵。在炎炎烈日下，我观察了它整整三个钟头！看来在如此急迫的情况下，要再找出一条毛毛虫并不是件容易的事情。

即使对于我们人类来说，这也并不是一件轻松的事情。所以我必须帮助它一下，替它找到一条毛毛虫，因为我想更清楚地观察它麻痹毛毛虫的过程。于是我想起了我的老朋友法维，他是我的园丁，正在那里照料着花园，所以我便招呼他。

"快些过来！我需要几条灰色毛毛虫！"我迅速地将事情向他解释了一下。他明白了，并且马上开始找虫子。他挖掘着莴苣的根，耙着种着草莓的泥，察看着鸢（yuān）尾草丛的边缘。我非常信任他的眼力和智慧，因为那么多年以来，我们大家都认为他是一个出色的园丁。

可是过了好久，也没见法维把毛毛虫拿过来。于是我问他："喂，法维，毛毛虫呢？"

"先生，我一条也找不着。"

"怎么会？把你们所有的人都叫来一起找！克兰亚、爱格兰，你们也都来！到莴苣田里来！一起帮我寻找毛毛虫！"【写作借鉴：语言描写，通过作者的语言，我们可以感受到作者想找到毛毛虫时急切心情。】

于是全家都出动了，所有人都极其认真地找，可是仍然毫无结果。很快三个钟头都过去了，我们谁也没找着毛毛虫。【名师点睛：所有人出动来找毛毛虫，依旧毫无所获。可见赤条蜂想要找到毛毛虫是多么困难，侧面表现赤条蜂寻找食物的艰辛。】

当然，赤条蜂也没有找着毛毛虫，而且它已经非常疲倦了。我看到它很果断地在地面上的那些裂缝处寻找，它尽着它最大的努力寻找，甚至急得把杏核般大的泥块都搬开了。可是不久它又离开了这些地方。

于是我突然有了灵感，赤条蜂捕获不到猎物，可能并不是因为它找不到毛毛虫，而是因为即使它知道毛毛虫在哪儿，也没办法捉到它们，因为毛毛虫早有防备，把巢挖得很深，而赤条蜂根本没有办法从地底下把虫子挖出来。我真是太傻了，怎么就没有早点想到这一点呢？要知道像赤条蜂这样一个经验丰富的猎取家，是绝对不会盲目地浪费自己的精力的。

与此同时，赤条蜂又开始挖另一个地方了，同样没过多久，它就像曾经尝试过的许多地方一样又放弃了。我决心要帮它的忙，于是我就继续它的工作，用小刀往深处挖去，可结果仍然什么也没有发现，我也只好放弃了那块地方。

奇怪的是没过多久赤条蜂又回来了，在我挖过的地方继续往下挖。我似乎明白它的用意，我为它创造了条件，重新激起了它的信心。

"滚开，你这个笨手笨脚的家伙！"赤条蜂似乎在对我说，"让我来告诉你这里到底有没有毛毛虫！"【写作借鉴：作者想象赤条蜂的语言，将其拟人化，让我们看到了一个在寻找毛毛虫方面充满自信的小家伙。】

于是我便按照赤条蜂指引的方向继续挖，果然一条毛毛虫出现了。实在是太神奇了！聪明的赤条蜂！你没有辜负我对你的信任！【名师点睛：作者在此直抒胸臆，表达了自己对赤条蜂的聪明的赞叹。】

用同样的办法，我很快便挖到了第二条毛毛虫，不久，第三条、第四条也被我找到了。我发现赤条蜂所挖掘的这些地方，都是光秃秃的，并且都是几个月前曾经翻松过的泥土。除此之外，再也没有什么标记可以表明那里就是毛毛虫的所在地了。好了，法维、克兰亚、爱格兰，还有你们其余所有的人，你们还有什么可说的呢？你们找了三个钟头都一无所获，而这只聪明的赤条蜂，却在如此短的时间里就给我提供了足够的毛毛虫。

同时，我也在为自己对赤条蜂的信任和了解而沾沾自喜。是啊，我能够懂得它的心思，能够和它密切配合，长短互补，那一堆丰盛的

"战果"就是我们默契合作的最好证明。

我最终把第五条毛毛虫留给了赤条蜂，它每一个细小的动作都无法逃过我的眼睛，因为当时我正躺在与这位屠夫距离很近的地上。那么现在我要把我眼前所发生的情景逐一地记录下来。

首先，赤条蜂用它的嘴巴咬住了毛毛虫的颈部，毛毛虫剧烈地挣扎着，扭动着身体。而赤条蜂却不慌不忙，将自己的身体让到一边，以避免剧烈碰撞。随后它把刺扎进毛毛虫的头与第一节之间的关节里，那里是毛毛虫的皮最嫩的地方。对于毛毛虫来说，那是致命的一击，这一下就可以使毛毛虫乖乖受赤条蜂的控制了。

接着，赤条蜂突然离开毛毛虫，躺倒在地上，剧烈地扭动着，不停地打滚，抖动着足，拍打着翅膀，仿佛在做垂死挣扎。我以为它被毛毛虫刺到了，也受了致命的伤害。眼看着它就要这样结束自己的生命，我真是充满了无限的同情。但是转眼间，它又恢复正常了，扇扇翅膀，理理须发，又神气活现地回到猎物旁——原来刚才那奇怪的一幕，正是它独有的庆祝胜利的方式，而并不像我想象的是因为受了伤。

【名师点睛:赤条蜂庆祝胜利的方式居然是这个样子，让人大吃一惊，同时我们也感受到了作者对赤条蜂的关心。】

然后，赤条蜂抓住了毛毛虫的背部，这次抓的部位比第一次稍微低些，接着它便开始用刺扎它身体的第二个体节的下方。它一节一节地往下刺:头三节上有"脚"，接下来的两节没有，再以后的四节又有脚，不过那并不是真正的脚，顶多能算是一个个突起罢了。就这样，一共扎了九下。其实早在赤条蜂刺下第一针后，毛毛虫就已经没有什么反抗的能力了。

最后，赤条蜂将钳子般的嘴巴张到了最大，一口咬住毛毛虫的头，然后在不使自己受伤的前提下，有节奏地轻轻挤压它。每压一次，赤条蜂都要停下来，观察毛毛虫的反应。

这样一压、一停、一看，循环往复地进行着。这种控制大脑的手术不能做得太剧烈，否则毛毛虫很可能会死掉。可是说来也很奇怪，赤条蜂为什么不直接弄死它呢？【名师点睛：作者用一个问题，既引起了读者的思考，又引出了对下文的介绍。】

现在外科医生的手术已经结束了，毛毛虫瘫在地上——它一动也不会动了，几乎失去了生命，只有一息尚存。它任凭赤条蜂拖到洞里，没有丝毫反抗。就算是赤条蜂把卵产在它身上，它也完全没有能力伤害这个在它身上生活的赤条蜂的幼虫。

这就是为什么赤条蜂要做这样的麻醉工作：它是在为未来的婴儿准备食物。它把毛毛虫拖到洞里以后，就会在它身上产一个卵，当幼虫从卵里孵化出来，就可以把这毛毛虫作为食物。试想，如果毛毛虫还会动弹，那么后果一定是不敢想象的——只要它稍稍转一转身，就能轻而易举地把赤条蜂的卵压破！当然，毛毛虫不可能再动了，可是它又不能完全死掉。如果它死了，尸体很快就会腐烂，这样就无法再当作赤条蜂幼虫的食物了。所以赤条蜂选择用它的毒刺刺进毛毛虫的每一节神经中枢，使它完全丧失运动的能力，就这样半死不活地残喘下去，自动地为赤条蜂幼虫将来的食物"保鲜"。赤条蜂的工作做得多么周全啊！【名师点睛：一方面表现赤条蜂对孩子准备食物的贴心周全，另一方面又表现了半死不活的可怜毛毛虫毫无反抗之力。】

不过，如果你看到它把猎物拉回家的过程，你会发现它做事的周全程度还远不止这些。它会根据毛毛虫一些极其细微的动作判断是否已成功麻醉了毛毛虫。当赤条蜂拖着它走的时候，感觉它还能够咬住地上的草，从而阻碍自己的脚步时，赤条蜂会想办法把毛毛虫的头部也麻痹掉。但是它知道这次不能再使用它的毒刺，因为那样会将毛毛虫毒死。它只有连续不断地挤压和摩擦毛毛虫的头部，才能恰到好处，毛毛虫很快便失去知觉，因为它被折腾晕了。

虽然赤条蜂的技巧着实让人惊叹，但我们也不得不为可怜的毛毛虫感到惋惜。毕竟，被赤条蜂弄得求生不得、求死不能，真的是一件

很悲惨的事，<u>不过倘若我们是农夫，那就不会对毛毛虫有如此深切的</u>
<u>同情了。因为它是农作物和花草最可怕的敌人！白天，它们蜷缩起身</u>
<u>子躲在洞里休息;晚上，便爬出来为非作歹，咬坏植物的根茎。无论是</u>
<u>观赏用的花草还是食用的蔬菜，都是它们的最爱。如果你看到一棵幼</u>
<u>苗无缘无故地枯萎了，当你把它轻轻地拔起来，就会发现它的根部受</u>
<u>了伤。</u>【名师点睛：作者将昆虫和农业结合起来，介绍毛毛虫对植物的害
处，说明毛毛虫是一种十分可恶的害虫，不值得我们同情。】原来，晚上
的时候，这可恶的毛毛虫就会出来搞破坏，它就是用剪刀一样的嘴巴
把这棵幼苗咬伤的。它和另一种白色的毛毛虫(金虫的幼虫)一样坏，
只要它到了菜园里，这菜园就要蒙受巨大的损失。它确确实实是一种
害虫，赤条蜂杀死它，是在为我们除害，所以我们就没有必要对毛毛
虫产生丝毫的同情了。

Z 知识考点

1.赤条蜂通常会选择有着疏松的_____的地方建筑巢穴。在小
路的两旁,有太阳照耀着的泥滩上,这些地方的草长得都很_____,这
便是赤条蜂最理想的住所。

2.判断题:赤条蜂拥有纤细的腰肢,玲珑的身材,分成两节腹部——
下面大,上面小,就好像是用一根细线连起来的一样,还有一条红色的腰
带围在黑色的肚皮上面。它很会找毛毛虫。　　　　　　　　　(　　)

Y 阅读与思考

1.赤条蜂建巢的工具是什么?

2.为什么赤条蜂要麻醉毛毛虫,不直接杀死它呢?

西西弗

　　西西弗是希腊神话中的人物,因触犯众神而被惩罚,永无止境地重复着无效无望的劳动。昆虫世界里也有一个西西弗,它又为什么与希腊悲剧英雄重名呢?

　　有关清道夫甲虫做球的奇怪趣闻,我希望你们已经听过并且没有表现出厌倦的情绪。蜣螂和西班牙的犀头,我也已经给你们讲过了,现在让我们再来听一些甲虫动物中其他种类的故事吧。我们在昆虫的世界里已经遇到了许多的模范母亲,现在来注意一下这个不错的父亲吧,相信你们会十分感兴趣的!【名师点睛:开篇用"昆虫界里不错的父亲"这种话题吸引读者的阅读兴趣,也暗示了本章的主角西西弗会与"父亲"有关,引出下文。】

　　如果不是在高级动物中寻找,好的父亲还真是很难找到的。鸟类在这方面是非常优秀的,而人类最能尽这种义务。在低级动物的家族中,父亲却特别不关心家族里的事情,很少有昆虫打破这种规律。这种无情如果发生在高级动物的世界中,可是要被厌恶的。但对于昆虫的父亲来说却是可以原谅的,因为它们幼小的后代不需要长时间地看护。只要有个合适的地点,新生昆虫就可以健康苗壮地成长,几乎可以不需要任何帮助就能得到食物。比如粉蝶只要把卵产在菜叶上,就可以保护种族的安全,母亲有利用植物的本能,根本不需要别人的帮助。【写作借鉴:举例子,说明在昆虫的世界里,父亲的作用很小,它们不关心家庭也是很平常的事情。】父亲有责任心又有什么用呢? 母亲在产卵的时候，父亲也没有必要一直在一边守护。【名师点睛：作者用一大段来说父亲的作用小，其实是为下文中好父亲西西弗的形象做铺垫。】

很多昆虫都会采用一种特别简单的养育法，即它们先要找一个餐室，当作幼虫卵化以后的家，或者先找一个幼虫在那里自己就能觅到适当的食物的地方，在出生后直接进食。在这样一种养育方式下，父亲是不被需要的，所以通常到死，父亲也没有为它后代的成长给予丝毫的帮助。

不过事情也并不都是按照这种原始的方式进行的。有些种族就为它们的家庭准备好了巢穴，以备它们将来食宿使用。蜜蜂和黄蜂特别擅长建造小巢，像口袋、小瓶之类的，并且在里面装满蜂蜜，而且它们还十分善于建造土穴，用来储藏野味，给幼虫作食物。

它们要花去几乎一生的时间，来做这项建筑巢穴和收集食物的工作，而这所有的一切都只是由母亲单独一人去承担。就在这工作消磨它的时间，耗去它的生命的时候，父亲只是在日光下懒洋洋地遥望，毫不怜惜地看着它那无私能干的伴侣来来回回地进行着艰苦的工作。

【名师点睛：蜜蜂母亲献身工作，伟大无私，蜜蜂父亲却无所事事，终日享乐。作者举例子，比较蜜蜂父亲和母亲的不同，说明昆虫世界里的父亲大多没有责任感。】事实上它从来都没有想过要去帮助它的伴侣。我们不禁要问，为什么它会如此狠心呢？为什么它不会学学燕子夫妻，一起带一些草和泥土回巢里，或者带一些小虫给小鸟吃呢？这是个毫无意义的问题。雄性昆虫绝对不会做类似的事情，即使是那些它力所能及的事情，比如像一个搬运工人一样帮助雌虫到处搬运材料。从叶子上割下一块，从植物上摘下一些棉花，抑或从泥土里收集一点水泥，它都丝毫不愿意去做。也许它会找借口说自己比较软弱。但它不做的真正原因，可能只是因为它不愿做而已。

大多数从事劳动的昆虫，居然一点也不知道它们当父亲的责任，这令男人们感到很奇怪。为了幼虫能够发展它的最高才能，其他人都在积极地努力着，可是这些当父亲的却能像蝴蝶一样愚钝，不愿为家族出一份力。接下来面对的昆虫，我们却迷惑不解：为什么这种昆虫，就会有这种特别的本能，而别的昆虫就不具备呢？

　　令我们非常惊奇和难以理解的是，我们看到清道夫甲虫竟有这种高贵的品质，而采蜜的昆虫却没有。许多种清道夫甲虫善于担负起家庭的重任，更加懂得两人共同工作的价值。【名师点睛：转折句。通过清道夫甲虫和蜜蜂的对比，引出好父亲的介绍。】例如蜣螂夫妻，它们共同准备幼虫的食物，在它的伴侣制造食物时，父亲就会进行强有力的轧榨工作。

　　它们就是形成家族共同劳作习惯最好的榜样。在普遍自私懒惰的昆虫父亲中，蜣螂父亲不能不说是一个罕见的例外。

　　我对这件事经过了长期的研究。除这个例子之外，我还可以增加另外三个例子，当然全都是有关清道夫甲虫合作的事。

　　第一个是锡赛弗斯，它是一个最小最勤劳的搓丸药者。它特别活泼和灵敏，而且毫不介意在成长的道路上摔倒。它会固执地爬起来，即使它很快又倒下去，但它会以更快的速度再爬起来。正是因为它们那些看似狂乱的体操，它获得了一个名字——西西弗。【名师点睛：在这里，好父亲西西弗终于上场了。】

　　任何人都懂得，如果一个小人物想要变得很著名，就一定得经过很多艰难的考验与挑战。如他不得不把一块大石头推上高山，可是每次好不容易快到达山顶的时候，那石头又重新滑落下来，慢慢滚到山脚下。【名师点睛：神话故事的插入，增加了文章的趣味性，也为文章中主人公名字的来源做了揭示。】我很欣赏这个神话，许多人都有过类似的经历。就我自己而言，执着艰辛地攀登峻峭的山坡已经五十多年了。为了安全地得到每天的面包，我把很多精力浪费在这里。面包一经滑落，就滚了下去，掉落到深渊里，这是很难摆稳的。【名师点睛：被众神惩罚，不停地推石头，这是希腊神话里西西弗的故事。作者插入神话故

231

事，增加了文章的可读性和趣味性，将这个故事折射到现实中，具有启迪意义。】

我现在所说的西西弗，就是在陡峭的山坡上义无反顾地滚着粮食，根本就不知道有这种困难的动物。它的粮食有时给自己吃，有时带给它的子女。在像我们这样的地方，是很少能看见它的。我能得到这么多可以观察的对象来研究，还多亏了我前几次提起过的助手。

我有个七岁的小儿子，名叫保罗。他和我一起热情地猎取昆虫，和任何一个同龄的小孩子相比，他更清楚地了解蝉、蝗虫和蟋蟀的秘密，特别是清道夫甲虫。在二十步以外，他都能靠他敏锐的眼光，准确地辨别出地上隆起的小土堆，哪一个是甲虫的巢穴，哪一个不是。除此之外，他还有双灵敏的耳朵，甚至可以听到螽斯细微的歌声，换了我是完全办不到的。而我则用我的知识换取他的视力和听觉，他当然很乐意接受我的意见。【名师点睛：突出介绍保罗的视力和听力，为下文作者成功找到西西弗做铺垫。】

小保罗有他自己养虫子的笼子，蟋蟀可以在里面做巢。他自己还有一个和手帕差不多大小的花园，能在里面种些豆子，但他经常为了知道小根是否长了一点，而总是要把它们挖起来看看。他在林地上种有四株小槲树，只有手掌那么高，旁边还连着槲树子，可以给它们供给养料。这是研究昆虫之余一种极好的休息方式，并且对于昆虫的研究不会有丝毫的影响。

五月将近的一天，我和保罗起得特别早，甚至连早饭都没有顾得上吃，便开始了在山脚下的草场上、在羊群曾经走过的地方的寻找之旅。在这里，保罗非常仔细地寻找着，不久我们便找着了西西弗，到回家时我们找到了好几对，真是收获颇丰。

现在我们需要一个铁丝的罩子、沙土的床以及充足的食物供给，才能使它们安居下来，为此我们也变成"清道夫"了。这些动物个头不大，甚至还没有樱桃核大，并且生着一副奇怪的面孔！身体短而肥，后部是尖的。有着很长的脚，伸开来和蜘蛛的脚挺相似。后足更长，呈弯曲形，最适合挖土和搓小球。【写作借鉴：外形描写，简单介绍了西西弗的样子，便于读者认识。】

过了没多久，西西弗就开始繁衍后代了。父亲和母亲两人一起开心地忙碌着，为了它们的子女从事着搓卷、搬运和贮藏食物的工作。它们可以利用前足的刀子，随意地从食物上割下小块来。夫妻俩共同努力，一次又一次地拍打和挤压着食物，最终做成了一粒豌豆大的球。

它们把圆球做成标准的球形，所以用不着机械的力量来滚这球，这和在蜣螂的工作场里看到的情景一样。材料在没有被移动之前，甚至可以说在没有被拾起之前，就已经做成了球形。现在我们又多了一位球形学家，它们善于制作出动物界中保藏时间最长的食物。

没多久球就制造成功了。为了保护里面的柔软物质，使它不至于变得太干燥，它必须用力地滚动它，让它形成一层硬壳。我们看到，前面全副武装的、身段大一点的是母亲，它把长长的后足支撑在地上，前足则放在球上，一边将球向自己的胸前拉，一边向后退着走。而父亲则处在相反的方位，头向着下面，在后面推。这种工作方法与两个蜣螂在一起时是相同的，不过目的却不一样。西西弗夫妻是为幼虫在搬运食物，不像大的滚梨者(蜣螂)是为自己准备在地下大嚼享用的食物。

西西弗这一对一直在地面上走着，没有固定的目标，也不管在路中央有没有障碍物。像母亲这样倒退着走，自然免不了磕磕绊绊，可是就算它看到了障碍物，也不会绕着走。即使是爬过我的铁丝笼这种浪费时间并且根本不可能完成的工作，它也一定会做最顽固的尝试。【名师点睛：通过描绘西西弗夫妻搬运食物的画面，刻画了西西弗母亲顽固愚笨的形象。】母亲用后足抓住铁丝网把球朝它的方向拉过来，然后用前足把球抱在空中。这时傻乎乎的父亲觉得无物可推就也抱住了球，趴在上面，把它自己身体的重量加在了球上，丝毫不知道自己应该用力去推。它们一直做着这种艰难的努力，结果毫无疑问的是球和骑在上面的昆虫一起掉落到地上，滚成一团。母亲在上面惊恐地望着下面，然后飞快地下来，重新扶好这个球，再一次做这个不可能成功的尝试。接二连三地跌落之后，它们才可能决定放弃攀爬这个铁丝网。

即使是在平地上滚动，有时候也是会有困难的。差不多每隔几分钟都会碰到一些隆起的石头堆，食物就会随之翻倒。正在努力推的昆虫也会因此被翻倒，结果就仰卧着把脚踢来踢去。不过这对它们来说只是很小很小的困难而已。西西弗并不在意自己的翻倒，甚至有的人会以为它原本就喜欢这样。不管过程怎样，球在它们的努力下最终成功变硬了，而且非常坚固。跌倒、颠簸等都是过程中的小插曲。不过这种疯狂的跳跃还是要持续几个小时之久！

最后，如果母亲认为工作可以结束了，它就会在附近找个合适的地点把球贮存起来。留守的父亲则蹲在食物的上面，等待它的归来。如果它的伴侣离开太久，它会把它的后足高高举起，开始灵活地搓球，或许这可以帮它解解闷儿。它玩弄自己珍贵的小球时，就如同表演者检查他的球一样。它用它变形的腿去检查那个球是否完整。那种高举的样子，让人觉得它生活得十分满足，因为这是一种父亲在为它子女将来的幸福做保障的满足。【写作借鉴：将西西弗父亲认真负责的神态描绘出来，表达它对孩子的关爱和对家庭的责任感。通过昆虫的动作看出昆虫的情感，可见作者对昆虫的了解很深。】

它似乎在自豪地说："我搓成的这块圆球，就是我为我的孩子准备的面包！"【写作借鉴：语言描写，这是作者想象出的西西弗父亲的话，拟人化的描写使这种昆虫的习性特征更加生动有趣。】

它兴高采烈地高高地举着那个球，好像在向每个人展示它辛勤工作的成果。正在这个时候，母亲找好了埋藏的地方，并且已经做出了一个浅坑，以便将球固定在浅坑中。忠于职守的父亲一刻也不会离开自己的成果，母亲则用足和头孜孜不倦地挖土。很快，一个足够容纳那个球的坑就挖好了。母亲始终坚持要把球靠近自己，在洞穴做成以前，为了避免寄生物的侵害，一定会前后左右地晃动几下这个食物球。在这个家尚未完成之时，如果只把它放在洞穴边上，它担心会有什么不幸的事发生。毕竟有很多蚊蝇和别的动物，会突如其来地来夺取它们的成果，因此一定得分外小心。

很快圆球已经有一半放在还没有完成的土穴里了。母亲用足抱着球待在下面，继续慢慢地往下拉；父亲则在上面轻轻地往下放，而且要注意不能让落下去的泥土堵住洞口。一切都在很顺利地进行着。母亲在下面挖凿着，球异常小心地下落。它们很好地配合着，一个虫往下拉，一个虫控制着下落的速度，并把障碍物清除掉。再经过一段时间的努力，球和矿工就都进到地下去了。之后所要做的事，是再重复一遍刚刚的工作，我们为此必须再等半天或几个小时才行。

如果我们继续耐心地等待下去，就会看到父亲又单独回到地面，蹲在靠近土穴的沙土上。而母亲依旧在下面尽着自己应尽的义务——这是父亲所帮不了的，常常要到第二天才能完工。最后当母亲也出来后，父亲这才离开它打盹的地方，和母亲一起离开。【名师点睛：西西弗夫妻之间，妻子在忙的时候，无法帮助妻子的丈夫就在一旁静静守候，气氛和谐安宁，表现出了它们对家庭的爱护。】这对再次见面的夫妇，一起又回到它们先前找到食物的地方，稍作休息后，便又开始了收集材料的工作。于是它们俩又一轮新的忙碌开始了，再次一起塑模型、运输和储藏球。

我很是佩服它们的这种毅力。但是我不敢确定，这就是甲虫们共有的习惯。毕竟，我们见到的许多甲虫是轻浮而又没有恒心的。我所看见的西西弗爱护家庭的这种习惯，真的让我十分尊重它们。【写作借鉴：通过西西弗和其他甲虫对比，强调轻浮和没有毅力是甲虫共有的习惯。表现西西弗爱护家庭的行为非常难能可贵，作者抒发了对西西弗的敬重之情。】

现在该轮到我们察看土巢了：它并不是很深，而且在墙边留有一个小空隙，宽度正好适合母亲在球旁转动。空间不大，这也是父亲不能在那里久留的原因。工作室一旦准备好，父亲就一定要跑出去，剩下的任务就只能请女雕刻家来完成了。

地窖中只储藏着球这么一件艺术杰作。形状和蜣螂的梨状球相同，不过比它小得多。因为小，我们更加为球表面的光滑和球形的标准而叹服。其最宽的地方，直径也只有二分之一寸到四分之三寸。

我们另外还有过一次对西西弗的观察。我的铁丝笼里存有六对西西弗，它们一共做了五十七个小球，每个当中都存有一颗卵。这样，每一对平均就有九个以上的幼虫，蜣螂远做不出这个数目。它为什么可以产下这么多的后代呢？也许只有一个理由可以解释，那就是父亲和母亲共同工作的结果。一个家族的负担，两人的精力分担起来也就不觉得太重了。

Z 知识考点

1.和_____一样，西西弗甲虫喜欢把食物做成_____来保存。

2.判断题：大多数从事劳动的昆虫，一点儿也不知道它们当父亲的责任。令作者感到惊奇和难以理解的是，他看到清道夫甲虫竟有这种高贵的品质，而采蜜的昆虫却没有。 （　　）

Y 阅读与思考

1.西西弗夫妻是如何共同工作的？

2.与其他轻浮的甲虫相比，西西弗身上有什么习惯值得作者尊重？

捕蝇蜂

这章作者为我们介绍了一种会捕蝇的蜜蜂——捕蝇蜂。它们以蝇为食，却又对一些小蝇充满了畏惧，为什么会这样呢？来一探究竟吧！

想必我们都知道赤条蜂和黄蜂是怎样麻痹毛毛虫或蟋蟀来喂自己的孩子，然后又怎样封闭洞口，离开巢飞走的。<u>然而并不是所有的蜂都是这样生活的，现在我要跟你讲述的是另一种蜂，它们每天都用新鲜的食物来喂它的孩子，这就是捕蝇蜂。</u>【名师点睛：转折句，引出主人公捕蝇蜂，说明它和赤条蜂、黄蜂不同的生活方式。】

这种蜜蜂喜欢在明亮的阳光中和蔚蓝的天空下活动，挑选最轻最松软的泥土来做巢。而我有时候就会在那一片没有树荫的广场上观察它们。那时的天气很热，要躲避烈日的暴晒，我只能躺在小沙堆的后面，然后把头钻进兔子洞，或是为自己撑一把大伞。<u>显然，我更乐意选择后一种办法，如果有人愿意在七月末的时候来和我一同坐在这大伞下欣赏，那么他便可以和我一起饱饱眼福了。</u>【名师点睛：一个"饱眼福"，便透露出作者对自己的观察和研究的热情高涨。】

一只捕蝇蜂突然飞来，它毫不犹豫地停在某个地方。这地方在我看来和别处一样，没有任何区别。它前足上长着一排排的硬毛，就像是一把扫帚、一个刷子或一个钉锚。它用前脚工作，用四只后脚来支持住自己的身体。它先把沙耙起，再向后拂去。<u>它的动作非常快，这些沙子被它连续不断地撒出去，看上去就像流水一样流到七八寸以外的地方。这个动作一直要维持五分钟至十分钟。</u>【写作借鉴：列数字，作

者用几个数据，说明了其观察得仔细和研究得认真。】

木屑、腐烂的叶片和其他废料的碎屑与这些沙粒堆在一起。而捕蝇蜂会把这些垃圾一一用嘴搬掉，这也是它工作的目的。它要使家门前的沙都是又轻又细的"高级沙粒"，不带有任何粗重的杂质。只有这样，在它为孩子们捕蝇回来的时候，才可以轻而易举地开辟一条通路，把猎物拖到洞里去。而它也只是在有空闲的时候才会来做这种清洁工作。

譬如，在家里已经储藏了许多猎物，并足够它的孩子们吃一段时间的时候，它就没有必要再出去寻找食物了。于是它就会像一个出色的家庭主妇那样清除垃圾。我们甚至可以看出，它在辛勤工作的时候，是那样快乐和满足。【写作借鉴：承接上文，作者举例说明捕蝇蜂如何在空闲的时候做清洁工作，将它形容成出色的家庭主妇，表现它的勤劳与认真。】也许这正是做母亲的在看到孩子们在自己盖的屋子里慢慢成长起来时，所涌上心头的那种喜悦吧！

如果我们用一把小刀，在母蜂所刮净的沙地上挖下去，我们就会发现一条有手指般粗细的隧道，或许有八寸到十二寸那么长，接着会出现一个小屋。这个小屋有三个胡桃般大小，可我看到，这里面只有一个蝇和一只白色的小卵，这就是捕蝇蜂的卵。【名师点睛：作者的观察视角由外到内，将观察到的隧道、小屋、卵都描述得十分清楚，列数字说明它们的大小，说明作者观察得十分细致。】大约二十四个小时之后，这个卵就能孵化成一条小虫，小虫出来后便靠吃母亲早已为它准备好的死蝇长大。

两三天之后，那死蝇很快就会被捕蝇蜂的幼虫吃光了。这时的母蜂就在家的附近，你可以看到它时而从花蕊里吸几口花蜜充饥，时而愉快地坐在火热的沙地上——它是在看守它的家。它会常常到家门口耙去一些沙，然后，又飞走了，过一段时间再回来。【名师点睛：这里对母蜂的刻画，表明了母蜂为照顾幼蜂和看护家园而辛勤劳作。】

可是不管它在外面待多久，它总会记得估算一下那小屋中的食物还能维持多久。作为一个母亲，本能会告诉它孩子的食物在什么时候吃完，每到这时它就会回到自己的巢里。至于这巢，前面已经描述过，在外面看来它和其他沙地是一样的，并没有明显的洞口或是标记，可是它却能清清楚楚地记得它的巢是在哪一点。而且它每次回来探望孩子时，总不忘带上丰盛的礼物。【名师点睛：作者介绍捕蝇蜂母亲神奇的本能，表达了母亲对孩子的关爱。】这次它带回的是一只大蝇，它把蝇送进家里后，过不了多久就又出来了，直到需要它再送第三只蝇的时候才会回去。因为幼虫的胃口始终很好，所以这间隔的时间并没有很长。如果母蜂稍有懈怠的话，它的孩子就要面临挨饿的风险了。

这种情况维持两个星期了。幼虫在不断地成长，它们对食物的需求量也越来越大，母蜂便开始不断地送食物进来。在第二个星期将要过完的时候，幼虫就已经长得很胖了。母亲只有加倍努力地寻找食物，才能够养活这总是吃不饱的孩子，直到它完全长大，不再需要母亲给它准备食物为止。有一次我大致数了一下，一条幼虫在成长过程中需要吃的蝇加起来可达八十二只之多。【名师点睛：原来喂养幼虫需要这么多的蝇，数字如此精确，说明作者的观察能力很强，同时也说明了母蜂喂养幼虫是多么辛苦。】

有时候我曾产生疑问，为什么这种蜂不像其他蜂那样预先储藏好食物，再把洞封好，自己也就可以离开，何必总是守在洞口呢？这样看来也许是因为它捕回的死蝇不能藏得太久吧。那么它为什么不像黄翅蜂一样把蝇麻痹，而是直接杀死它呢？我推测可能是因为蝇太小了，又那样轻，那样软，和毛毛虫、蟋蟀不大一样，用不了多久就会收缩得没有了。所以这东西必须吃新鲜的，否则也就没有价值了。

也许还有另外一个原因，那蝇是非常灵敏的，必须擒得快，不像那呆头呆脑的毛毛虫和庞然大物似的蟋蟀，目标大，动作又缓慢，让母蜂有充分的时间去麻痹它们。而捕蝇蜂在必要的时候，必须随时用它的爪子、嘴巴或刺来捕食，这样捕捉来的蝇当然不能随心所欲地让它半死不活了。它们只有两个选择，要么抓不到蝇，要么捉个死蝇。母蜂当然只能选择后者。

要观察到捕蝇蜂如何袭击苍蝇可真是件困难的事。因为它总是在离巢很远的地方进行。我总是那么幸运，有一次，我在无意之中就看到了这精彩的一幕，真是大饱眼福。那一天我张着伞坐在烈日下。同我一起享受着伞的阴凉的，还有各种马蝇，它们趁机躲在我的伞下休息。【名师点睛："幸运""大饱眼福"表现出了作者对研究昆虫这一工作的热爱，作者为躲避烈日的暴晒而撑伞来观察，照应了前文。他周围有很多蝇，为下文捕蝇蜂捕蝇埋下了伏笔。】它们都悠闲地趴在张着的伞顶上。我在伞下闲来无事，就欣赏着它们大大的金色眼睛来打发时间。那些眼睛就像是一颗颗宝石，在我的伞下闪闪发光。【写作借鉴：比喻的修辞手法，将它们的眼睛比作宝石，表现了它们眼睛发光的特点。】有时候它们感觉自己停歇的那一部分被晒得太热了，就会转移阵地，移到没有阳光的阴凉部分。我很喜欢欣赏它们这种机智的动作。

那一次，我正在伞下打瞌睡，突然，"梆"的一声响，我那张着的伞像皮鼓似的被敲击了一下。【写作借鉴：将伞比作鼓，可见突如其来的敲击声有很大的惊扰效果。】

"发生了什么事？"我一下子清醒了起来。

也许是一颗榆树的果子落到伞上了吧！我这样想。

可是"梆——梆——梆"接二连三地传来。难道是哪个爱搞恶作剧的家伙把种子或石子扔在我的伞上？于是我离开了我的伞荫，在四周巡视了一下，什么也没有发现。而那声音又响起来了，我抬头向伞顶一看，原来是这样！我终于明白了：原来附近的捕蝇蜂发现我这里有如此多肥美的食物，便都飞过来捕取猎物。一切都像我所希望的那样进行着，我只静静地坐着欣赏就行了。

每隔十五分钟，就有一只捕蝇蜂飞来，直向伞顶冲去，发出一声重击。【名师点睛：揭开谜底，原来撞击伞发出"梆"声的，不是果子，也不是哪个恶作剧的家伙，是捕蝇蜂。因为作者身边有很多蝇，捕蝇蜂是来此袭击蝇的。】于是战争便开始了。那是多么精彩和紧张啊，它们打得难解难分，根本不分上下。我已经辨不清谁是袭击者而谁又是自卫者了。不过这种争执并不会维持太久。没多一会儿，蝇就成了蜂的俘虏，被它用双腿夹着飞走了。可奇怪的是，即使这样，这愚蠢的蝇群还不肯离开这险地——诚然，外面实在太热，与其被晒成干尸，还不如在里面乘凉，先尽情享受再说吧。

现在，让我来观察一下这只带着战利品回家的蜂吧。当它接近家门口的时候，会突然发出尖锐的嗡嗡声，听来总有一种凄凉的感觉，好像十分不安。这声音持续着，直到它降落到地面为止。当它准备降落之前，它会先在地面上方盘旋。如果它那敏锐的眼睛发现了一些异常的情形，它就会降低下落的速度了。<u>随后它会在上面盘旋几秒钟，飞上去又飞下来，然后再像箭一般地飞开去了。</u>【写作借鉴：将它比作箭，表明它飞得速度很快。】稍过一会儿，我们就会知道它为什么有这样的迟疑了。过了一会儿，它又回来了，这次它先在高处巡视，然后慢慢降落到地上的某一点——这一点在我看来真的是没什么特别之处。

我刚开始认为它应该是随意降落在某一点上，然后它再慢慢地寻找自己巢的入口。可是后来我发现自己小看了捕蝇蜂。因为它不偏不倚地降落在自己的巢上，它把前面的沙扒开，再用头一顶，便能顺利地拖着猎物回家了。在它进去后，又立刻用旁边的沙粒将洞口堵住。这和我从前所看到的无数次捕蝇蜂回巢的情形一样。我一直惊异于蜂类为什么能够丝毫不差地就找到巢的入口，因为那入口处看起来和周围的其他地方完全一样，没有任何可以用来区别的痕迹。

捕蝇蜂回巢的时候，并不是每次都在空中盘旋很久，只有当它看到自己的巢被一种巨大的危险所笼罩时，才会这样不停地盘旋。它那种凄凉的嗡嗡声是在表示它内心的忧愁和恐惧。而在安全的时候，它是绝对不会发出这种声音的。<u>那么它的敌人是谁呢？</u>原来那是一只外表看上去十分软弱无能的小蝇。而这捕蝇蜂，它虽是蝇类的天敌、大马蝇的杀手，但当它发现这种小蝇在监视自己的时候，它竟然也会吓得不敢回家。事实上那只小蝇小得像一个不够它幼虫吃一顿的侏儒。

【写作借鉴：将这种小蝇比作侏儒，突出它的弱小，而这种看起来十分弱小的生物竟然令蝇的捕食者捕蝇蜂害怕，设下悬念。】

这情形就像猫怕老鼠一样让人不可理解。捕蝇蜂为什么不冲下去把这个讨厌的小蝇赶走呢？我无法解释这个现象。这貌不惊人的小蝇应该也有它的厉害之处，才能像许多凶猛的动物一样，在广袤的世界中占有一定的地位。大自然的规则往往是我们人类所不能完全理解的。

我以后还会讲到这种蝇，它把卵产在捕蝇蜂存放在巢内的猎物上。当它的幼虫孵出来后，便开始掠夺捕蝇蜂幼虫的养料。如果食物不够，它们就会毫不犹豫地把捕蝇蜂的幼虫当作美食吃掉。所以，它绝不是一种可以忽视的小蝇，而是一个真正无情的杀手。捕蝇蜂如此惧怕它，自然有它的道理。【名师点睛：怪不得捕蝇蜂看到这种小蝇在它的巢穴外会十分惊慌，原来这种恐惧是出于对幼虫安危的担心。将这种小蝇说成"杀手"，表现它惊人的厉害之处。】那么这种小蝇到底是怎么把卵产在捕蝇蜂的猎物上的呢？这的确值得研究。

这种小蝇从不靠近捕蝇蜂的巢，只是耐着性子等待拖着丰盛猎物回来的捕蝇蜂。当捕蝇蜂把半个身体钻进洞穴时，它就冲下去趴在那只蝇的尸体上，趁着捕蝇蜂艰难地把马蝇拖进洞的时候，它就迅速在马蝇身上产下一个卵，有时甚至连续产下几个。捕蝇蜂从前半身钻进洞到完全把猎物拖进洞，前后只不过是一眨眼的工夫，可就是在这短短的瞬间，小蝇就已经完成了它的任务。然后它就可以在洞旁的阳光里埋伏，准备它的第二次偷袭了。

通常情况下，在一个捕蝇蜂的巢附近总会有三四个这样的小蝇同时出现。对于进巢的入口，它们往往也知道得清清楚楚。它们那暗红的肤色、大而红的眼睛以及它们惊人的耐力，常常使我联想到绑票时的情形。那些歹徒也是穿着黑衣服，包着红头巾，静静地潜伏在阴暗的角落，等候机会，拦住过路的行人。【写作借鉴：作者将伺机而动的小蝇比作绑票的歹徒，将它们的形象拟人化。暗色的皮肤是穿了黑衣服，红色的大眼睛是包着红头巾，将小蝇刻画得十分生动形象。】

那机智的捕蝇蜂正是因为看到家门口潜伏着这样的歹徒才踌躇不前的。它知道那帮歹徒一定会干坏事。但是最后它还是不得不选择回家。于是这些讨厌的小蝇便飞过来紧紧地跟着它，它向前，它们也向前；它后退，它们也后退，它根本无法摆脱它们。最后它终于支撑不住了，不得不停下来歇歇脚，于是那些小歹徒便也跟着歇下来，但仍然虎视眈眈地跟在它背后。被逼无奈的捕蝇蜂再次飞起来时，会带着一种愤怒的呜咽声。而这些恬不知耻的小歹徒仍旧厚着脸皮穷追不舍。捕蝇蜂只好想别的办法，很快它就找到了另一条出路，突然它开始高速飞行，试图以此来摆脱敌人，使它们跟不上它而最终迷失方向。可没想到这些小歹徒似乎对它的心理了如指掌，它们很快又折回洞口来等它回来。果然不一会儿，以为已经摆脱了危险的捕蝇蜂回来了，这帮小歹徒又开始紧追不舍。然而此时母蜂的耐心早就磨没了，最后终于被它们抓住了产卵的机会。

好在我们刚才所讲的那只捕蝇蜂没有遭到这样的不幸，所以让我们来尽快结束这一章吧。蜂的幼虫吃着母亲给它们准备的粮食，渐渐长大。两个星期以后，它就开始做茧了。可是由于它身体内并没有足够的丝，它必须掺入沙粒以增加丝的硬度。它会把剩余的食物堆积起来放到小屋的一角，接着把地面打扫干净，然后便在墙壁之间搭起洁白又美丽的丝来。它先把丝攀成网，然后再开始第二步的工作。

它会在网的中央做一个吊床，这吊床就像一个袋子，一端封闭，另一端留有小孔。捕蝇蜂的幼虫把半个身体伸在床外，用嘴巴一粒粒认真地挑选沙粒，太大的沙粒它看不上眼，便毫不犹豫地把它丢开。挑选好以后，它会把沙一粒粒地衔进去，均匀地铺在吊床的四周，就

<u>像泥水匠把石子嵌入灰泥那样</u>。【写作借鉴:动作描写,作者描写了捕蝇蜂挑选沙粒装饰吊床的过程,将这比作泥水匠把石子嵌入灰泥的过程,比喻十分贴切。】

到现在为止,茧子的一端还是未封闭的,因而捕蝇蜂必须把它封上。它先用丝织成一个帽子样的盖子,大小恰巧能盖住茧子的开口处,然后在上面嵌进一粒一粒的沙。现在可以说茧子已经差不多做好了。不过捕蝇蜂在茧里还需要做最后一番修葺(qì)[修缮、修理建筑物]。它要在墙上涂一层浆液,这样才能够保证自己柔嫩的皮肤不被沙粒擦伤或蹭破。在这之后它就可以高枕无忧地睡觉了。不久之后,它将变成一只成年的捕蝇蜂,就像它的母亲一样。

Z 知识考点

1.捕蝇蜂前足上长着一排排的_____,它用_____工作,用四只后脚来支撑身体,它会用_____来搬开门口的垃圾。

2.判断题:蜂类回巢时,蜂巢入口处和周围完全一样,无法区别,但是蜂类能够丝毫不差地找到巢的入口。 （　　）

Y 阅读与思考

1.为什么蝇的天敌捕蝇蜂会惧怕一种小蝇?

2.为什么捕蝇蜂要像一个家庭主妇一样清除家门口的垃圾?

寄生虫

大家都知道寄生虫是寄生在别的生物上的动物,它们到底是怎样生活的呢? 作者是如何看待寄生虫的呢?

在八九月里,我们应该到光秃秃的、被太阳灼得发烫的山峡边去看看,我们应该在那儿找一个正对太阳的斜坡——那儿的土地往往热得烫手,因为太阳已经快把它烤焦了。而这个拥有火炉一般温度的地方,正是我们所要观察的目标最倾心的场所。在这种地方,我们可以得到巨大的收获。因为这里往往是黄蜂和蜜蜂的乐园。【名师点睛:介绍蜜蜂和黄蜂的习性,而作者为了观察,也要去它们喜欢的这种温度和火炉一样的地方,体现作者不辞劳苦、认真负责的工作态度。】它们多在地下的土堆里忙着料理食物——这里放一堆象鼻虫、蝗虫或蜘蛛,那里又放一组蝇和毛毛虫,还有的正在把蜜贮藏在皮袋里、土罐里、棉袋里或是树叶编的瓮里。

在这些默默地埋头苦干的蜜蜂和黄蜂中间,还夹杂着一些其他的昆虫,我们称之为寄生虫。它们匆匆忙忙地从这个家赶到那个家,耐心地躲在门口守候着。你别以为它们是在拜访好友,它们这些鬼鬼祟祟的行为绝不是出于好意,而是要找一个机会用别人的牺牲来安置自己的家。【名师点睛:本章的主人公寄生虫登场了,原来作者的目的是观察寄生虫。】

这有点类似于我们人类世界的争斗。勤劳善良的人们,刚辛辛苦苦地为儿女积蓄了一笔财产,却碰到一些不劳而获的家伙来抢夺。有时还会发生谋杀、抢劫、绑票之类的恶性事件，充满了罪恶和贪婪。至于他们的家庭，无论劳动者们曾为它付出了多少心血，贮藏了多少自己舍不得吃的食物，最终都将被那伙强盗活活吞灭。世界上几乎每天都有这样的事情发生，可以说，哪里有人类，哪里就有罪恶。【名师点睛：作者从观察到的现象出发，从昆虫世界探究到人类社会，启发人们思考。】

昆虫世界也是这样，只要存在着懒惰和无能的虫类，就会有把别人的财产占为己有的罪恶。蜜蜂的幼虫们都被母亲安置在四周紧闭的小屋里，或待在丝织的茧子里，为的是可以静静地睡一个长觉，直到它们变为成虫。

可是这些宏伟的蓝图往往不能实现，敌人自有办法攻进这四面不通的堡垒。每个敌人都有它特殊的战术——那些绝妙又狠毒的技巧，你根本连想都想不到。你看，一只奇异的虫，靠着一根针，把它自己的卵产在一条蛰伏着的幼虫旁边——这幼虫本是这里真正的主人；或是一条极小的虫，边爬边滑地溜进了人家的巢，于是蛰伏着的主人便即将长睡不醒了，因为它马上就会被这条小虫吃掉了。那些凶狠的强盗，毫无愧意地占了人家的巢，用自己的茧子取代了人家的茧子。到了来年，善良的女主人早已被谋杀，而抢了巢杀了主人的恶棍倒出世了。

看看这一个，身上长着红白黑相间条纹的，形状像一只非常难看而又多毛的蚂蚁的黄蜂。它一步一步地仔细地观察着这个斜坡，检查着每一个角落，还不停地用它的触须在地面上试探着。你如果见到它，一定会觉得它是一只强壮的蚂蚁，只是看起来比普通的蚂蚁更漂亮一些。【名师点睛：作者把小动物小心翼翼观察环境的姿态展现出来，使文章具有画面感。】

其实，这是一种黄蜂，只是没有翅膀。它是其他许多蜂类幼虫的天敌。它虽然没有翅膀，但是它有一把短剑，或者说是一根利刺。只见它搜寻了一会儿，就在某个地方停下来，开始不停地挖掘，就跟具有丰富经验的盗墓贼似的，挖出了一个地下巢穴。这巢在地面上看不出任何痕迹，但这家伙跟人类不一样，能看到我们所看不到的东西。它钻到洞里待了一会儿，然后又重新出现在洞口。这一去一来的过程中，它已经干下了无耻的勾当：它潜进了别人的茧子里，把卵产在那睡得正香的幼虫旁边，等它的卵孵化成幼虫，就会把茧子的主人当作丰盛的食物。

还有另一种被称作金蜂的昆虫，它浑身闪耀着金色、绿色、蓝色和紫色的光芒，也正是因为这光芒，它被看作昆虫世界里的蜂雀。你看到它的模样，绝不会把它和一个盗贼或是凶手联系起来，可它们的确是把别的蜂的幼虫当作自己的食物，是个穷凶极恶的坏蛋。【名师点睛：作者强调金蜂美丽的外表下恶劣的本质，这种反差引起读者的阅读兴趣。】

可是这无恶不作的金蜂并不懂得如何去挖人家的墙角，所以只有等到母蜂回家的时候才能趁机溜进去。你看，一只半绿半粉红的金蜂大摇大摆地走进了一个捕蝇蜂的巢。那时，母亲带着一些新鲜的食物来看孩子们。于是，这个"侏儒"就趁机堂而皇之地进了"巨人"的家。它一直毫无顾忌地走到洞的底端，丝毫不惧怕捕蝇蜂锐利的刺和强有力的嘴巴。【写作借鉴：作者用"大摇大摆""堂而皇之""毫无顾忌"这些词，将金蜂的嚣张劲表现十足，将其拟人化，比作"侏儒"，表达对它的厌恶之情。】至于那母蜂，不知道是不了解金蜂的丑恶行径和名声，还是被吓呆了，竟任由它自由进出。来年，如果我们挖开捕蝇蜂的巢，就可以看到几个赤褐色的针箍形的茧子，这本是捕蝇蜂的茧子。但在茧子的开口处有一个扁平的盖，就像丝织的摇篮。这个摇篮里躺着的本应该是捕蝇蜂的幼虫，而现在它却消失了，取而代之的是金蜂的幼虫。那只一手造就这坚固摇篮的可怜的捕蝇蜂的幼虫去哪里了？看一看茧子外面破碎的皮屑你就会恍然大悟：原来它早就成了金蜂幼虫的盘中餐！

看看这个表面漂亮而内心奸恶的金蜂，它身上披着金青色的外衣，腹部缠着"青铜"和"黄金"织成的袍子，尾部系着一条蓝色的丝带。当一只泥水匠蜂筑好了一个弯形的巢，并把入口封闭，等里面的幼虫渐渐成长。在这过程中，当它把食物吃完后，吐着丝装饰着它的小天地的时候，金蜂就在巢外等候时机了。一条细细的裂缝，或是水泥中的一个小孔，都可以为金蜂提供一个把卵塞进泥水匠蜂的巢里去的足够的空间。总之，到了五月底，泥水匠蜂的巢里又有了一个针箍形的茧子，从这个茧子里出来的，又是一个口边沾满无辜者鲜血的金蜂，而泥水匠蜂的幼虫，早被金蜂当作美食吃掉了。

　　正如我们所知道的那样，蝇类总是扮演强盗或小偷或歹徒等反面的角色。【名师点睛：除了蜂类的寄生虫，还有蝇类的寄生虫，作者转换角度，将读者的目光引到蝇上。】虽然它们看上去很弱小，弱小到甚至你用手指轻轻一摁，就可以把它们全部压死。可它们的危害却很大。有一种小蝇，长着满身柔软的绒毛，看上去娇软无比，脆弱得就像一丝雪片，仿佛你轻轻一摸就会把它压得粉身碎骨。可是它们却有着惊人的飞行速度。乍一看，就是一个迅速移动的小点儿。它在空中徘徊着，飞快震动着的翅膀使你完全看不出它在运动，倒像一个被一根无形的线吊在空中的静止物。但是如果你稍微动一下，它就突然不见了。你会以为它飞到别处去了，怎么找都找不到。它到哪儿去了呢？其实，它哪儿也没去，就在你身边继续震动着翅膀。当你以为它真的不见了的时候，它早就又回到原来的地方了。它飞行的速度是如此之快，使你根本看不清它运行的轨迹。那么它在空中干什么呢？它正在打自己的小算盘，在等待机会把自己的卵放在别人预备好的食物里。我现在还不能确定它的幼虫所需要的是哪一种食物：蜜、猎物，还是其他昆虫的幼虫？

　　有一种灰白色的小蝇，以我对它的了解，用"强盗"来形容它绝不为过。它蜷伏在日光下的沙地上，等待着抢劫的机会。【名师点睛：灰蝇一登场，就被作者贴上了"强盗"的标签，表达了作者对寄生虫的厌恶之情。】当各种蜂类衔着马蝇、蜜蜂、甲虫、蝗虫回来的时候，灰蝇就上来了，一会儿向前，一会儿向后，一会儿又打着转，总之，它紧跟着蜂，不让它在自己的眼皮底下溜走。当母蜂把猎物夹在腿间拖到洞里去的时候，它们就准备出击了。就在猎物将要全部进洞的那一刻，它们飞快地飞上去停在猎物的末端，将自己的卵产在上面。那一刹那的工夫里，它们以迅雷不及掩耳之势完成了任务。母蜂还没有把猎物拖进洞，猎物就已带上了新来的不速之客的种子。这些"坏种子"变成虫子后，将会把这猎物当作成长所需的食物，而洞主人的孩子们只能活活饿死。【名师点睛：这就是灰蝇的寄生方式，这种掠夺他人食物、造成他人牺牲、延续自己生命的行径太卑劣了。】

　　不过，退一步想，对于这种专门掠夺人家食物，吃人家孩子来养活自己的蝇类，我们也不必对它们过于指责。一个懒汉吃别人的东西，那是可耻的，我们会称他为"寄生虫"，因为他牺牲了同类来养活自己，可昆虫从来不做这样的事情。它从来不掠取其同类的食物，昆虫中的寄生虫掠夺的都是其他种类昆虫的食物，所以跟我们所说的"懒汉"还是有区别的。【名师点睛：作者用哲学家的眼光看问题，把昆虫界的寄生虫和人类社会的寄生虫做对比，强调昆虫和"懒汉"的区别，通过虫性的研究，转而思考人性，意义深刻。】你还记得泥水匠蜂吗？没有一只泥水匠蜂会去沾染邻居们所储藏的蜜，除非邻居已经死了，或者已经搬到别的地方很久了。其他的蜜蜂和黄蜂也一样。所以，昆虫中的"寄生虫"要比人类中的"寄生虫"高尚得多。

　　我们所说的昆虫的寄生，其实是一种"行猎"行为。例如那没有翅膀、长得跟蚂蚁似的金蜂，它用别的蜂的幼虫喂养自己的孩子，就像别的蜂用毛毛虫、甲虫喂养自己的孩子一样。一切东西都可以成为猎手或盗贼，就看你从什么角度去看待这个问题。其实，我们人类才是最大的猎手和盗贼。他们偷吃了小牛的牛奶，抢夺了蜜蜂的蜂蜜，就像灰蝇掠夺蜂类幼虫的食物一样。人类这样做是为了抚育自己的孩子。自古以来，人类不也总是想方设法，甚至不择手段地把自己的孩子拉扯大——这不就和灰蝇一样吗？

Z 知识考点

1.昆虫的寄生是一种_____行为。

2.判断题：本章作者介绍了一种寄生虫，它会潜进其他昆虫的茧里，把卵产在睡着的幼虫旁边，等卵孵化成幼虫，幼虫就会把茧的主人吃掉。　　　　　　　　　　　　　　　　　　　　　　（　　）

Y 阅读与思考

1.金蜂长什么样子？

2.为什么作者说昆虫中的"寄生虫"比人类中的"寄生虫"高尚得多？

新陈代谢的工作者

Ⓜ **名师**导读

这里我们将要看到几只蝇。蝇其实是很称职的清洁工，它们对于塑造我们这个干净的世界，有着不可磨灭的影响。绿蝇是一种与腐尸打交道的生物，虽然它们的工作不是那么光鲜亮丽，却能够将死者遗骸进入新一轮的物质循环。它们又身怀怎样奇特的能力呢？来看看吧！

　　我曾经希望在自家附近能拥有一个水塘，这也是我一生的愿望之一。这水塘要能避开冒失唐突的过路人的视线，周围还要长着一些灯芯草，水面上还得漂着浮萍、荷叶。这样空闲的时候，我便可以坐在池塘边、柳荫下，思考那水中的生活。那种原始的生活，一定比我们现在所过的生活更加单纯、温馨。【名师点睛：虚写作者愿望中的池塘，将其描绘得温馨美好，表达作者对这种单纯又温馨的生活的憧憬。】

　　在那里，我可以观察、研究软体动物的生活，可以观赏嬉戏的鼓甲、划水的尺蝽、跳水的龙虱和逆风而行的仰泳蝽。仰泳蝽会仰躺在水面上，摇动着它那长长的桨来划水，而它那两条短小的前腿则收缩于胸前，等着猎物的出现，随时准备抓捕。我也可以研究正在产卵的扁卷螺，在它那模模糊糊的黏液里凝聚着生命之火，宛如一片朦朦胧胧的聚集着恒星的星云。我还可以观察新的生命在蛋壳里旋转，勾画出未来某个贝壳轮廓的螺纹。

　　如果扁卷螺略通几何学的话，它也许能够勾画出如同地球围绕太阳运转一样的轨道。假如能经常到池塘边小憩(qì)[稍作休息。憩：休息]，我可以产生很多的想法。只可惜命运不让我遂愿，池塘终成泡影。我

昆虫记

曾经尝试着用四大块玻璃构成一座小池塘，可是最终还是心有余而力不足，我梦寐以求的这个水族馆终究还是没能建成。【名师点睛：转折，作者笔锋一转，由幻想回到现实，对比之下，想象越美好，现实越无奈。】

　　在美丽的春天，美国山楂树开花了，蟋蟀齐鸣。在这个时节，我脑海里又不断地浮现出我的第二个愿望。我走在路上时，看见一只死鼹鼠和一条被石头砸死的蛇。它们的死都是人为的。鼹鼠正在掘土刨坑，驱除害虫。不巧有一农夫在翻地，他的铁锹一下子挖到了它，把它拦腰斩断，扔到了一边。而那条被春天唤醒的游蛇，刚来到阳光下，蜕去旧衣，换上新装，就不幸地被人发现。那人便说："啊！你这个可恶的东西，我要为民除害。"然后边说边用石头把它的脑袋砸了个稀巴烂。【名师点睛：作者描写鼹鼠和蛇惨死的事件，呼吁大家保护这些看起来凶恶有害，但其实对人类大有帮助的动物，表达对这些不幸的动物的怜悯。】这条保护庄稼、在消灭害虫的激烈战斗中帮助过我们的无辜游蛇，就这么一命呜呼了。

　　它们的尸体已经腐烂，发出一股恶臭。人们在经过它们的身旁时，大多捂住口鼻扭头快步走开。只有观察家才会停下脚步，捡起这两具尸体，开始认真观察。只见一群活物在其上爬来拱去，这些生命力旺盛的昆虫正在啃噬着它们。我把它们放回原处，因为"殡葬工"会继续处理这两具尸体的。它们会非常精心地完成自己负责的殡葬任务。【写作借鉴：将啃食尸体的昆虫比作"殡葬工"，它们以腐尸为食，工作内容就是处理掉这些已经没有生命的生物。】

　　了解清楚这些清除腐尸的清洁工的习惯，察看它们不停地分解尸体的过程，观察它们如何把死亡物质迅速加工后收到生命的宝库中去。这是我的脑海中一直浮现着的第三个愿望。

　　或许有人会觉得我的这种愿望神经至极，认为我不干正事，而去关注腐尸烂肉和食尸虫等令人作呕的东西。请大家千万别这么想。我们的好奇心所牵挂的最主要的两点，一个是起始，一个是终结。物质是如何聚集的,如何获得生命的? 生命终止时,物质又是如何分解的?

假如我拥有一个小池塘,那些带有光滑螺纹的扁卷螺就可以为我的第一个问题提供宝贵的信息;而那只腐烂了的鼹鼠将会解答我的第二个问题,它将会向我展示熔炉的功能,一切都将在熔炉里熔化,然后重新开始。

现在我可以实现我的第二个愿望了。我有场地以及我的荒石园昆虫实验室。没有人会跑到这儿来打扰、嘲讽我,我的研究也不会干扰或得罪任何人。【名师点睛:我们可以看到,作者的愿望并不被当时的人们理解,也说明了他为研究昆虫付出了很多很多。】至少到目前为止,一切都还比较顺利,除了一点小麻烦。因为我养了一些猫,它们会到处乱窜,如果它们发现了我的观察物,就会前来捣乱、破坏,把它们叼得乱七八糟。为了避免那些猫的骚扰,我想到一个办法:建造了一个空中楼阁,四条腿的动物基本上不去,只有专攻腐烂物者才可能飞到那儿。

按照这个思路,我把三根芦苇绑在一起,做成三脚架,放在荒石园中不同的地方。每个三脚架上都吊有一只陶罐,里面装满沙子,离地面一米高。罐子底部钻一个小孔,这样如果下雨的话,雨水就可以从小孔中流出。我把游蛇、蜥蜴、蟾蜍的尸体放在罐子里,因为它们的皮肤光滑无毛,我可以很容易地监视入侵者的一举一动。

不过,我有时也要选用其他毛皮动物、禽类和爬行动物。我以一点零钱作为酬劳,让邻居家的孩子为我提供货源。一到春天、夏天,他们便常常满心欢喜地跑到我这里来,有时用小棍挑着一条死蛇,有时用甘蓝菜叶包着一条蜥蜴。除此之外,他们还会向我提供用捕鼠器捕捉到的褐色家鼠、渴死的小鸡、被园丁打死的鼹鼠、被车轧死的小猫、被毒草毒死的兔子等等。

这是一桩买家和卖家都十分满意的交易,【名师点睛:作者将他和小孩们的活动称为一桩买卖交易,语言诙谐而贴切。】村子里以前不曾有过,将来恐怕也不会有了。四月很快地过去了,罐子里的昆虫越聚越多。

首先到访的是小蚂蚁。正是为了躲开蚂蚁这不速之客，我才把罐子吊在空中的，可蚂蚁却对我的这番图谋嗤之以鼻。一只死动物刚放进罐子里还没两个钟头，甚至没有发出一点尸臭，它们不知怎么就赶来了。这帮贪婪的家伙沿着三脚架的支脚攀援而上，爬进罐内，开始解剖尸体。假如此肉正合它们的胃口，那它们就会在沙罐里安营扎寨，挖一个临时蚁穴，不慌不忙地享受这丰富的食物。【写作借鉴：动作描写，将蚂蚁的贪婪表现得淋漓尽致。】

这个季节，正是蚂蚁工作最繁忙的时节。它们总是第一个发现死动物。而且，总是等到死尸被啃得只剩下一点被太阳晒得都发白了的骨头时，它们才不情不愿地做最后一个撤离者。这帮流动大军离得很远，怎么就会知道那看不见的高高的三脚架顶上有吃的东西呢？而那帮真正的尸体肢解者反而必须等到尸体腐烂，发出强烈的气味，才会知道方向。这说明蚂蚁的嗅觉比其他昆虫要灵敏得多，在臭气还没有开始扩散之前，它们就已经嗅到了尸体气味并确定了方位。

尸体搁置了两天，被太阳烤熟烤烂了以后就散发出臭气了。这时候，啃尸族也就纷纷地赶来了。只见皮囊、腐阎虫、扁尸甲、埋葬虫、苍蝇、隐翅虫等一窝蜂向尸体冲上去，啃噬它，消耗它，几乎很快就能把它吃个精光。如果只有蚂蚁独自清理战场的话，它们只能一点一点地搬，打扫卫生的工作就会拖得很久。但上述的那帮昆虫，干起活来雷厉风行，很快就能完成清扫任务。还有些使用化学溶剂的昆虫效率更加高。

苍蝇那一类昆虫最值得一提，它们简直就是高级净化器。苍蝇的种类繁多，如果时间允许，每一位骁勇善战的勇士都值得我们去仔细观察一番，大书一笔。但考虑到这会让读者们感到厌烦，我们只选择了几种苍蝇来分析它们的习性，以此来推测其他各类苍蝇的习性。

在此，我只把自己的观察研究范围局限在绿蝇和麻蝇身上。【名师点睛：本章的主人公绿蝇终于出现了，原来它是处理腐尸的高级净化器。】

绿蝇是大家常见到的浑身上下一片闪亮的双翅目昆虫。它那通常呈金绿色的金属般光泽的外貌，完全可以与最漂亮的鞘翅目昆虫，比如金匠花金龟、吉丁、叶甲虫等一比高低了。【写作借鉴：这里是对绿蝇外形的描写，并将它与几种漂亮的鞘翅目昆虫进行对比，将它外形的美丽突显了出来。】当我们看到如此华丽的服装竟然穿在清理腐烂物的清洁工身上时，总不免感到十分惊诧。经常光顾我那些吊着的沙罐的是三种绿蝇：叉叶绿蝇、食尸绿蝇和居佩绿蝇。叉叶绿蝇和食尸绿蝇呈金绿色，数量不多，居佩绿蝇则闪着铜色光亮。

这三种绿蝇，都有着红红的眼睛、银色的眼圈。个头儿最大的是食尸绿蝇，但干起活儿来最内行的当属叉叶绿蝇。四月二十三日，我碰巧看见了一只在产卵的叉叶绿蝇。它落在一只羊的脖颈椎里，并且把卵产在那里面。它在那里一动不动地待了一个钟头，才把卵全部都产了进去。我隐隐约约地看见了它那红眼睛和白面孔，小心翼翼地把它产下的卵全部收集起来。

本来，我还打算数一下究竟有多少个卵，现在看来根本没办法数了，因为它们聚在一起，密密麻麻，很难分清。所以我只好把这个大家庭安置在一只大口瓶中，等它们在沙土地里变成蛹之后再数。随后我发现了一百五十七只蛹，但这肯定只是其中的一小部分，因为根据我后来对叉叶绿蝇以及其他绿蝇进行的观察来看，它们总是分好几次产下一包一包的卵，那数量真可以组建一支大兵团了。我之所以说绿蝇分好几次产卵，是因为我观察到以下一些足以做证的情形。

我把一只经多日暴晒、有些发软的死鼹鼠平放在沙土上。它的肚皮边缘有一处鼓胀起来，形成一个穹隆。绿蝇和其他双翅目昆虫从来不在裸露的表面产卵，因为脆弱的胚芽受不了暴晒，所以它们必须把卵产在阴暗隐蔽的地方。

从目前的情况来看，唯一合适的地点就是死鼹鼠肚腹下的那个皱褶。所以，产卵者都聚集在那个地方产卵。一共有八只绿蝇，只见绿蝇或单个或几个地潜入这个理想的穿隆下面。爬进穿隆的绿蝇需要在里面待上一段时间，在外面的绿蝇则只能等待。

等待者十分焦急，一次又一次地飞到洞口去张望，看看产房里的状况，察看产妇是否已经产下了小宝宝。随后产房里的产妇终于出来了，停在死鼹鼠身上歇息，等待着下一轮进入产房继续产卵的机会。

【写作借鉴：作者语言幽默诙谐，把鼹鼠的身体比作产房，把等待产卵的绿蝇比作产妇，刻画出它们焦急的状态，把绿蝇排队产卵的画面描绘得十分生动。】

产房中新进去的绿蝇也会在里面待上一段时间，然后又把床位让给下一批产妇，自己则到外面晒晒太阳，养精蓄锐。整个上午，就见它们这么进进出出，忙个不停。

根据这些观察记录，我们就可以看出绿蝇产卵是分几次的，中间会有几次休息的时间。当绿蝇感到已成熟的卵尚未进入输卵管时，它就会待在太阳底下，不时起来飞上一圈，然后落在死鼹鼠身上凑凑合合地吃点喝点。当成熟的卵进入输卵管时，它们就会尽快地找到合适的产房生下宝宝，卸去重负。整个产卵过程通常都会持续两天。

把身下有绿蝇产卵的死鼹鼠谨慎小心地掀起来，可以看到正在产卵的绿蝇，它们十分忙碌。它们用输卵管的尖端慢慢地摸索着，想尽量地把卵排在卵堆的最深处，当红眼产妇神情严肃地生产时，有不少蚂蚁就在它的周围忙着打劫，许多蚂蚁在离开时嘴里都叼着一只蝇卵。我甚至还看到一些胆大包天的抢掠者爬到输卵管下面去抢掠。【名师点睛：蚂蚁又来趁火打劫了，这些爱惹是生非的家伙真的一点儿也不可爱，居然敢在生产的绿蝇旁边抢卵，胆子真大。】

产妇任由它们胡作非为，并不予以理睬，大概它心里有数，自己肚子里有的是卵，抢走那么一点算不了什么，不值得自己动肝火。确实，幸免于难的卵已足以保证绿蝇产妇组建一个兴旺发达的大家庭。

过了几天，我又回到那座妇产医院，【名师点睛：这里的妇产医院就是那具死鼹鼠，可以看出作者语言的精妙。】掀起那具死鼹鼠看了看。在那具尸体下面恶臭的脓血里，有许多蠕动着的小虫子。蛆虫的尖脑袋冒出了浪尖，晃动一下，又立刻缩进到浪谷里去，这里就如波浪滚滚的海洋一般。掀起死鼹鼠的腰间部位之后，那景象让人恶心，但是，必须经受住考验，要不然以后见到更可怕的情景就难以撑住了。

下面这个产房是在一条死蛇上组建的。那条蛇盘成一个旋涡状，占满了整个罐子的底部。不少绿蝇纷纷飞来，还有一些正在飞来的路上，不断地壮大着这支产妇大军。产房里也不会有你争我斗，争抢床位的现象出现，产妇们都自顾自地在生产。

死蛇那一圈圈盘旋所造成的缝隙是苍蝇们最理想的产卵处所，因为这里可以避开毒日头的暴晒。金色的苍蝇排列得像一根链条，相互紧挨着。它们尽量地把输卵管往缝隙里插，即使翅膀被揉皱，翘到头上也不在乎，毕竟生产是头等大事，哪儿还顾得上打扮这种小事？它们一个个屏气息声，红红的眼睛看着外面。那一根链条，时而会出现几处断裂。因为总有产妇离开自己的产床，飞到一旁稍作休息，等待下一批卵子成熟后进入输卵管，然后又回到断裂处继续产卵。虽然链条时常会断裂，但它们生产的速度并不会减慢。只是一个上午，那螺旋状的缝隙中就已经布了一层密密麻麻的卵。

这些卵可以被成块地剥离下来，上面一尘不染。我用纸做了个小铲子，铲下来一大堆白色的卵，把它们放进玻璃管、试管和大口瓶里，然后再放上一些必备的食物。卵的长度约一毫米，呈圆柱形，表面十分光滑，两头略显圆圆的，二十四小时之内便可孵出幼虫。【写作借鉴：这里是对绿蝇的卵的描写，为读者详细地展现卵的样子。】

这时我想到了一个很重要的问题：绿蝇的幼虫将如何进食？我知道应该喂它们一些什么，可我不清楚它们怎么进食。从严格意义上来说，我并不知道它们进食的方法能否称作吃。我的怀疑并不是没有道理的。

我们再来观察一下那些个头较大的绿蝇幼虫。它们是蝇类的普通幼虫，头部尖尖的，尾部呈截断状，整体呈长锥形。尾部的皮肤表面有两个棕红色的点，那是气门。那个被称为头部的部位，其实只是肠道入口，也可称之为幼虫的前部，那里有两个黑色的爪钩，装在半透明的套子里，时而微微向外凸出，时而收缩回套子里。【写作借鉴：外形描写，这就是绿蝇幼虫的模样，作者用简洁明了的文字将绿蝇的形象勾勒得十分清晰。】

那是不是可以将其视为大颚呢？绝对不行，因为这两个爪钩是平行地长着的，并不像真正的爪钩那样是上下对生的，它们永远不会相合。那么这两个爪钩到底是干什么用的呢？它们其实是幼虫的行走器官，也就是移动爪钩。它们可以起到支撑的作用，在反复一伸一缩的过程中，幼虫就能往前爬去，幼虫就是靠着这个看似咀嚼器的器官来行走的。

幼虫的喉头犹如一根登山用的拐杖。【写作借鉴：比喻的修辞手法的运用，将幼虫的喉头比作登山的拐杖，形象而贴切。】我把幼虫放在一块肉上，用放大镜仔细观察，便发现它似乎在散步，时而抬起头来，时而低下头去，用那爪钩不停地捣着肉。当它停下来时，其后部静止不动，前部则保持弯曲以探测空间，那尖尖的脑袋在不断探索着，前进、后退，将那黑色的爪钩一伸一缩，如同一个不停动作的活塞。

虽然我观察得十分认真仔细，但并未发现它的"嘴"沾到过一点撕扯下来的肉，也没看见它吞进过肉。我只能看到它的爪钩不停地敲打着那块肉，却从未看到它在肉上咬过一口。奇怪的是，蛆虫一直在不断长大、变胖。

那它到底是怎么吸取食物的呢？它看似不曾进食，【名师点睛：幼虫没有用嘴吃东西，但身体明显在长大，它是用什么方式吸取食物的呢？作者设下悬念，引发读者的思考。】但其实只是因为它的食物非常特殊，不是固体的肉，而是肉汁。它就是不断地用爪钩敲打肉来吸取其中的汁液的。我们得想办法揭开这其中的秘密。

我弄了一块如核桃一般大小的肉块，用吸水纸把水分吸干，放在一个封闭的玻璃试管里。接着，我还在这块小肉上放了二百粒左右的沙罐里的那条死蛇缝隙中采集的卵。随后，我把玻璃试管口用棉花球塞上，将试管竖起，放在实验室一处避光的角落里。之后我又弄了一个玻璃试管，除了没在里面放蝇卵，其他的都和之前的一样，处理完后，我把它放在前一个试管旁边，用作参照。

结果让我感到十分惊讶。蝇卵孵化后的两三天，那块用吸水纸吸干了的小肉块就变湿了，甚至在幼虫爬过的玻璃管管壁上都有水迹。幼虫蠕动过的地方会出现一片水汽。而作为参照物的那个试管却仍是干的，这就说明幼虫经过的地方所留下的液体并不是从那块肉中渗出来的。

幼虫仍在不停地工作着，其结果更加证实了这一点。那块小肉简直像是放在火炉旁边的冰块似的，一点一点地在融化。很快那肉便变成了液体。它已经不能被称为肉了，而是里比希提取液。如果我把试管口的棉花球弄掉，并把试管倒置，里面的汁液会流得一滴也不剩。

作为参照物的试管里的那块同样大小的肉块，除了颜色和气味变了之外，其他的看上去都和原来一模一样，所以那汁液并非是肉质腐烂所导致的。这块经过绿蝇幼虫加工过的肉块，已经像是融化了的稀稀的黄油。我们所见到的正是绿蝇幼虫的化学功能，恐怕是研究胃液作用的生理学家见了也会惊叹不已。【名师点睛：说明绿蝇幼虫的能力，能让固体物质变成液体，表达了作者的惊叹之情。】

为了获得更加强有力的证据，我又用煮熟的鸡蛋蛋白做了实验。我把蛋白切成榛子大小，经过绿蝇幼虫加工之后，溶解成为无色的液体。若不是我亲自做实验，我一定会认为那液体其实就是水。液体的流动性强，幼虫不谙水性，在液体中失去了依托，便溺死其中。它们是因为尾部被淹没窒息而亡的。幼虫尾部有张开的呼吸孔，如果泡在密度较大的液体中，呼吸孔会浮在液体表面上，但在流动性很强的液体中，呼吸孔就无法浮在水面上了。

同时我也放了一个试管在一旁作为参照，管子里同样没有放入绿蝇幼虫。结果，这个没有幼虫的试管里的熟蛋白块仍然和先前一样，硬度没有变。【名师点睛：有了参照物，对比更加明显，衬托出绿蝇幼虫化学功能的强大。】相信如果不被霉菌侵蚀的话，它会变得更加坚硬。其他的装有四元化合物——谷蛋白、血纤维蛋白、酪蛋白和鹰嘴豆豆球蛋白的那些试管里，也发生了类似的变化，只是程度有所不同而已。

幼虫吸食了这些物质里的蛋白质，身体长得胖胖的，只要能够避免被淹死，就可以万事大吉，健康地成长了。生活在死尸上的幼虫也不见得比它们长得更好。而且，试管里的幼虫即使掉进液体中，也不必惊慌失措，因为试管里的物质大多处于半液化状态。

其实，那并不是真正的液体，只是一种糊状流质。即使食物已经达到了这种不完全的液化状态，绿蝇幼虫仍不满意，它们仍然希望把食物变成液体。它们无法吃固体食物，所以喜欢流质食物，喜欢把头埋到流质里去吸食，就像喝汤一样。那种类似高级动物胃液的溶液，无疑是来自它们的口腔。如同活塞似的不停地运作的爪钩持续不断地排出微量的溶液，只要是爪钩接触到的地方，都会留下微量的蛋白酶，使被接触的地方很快地渗出水来。

既然消化总的来说就是在液化，我们就可以得出结论：绿蝇幼虫是先消化食物，然后再进食。我从这种看似令人恶心的实验中得到了乐趣。

意大利学者斯帕朗扎尼神父发现，生肉块在那沾了小嘴乌鸦胃液的海绵作用下，变成了流质时，想必与我此时此刻的感受是一样的。

【名师点睛：插入生物知识，引用神父发现消化秘密的故事，丰富了文章的内容，表现出作者实验成功的成就感和发现新大陆般的惊喜感。】这位意大利学者发现了消化的秘密，并在试管里成功地完成了胃液作用的实验，而在当时胃液的作用尚不为人所知。我这个远方的信徒也有幸见到了使这位意大利学者惊讶不已的现象，只不过我的实验物是人们无法想象的到的。绿蝇幼虫代替了小嘴乌鸦，它们腐蚀了肉块，破坏了肉块中的谷蛋白和熟蛋白，使它变成了液体。我们的胃是在隐蔽状态下工作的，而绿蝇幼虫却是在体外，在光天化日之下完成它的功效的。

绿蝇幼虫先消化，然后才把消化物像喝汤一般喝下去。看到这些绿蝇幼虫把头埋进这种汤里去，我就在想，它们真的不会咀嚼吗？或者不会以更直接的方式进食吗？为什么它们的皮肤异常的光滑，难道是因为皮肤能够吸收食物？【名师点睛：一连串问题的提出，引导读者对绿蝇幼虫的习性进行更深入的思考，也引出下文中的实验。】

我在拿金龟子和其他食粪虫做实验时，发现它们的卵明显地在变大，自然而然地便认为那是因为它们吸入了孵化室里的油腻空气。我认为，除了"嘴巴"在吸食像汤似的液体以外，绿蝇幼虫也能够依靠自己全身的皮肤吸收食物，它们的皮肤在帮助它们吸收和过滤。这也许就是它们必须先把食物变成液体的原因。

为了证明幼虫事先将食物液化的事实，我再举一例。假如把鼹鼠、蛇或其他动物的尸体放在露天的沙罐里，在上面套上金属网罩，防止双翅目昆虫侵入，那么尸体便会被烈日暴晒，逐渐变干、变硬，而不会像预料的那样润湿尸体下面的沙土。尸体都是会渗出液体的，每一具尸体都像一块吸足了水分的海绵，因为水分的渗出极其缓慢，很快就被干燥的空气和热气蒸发掉了，所以尸体下面的沙土能够保持干燥，或者说基本上保持干燥。而尸体则变成一个木乃伊。【名师点睛：作者再次举例，用来佐证自己的结论，表现了作者对科学结论的严谨态度。】

假如沙罐不用金属网罩住，任由双翅目昆虫自由进出，情况就会大不相同。用不着几天工夫，尸体下面就会出现脓液，沙土地也会浸湿一大片，这就是液化开始的征兆。我又用一条长约一点五米的蛇做了实验。这条蛇有粗瓶颈那么粗，由于体积过大，超过了沙罐的容量，所以我把它盘成双层螺旋状。

当这个美味佳肴在旺盛地分解时，沙罐简直成了一片沼泽地，无数只绿蝇幼虫和麻蝇幼虫在这片沼泽地里蠕动。沙罐里的沙土被浸湿之后，泥泞不堪，如同经受了一场大雨。液体从沙罐底部那个盖着一个扁卵石的预留小孔滴下来。这是蒸馏器在运作的表现，那条死蛇正在这只尸体蒸馏器中被蒸馏。

两周过后，液体将会消失，被沙土吸干，黏糊糊的沙土地上只会剩下一些鳞片和骨头。可以说，绿蝇幼虫是大自然的一种神奇力量，它将尸体进行蒸馏，分解为一种提取液，让大地吸收，使大地变成沃土，最大限度地将死者的遗骸进入新一轮的物质循环。【名师点睛：文章最后，作者用总结性的语言说明了绿蝇的工作，以死化生，十分神奇。作者的第二个愿望实现了，他的探索得到了回报，同时表达了他对大自然中生命的尊重。】

Z 知识考点

1.作者的第一个愿望是拥有一个_____，第二个愿望是了解清楚清除腐尸体的昆虫的习惯，看着它们_____，观察它们如何把_____加工后收到_____的宝库中去。

2.判断题：绿蝇幼虫和其他昆虫一样，先进食，再消化食物。（　　）

Y 阅读与思考

1.为什么蚂蚁是第一个发现死动物的？

2.谁通过乌鸦实验发现了胃液消化的秘密？

松毛虫

M 名师导读

　　每只毛毛虫都有破茧成蝶的梦，松毛虫也不例外。它们虽然很普通，但为了将来的幸福一直在努力奋斗，让我们来见证它的蜕变吧！

　　我在园子里种了几棵松树。每年，都会有很多毛毛虫到这树上来做巢，它们几乎吃光了所有的松叶。为了保护我的松树，每年冬天我都不得不用长杆毁掉它们的巢，搞得我疲惫不堪。

　　你们这贪吃的小虫，不是我不能容忍，实在是你们太放肆了。如果我不将你们赶走，你们就要喧宾夺主[客人的声音压倒了主人的声音。比喻外来的或次要的事物占据了原有的或主要的事物的位置。喧：声音大；宾：客人；夺：压倒；超过]了。那样，我就再也听不到那长满了针叶的松树在风中低低的倾诉声了。不过你成功引起了我的注意，所以我来和你做一个约定，你必须把你一生的传奇故事全都告诉我。一年、两年，甚至更多年，直到你的故事全都讲完为止。而我，绝不会在这期间来打扰你，你可以随意占据我的松树。【名师点睛：研究昆虫不仅仅是昆虫学家一个人的事情，作者尊重昆虫，用抒情的语言与松毛虫对话。生命没有贵贱之分，我们可以看到他与昆虫之间是平等的关系。】

　　看来，松毛虫答应了我的约定，就在离门不远的地方，很快就有了三十多只松毛虫的巢。每天看着这一群在眼前爬来爬去的毛毛虫，我更加迫切地想要了解它们的故事。这种松毛虫也叫"列队虫"，因为它们总是一只跟着一只，排着队出行。

　　下面就让我来讲述它们的故事吧：

首先，我们还是要讲到它的卵。

那是在八月份的前半个月，如果我们去观察松树的枝端，一定可以看到一个个点缀在暗绿松叶中的白色小圆柱。这些小圆柱，便是毛虫母亲所产的一簇卵。这种小圆柱大的约有一寸长，五分之一或六分之一寸宽，被裹在一对对松针的根部，就好像一个个小小的手电筒。这小筒看起来有点像白里透红的丝织品，而覆盖在小筒上面的层层鳞片，又让它看起来像是屋顶上的瓦片。【写作借鉴：作者运用比喻的修辞手法，把卵比作手电筒和丝织品，说明毛虫卵十分小巧。】这鳞片像天鹅绒般柔软，很细致地一层一层盖在筒上，像屋顶一样，保护着筒里的卵。【写作借鉴：一连串的比喻，将松毛虫的卵形象地呈现了出来。】甚至是一滴露水也不能透过这层屋顶渗进去。这种柔软的绒毛是从哪里来的呢？其实那是松毛虫妈妈一点一点铺上去的。它为了孩子，牺牲了自己身上的一部分毛，并用这些毛为宝宝做了一件温暖的外套。【名师点睛：设问句，增强情感，表现了松毛虫妈妈对孩子的关爱。】

如果你用镊子把鳞片似的绒毛刮掉，你就可以看到盖在下面的卵了。它们就像是一颗颗白色珐(fà)琅(láng)[涂料名。又称搪瓷]质的小珠。大约有三百颗卵共同生活在同一个圆柱里，它们属于同一个母亲。这可真是一个大家庭啊！它们排列得很好看，好像一颗玉米的穗。我敢肯定，所有人，无论是年老的还是年幼的，有学问的还是没文化的，只要看到这美丽而精巧的"穗"，都会禁不住喊道："多漂亮啊！"这是位多么聪明而伟大的母亲啊！

但最让我们感兴趣的，并不是那美丽的珐琅质的小珠，而是那种极有规则的几何图形式的排列方法。一只小小的毛虫怎么会知道这精妙的几何知识呢？这真是一件令人惊讶的事。我们和大自然接触得越近，便越会相信大自然里的一切都是按照一定的规则安排的。比如，为什么同一种花瓣有着相同的曲线？为什么甲虫的翅鞘上有着如此精美的花纹？从身材巨大的生物到微乎其微的昆虫，一切都被安排得这样完美，这是否只是巧合呢？似乎并不是这样。那么又是谁在主宰着这一切呢？【名师点睛：疑问句的提出，引起读者的阅读兴趣，也引导读者开始思考。】我想，在冥冥之中一定有一位"美"的主宰者在有条不紊地安排着这个缤纷绚烂的世界——我只能这样解释了。

　　松蛾的卵将在九月里孵化。到了那时，如果你把那小筒的鳞片稍稍掀起，就可以看到里面那些黑色的小头。它们在努力咬着、推着它们头顶上的盖子，然后慢慢地爬到小筒上面。它们有着淡黄色的身体、黑色的脑袋，脑袋有身体的两倍那么大。【写作借鉴：外形描写，作者简单介绍了幼虫的模样，表现了它的可爱。】它们爬出来的第一件事情，就是吃掉那些支撑着自己巢的针叶，把这些针叶啃完后，它们就会落到附近的针叶上。如果有几个小虫恰巧落在一起，它们会很自觉地列队前进，这也是未来松毛虫大军的雏形。如果你愿意和它们玩，它们就会摇摆起头部和前半身，高兴地和你打招呼。

　　它们的下一步工作就是在巢的附近搭建一个帐篷。这帐篷其实就是一个用薄绸做成的小球，用几片叶子支撑起来。它们通常会在每天最炎热的一段时间躲在帐篷里休息，直到下午凉快的时候才出来觅食。

　　你看，还不到一个小时，这些刚刚从卵里孵化出来的松毛虫就已经会做许多工作了：吃针叶、排队和搭帐篷，仿佛没出娘胎就已经学会了这些似的。

　　二十四小时以后，帐篷就有一个榛仁那么大了。再过两个星期，就会有苹果那样大。【名师点睛：大小从榛仁变成苹果，说明随着时间的流逝，帐篷在慢慢地变大，也说明毛虫在不停地努力工作。】不过这毕竟只是一个暂时的处所。临近冬天的时候，它们还会再造一个更大更结实的帐篷，并且边造帐篷边吃掉被帐篷包围起来的针叶。这样，它们的帐篷不仅为它们提供了住所，还解决了它们吃饭的问题，这的确是一个一举两得的好办法。这样它们就可以不必特意到帐篷外去觅食，以免它们弱小的身躯在跑到帐篷外后遇到危险。

当支持帐篷的树叶被它们都吃光以后，帐篷就塌了。于是，它们便像那些择水草而居的阿拉伯人一样，把全家搬到新的地方去重建家业。在松树的高处，它们又筑起了一个新的帐篷。就这样，它们辗转迁徙着，有时候竟能到达松树的顶端。

在这个时候，松毛虫便开始换衣服了。它们的背上长出六个中间点缀着金色圆点的红色小圆斑，小圆斑周围环绕着红色和绯红色的毛，而身体两边和腹部都长着白色的毛。【名师点睛：昆虫在生长发育过程中，外形会发生变化，作者描写毛虫的新衣服，说明他一直在认真观察这些小家伙，伴随它们一起成长。】

到了十一月，它们开始在松树木枝的顶端搭建过冬的帐篷。它们用丝织的网把附近的松叶都网起来。树叶和丝合成的建筑材料能使建筑物更加坚固。全部完工以后，这帐篷的形状就像一个蛋，而它的大小相当于半加仑[一种容积单位]的容积。巢的中央有一根极粗，中间还夹杂着绿色的松叶的乳白色丝带。

帐篷顶上有许多圆孔，那是巢的门，毛毛虫们就从这里爬进爬出。那矗立在帐外的松叶顶端上有一个丝织的网，下面是一个阳台。松毛虫会时常聚集在这儿晒太阳。它们像叠罗汉似的堆成一堆来享受阳光。上面张着的丝网用来减弱阳光的强度，使它们不致被太阳光晒伤。【名师点睛：这里描述了松毛虫晒太阳的状态，用叠罗汉来形容，形象而生动。】

松毛虫的巢并不是一个干净整洁的地方，里面满是杂物的碎屑——毛虫们蜕下来的皮以及其他各种垃圾，真的脏乱极了。

松毛虫通常夜里在巢中睡觉，早晨十点左右出来。出来后大家在阳台上集合，堆在一起继续在太阳底下打盹。它们就这样消磨掉整个白天的时间。它们在享受的同时，还会时不时地摇摇头来表现它们快乐和舒适的心情。到傍晚的时候，这些小懒虫都醒了，然后各自回家。【名师点睛：作者通过介绍松毛虫的习性，说明松毛虫安于享乐的性格特点。】

它们一面走一面吐丝。所以无论走到哪里，它们的巢总是越筑越大，也越来越坚固。它们在吐丝的时候还会掺杂一些松叶进去，用以加固巢。它们每天晚上都会花费两个小时左右的时间来完成这项任务。它们早已忘记了夏天，只知道即将来临的冬天，所以它们都抱着紧张而愉快的心情忙碌着。它们似乎在激励自己：

"当松树在寒风里摇曳它那带霜的枝丫时，我们将彼此拥抱在这温暖的巢里歇息！这太幸福了！让我们充满希望，为将来的幸福继续奋斗吧！"【写作借鉴：心理描写，作者将松毛虫拟人化，描摹松毛虫为了幸福努力奋斗的心情，表现它乐观向上的生活态度。】

的确，亲爱的毛毛虫们，我们人类也和你们一样，为了未来的平静和舒适而不惧艰辛地劳动。让我们满怀希望地努力工作吧！你们为了舒适的冬眠而工作，它能使你们从幼虫变成蛾，而我们为最后的安息而工作，它能消耗生命，却也创造新生。让我们一起努力工作吧！

做完了一天的工作之后，用餐时间到了。它们从巢里钻出来，爬到巢下面的针叶上去用餐。它们都穿着红色的外衣，成群结队地趴在绿色的针叶上，树枝都被它们压得微微向下弯曲了——这是一幅多么美妙的图画啊！这些食客都安静地津津有味地吃着松叶。它们那宽大的黑色额头在我的灯笼的照射下闪闪发光。它们要这样吃到深夜才肯罢休，然后回到巢里继续工作一会儿。当最后一批松毛虫吃完饭回到巢里的时候，大约已是深夜一点钟了。

松毛虫所吃的松叶通常只有三种。若是用其他常绿树的叶子喂它们，它们是宁可饿死也不愿尝一下的——即使那些叶子的香味足以引起食欲。这其实并没有什么奇怪的，松毛虫的胃和人有着相同的特点。【名师点睛：通过作者的介绍，我们知道了昆虫与人一样，也会挑食。】

松毛虫们在松树上散步的时候，会随时吐着丝，织着丝带，然后就依照丝带所指引的路线再走回去。当然有时候它们会丢了自己的丝带，而找到其他松毛虫的丝带，那样它就会走入一个陌生的巢里。但这不会产生任何影响，巢里的主人并不会拒绝这个不速之客，也不会因此产生任何争执。大家似乎都习以为常，平静得跟什么事都没有发生一样。到了睡觉的时候，大家也就像兄弟一般睡在一起了，互相之间并没有一点儿生疏之感。

然后，不论是主人还是客人，大家依旧在固定的时间里工作，使它们的巢更大、更厚。由于这类意外的事件时有发生，总有几个巢会有"外来人员"加入。大家一起为它们的巢添砖加瓦，因此它们的巢就会比其他的巢大许多。"互相帮助，共同努力"是它们的信念，每一条毛毛虫都尽全力地工作，使巢增大增厚，并不在乎那到底是不是自己最初的巢。【名师点睛：松毛虫之间互相帮助，共同努力，不分彼此，体现它们团结友爱、无私奉献的精神。】

事实上，正是它们的这种处理方式，扩大了总体的劳动成果。如果每个松毛虫都各自为政[各自按自己的主张办事，不互相配合。比喻不考虑全局，各搞一套。为政：管理政事，泛指行事]，宁死也不愿替别家卖命，那么结果会怎样？我断定，那一定会一事无成，谁也造不出这样又大又厚的巢。因此，它们成百上千地聚在一起，共同工作。每一条小小的松毛虫，都尽了自己应尽的一份力量。于是，团结一致造就了一个个属于大家的坚固堡垒——一个又大又厚又暖和的棉袋。每条松毛虫为自己工作的过程也是为其他松毛虫工作的过程，而其他松毛虫也相当于都在为它工作。这是多么幸福的一件事啊，它们从不将其私有化，也不会为此争斗。

有一个老故事，说是有一头羊，被人从船上扔到了海里，于是其余的羊也跟着跳下海去。那个讲故事的人分析："因为羊有一种天性，那就是不管走到哪里，都要永远跟着头一只羊。也就因为这点，亚里士多德曾批评羊是这世界上最愚蠢、最可笑的动物。"【名师点睛：插入小故事，增加文章的趣味性，引起读者的阅读兴趣。】

松毛虫也具有这种天性，甚至比羊还要强烈。不管第一只走到什么地方，后面的都会无条件地跟从。它们排着整齐的队伍，中间不留一点儿空隙。它们总是排成单行，头接着尾相互连接着。为首的那只，无论它怎样打转或歪歪斜斜地走，后面的都会照它的样子做，无一例外。【写作借鉴:这段话说明松毛虫的组织性强，作者把它们排队行走的场景描绘得很有画面感。】

第一只毛虫会一面走一面吐丝，第二只毛虫便踏着那根丝前进，并且在第一条丝上面吐出自己的丝，后面的毛虫也都依次效仿。所以当队伍通过以后，就会有一条很宽的丝带铺在那里，映着太阳的光彩。这是一种奢侈的筑路方法。我们人类筑路的时候，用碎石铺在路上，然后用极重的蒸汽滚筒压平，粗糙坚硬但非常简便。而松毛虫却用这么柔软的缎子来铺路，又软又滑，实在是太浪费了。

它们为什么会这样奢侈呢? 它们为什么不能放弃这种奢侈的行为，像其他虫子那样简朴地生活呢?【名师点睛:连续两个问句，引起读者的思考，并引出下文中松毛虫出去活动的内容。】也许有这样两条理由:松毛虫大多在晚上出去觅食，而它们又必须经过曲曲折折的道路。它们要从一根树枝爬到另一根树枝上，要从针叶尖上爬到细枝上，再从细枝爬到粗枝上。如果没有这样的丝线来做路标，那么它们真的很难找回自己的家，这可以算是最基本的一条理由。

有时候，它们也会在白天排着队做长距离的远征，可能会行走三十码左右。这次，它们是去旅行的，而不是去寻找食物。它们要去看看世界，或者去找一个地方，作为它们将来蛰伏的场所。因为在变成蛾子之前，它们还要经历一个漫长的蛰伏期。而在进行这样的长途旅行时，丝线这样的路标就是不可缺少的。【名师点睛:毛虫需要丝线这样的路标来在长途旅行中帮助自己。因此它们用柔软的缎子来铺路，看起来奢侈浪费，但是很实用，也很有必要。】

它们在树上找食物的时候，或许是分散在各处，或许是集体活动，反正只要有丝线做路标，它们就可以安全且整齐地回到巢里。在集合的时候，大家就会在各自丝线的指引下，从四面八方匆匆聚聚到大队伍中来。所以这丝带不仅仅是一条路，还是一条牵引着个体统一行动的绳索。这便是第二个理由。

每一队总有一只领头的松毛虫，无论是大队还是小队。它能有资格做领袖完全是一个巧合。没有谁指定，也没有通过选举，今天你做，明天它做，并没有一定的规则。松毛虫队里发生的每一次变故都会导致次序的重新排列。

比如说，如果队伍在行进过程中突发意外而散乱了，那么重新排好队后，就可能是另一只松毛虫成了领袖。尽管每一位"领袖"都是暂时的、随机的，但一旦站在了第一的位置上，它就会摆出领袖的样子，承担起对整个队伍应尽的责任。

当其余的松毛虫都紧紧地跟随着它前进的时候，这位领袖总会趁队伍调整的间隙摇摆自己的上身，好像在做什么运动似的，又好像在调整自己的状态——毕竟，从平民到领袖，可是一个质的飞跃。它必须明确自己的责任，不能像往常一样，跟在别人后面。它必须在自己前进的同时，探头探脑地寻找路径。

它真是在观察地势吗？它是不是在选一个最好的方向？还是它突然找不到引路的丝线，所以犯了疑？看着它那又黑又亮，就像一滴柏油似的小脑袋，我真是无法推测它到底在想些什么？我只能根据它的举动，做一些简单的联想和推理。【名师点睛：作者用一连串的疑问句表达自己的猜想，说明他的想象力十分丰富，这些奇思妙想为他的观察增添了趣味。】我想它的这些动作应该是在帮助它辨别哪些地方粗糙，哪些地方光滑，哪些地方可以通过，哪些地方却走不过去。当然，最主要的还是帮助它辨别出那条丝带是朝着哪个方向延伸的。

松毛虫的队伍有长有短，相差悬殊，我所看到的最长的队伍有十二码或十三码，其中包含二百多只松毛虫。它们排成极为精致的波纹形曲线，浩浩荡荡的。最短的队伍一共只有两条松毛虫，但它们依然遵从原则，一只紧跟在另一只的后面。【写作借鉴：列数字。这浩浩荡荡有一次我决定逗一逗我养在松树上的松毛虫，我打算用它们的丝替它们铺一条路，然后让它们按照我给它们的路线走。既然它们只会不假思索地跟着丝线走，如果我把这个路线设计成一个没有起始的封闭的圆，它们会不会在这条路上不停地转圈呢？

一个偶然的发现帮助我实现了这个计划。在我的院子里有几个种着棕树的大花盆，盆的圆周大约有一码半长。平时，松毛虫们就总是喜欢爬到盆口的边沿，而那边沿又恰好是一个现成的圆周。

有一天，我看到花盆上爬了很大一群松毛虫，并渐渐地来到它们最为喜欢的盆沿上。这一队松毛虫陆陆续续到达了盆沿，并在盆沿上爬行。我等待并期盼着队伍形成一个封闭的环，也就是说，等第一只毛虫绕过一周而回到它出发的地方。一刻钟之后，我所想象的实现了。现在有整整一圈的松毛虫在绕着盆沿前进了。

之后就必须把正在往盆沿上走的松毛虫赶开，否则它们一定会使那些走错了路线的松毛虫查出问题，从而扰乱我的实验。要让它们不走上盆沿，就必须把从地上到花盆间的丝拿走。于是我就把还要继续上去的松毛虫拨开，再用刷子轻轻刷去那些引路的丝线，这就相当于截断了它们的通道。这样，下面的虫子再也上不去，上面的也就再也找不到回去的路了。这一切准备就绪以后，我们就可以看到这有趣的景象了：【名师点睛：作者为了实验效果认真地工作，先后顺序有条不紊，动作小心翼翼，说明他很有耐心。】一群松毛虫在花盆沿上不停地转圈，现在，它们中间已经没有领袖了。因为这是一个封闭的圆圈，没有起点和终点，谁都可以算作领袖，而谁又都不是领袖，可它们对自己所处的处境丝毫不知。丝织的轨道渐渐地粗了，因为每条松毛虫都不断地把自己的丝加上去。除了这条圆形的路之外，并没有一条其他的岔路了。这样看来，它们真的会这样无休止地一圈一圈地走下去。

旧派的学者都喜欢引用驴子的故事："有一头驴子，它被安放在两捆干草中间，可结果它竟被饿死了。因为它无法决定应该先吃哪一捆。"其实现实中的驴子并不是这样，它不比别的动物愚蠢，当它同时拥有两捆的时候，就会把这两捆一起吃掉。我的毛虫会不会表现得聪明一点儿呢？它们能够摆脱这封闭的路线吗？我想它们一定会的。

【名师点睛：插入驴子的故事，增加趣味性，说明这群失去领袖，原地转圈的松毛虫此刻就像故事里的驴子一样愚蠢。】

我给自己一点安慰："这队伍会继续走一段时间，也许一个钟头或两个钟头吧。然后，在某一时刻，毛虫一定会发现自己犯的这个错误，进而离开那个骗人的圈子，找到回家的路。"

然而事实上，我的想法过于乐观了，我太高估它们的能力了。如果说没有东西阻挠它们，这些松毛虫就会不顾饥饿，不顾自己一直无法回巢，就会一直在那儿转着圈子，那么它们就真的是愚蠢至极了。然而，事实上，它们的确是有这么蠢。

松毛虫们继续着，它们已经走了好几个钟头的征程。到了黄昏的时候，它们都累了，队伍走走停停。当天气逐渐转冷的时候，它们便逐渐放慢了前进的速度。到了晚上十点钟左右的时候，它们仍然坚持着，但脚步明显慢了许多，好像只是在懒洋洋地摇摆着身体。吃饭的时间已经到了，其他的松毛虫已经成群结队地走出来吃松叶了。

可是花盆上的虫子们还在坚持不懈地走，它们一定幻想着马上就可以回到家里和同伴们一起进晚餐了。它们已经走了十个小时，一定又累又饿。而在离它们不过几寸远的地方就有一棵松树，它们只要从花盆上下来，就可以到达那里，美美地吃上一顿了。但这些可怜的家伙已经被自己吐的丝奴役了，它们只能沿着它走，它们一定像看到了海市蜃楼一样，总以为希望就在眼前了，而事实上家还远着呢！【写作借鉴：对比，过了这么久，旁边的虫子在悠闲地吃东西，这群忙碌的家伙居然还在原地转圈，没有意识到自身的处境，真是可怜。】

十点半的时候，我终于等不下去了，只好离开它们去睡觉。我以为夜晚的寒冷可以让它们清醒一些。可是第二天早晨，当我再去看它们的时候，它们还是像昨天那样排着队，只是队伍并没有前进——晚上太冷了，它们只好蜷起身子取暖。当空气渐渐暖和起来后，它们才恢复了知觉，又开始在那儿兜圈子了。

第三天，一切也还都没有变化。这天夜里特别冷，可怜的松毛虫只好又受了一夜的苦。我发现它们在花盆边沿分成了两堆，没有人再排队。它们彼此相互依靠，尽量为自己也为对方提供些温暖。现在它们已经分成了两队，按理说每队都该有一个自己的领袖了，终于可以不必跟着别人走，可以开辟各自的生路了，我真为它们高兴。看到它们正用那又黑又大的脑袋向左右试探的样子，我猜想它们马上就可以摆脱这个可怕的圈子了。可结果，我发现自己又错了。当这两支分开的队伍相逢的时候，又合成了一个封闭的圆圈。于是它们又开始无休止地兜圈子了，丝毫没有意识到它们已经错过了一个绝佳的逃生机会。

【名师点睛：作者高估了松毛虫的理解能力，一次次的猜想都出了错。松毛虫依旧在无休止地兜圈子，作者的失望、无奈之情不言而表。】

接下来的晚上仍然很冷。这些松毛虫又都挤到一堆，有许多毛虫被挤到了丝织轨道的两边，当它们一觉醒来，发现自己躺在轨道外面，于是就只好跟着轨道外的一个领袖走，这个领袖正在往花盆里面爬。像这样离开轨道的冒险家一共有七位，而其余的毛虫并没有把注意力放在它们身上，继续兜着自己的圈子。【写作借鉴：比喻，这里将脱离轨道的松毛虫比作冒险家，表明了离开轨道后的危险性很大。】

当到达花盆里的松毛虫发现那里并没有食物时，就只好垂头丧气地沿着丝线返回到原来的队伍里，首次冒险就这样遗憾地失败了。如果当初它们冒险的道路是朝着花盆外面而不是里面的活，那情形就会好得多了。

一天就这样过去了，在这以后又过了一天。第六天的天气很好，我发现有几个勇敢的领袖，实在是热得受不了了，于是用后脚站在花盆的外沿上，做出向空中跳跃的姿势。终于，有一只壮起胆子决定冒险，它顺着花盆往下溜，可是还没到一半，它的勇气便消失了，又默默回到花盆上，与同伴们一起承担困苦。这时，盆沿上的毛虫队已不再是一个完整的圆，而是在某处断开了。【名师点睛:从这里我们可以看出松毛虫虽然团结，但缺乏创新的勇气。】

然而也正是因为有了这一个领袖，才有了一条新的出路。两天以后，也就是这个实验的第八天，它们终于开辟了新的道路，它们已经开始从盆沿上往下爬。而到太阳落山的时候，最后一只松毛虫终于成功回到了盆脚下的巢里。

我粗略计算了一下，它们一共走了八十四个小时。绕着圆圈走过的路程在半公里左右。只有在晚上寒冷的时候，队伍才会失去秩序，然而它们仍不会离开轨道，不会设法安全地回到家里。多么可怜无知的松毛虫啊！总有人喜欢吹嘘动物的理解力，可是在这些松毛虫身上，我实在看不出这个优点。不过，它们最终还是回到了家，而没有活活饿死在花盆沿上，这说明它们还不至于笨得要死。

到了正月，松毛虫会第二次脱皮。在这之后，它便不再像以前那么美丽了。不过有失也有得，它添了一种很有用的器官。现在它背中央的毛已经变成了暗淡的红色，中间夹杂着的白色长毛让它的颜色看起来更淡了。这件褪了色的衣服还有一个特点，那就是背上的八条裂缝，像门一般，可以自由开关。【写作借鉴:将松毛虫背上的裂缝比作可以自由开关的门，形象地突出了它的特点。】当这裂缝开着的时候，我们可以看到每个裂口里都长有一个小小的"瘤"。它很灵敏，稍稍有一些动静它就会消失。这些特别的裂口和"瘤"是做什么用的呢？它们绝不是用来呼吸的，因为任何动物——即便是一条松毛虫，都不会从背上呼吸。让我们来回想一下松毛虫的习性，或许我们可以从中寻找到这些器官的作用。【名师点睛:作者带领读者思考问题，拉进与读者的距离，为

下文介绍松毛虫的习性做铺垫。】

冬天或是晚上的时候，是松毛虫们最活跃的时候。但是如果北风刮得太猛烈，天气冷得太厉害，甚至下雨下雪或是雾厚得结成冰屑，在这样的天气里，松毛虫便会老老实实地待在家里，躲在那温暖安全的帐篷下面。

松毛虫们害怕恶劣的天气，一个雨滴就能使它们发抖，一片雪花就能惹起它们的怒火。预先了解天气状况，对松毛虫的日常生活有着非常重要的意义。在黑夜里，这样一支庞大的队伍到遥远的地方去觅食，如果遇到坏天气，那实在是一件恐怖的事。如果突然遭到风雨的袭击，那么松毛虫就真的要遭殃了，而这样的不幸在冬季是时常会发生的。可松毛虫们有它们的办法。下面就让我来说说它们是怎样预知天气的吧。

有一天，我和几个朋友一起到院子里看松毛虫队的夜游。九点钟，我们就进了院子。可是……可是……这次是怎么了？巢外一只毛虫都没有！就在昨天晚上和前天晚上还有许多毛虫出来呢，怎么今天就全都不见了？它们都跑到哪儿去了？是集体出游了吗？还是遇到了什么可怕的灾难？我们等到十点、十一点，一直到半夜。失望之余，我只得送走了我的朋友。【名师点睛：作者提出一连串的问题，引起读者的注意力，为下文中松毛虫因为下雨而未出来的内容做铺垫。】

第二天，我发现昨晚竟然下雨了，直到早晨还在继续下着，而且山上还有积雪。我脑子里突然有一个念头闪过，是不是松毛虫对天气的变化比我们灵敏得多呢？它们是不是因为早已预料到天气要变坏，所以才没有出来呢？这一定就是它们不愿意出来冒险的原因。我为自己的想法暗自高兴，所以我想我还得继续观察它们。

后来我发现每当报纸上预告有气压来临的时候——比如暴风雨将至的时候——我的松毛虫就总会躲在巢里。虽然它们的巢暴露在坏天气中，可风霜雨雪还有寒冷都不能影响它们，它们甚至能预报雨天过后的风暴。它们这种预报天气的本领，很快就得到了我们全家的认可和信任。每当我们要进城去买东西的时候，总会在前一天晚上去征求一下松毛虫们的意见，看看第二天是去还是不去。而我们的决定完全取决于松毛虫晚上的举动，它成了我们家的"小小气象预报员"。【名师点睛：作者亲切地称呼松毛虫为"小小气象预报员"，并根据它的动向来推测天气，把昆虫知识灵活运用到生活中，体现了作者的机智和他对松毛虫的信任。】

然后，我联想到了它的小孔，我推测松毛虫的第二套服装应该给了它这个预测天气的本领。这种本领很可能与那些可以自由开关的裂口有关。它们时时张开，吸进一些空气作为样品，再吸收到里面检验一番。如果从这空气里检测出暴风雨的信息，便会立刻发出警告。

三月到来的时候，松毛虫们纷纷离开巢所在的那棵松树，进行最后一次旅行。三月二十日那天，我花了整整一个早晨，观察了一个三码长，有着一百多只松毛虫的队伍。【名师点睛：日期和数字，表明作者观察和研究得仔细，以及对待研究具有非常严谨的态度。】它们的衣服已经褪色了。队伍很艰难地缓缓前进，它们越过高低不平的地面，然后分成两队，成为两支互不干扰的队伍，各奔东西。

现在，它们有着极为重要的工作要做。队伍行进了两个小时，到达一个墙角下，那里的泥土又松又软，并且极容易钻洞。

那松毛虫的首领一面探测，一面稍稍地挖一下泥土，似乎在鉴定泥土的性质。其余的松毛虫对领袖是绝对服从，因此它们盲目地跟从着它，接受领袖的一切决定，根本没有自己的喜好。【名师点睛：松毛虫盲目跟从首领，这也是它们之前在作者实验里不停地兜圈子的重要原因，说明它们不善思考、个性愚笨的特点。】

最后，当领头的松毛虫找到一处喜欢的地方时，它便会停下脚步。然后，所有的松毛虫都走出队伍，成为散乱的一群虫子，就像接到了"自由行动"的命令，再也不规规矩矩地排队了。

每一只虫子都在胡乱摇摆着背部，所有的嘴巴都在挖着泥土，最后它们终于为自己筑成了可以休息的洞。到某个时候，打过地道的泥土有了裂缝，就会把它们埋在里面。于是一切便又恢复平静了。现在，毛虫们把自己葬在离地面三寸深的土地里，准备织它们的茧子。

两个星期后，我在那面墙脚下挖土，很快就找到了它们。它们被包在小小的白色丝袋里，丝袋外面还沾染着泥土。有时，由于泥土土质的影响，它们甚至会把自己埋到九寸以下的深处。

可是那翅膀脆弱而且触须柔软的蛾子是如何从地底下爬到地面上的呢？它一直要等到七八月才能出来。而那时候，由于长久风吹雨打，日晒雨淋，泥土早已变得坚硬无比了。除非它有特殊的工具，否则它们绝对无法冲出那坚硬的泥土。此外，想要冲出那层壁垒，它的身体形状必须是很简单的。我弄了一些茧子装在实验室的试管里，以便看得更仔细些。我发现它们在钻出茧子的时候，会有一个蓄势待发的姿势，就像短跑运动员起跑前的预备姿势一样。【写作借鉴：这里运用比喻的修辞手法，将松毛虫即将钻出的姿势，比作运动员起跑前的预备姿势，比喻合理而形象。】它们把美丽的衣服卷成一捆，自己缩成一个圆柱，并把翅膀像裹围巾一般紧贴在脚前。它的触须还没有张开，弯向后方，紧贴在身体的两侧。它身上的毛发向后躺平，只有腿是自由活动的，这样才可以帮助身体更顺利地钻出泥土。【写作借鉴：动作描写，作者描绘松毛虫破茧的准备姿势，将它蓄势待发的姿态勾勒得生动有活力。】

即使做好了这些准备工作，想要成功到达地面，还是远远不够的，因此它们还有一个厉害的法宝呢！如果你用指尖在它头上摸一下，你就会碰到几道很深的皱纹。我把它拿到放大镜下观察，发现那是坚硬的鳞片。它头顶中部的鳞片是所有鳞片中最坚硬的一块，就像一个回旋钻的钻头一样。我看到在我的试管里，这些蛾子用头轻轻地撞撞这边，再碰碰那边，想把沙块钻穿。到了第二天，它们就钻出了一条十寸长的隧道通到地面上来了。

最后，它们终于见到了外面的世界，只见它缓缓地伸展开翅膀，张开触须，蓬松一下它的毛发。现在它已完全打扮好了，成了一只漂亮成熟又自由自在的飞蛾。尽管它并不是所有蛾子中最美丽的一类，但它也确实很漂亮。你看，它有灰色的前翅，上面嵌着几条棕色的曲线；白色的后翅，腹部盖着淡红色的绒毛；颈部有一圈小小的鳞片，因为这些鳞片挤得很紧密，所以看上去就像是一整片，很像一套华丽的盔甲。【写作借鉴：外形描写，写松毛虫破茧蜕变成了美丽的飞蛾，表达了作者对它的喜爱之情。】

关于这鳞片，还有些极为有趣的事情。如果我们用针尖去拨弄它们，不管我们的动作多么轻微小心，都立刻会有无数的鳞片飞扬起来。我们在这一章的开头已经叙述过了，正是这些鳞片制成了用来装卵的小筒。

Z 知识考点

1.松毛虫也叫作_____，因为它们总是一只跟着一只，排着队出行。在饮食方面，它们与人类一样，会_____。

2.判断题：松毛虫害怕恶劣的天气，因此预先了解天气情况，对松毛虫的日常生活有着非常重要的意义。 （　　）

Y 阅读与思考

1.松毛虫是根据什么找到回家的路的？

2.松毛虫是用什么工具钻到地面上来的？

卷心菜毛虫

M 名师导读

　　大家一定都吃过卷心菜吧！其实这种蔬菜存在很久了，与它有关的昆虫——卷心菜毛虫，也是种很古老的昆虫了，它们是如何生活在蔬菜中的呢？

　　卷心菜在所有的蔬菜中，几乎可以算是最为古老的一种。我们知道很早以前就有人开始吃它了。而实际上，在人类开始食用它之前，它就已经在地球上存在了很长时间，所以我们实在是无法知道它究竟是什么时候出现的，人类又是在什么时候，用什么方法开始种植它们的。【名师点睛：作者从蔬菜开始介绍，说明卷心菜是一种很古老的蔬菜，暗示卷心菜毛虫也是一种很古老的昆虫。】

　　植物学家能够告诉我们的，只有它最初是一种长茎、小叶、长在滨海悬崖的野生植物。除此之外，我们几乎看不到这类细小事物其他事情的记载。历史歌颂的，都是那些夺去千万人生命的战场，它觉得那一片使人类生生不息的土地是没有什么研究价值的。它详细列举着各国国王的嗜好和怪癖，却无法告诉我们小麦的起源！但愿将来的历史记载会改变它的方向。

　　对于卷心菜我们知道得实在是太少了，这的确有点可惜，它真的算得上是一种很贵重的东西。因为它本身是一种很有故事的植物。不仅是人类，还有很多动物也都与它有着千丝万缕的联系。其中有一种普通的白色大蝴蝶的毛虫，主要就是靠卷心菜的养育成长起来的。它们以卷心菜皮及其他一切和卷心菜相似的，像花椰菜、白菜芽、大头菜，以及瑞典萝卜等植物的叶子为食。它们似乎生来就与此类蔬菜有着不解之缘。【名师点睛：简单地介绍了毛虫的出场，并对这种毛虫的食物进行了罗列和介绍。】

它们也吃一些与卷心菜同类的植物。植物学家们称呼它们为十字花科，因为它们的花有四瓣，并且按照十字形排列。白蝴蝶的卵一般只产在这类植物上，奇怪的是它们是怎么区分这种十字花科植物的呢？它们又没有学过植物学。这的确是个问题。我研究植物和花草已经有五十多年了，但如果要我判定一种没有开花的植物是不是属于十字花科，我也只能去查书。但是现在，我不需要去查书了，我可以根据白蝴蝶留下的记号做出判断——我是很信任它的。【名师点睛：白蝴蝶的毛虫能够分辨复杂的植物，它天生的能力让昆虫学家也望尘莫及。作者借助它留下的记号分辨植物，体现了作者对昆虫的信任。】

白蝴蝶每年要成熟两次。一次是在四五月里，另一次则是在十月，这正是我们这里卷心菜成熟的时候。看来白蝴蝶的日历和园丁的日历一样，这就意味着当我们有卷心菜吃的时候，白蝴蝶便也要出来了。

白蝴蝶的卵是淡淡的橘黄色，聚成一片，有时候产在叶子朝阳的一面，有时候产在叶子背光的一面。大约一星期以后，卵就变成了毛虫。这些小毛虫出来以后的第一件事，就是吃掉这卵壳。我曾经不止一次看到这些小幼虫把自己的卵壳吃掉，但是一直对此百思不得其解。我对它们这种行为的猜想是：由于卷心菜的叶片上有蜡，菜叶滑得很。为了使自己在走路的时候不会滑倒，它必须拿一些细丝之类的东西用作攀扶的工具。于是它们就要进食某种特殊的食物，帮助自己得以顺利地吐出丝来。它们的卵壳正是由一种与丝的性质相似的物质构成的，而且这种物质很容易在这小虫的胃里转化为它所需要的丝。于是，我们就看到这些初生的小虫把自己的卵壳吃掉了。

过不了多久，这些小虫就开始品尝这新鲜的绿色植物了，于是卷心菜的灾难也就来临了。它们的胃口实在是太好了！我从一棵最大的卷心菜上采下一大把叶子去喂我养在实验室的那一群幼虫。两个小时以后，除了叶子中央粗大的叶柄之外，已经什么都没有了。照这样的速度吃下去，这一片卷心菜田用不了多久就会被它们吃光的。

这些贪吃的小毛虫，除了偶尔会伸一伸胳膊、挪一挪腿以外，其他的什么都不做，就只是不停地吃。当几只毛虫排着横队在一起吃叶子的时候，你甚至会惊奇地发现它们的头几乎是同时抬起又同时落下的。就这样一次一次做着同样的动作，非常整齐，好像普鲁士士兵在操练一样。【写作借鉴：作者运用比喻的修辞手法，把小毛虫们同时抬头、同时低头的动作比作士兵在操练，说明它们的动作十分整齐。】我并不了解它们这种整齐的动作有什么意义，是表示它们在必要的时候有集体作战的能力呢，还是一种它们在阳光下享受美食的快乐表现？总之，在它们成为极其肥大的毛虫之前，这是它们唯一的练习。

整整一个月之后，它们终于吃够了，于是就开始往四面八方爬。它们一面爬，一面把前身仰起，做出在空中探索的样子，就像是在做伸展运动，也许是为了帮助自己消化和吸收吧。现在气候已经开始渐渐变冷了，所以我把我的毛虫客人们都安置到了花房里，让花房的门开着。令我惊讶的是，有一天我发现这群毛虫集体越狱了。【名师点睛：设下悬念，用"集体越狱"来形容这群小家伙的突然消失，表现了它们的活泼可爱。】

找了很久，我终于在离花房大概三十码的墙脚下发现了这群逃犯。它们都栖息在屋檐下，那里应该才是它们最倾心的居所。卷心菜毛虫长得非常壮实健康，想必应该没有想象的那么怕冷。

它们在这居所里织起茧子，然后变成蛹。等到来年春天，就会有蛾从这里飞出来了。

听着这卷心菜毛虫的故事，我们也许会感到非常有趣。可是如果我们任凭它毫无休止地繁殖，那么我们的卷心菜很快就会被吃光了。

所以当我们听说有一种昆虫，专门以猎取卷心菜毛虫为食的时候，我们好像有一点儿庆幸。因为只有这样，我们的卷心菜才能逃脱灭亡的命运。如果卷心菜毛虫是我们的敌人，那么那种卷心菜毛虫的敌人就是我们的朋友了。但它们是那样弱小，又喜欢默默无闻地工作，所以园丁们非但不认识它，而且连听都没听说过它。即使他偶然看到在他所保护的植物周围有这样的小动物徘徊，他也绝不会去注意它，更不会想到它会对自己有那么大的贡献。【名师点睛：通过介绍卷心菜毛虫，引出它的天敌，幸亏有了这个小家伙，我们现在还能吃到卷心菜，让我们对它充满了好奇，引出下文。】

我现在要给这小小的奉献者们一些应有的奖赏。

因为它长得细小，所以科学家们把它称为"小侏儒"，那么就让我也这么称呼它吧。毕竟我实在不知道它是不是还有其他好听一点儿的名字。

现在让我们来看看它究竟是怎样工作的吧！春季，当我们走到菜园里去时，就一定可以看见在墙上或篱笆脚下的枯草上，有许多黄色的小茧子，一堆一堆地聚集在那里，每堆都有一个榛仁那么大。而每一堆的旁边都有一条死的或者命悬一线的，看上去十分不完整的毛虫。这些小茧子就是"小侏儒"们的劳动果实，它们是吃了身边的毛虫之后才长大的。而那些毛虫的残尸，自然就是"小侏儒"们吃剩下的。

这种"小侏儒"比毛虫的幼虫还要小。【名师点睛：卷心菜毛虫的天敌很小，但对卷心菜毛虫的危害却很大，它虽然外表无害但实际上很危险，给人强烈的反差感。】当卷心菜毛虫在菜上产下橘黄色的卵以后，"小侏儒"的蛾就会立刻赶过去，并在自己坚硬的刚毛的帮助下，把自己的卵产在卷心菜毛虫的卵膜表面上。一只毛虫的卵上，往往可以有好几个"小侏儒"同时跑去产卵。根据它们卵的大小来看，一只毛虫几乎相当于六十五只"小侏儒"。

当这毛虫长大以后，它并不会立刻感觉到痛苦。它照常吃着菜叶，照常出去游玩，照常寻找适宜做茧子的场所。它甚至还能开展工作，只是它经常萎靡无力，无精打采，然后渐渐地消瘦下去。最后，只有死去。那是必然的，有那么多的"小侏儒"生活在它的身上，喝着它的血呢！毛虫们顽强地活着，直到身体里的"小侏儒"准备出来的时候。它们从毛虫的身体里一出来就开始织茧，然后，变成蛾，破茧而出。

Z 知识考点

1. 卷心菜毛虫的天敌以猎取_____为食，长得_____，所以科学家们把它称为"_____"。

2. 判断题：白蝴蝶的卵孵化出来后，小毛虫做的第一件事情是离开卵壳，寻找食物。 （　　）

Y 阅读与思考

1. 卷心菜毛虫以什么为食？

2. 白蝴蝶每年成熟几次？它们成熟的时候什么蔬菜也成熟了？

孔雀蛾

Ⓜ 名师导读

　　孔雀蛾，一听名字就知道是个漂亮的小家伙，它到底长什么样子呢？为什么叫这个名字呢？让我们一起来揭开它神秘的面纱吧！

　　有一种长得很漂亮的蛾，名叫孔雀蛾。它们大多数来自欧洲，全身长着红棕色的绒毛，脖子上戴着一个白色的领结，翅膀上散落着一些灰色和褐色的小点儿，周围是一圈灰白色的边，横向分布着一条条淡淡的锯齿形的线。它翅膀的中央有一个由黑得发亮的瞳孔和由黑色、白色、栗色、紫色等各种各样的弧形线条镶成的眼帘共同组成的大眼睛。这种蛾的前身是一种长得极为漂亮的毛虫，它们靠吃杏叶为生，有着黄颜色的身体，上面还镶嵌着蓝色的珠子。【写作借鉴：外形描写，作者详细描写了孔雀蛾漂亮的模样，用很多表示色彩的词汇形容这个小家伙光鲜亮丽的形象。】

　　五月六日的早晨，在我昆虫实验室的桌上，我发现一只雌的孔雀蛾破茧而出，就迅速地用一个金属丝做的钟罩把它罩了起来。我并不是出于什么恶意来这么做的，只是一种习惯而已。我热衷于搜集一些新奇的事物，而透明的钟罩可以让我细细欣赏而不致使它跑掉。

　　实际上，我对自己的这种方法非常满意。因为我获得了意想不到的惊喜。【名师点睛：设下悬念，吸引读者的阅读兴趣，让人好奇是怎样的惊喜，引出下文。】大概在晚上九点钟，大家都要准备上床睡觉的时候，隔壁的房间里突然传来很大的声响。

　　小保罗都没顾得上穿好衣服就在屋里狂奔，疯狂地跳着、敲着椅子，并且在不停地叫我：

"快来快来！"他喊道，"这些蛾子都变得像鸟一样大了，把整个房间都占满了！"

孩子的话一点儿也不夸张，我刚一跑进去，就看见满屋子都是那种大蛾子，已经有四只被捉住关在了笼子里，其余的还在不停地拍打着翅膀，在天花板下面翱翔。

<u>一见此景，我立即想起那只早上被我关起来的囚徒。</u>【名师点睛：过渡句，引出下文中去看被关起来的那只蛾的相关内容。】

"快把衣服穿好，"我对小保罗说，"放下鸟笼跟我来。我带你去看更有趣的事情。"

我们立刻跑下楼去，进到我的书房。这时正好看见厨房里已被突然发生的一切吓慌了的仆人。她正在用围裙扑打着这些像蝙蝠的大蛾。这样看来，孔雀蛾已经占领了我家里的每一部分，每个人都被它们惊动了。

我们点着蜡烛走进书房，书房里有一扇窗是开着的。接着，我们看到了永生难忘的一幕：那些大蛾子不停地拍着翅膀，围着那钟罩飞来飞去，时上时下，时进时出，时而冲到天花板上，时而又俯冲下来。<u>一见我们进来，它们便向蜡烛扑来，用翅膀把它扑灭。</u>【名师点睛：蛾有趋光性，天性让它们靠近光源，也就是作者手中的蜡烛，这个场景可以说是飞蛾扑火。】它们落在我们的肩上，扯我们的衣服，咬我们的脸。小保罗紧紧地握着我的手，始终保持着一副镇定的样子。

一共有多少只蛾子？这个房间里大约有二十只，再算上其他房间里的，应该在四十只以上。天哪！四十个情人来向这位关在象牙塔里的公主——那天早晨才出生的新娘致敬！多么壮观的场面！

历经一个星期，每天晚上这些大蛾都会来朝见它们美丽的公主。<u>那个季节每天都有暴风雨，而且晚上漆黑一片。</u>【名师点睛：这里描写了恶劣的环境，反映了雄性飞蛾求偶时，不辞艰险的真诚之意。】我们的屋子又是躲在许多大树的后面的，不留心很不易被发现。它们就是经过如此黑暗和艰难的路程，不顾一切地来拜见它们的女王。

在如此恶劣的天气条件下，即便是那凶狠强壮的猫头鹰都不敢轻易出动，但孔雀蛾却敢冒险出来，而且能够绕过树枝的阻挡，顺利到达目的地。它们是那样无畏、执着、敏锐，到达目的地的时候，身上连一处伤也没有。它们在黑夜中穿梭，如同在白天时一般。【名师点睛：同是夜行动物，孔雀蛾要比猫头鹰勇敢得多，作者突出这种对比，赞美孔雀蛾的英勇无畏。】

寻找配偶是孔雀蛾一生的唯一追求，为了实现这一目标，它们通过无数代的努力，继承了一种很特别的能力：不管路途有多远、路上有多黑暗、途中有多少障碍，它总能找到它的"心上人"。在它们的一生中，它们得花费两三个晚上来找配偶，平均每晚几个小时。在这期间如果它们找对象失败了，它的一生也就结束了。

孔雀蛾似乎不会饿。我们经常能看到许多别的蛾成群结队地在花园里吮吸着蜜汁，而它却丝毫不把吃放在心上。这样，它的寿命自然就不会长了，它只有两三天的时间，也只够找一个伴侣而已。

Z 知识考点

1. 孔雀蛾还是毛虫的时候，靠吃_____为生。

2. 判断题：孔雀蛾一生唯一的追求是寻找配偶。 （ ）

Y 阅读与思考

1. 孔雀蛾长什么样子？

2. 作者笔下的孔雀蛾通过无数代的努力，继承了一种什么特别的能力？

爱好昆虫的孩子

M **名师**导读

作者是一个爱好昆虫的人，从孩提时代起就对昆虫有很大的兴趣。让我们来看看他小时候是如何与昆虫朋友结缘的吧！

现在，有许多人总喜欢把人的品格、才能、爱好等归于祖先的遗传，也就是说承认一切动物包括人类的智慧都是从祖先那儿继承而来的。我并不完全赞成这种观点。现在，我就用自己的故事来证明我对于昆虫的喜爱并不是从哪个先辈身上继承而来的。【名师点睛：开篇联系我们读过的第一章《论祖传》，显然作者不赞成智慧承自先祖的观点，引出下文他自己的故事。】

我的外祖父母从来就没有对昆虫产生过任何的兴趣和好感。我并不是很了解我的外祖父，我只知道他曾历经过苦难，过过非常艰难的日子。我敢说，如果要说他曾经和昆虫之间有过什么联系的话，那就是他曾一脚把它们踩死。而我的外祖母是没有文化、不识字的，每天为琐碎的家务操劳，没有什么时间和精力去欣赏那些风花雪月的故事，当然更不会对科学或昆虫产生兴趣。她与昆虫之间的联系也许就只有蹲在水龙头下洗菜的时候，把偶尔在菜叶上发现的可恶的毛虫立刻打掉。

而对于我的祖父母，我的了解就详细得多了。因为在我小的时候，家里很穷，穷得无法养活我，所以从五六岁时起，我就跟着祖父母一同生活了。祖父母的家住在偏僻的乡村，用以维持生计的，仅仅是几亩薄田。他们不识字，一生之中也从未接触过书本。祖父对于牛和羊了解得很多，可是在这之外的便什么也不知道了。如果让他知道将来在他家里有一个人花费了很多时间去研究那些微不足道的昆虫，他该会多么惊讶啊！如果他再知道那个对昆虫喜爱到疯狂的人正是坐在他旁边的小孙子，那么他一定会愤怒地打我一巴掌的。【名师点睛：说明作者对昆虫的爱好并不被人理解，就连亲人的接受度都很低，何况是大众，暗示了坚持喜欢研究昆虫是一件很艰难的事情。】

"哼！把时间和精力都花费在这种没出息的事情上！"他一定会怒吼。

而我的祖母是一个慈祥善良的人。她整天忙着各种各样的家务：洗衣服、照看孩子、纺纱、烧饭、看小鸭、制作奶油和乳酪，一心一意为这个家操劳。

曾经有无数个夜晚，我们围坐在火炉边，听她给我们讲一些关于狼的故事。那个时候，我很想见一见那匹狼，它是在一切故事里都使人胆战心惊的英雄，可是我从来没有亲眼看见的机会。我亲爱的祖母，我一直以来都是深深地感激着您的。在您温暖的膝上，我第一次得到了温柔的安慰，使痛苦和忧伤得到缓解。我承认我强壮的体质和爱好工作的品格的确是从您那里遗传来的，可是您也的确没有给我爱好昆虫的性格。

说到我自己的父母，他们都是不爱好昆虫的。母亲没有受过教育，父亲小时候虽然进过学校学习，也只是稍稍能够读写。后来他整天为了生活忙得焦头烂额，再也没有时间顾及别的事情，就更谈不上爱好昆虫了。但不管怎样，我从他那里还是得到过鼓励的，那一次他看到我把一只虫子钉在了软木上，便不由分说狠狠地打了我一拳。

尽管父辈祖辈并没有给我这方面的遗传，但是从幼年开始，我就喜欢观察和怀疑周围的一切事物了。每次回忆起童年往事，总有一件时常出现在我的脑海，并且现在回想起来仍然觉得很有趣的事。那是在我五六岁时的一天，我光着小脚丫站在我们田地前面的荒地上，粗糙的石子刺痛了我。我记得当时我有一块用绳子系在腰间的手帕——

惭愧得很，那时手帕常常被我遗失掉，然后只能用袖子代替，所以为了保险，我不得不把宝贵的手帕系在腰上。

我面向太阳，那是使我心醉的炫目光辉。这种光辉对我的吸引力甚至要比光对于任何一只飞蛾的吸引力还要大得多。当我这样站着的时候，我的脑海里突然冒出一个问题：我究竟在用哪个器官来享受这灿烂的光辉？是嘴巴？还是眼睛？——请读者千万不要见笑，这的确算得上一种科学的怀疑。于是我把嘴也张得大大的，又闭起眼睛来，然后光明消失了；而当我张开眼睛闭上嘴巴，光明又重新出现了。这样反复试验了几次，得出的结果都是相同的。于是我的问题被自己解决了：我确定我是用眼睛来看太阳的。后来我才知道这种方法叫作"演绎法"。

【名师点睛：演绎法是指人们以一定的反映客观规律的理论认识为依据，从服从该认识的已知部分推知事物的未知部分的思维方法。小时候的作者想法单纯有趣，可以看出他的思考能力很优秀。】这个发现是多么伟大啊！而晚上当我兴奋地把这件事告诉大家时，除了祖母在对我微笑外，其余的人都因我的幼稚和天真大笑不止。

另外一次是在夜晚的树林里，一种断断续续的叮当声引起了我极大的兴趣。这种声音在寂静的夜里显得分外优美而柔和。究竟是谁在发出这种声音？是在巢里唱歌的小鸟？还是在开演唱会的小虫子们呢？

【写作借鉴：通过猜测的方式，将叮当声当作是小鸟的叫声或小虫子发出的声音，同时将这些小动物拟人化，形象而充满爱意。】

"哦，我们快去看看吧，那很可能是一只狼。狼总是在这种时候发出声响的，'同行的人告诫我，"我们一起走，但不要走远，声音就是从那一堆黑沉沉的木头后面发出来的。"

我一直站在那里守候着，但很长时间也没有发现什么异样。后来终于有一个轻微的响声从树林中发出，仿佛是谁动了一下，接着那叮当声便也消失了。第二天，第三天，我仍然去守候，怀着不发现真相绝不会罢休的精神。

终于，我这种不屈不挠的精神获得了回报——嘿！我终于抓到它了，在我的股掌之间的便是这一个音乐家了。不过它并不是一只鸟，而是一只蚱蜢。我的同伴曾告诉我它有着味道鲜美的后腿。这就是我守候了那么久所得到的微乎其微的回报。不过令我沾沾自喜的并不是它那两只像虾肉一样鲜美的大腿，而是我又学到了一种知识，而且是我通过自己的努力得来的。现在，通过我个人的观察，知道蚱蜢也是会唱歌的。为了避免发生像上次看太阳事件那样遭到别人嘲笑的事，我并没有把这个发现告诉任何人。

哦，我们屋子旁边的花长得多漂亮啊！它们好像睁着无数彩色的大眼睛向我甜甜地笑。【写作借鉴：纯真的孩子笑盈盈地望着漂亮的花朵，看到的花朵也是笑着的，作者运用拟人的修辞手法，展现了温馨美好的画面。】后来，在那里，我又看到一堆堆又大又红的樱桃。我吃过了，味道普通得很，并没有看上去的那么诱人，而且也没有核，这些樱桃究竟是什么品种呢？

在夏天将要离去的时候，祖父拿出铁锹来，把这块土地的泥土整个翻起来，从地底下掘出了许许多多圆圆的根。我是认得那种根的，在我们的屋子里面经常会有很多堆在那里，我们时常把它们放在煤炉上煨(wēi)[在带火的灰里烧熟东西，或是用微火慢慢地煮]着吃。那就是马铃薯，普通得不能再普通的马铃薯。我的探索一下戛然而止，不过，那紫色的花和红色的果子被我永远地留在了记忆的深处。

我会利用自己这双对动植物特别敏感的眼睛，独自观察着一切奇异的事物。尽管那时候我只有六岁，在旁人看来什么也不懂。我研究花，研究虫子。我也观察着，怀疑着我看到的一切。这些并不是受到了遗传的影响，而是好奇心的驱使和对大自然的热爱。【名师点睛：总结性的语句，点明作者喜欢昆虫的真正原因，否定遗传论，照应前文。】

不久之后我又回到了父亲的家里。那时候我已经七岁了，到了该去学校读书的年龄。可我仍然觉得我以前那种自由自在地沉浸在大自然中的生活比在学校学习更有趣味。我的教父就是老师。而我该称呼那间我坐在里面学习字母的屋子为什么呢？真的很难有一个恰如其分的名字，因为那屋子用处太多了：它既是学校，又是卧室；既是厨房，又是餐厅；既是鸡窝，又是猪圈。不过这也没有什么，毕竟在那种年代，不会有人梦想有王宫般金碧辉煌的学校，无论什么样的破棚子都可以被认为是最理想的学校。【名师点睛：将自己学习的那间屋子的多种用处列出，突出表明了这间屋子的破败和脏乱。】

在这间屋子里，有一张很宽的通到楼上去的梯子，梯子脚边是一个凹形的房间，那里有一张大床。而楼上究竟有什么东西我并不知道，只是有时候我们会看见老师从楼上捧来一捆干草喂给驴子吃；有时候也会看见他从楼上提着一篮马铃薯下来，交给师母去煮猪食。因而我猜想那一定是间堆放物品的仓库，是人和畜生共同的储藏室。

至于那间用作教室的房间，我再在这里详细介绍一下吧。在这间屋子里仅有一扇朝南的窗，而且又小又矮。当你的头碰着窗顶的时候，你的肩膀也就同时碰到了窗栏。这个能透进阳光的小窗户是这个屋子里唯一有生气的地方，它俯视着大部分的村庄。从窗口往外望去，你会发现这是一个散落在山坡上的村落。在窗口下面还有老师的一张小桌子。

对面的墙上有一个壁龛(kān)[安置在墙壁内的小阁子，墙上的龛穴，多指佛龛]，里面放着一只盛满水的发亮的铜壶，孩子们口渴的时候可以信手从里面倒水出来解渴。在壁龛的顶端有几个架子，上面放着闪闪发光的碗，只有在举办盛会时那些碗才能被拿出来使用。【写作借鉴：细节描写，说明作者对这个房间的记忆十分清晰，介绍的顺序从上到下，从窗到墙，很有条理。】

在光线所能照射到的墙壁上，挂满了色彩并不协调的图画。而最远的那堵墙边有一只大大的壁炉，壁炉左右用木石筑成，上面放着塞了糠的垫褥,用两块可以滑动的板充当门。如果把门关起来,你便可以独自安静地躺下睡觉了。但那两张床通常是给主人和主妇睡的。无论北风在黑暗的谷口怎样怒吼,无论雪花在外面如何飘散,都不会打扰屋内的人,他们都能睡得十分温暖舒适。

其余的地方就放着一些零碎的杂物:一条三脚凳,一只挂在壁上的盐罐,一个重得需要两只手一起使劲才拿得动的铁铲,最后还有一个和我祖父家里一模一样的风箱,拉起风箱,炉里的木柴就会燃烧起来。我们如果要享受火炉的温暖,那么每人每天早上就必须得带一块小柴来。

火炉上有三口煮猪食的锅子,由此可见,这炉子绝不是为我们而生的。老师和师母总是挑一个最舒适的座位坐下,而其余的人都在那大锅子周围围成一个半圆形。那锅里不住地冒着热气,发出呼呼的声响。我们当中胆子比较大的人,总会趁先生不注意的时候用小刀挑出一个煮熟了的马铃薯,夹在他的面包里吃。我不得不承认,如果说我们没有在学校里白白浪费光阴的话,那就是因为我们在那吃了很多。在写字的时候剥着栗子或咬着面包,似乎已经成为我们终生的习惯了。

至于我们这些年纪较小的学生,除了享受读书时满口含着丰富美味的食物之外,还有两件令人愉快的事情,而且在我看来不见得比吃栗子的趣味少。【写作借鉴:将事情的趣味与食物的美味做对比,视觉与味觉交错,这里用了通感的修辞手法。】我们的教室后门外是一个庭院,在那里常常有一群围着母鸡扒土的小鸡,还有一群自娱自乐打着滚的小猪。有时候,我们之中会有人偷偷地溜出去,而且回来的时候故意不关门,于是屋内阵阵马铃薯的香味就飘到了这些动物的鼻子里。

外面那些可爱的小猪闻到香味,便会一个个追循着跑来。我的长凳子——是年纪最小的学生们坐的——恰巧靠着墙壁,在铜壶的下方,那里正是小猪们的必经之路。于是我每次都能看见小猪们摇着它们的小尾巴愉快地跑着，并且边跑边大声地欢叫。它们用身体蹭我们的腿，把又冷又红的鼻子拱到我们的手掌里，试图寻找剩下的面包屑。它们用那小小的圆溜溜的眼珠望着我们，似乎在询问我们口袋里还有没有能给它们吃的干栗子。它们总是这样东窜西闻了一圈之后，被怒气冲冲的老师挥着手帕赶回院子里去。

接着就是可爱的小鸡雏们在鸡妈妈的带领下来看我们了。这个时候，我们每个人都会热情地剥一些面包屑来招待这些小客人，然后美滋滋地欣赏它们贪吃的样子。【名师点睛：老师的"怒气冲冲"与"我们"的"美滋滋"形成鲜明的对比，突出表现了孩子们对动物的喜爱。】

我们能在这样的一个学校里学到些什么呢？每一个年纪较小的学生手里都有——也可以说，假定他们都有一本灰纸订成的小册子，上面印着字母，封面上画着一只鸽子，抑或说，只是一只很像鸽子的动物。封面上还有一个按照一定的顺序用字母排出来的十字架的图样。我们的老师应该是觉得这本书很管用，所以把它发给我们，并讲解给我们听。但是老师总是被那些年纪较大的学生缠着，并没有工夫顾及我们这些小不点儿。

他之所以把书也发给我们，不过是让我们看上去更像学生而已。于是我们这些小不点儿就只能自己坐在长凳上读书，不会的时候就请教旁边的大孩子——如果他能够认得一两个字母的话。我们的学习常常被一些无足轻重的小事所打扰：一会儿老师和师母去看锅里的马铃薯是否煮熟了，一会儿小猪的同伴们叫唤着跑进来，一会儿又是一群忙不迭地奔进来的小鸡。我们就这样忙里偷闲地读书，实在是学不到什么有用的东西，得不到什么真正的知识。【名师点睛：孩子们的学习生活被杂事所扰，他们学习效率不高，说明作者并没有学到什么真正的知识，我们也可以看到这时候的他对书本的兴趣不大。】

大孩子们要常常练习写字。因而他们的位置总是比较优越——能够看到并抚摸到从那狭小的窗洞透进来的阳光。学校里什么都没有，甚至连墨水都没有一滴,而那张独一无二的桌子就放在大孩子们前面。所以我们都是自己带上全套的文具来上学的。那时候的墨水是装在一个长条的纸板匣里的,里面分成两格,上面一格用来放鹅毛管做成的笔,下面一格则是一个盛着墨水的小巧的墨水池。那时候的墨水都是用烟灰和醋合成的。

我们的老师最伟大的工作就是修笔,然后在某一页纸的上端写一行字母或是单字。他所写的内容完全是依照各个学生的要求而定的。看!老师写字的手腕抖动得多厉害啊!他用小拇指按住纸的边缘,做好奋笔疾书的准备。忽然,老师的手开始运动了,在纸上飞舞、打转。看啊,那笔尖所到之处展开了一条条花边,里面有圆圈、螺旋、花体字,还有张着翅膀的鸟……【写作借鉴:比喻手法的运用,将老师的字比作张着翅膀的鸟,表明老师手抖的特点,也表现了作者丰富的想象力。】他完全按照我们的意愿而画。只要你喜欢,什么都可以画出来。这些画都是用红墨水画的。在年幼的我们眼里,就是这样一支笔创造了一个个奇迹,面对这一个个奇迹,我们都惊得目瞪口呆。

我们在学校里读些什么呢?大概是法文吧。我们常常从《圣经》记载的历史中选出一两段来读。而拉丁语倒是学得比较多些,因为老师总要求我们准确地唱赞美诗。

那么历史、地理呢?我们中并没有谁听到过这两个名词。地球到底是方的还是圆的,对我们来说又有什么不同呢?方也罢,圆也罢,反正从地里长出东西来是同样不容易啊!

语法呢?我们的老师从来都不拿这个问题去为难自己,我们自然就更不了解了。

数学呢?是的,我们有幸学了一点儿,只不过我们一直用"算术"来称呼它,因为它还不配用那么堂皇的名字。【名师点睛:作者开始介绍学校里的学习内容,从语言、历史、地理、语法、数学各方面来介绍,目的是照应前文,证明作者的确没有学到什么有用的知识,为后文做铺垫。】

每到星期六的晚上，我们通常是用"算术"的仪式来结束这一星期的课程。先是最优秀的学生站起来背诵乘法口诀表，然后是全班，包括最小的学生，都依着他的样子齐声合背一遍。我们的琅琅书声，总是把偶尔跑进屋来寻觅食物的鸡和猪吓跑。

很多人都说我们的老师是个能干的人，能把学校管理得很好。的确，他不是一个等闲之辈，但是因为缺少时间，他也确实不能算是一个称职的好老师。【写作借鉴：这里运用了先扬后抑的手法来介绍老师，引出后文讲到他利用上课时间让孩子们干活，说明他是如何不称职，也让读者对作者的遭遇产生怜惜之情。】因为除了做老师，他还在替一个外出的地主保管着财产，照顾着一个极大的鸽棚，还负责指挥干草、苹果、栗子和燕麦等农牧品的收获。所以在夏天，我们常常要帮着他干活。在那个时候，上课才是一件有趣的事，因为我们常坐在干草堆上学习，有时候甚至就利用上课的时间清除鸽棚，或是消灭那些雨天从墙脚爬出来的蜗牛。这对我来说，倒是正中下怀[正合自己的心意]，乐此不疲。

我们的老师还是个剃头匠。他那双替我们的抄写本装饰"花边"的灵巧的双手，也为地方上的大人物剃头，像市长、牧师和公证人等等。

除此之外，我们的老师又是个打钟的能手。每逢有婚礼或洗礼的时候，我们的功课自然就要暂告停止，因为他总要到教堂里去打钟。暴风雨来临的时候，我们就又可以休一天的假，因为那时候必须用钟声来驱除雷电和冰雹，我们的老师便责无旁贷[自己应尽的责任，不能推卸给旁人。贷：推卸]地去敲钟了。

最让我们老师引以为豪的工作就是管着村里教堂顶上的钟了。只需要对着太阳一望，他便可以说出一个准确的时间，然后爬到教堂顶上尖尖的阁楼里，打开一个大匣子，让自己置身于一堆齿轮和发条中间。这些东西的秘密，除了他之外，再没有人知道。

这样一个学校，这样一个老师，对于我那尚未明朗显现的特点，又会有什么影响呢？我那热爱昆虫的个性，几乎不得不渐渐地枯萎以至永远消失了。但是，事实上，这种个性的萌芽有着极强的活力，它从未离开过我，并永远在我的血液里流动不息。【名师点睛：经过前面的铺垫，衬托出作者个性的可贵。环境如此枯燥，作者的个性却充满活力，没有沦落平庸。】它能够随时随地找到滋生的养料，也能随时随地地激发出来，无时无刻不在体现。甚至在我教科书的封面上，也能显而易见地看出书的主人的爱好——那里有一只色彩配合得不很协调的鸽子。

对于我来说，它远比书本里的 ABC 有趣得多。它的圆眼睛似乎在冲着我笑，它那翅膀共有多少羽毛我也已经一根一根地数过了。那些羽毛告诉我它是怎样在湛蓝的天空中盘旋，在美丽的云朵里翱翔。这只鸽子带着我飞到毛榉树上，我看到那些透着光泽的树干高高地矗立在长满苔藓的泥土上。那里还长着许多白色的蘑菇，看上去就像是过路的母鸡产下的蛋。这只鸽子又带我飞到积雪的山顶上，在那里，鸟类用它们的红脚踏出了星形的足迹。这只鸽子是我的好伙伴、好朋友，有了它，我整天背字母的压力便减轻了好多。我应该感谢它，正是有了它的陪伴，我才能安静地坐在长凳上等候放学。【名师点睛：作者在此直抒胸臆，表达了自己对鸽子的感谢之情，表现了他与鸽子的深厚情谊。】

对于我来说，露天学校有着更大的诱惑力。当老师带着我们去消灭黄杨树下的蜗牛的时候，我常常违背老师的要求，我不忍心杀害那些小生命。每当我捉到满手的蜗牛时，我的脚步便迟缓起来了。它们是多么美丽啊！只要我喜欢，我就能捉到五颜六色的蜗牛：黄色的、淡红色的、白色的、褐色的……每只上面都有深色的螺旋纹。于是我挑了一些最美丽的塞满衣兜，以便空闲的时候拿出来欣赏。

在帮先生晒干草的那段日子里我认识了青蛙。【名师点睛：作者在帮老师干活的时候认识了很多新朋友，他对小动物越来越喜爱，这份喜悦使他获得了充足的精神食粮。它们用自己做诱饵，把河边巢里的虾引诱出来；我在赤杨树上捉到过青甲虫，它有着使天空都为之逊色的美丽；我采下水仙花，并且学会了用舌尖从它花冠的裂缝处吸取小滴蜜汁的方法，同时我也体验到了太用力吸花蜜所导致的头痛，不过这种不舒服与那美丽的白色花朵所带给我的赏心悦目的愉悦感觉相比，实在是太微不足道了。我还记得这种花漏斗样的颈部有一圈美丽的红色，就像挂了一串红项圈；在收集胡桃的时候，我在一块荒芜的草地上发现了蝗虫，它们有着像扇子一样的翅膀，并且有各种颜色，有红色的也有蓝色的，让人眼花缭乱。

我能从任何地方得到我那丰富而源源不断的精神食粮，并且乐在其中。而我对于动植物的爱好也自然有增无减，日益加深。

最后，这种爱好促使了我认识字母。【名师点睛：作者用自己的亲身经历告诉我们，良好的爱好对学习有促进作用。】由于我早就不再注意封面后面的字母了，因为我太喜欢封面上的鸽子，这就导致我的认识程度一直停留在初级阶段。我真正开始读书是一个偶然。一个偶然的念头使我的父亲把我从学校里领回了家。这回读的书是花了三角半钱买来的，上面有印得很大的字。而且那上面还有许多五颜六色的格子，每一格里画着一种动物。我就是靠这些动物来学习 ABC 的：第一个就是"驴"，在法文中，它的名字写作 Ane，于是我认识了 A；牛的名字叫 Boeuf，它教我认识了 B；而 Canara 是鸭子，于是我便认识了C；Dinod 是火鸡，它教我认识了 D。其余的字母也是通过这种方法让我认识的。当然，有几格图画和字母印得很不清晰，比如教我认得 H、K 和 Z 的河马（Hippopotamus）、雨燕（Kamichi）和瘤牛（Zebu）之类，不过这并不影响我的学习。我进步得很快，没几天的工夫，我就能饶有兴趣地读那本鸽子封面的书了。我已经得到了文字的启发，接着便懂得语法了。就这样，我对学习的浓厚兴趣被激发起来，我的父母都为我的进步感到惊异。现在我能够解释那时我有惊人进步的原因了：正是那些图画把我引入到一群动物中，而这又恰巧投合了我的兴趣。开始教我念书的是我心爱的动物们，而以后，动物成为我一生学习研究的对象。【名师点睛：不负责的老师并没有教会作者有用的东西，反而是动物激发了作者的学习兴趣，并与作者一生的学习生活相伴。是作者对小动物的这份喜爱改变了他的人生轨迹，可见小动物对作者来说十分重要。】

后来，好运第二次降临到了我的身上。父亲为了让我用功读书，为我买了一本廉价的《拉·封丹寓言》，里面有许多可爱的插图。虽然这些插图的质量很差，可是看起来仍然相当有趣。这里有青蛙、乌鸦、驴子、喜鹊、兔子、猫和狗，这些都是我所熟悉和喜爱的东西。在寓言故事里面，它们像人一样会走路会讲话，因此大大激发了我的兴趣。至于真正了解这本书究竟讲了些什么，那就是另一回事了。不过我完全不担心这些，因为只要我尝试着把一个个音节连起来，慢慢地就知道全篇的意思了。于是拉·封丹也成为我的朋友了。

在十岁的时候，我已是路德士书院的学生了。我在那里成绩很好，尤其是作文和翻译两课都是极优秀的。在那时那种古典派的气氛中，我们听到了许多动听的神话故事，那些故事是那样引人入胜。可是在崇拜那些英雄之余，我仍然不会忘记在星期天休息的时候去看莲香花和水仙花有没有出现在草地上；梅花雀有没有在榆树丝里孵(fū)卵；金虫是不是在摇摆于微风中的白杨树上跳跃。无论如何，我总是不能忘记它们的！

但是很快，不幸又降临到我的头上了：饥饿威胁着我们一家，父母再也没有钱供我念书了。于是我不得不退学回家，我觉得生活几乎变得像地狱一样可怕。【名师点睛：转折，作者的命运充满波折，贫穷困扰了作者的生活，但也磨炼了他的意志。】我什么都不愿想，只盼望这段艰难的岁月能快快熬过去！

也许你们会认为在这些悲惨的日子里，我对于昆虫的偏爱应该暂时搁置了吧？就像当初我的先辈那样，为生计所累。但事实恰恰相反，我仍然能够常常回忆起第一次遇到金虫时它的样子：它那触须上的羽毛，它那美丽的花色——可爱的白点嵌在褐色底子上——这些好像是一道闪亮温暖的阳光，在那种凄惨晦暗的日子里，照亮并安慰着我悲伤的心。【写作借鉴：比喻，将金虫美丽的花色比作温暖的阳光，表现了小昆虫对作者内心的重要影响。】

好在老天总是善良的，好运不会抛弃勇敢而有志向的人。后来我有机会进了在伏克罗斯的初级师范学校，在那里我可以分到免费食物，尽管那通常只有干栗子和豌豆而已。这里的校长是位很有见识的人，不久便信任了我，并且给了我想要的自由。我几乎可以随心所欲地做自己喜欢的事情，只要我能完成学校的课程。而当时我的同学的学习状况都不及我，于是我就有比别人多的空闲时间来提高自己对动植物的认识，满足我的爱好。【名师点睛：开明的校长给了作者自由，让他满足爱好，滋长了作者对自然科学的兴趣。】当周围的同学们都在努力背书的时候，我却可以在书桌的角落里观察夹竹桃的果子、金鱼草种子的壳，还有黄蜂的刺和地甲虫们的翅膀。

于是我对自然科学的兴趣，就这样慢慢地滋长起来了。那时候，生物学是并不被看重的学科，学校方面所承认的必修课程也仅仅是拉丁文、希腊文和数学。

于是我竭尽全力去研究高等数学。对于我来说这是艰难的奋斗过程，我没有老师的指导，一遇到疑难，常常多天得不到解决，可我一直坚持不懈地学着，从未想过半途而废。最终我获得了成功。后来我又用同样的方法自学了物理学，我用一套自己制造的简陋仪器来尝试做各种实验。我已然违背了自己的志愿，我的生物学书籍一直在箱底不见天日。

毕业后，我被分派到埃杰克索书院去做教物理和化学的教师。那是个临近大海的地方，这对我有着太大的诱惑力。那包蕴着无数新奇事物的海洋，那海滩上美丽的贝壳，还有番石榴树、杨梅树和其他一些树，都足够让我花费好多时间来研究。这乐园里美丽的东西比起那些三角、几何定理来，吸引力大得多了。可是我不得不努力控制着自己，我把课余时间分成了两部分：大部分时间仍然用来研究数学；而给自己小部分的时间来满足爱好——研究植物和搜寻海洋里丰富的宝藏。

我们对未来都是一无所知的。回顾我的一生，数学，我年轻时花费了那么多时间和精力去钻研的东西，并没有带给我丝毫的用处；而动物，我竭力想方设法回避的事物，却又在我年老以后，成了我精神上的慰藉。【写作借鉴：通过对比，说明作者与动物的交往时得到的东西比从课本上获得的知识更丰富，更有用，表达了他对昆虫的喜爱。】

在埃杰克索，我碰到了两位著名的科学家：瑞昆(Rrguien)和莫昆·坦顿(MoquinTandon)。瑞昆是一位著名的植物学家，而莫昆·坦顿却教了我植物学的第一课。那时他没有住所而寄居在我的房子里。就在他离开的前一天，他对我说："你对贝壳很感兴趣，这是件好事，只是这还远远不够。你还应当了解动物本身的组织结构，让我来指给你看吧！这会帮你提高对动物的认识水平。"

他拿起一把很锋利的剪刀和一对针，把一只蜗牛放在一个盛水的碟子里，开始解剖给我看。他一边解剖，一边详细地把蜗牛各部分的器官解释给我听。这次解剖课是我一生中最难以忘怀的，它使我的学习有了极大的深入。从此，当我观察动物时，不再仅仅局限在表面上了。

现在我的故事就差不多讲完了。相信我的故事足以说明，早在幼年时期，我就有着对大自然的偏爱，而且我具有善于观察的天赋。但是我为什么会有这种天赋？是怎样拥有的呢？我自己也说不清楚。【名师点睛：总结性的语言，说明作者对大自然的喜爱和善于观察的性格，才是他成为昆虫学家的重要原因，而并非是遗传于祖先。】

其实无论任何生物，都有一种特殊的天赋：一个孩子可能有音乐方面的天赋，一个孩子可能有雕塑方面的天赋，而另一个孩子又可能有速算方面的天赋。昆虫也是这样，一种蜜蜂生来就会剪叶子，另一种蜜蜂却会造泥屋，而蜘蛛则会织网。为什么它们会有这些不同的才能呢？那是与生俱来的，除此之外就没有什么更合理的理由了。在人类的世界里，我们总是称这样的人为"天才"；而在昆虫中，我们却称这样的本领为"本能"。而这本能，其实就是动物的天才。

Z 知识考点

1.无论任何生物，都有一种特殊的天赋：一个孩子可能有音乐的天赋，一个孩子的天赋可能在雕塑方面，而另一个孩子则又可能是个速算的天才。昆虫也是这样，一种蜜蜂生来就会剪叶子，另一种蜜蜂却会造泥屋，而蜘蛛则会织网。在人类的世界里，我们总是称这样的人为_____；而在昆虫中，我们却称这样的本领为_____。

2.判断题：现在，有许多人总喜欢把人的品格、才能、爱好等归于祖先的遗传，也就是说承认一切动物包括人类的智慧都是从祖先那儿继承而来的。作者也赞成这种观点。　　　　　　　　　　　　（　　）

Y 阅读与思考

1.毕业后作者从事了什么工作？

2.本章作者的故事说明他从小具有什么性格特征？

条纹蜘蛛

M 名师导读

你见过长着条纹的蜘蛛吗？它们身上的条纹是不同颜色的，吐出的丝会不会也是不同颜色的呢？快跟随作者一起走进本章，寻找答案吧！

通常，大部分人都不喜欢冬季。在这个季节里，许多虫子都在冬眠。不过这并不代表没有什么虫子可以供我们观察了。在这个时节，如果一个观察者在阳光照射下的沙地里寻找，或是搬开地上的石头，或是在树林里搜索，那么他总是可以发现一种非常有趣的东西，那是一件真正的艺术品。【名师点睛：作者开篇用一件神秘的艺术品吸引读者的眼球，引出对条纹蜘蛛巢穴的介绍。】那些有幸欣赏到它们的人真的是太幸福太幸福了。在一年接近尾声的时候，发现这种艺术品的欣喜足以让我忘记所有的不愉快，也忘记那一天不如一天的天气。

如果有人在野草丛里或柳树丛里搜索的话，我希望他能找到这样一种神奇的东西：条纹蜘蛛的巢——正像我眼前所呈现的一样。

无论从形态还是从颜色来看，条纹蜘蛛是我所知道的蜘蛛中最完美的一种。在它那像榛仁一般大小的胖胖的身躯上，有黄、黑、银三色相间的条纹，因而它被取名叫"条纹蜘蛛"。它们的八只脚环绕在身体的周围，就像是车轮的辐条。【写作借鉴：运用比喻的修辞手法，将条纹蜘蛛的身躯比作榛仁，表现了它身躯肥胖的特点。另外，将它的脚比作车轮的辐条，形象而贴切。本句中，还点明了它的名字的来源。】

它从不挑食，各种小虫子它都爱吃。所以不管是蝗虫跳跃的地方还是苍蝇盘旋的地方，也不管是蜻蜓跳舞的地方还是蝴蝶飞翔的地方——只要有条件结网，它就会立刻织起网来。它常常把网横跨在小溪的两岸，因为那里的猎物要丰盛得多。有时候它也会把网织在长着小草的斜坡上或是榆树林里，因为那里是蚱蜢的乐园。

那张大网便是它捕获猎物的武器，网的周围牢牢地系在附近的树枝上。它的网与其他蜘蛛的网相差无几：放射形的蛛丝从中央向四周扩散，在这上面盘旋着一圈圈的螺线，从中央一直转到边缘。整张网是极大的，而且整齐对称。

在网的下半部系有一根又粗又宽的带子，它从中心开始，沿着辐一曲一折，直到边缘，这是它独特的网的记号，就算是它在作品中的签名。而且这种粗粗的折线使它的网变得更坚固。

网一定要做得很结实，因为有的猎物是很重的，再加上它们的挣扎，很可能会把网撑破。<u>而蜘蛛本身并不会选择或捕捉猎物，所以它们只能不断改进和加强自己的大网以捕获更多的猎物。它总是安静地坐在网的中央，把八只脚撑开，以便能感觉到网的任何一个方向上的轻微震动。摆好阵势后，它就开始等候，看命运会赐予它什么食物。</u>

【名师点睛：蜘蛛并不是主动出击的猎手，它们总是织出结实的网，设好陷阱，等待猎物自投罗网。】有时是那种微弱无力甚至不能控制飞行的小虫；而有时则是那种在做高速飞行的时候，不小心撞在网上的强大而鲁莽的昆虫。有的时候它一连好几天都没有收获，而有的时候它的食物会丰盛得吃都吃不完。

蝗虫，尤其是叫作火蝗的那一类，它无法控制自己腿部的肌肉，所以常常跌进网中。也许你会以为，那蛛网一定承受不住蝗虫的冲撞，因为蝗虫的个头儿要比蜘蛛大得多，只要它稍稍用力，就可以把网蹬出一个大洞，然后逃之夭夭。但事实并不是这样的，如果第一次挣扎以失败而告终的话，那么它就基本没有生还的可能了。

而条纹蜘蛛并不急于吃掉蝗虫，它会把全部的丝囊同时射出丝花，再用后腿把射出来的丝花捆起来。<u>它是用丝囊来制造丝的，上面有细</u>

孔，就像喷水壶的莲蓬头一样。【写作借鉴：运用比喻的修辞手法，将条纹蜘蛛的丝囊比作喷水壶的莲蓬头，形象而贴切地表现了丝囊的形态。】它的后腿最长，而且能张得很开，所以射出的丝也能极大程度地分散。这样，它从腿间射出来的丝就不是一条条单独的丝了，而是连成片的丝，就像一把云做的扇子，有着虹霓一般的色彩。然后它就用两条后腿迅速交替着把这种薄片——或者说是裹尸布吧——一片片地向蝗虫掷去，就这样蝗虫被完全缠住了。

这不禁让我联想起了古时候的角斗士。每当遇到强大的野兽时，他们总是要把一张网放在自己的左肩上，当野兽扑过来时，他就右手一挥，敏捷地把网撒开，就像能干的渔夫撒网那样，把野兽困在网里，再用三叉戟一刺，就结束了那个野兽的性命。【名师点睛：作者观察蜘蛛猎取食物，联想到了角斗士与野兽的搏斗，同样是用网束缚对方，同样让对方无处可逃，蜘蛛像英勇的角斗士一样，是个优秀的猎手。】

蜘蛛也是用同样的方法，不过它还有另外一个人类所没有的绝招：它可以把自己制造的丝制的锁链连续不断地缠到蝗虫身上，一副不够，第二副会立即跟着抛上来，然后还有第三副、第四副……直到用完它所有的丝。而人类的网却只有一副，就算还有很多，也没办法这么迅速地接连抛出去。

直到那白丝网里的囚徒决定放弃抵抗、坐以待毙的时候，蜘蛛才得意洋洋地向它走过去。这时它就会利用起那个比角斗士的三叉戟还厉害的武器——它的毒牙。它会用它的毒牙咬住蝗虫，高高兴兴地饱餐一顿，然后再爬回到网的中央，继续等待下一个自己送上门来的猎物。

条纹蜘蛛在母性方面显露的天分比猎取食物时所显露的天分更令人惊叹。【写作借鉴：过渡句，介绍完条纹蜘蛛猎取食物的方式，作者自然地将话题转到了条纹蜘蛛的母性方面，用做比较的方式突显它的天分，引起读者的阅读兴趣。】它的巢是一个丝织的袋，而它就把卵产在这个袋里。它这个巢远比鸟类的神秘，它的形状像一个倒置的气球，和鸽蛋差不多大，有宽大的底部和狭小的顶部。顶部是被削平的，围着一圈扇蛤形的边。从整体来看，这就是一个用几根丝支撑着的蛋状物体。

巢的顶部是凹陷的，就像放着一个丝织的碗。巢的其他部分像是包着一层又厚又细腻的白缎子，并且点缀着丝带和黑褐色的花纹。我们可以很轻易地猜到这一层白缎子的作用——它是用来防水的，由于有了它的存在，雨水或露水就不能浸透它了。

要想不让里面的卵被冻坏，就不能将巢直接放在地面上，或是藏在枯草丛里。除此之外，它还需要一些特制的保暖设施。让我们用剪刀把包在外面的这层防雨缎子剪开来看看吧！在这下面我们发现了一层红色的丝。这层丝并不是常见的那种纤维状，而是很蓬松的一束。这种物质，比天鹅的绒毛还要柔软，比冬天的炉火还要温暖，它将是小蜘蛛们温暖的婴儿床。小蜘蛛们在这张舒适的床上是绝不会被寒冷空气侵袭的。【写作借鉴：做比较，衬托蜘蛛巢的舒适与温暖，表现母蜘蛛对小蜘蛛的细心呵护。】

在巢的中央有一个袋子，袋子的底部是圆的，顶部是方的，就像锤子一样，并且有一个柔嫩的盖子盖在上面。这个袋子是用非常细软的缎子做成的，蜘蛛的卵就藏在里面。蜘蛛的卵是一种小巧的橘黄色颗粒，它们聚集在一块儿，拼成一颗豌豆大小的圆球。这些就是蜘蛛的宝贝。蜘蛛妈妈必须精心保护，不让冷空气伤害到它们。

那么这样精致的袋子是如何制成的呢？让我们来看看它做袋子时的情形吧！工程开始的时候，它先是放出一根丝，并慢慢地绕着圈子。它用后腿把丝慢慢拉出来，叠在前面的一圈丝上，就这样一圈圈地叠加上去，就织成了一个小袋子。袋子与巢之间也是用丝线连接在一起的，这样就可以使袋口张开。袋的大小恰好能装下全部的卵而不留一点儿空隙，真不知道这蜘蛛妈妈是怎样把握得那么精确的。

产完卵后，蜘蛛的丝囊又要开始运作了。但这次不同于以前。它先用后脚拉扯着放出来的丝，然后就看见它放下身体，让身体接触到某一点，然后再抬起来，再放下，接触到另一点，就这样一会儿在这，一会儿在那，一会儿上，一会儿下，毫无规则。这种工作的结果，并不是织出一段很美丽的绸缎，而只是制成了一张杂乱无序、错综复杂的网。

接着它会射出另一种丝，红棕色的，它非常细软。它用后腿把丝压实，包裹在巢的外面。

然后它再一次变换材料，仍然放出白色的丝线，给巢的外侧再多穿上一层白色的外套。到了这个阶段，它的巢已经成了一个上端小、下端大的小气球了。【写作借鉴：作者用比喻的修辞手法，将条纹蜘蛛装饰的巢比作气球，比喻生动形象。】接着它又会放出颜色各异的丝——赤色、褐色、灰色、黑色……让你目不暇接，它正是用这种华丽的丝线来装饰它的巢的。直到完成这一道工序，整个工作才算大功告成了。

条纹蜘蛛拥有着一个多么神奇的纺纱厂啊！【写作借鉴：比喻的修辞手法的运用，将条纹蜘蛛的巢比作神奇的纱厂，表明了它的巢是用丝线制作而成，也表达了作者对它的才能的赞叹。】拥有了这个简易而长久的工厂——它就可以交替做着搓绳、纺线、织布、织丝带等各种工作，而完成这些工作的全部机器就只是它的后腿和丝囊。那么它又是怎样做到如此随心所欲地变换"工种"的呢？它又是怎样随心所欲地放出自己所需要的不同颜色的丝呢？我能看到的只有这些结果，根本无法获知其中的奥妙。

当巢完全建好以后，蜘蛛就头也不回地踱着步子走开了，并且再也不会回来。不是它狠心抛弃宝宝，而是它真的用不着再操心了，时间和阳光会帮助它养育宝宝的。而且，它也没有精力再做什么了，因为在替它的孩子做巢的时候，它已经用光了自己所有的丝，再也没有剩余的丝供自己张网捕食了。况且它已经没有了食欲，衰老和疲惫的它，在世界的某个角落孤独地熬过几天之后，就安详地死去了。这便是我那匣子里的蜘蛛一生的宿命，也是所有生活在树丛里的蜘蛛的必

然归宿。【名师点睛：宿命论为蜘蛛蒙上了悲剧色彩，突显蜘蛛母亲的伟大，作者看似平静的语言下暗藏对蜘蛛的尊敬和怜悯。】

　　你一定还记得那住在小小的巢里面的那些橘黄色的卵吧。那些美丽的卵有五颗之多。你也一定还记得它们是被密封在白缎子做的巢里的吧？那么当里面的小东西要跑出来，又冲不破那雪白的墙壁时该怎么办呢？况且它们的母亲又不在身旁，没法帮助它们冲破丝袋，它们又是用什么办法来解决这个问题的呢？【名师点睛：连续几个问题的提出，引起读者的思考，同时引出下文中答案的揭示。】

　　动物在许多地方和植物是类似的。在我看来，蜘蛛的巢相当于植物的果实，只不过里面包含的不是种子而是卵，而且这些卵不会自己移动，但植物的种子却能在遥远的地方生根发芽。

　　植物有许多传播种子的方法，它们会把种子送到四面八方：凤仙花在果实成熟的时候，只要受到轻轻的碰触，便会四分五裂，每一瓣各自蜷缩起来，把种子弹射到远处；还有一种像蒲公英的种子一样很轻的种子，它长着羽毛，只要风轻轻一吹就能把它们带到很远的地方；榆树的种子则是嵌在一把又宽又轻的扇子里的；槭树的种子则成对地搭配，就像一双张开的翅膀；桎树的种子有着船桨的形状，风足以让它飞到极远的地方……这些种子都是随遇而安的，不管落到什么地方都可以安家落户，开始下一圈的生命轮回。

　　和植物一样，动物也会凭借大自然的力量，用各种千奇百怪的方法，让它们的种族散布在各地生存繁衍。对此你可以从条纹蜘蛛的身上略知一二。【名师点睛：过渡句，这里上承植物传播种子的内容，下启条纹蜘蛛种族散布的内容。】

　　三月的时候，正是蜘蛛的卵开始孵化的时候。如果用剪刀剪开蜘蛛的巢，我们就可以看到有些卵已经变成了小蜘蛛，爬到中央那个袋子的外面了，但有些仍旧是橘黄色的卵。而这些刚刚孵化成型的小蜘蛛还并没有像它们的母亲一样，穿着那美丽的条纹外衣，它们的背部是淡黄色的，腹部是棕色的，它们还要在袋子的外面、巢的里面，待上整整四个月。【写作借鉴：外形描写，原来小蜘蛛是没有条纹的，它们还没有同母亲一样"穿上美丽的条纹外衣"。作者用穿衣来形容蜘蛛发育的变化，活泼的笔调将蜘蛛拟人化。】在这段时间里，它们会渐渐地变得强壮丰满起来，而与其他动物不同的是，它们并不是在外面的广大天地中成长的，而是在巢里逐渐成年的。

到了夏天的时候，这些小蜘蛛就急着要冲出来了。可是它们根本无法在那坚硬的巢壁上挖洞。那该怎么办呢？你完全用不着为它们担心，因为那巢就像成熟的种子果皮一样，会自己裂开，自动地把后代送出来。它们一出巢，就会各自爬到附近的树枝上，并且放出极为轻巧的丝来，当这些丝在空中飘荡的时候，它们就会被牵引着到别的地方去了。

Z 知识考点

1.条纹蜘蛛那像榛仁一般大小的胖胖的身躯上，有＿＿＿＿＿＿＿＿＿＿＿、＿＿＿＿＿＿＿＿＿、＿＿＿＿＿＿＿＿＿三色相间的条纹，因而它被取名叫作"条纹蜘蛛"。

2.判断题：条纹蜘蛛建完巢后就会离开，抛弃自己的孩子。（　　　）

Y 阅读与思考

1.条纹蜘蛛对食物有什么要求？

2条纹蜘蛛用什么机器完成搓绳、纺线、织布的工作？

狼　蛛

　　大多数人都不喜欢蜘蛛，认为这种爬行生物有毒，十分可怕。但是
毒蜘蛛也有可爱的一面，它们爱护家庭，乖巧又有耐心，还有很多奇怪
又有趣的习性。让我们来了解一下它们吧！

　　蜘蛛的名声很坏：很多人都认为它是一种恶心而又可怕的动物，一
看到它就想把它一脚踩死，这也许是因为它们狰狞的外表。不过任何
一个仔细的观察家都会知道，它是十分勤奋的劳动者，是一个天才的
纺织家，也是一个狡猾的猎人，并且在其他方面也很能引起人的兴趣。
所以，即便不从科学的角度看，蜘蛛也是一种具有极大研究价值的动
物。【名师点睛：大众对蜘蛛都有一种厌恶的心理，但作者抛开世俗的看
法，站在一个生物学家的角度，肯定了蜘蛛的研究价值。】

　　总会有一些人说它有毒，这便成了它最大的罪名，也正是这一点
使大家都惧怕它。不错，它的确有两颗毒牙，可以立刻置它的猎物或
敌人于死地。如果单单就这一点来看，我们的确可以说它是可怕的动
物。可是毒死一只小虫和谋害一个人是迥然不同的事情。不管蜘蛛能
如何迅速地结束一只小虫子的性命，对于我们人类来说，这些都不会
比蚊子的嘴更加可怕。所以，我可以大胆地说，绝大多数的蜘蛛都是
无辜的，它们莫名其妙地被人类冤枉了。

　　不过，也的确有少数种类的蜘蛛是有剧毒的。据意大利人说，狼
蛛一刺就能使人全身痉挛而疯狂地跳舞，而且要治疗这种病，除了音
乐之外，就再也没有别的灵丹妙药了。而且也只有为数不多的几首曲

子才可以治疗这种病。【名师点睛：插入意大利的一个传说，增加了文章的趣味性，增强了文章的可读性，也为狼蛛的出场做了铺垫。】

这个传说听起来让人觉得有点可笑，但仔细想来也是有一定道理的。狼蛛的刺或许能刺激神经而使人失去常态，只有音乐能使他们镇定而恢复正常。人们在剧烈的舞蹈中还可以排出大量的汗液，从而把毒素驱赶出来。

在我们这一带，有一种最厉害的黑腹狼蛛，从它们身上我们便可以得知蜘蛛的毒性到底有多强。我家里曾养了几只狼蛛，让我先把它们介绍给你，并告诉你它们的捕食方法吧！【名师点睛：作者前文插入与狼蛛有关的传说，为狼蛛的登场做铺垫，引起读者对狼蛛毒性的好奇。接下来再以实物为例，为我们详细介绍这种有毒的蜘蛛。】

这种狼蛛的腹部长着黑色的绒毛和褐色的条纹，腿部还长着一圈圈灰色和白色的斑纹。它们最喜欢在长着百里香的干燥沙地上生活。我的那块荒地，刚好符合它们的要求。通常这种蜘蛛的穴会有二十个以上。我每次从洞边经过，向里面张望的时候，总可以与四只大眼睛六目相对。这位隐士的四个望远镜就像钻石一般闪着光，而藏在地底下的四只小眼睛就不容易被看到了。

狼蛛的居所大约有一尺深、一寸宽，是它们用自己的毒牙挖成的，最初的时候是笔直的，继续挖下去才渐渐地产生了弧度。洞的边缘有一堵矮墙，是用稻草和各种废弃的碎片甚至是一些小石头筑成的，看上去有些简陋，如果不仔细看甚至会被忽略掉。有时候它会把这围墙建得高一点，有一寸左右；而有的时候却仅仅是从地面上隆起的一道边。【名师点睛：对狼蛛的居所进行了简短的描述。】

我打算捉一只狼蛛来观察。于是我在它的洞口模仿着蜜蜂的声音舞动着一根小穗。我原认为狼蛛听到这声音一定会以为是自投罗网的猎物，马上冲出来。然而我的计划失败了，那狼蛛倒的确向上爬了一些，分辨这到底是什么声音，但它似乎立刻就发现这并不是猎物而是陷阱，于是就一动不动地停在了那里，坚决不肯再迈出一步，只是充满戒心地向外望着。【名师点睛：描写狼蛛警惕的样子，说明这种蜘蛛胆子很小，也很机敏。】

看来要捉到这只狡猾的狼蛛，就只能用活的蜜蜂做诱饵才行。于是我找了一只瓶口和洞口一样大的瓶子。我把一只土蜂装在瓶子里，然后把瓶口罩在洞口上。这强大的土蜂起先只是嗡嗡地叫，并且发疯似的撞击着这玻璃的囚室，拼了命想冲出这可恶的地方。当它发现面前有一个洞口与自己的洞口极其类似的时候，便毫不犹豫地飞进去了。

它实在是愚蠢极了，自己走上这么一条自取灭亡的道路。它往下飞的时候，那狼蛛也正在匆匆忙忙往上赶，于是它们在洞的拐角处相遇了。然后我就听到了从里面传来的惨叫——那只可怜的土蜂！在这以后便是长时间的沉默。【名师点睛：对土蜂和狼蛛相遇的情景的描述，即使只有声音的描述，我们也能想象到洞里的情况。】

我把瓶子移开，用一把钳子伸到洞里去试探。当我把那土蜂拖出来时，正像刚才我所想象的那样，它早已经死了，一幕悲剧已经在洞里发生了。从天而降的猎物突然被夺走了，狼蛛愣了一下，实在舍不得放弃这肥美的猎物，便急急地追上来。于是猎物和猎手就在我的安排下出洞了，我赶紧趁机用石子塞住洞口。这狼蛛似乎被突如其来的变化惊呆了，一下子变得很胆怯，站在那里犹豫着，不知如何是好，连逃走的勇气都没有了。【名师点睛：狼蛛"惊呆""不知如何是好"，作者在猜测狼蛛的心理状态，将这个惊慌失措的狼蛛形象描绘得十分生动。】于是，我花了不到一秒钟的工夫，便毫不费力地用一根草把它拨进纸袋里。我就是用这样的办法引诱它出洞并捉住它的。这样，不久之后我的实验室里就有了一群狼蛛。

我用土蜂去引诱它，不仅仅是为了捉它，更想看看它是如何猎食的。我知道它是那种每天都必须吃新鲜食物的昆虫，而不是像甲虫那样吃母亲为自己储藏的食物就可以的昆虫，也不是像黄蜂那样有奇特的麻醉术，可以使猎物保持两星期的新鲜状态的昆虫。它是一个凶残的屠夫，一旦捉到食物就必然将其活活杀死，并当场吃掉。

狼蛛能得到它的猎物并不容易，也是要冒着极大的风险的。那有着强有力的牙齿的蚱蜢和带着毒刺的蜂随时都可能飞进它的洞中去。它们的武器不相上下，究竟谁能更胜一筹呢？狼蛛除了它的毒牙以外，并没有其他武器，它不能像条纹蜘蛛那样用丝来俘获敌人。它唯一的办法就是扑到敌人身上，立刻用毒牙把它杀死。而且它必须迅速地把毒牙刺入敌人最致命的位置。虽然它的毒牙很厉害，可我不相信它在任何地方轻轻一刺，即使没有刺中要害的时候，也能如此轻易地就取了敌人的性命。

我已经讲过狼蛛生擒土蜂的故事，可这并不能满足我的好奇心，我还想知道它与其他昆虫作战的情形。于是我替它挑选了一种最强大的对手，那就是木匠蜂。这种蜂全身长满了黑色的绒毛，翅膀上嵌着紫线，差不多有一寸长。它的刺很厉害，被它刺了以后会很痛，而且伤口会形成肿块，直到很多天以后才会消退。我之所以了解得这样清楚，是因为曾经身受其害，被它刺伤过。它的确是值得狼蛛去决一雌雄的劲敌。【名师点睛：作者用自己被木匠蜂刺伤的经历来说明木匠蜂的危险性。这个强有力的敌人的加入，为接下来昆虫作战的场景增添了趣味。】

我捉了几只木匠蜂，把它们分别装在瓶子里。然后又挑了一只又大又凶猛并且正饥饿难耐的狼蛛，我把瓶口罩在那只穷凶极恶的狼蛛的洞口上，那木匠蜂在玻璃囚室里发出激烈的嗡嗡声，好像知道死期将至似的。这时狼蛛被这声音惊动了，它从洞里爬了出来，将半个身子探到洞外。它用眼睛观察着，并不敢贸然行动，只是静静地等待着时机。我也耐心地等候着。一刻钟过去了，半个小时过去了，什么事都没有发生，狼蛛居然又若无其事地爬回去了。也许它还是觉得有些不对，放弃了贸然捕食的行动。我用同样的方法又试探了其他几只狼蛛，我不信每一只狼蛛面对如此的盛宴都会这样无动于衷。于是我耐心地一个接一个地

试探着，可结果都是一个样儿，它们总对这"天上掉下来的馅饼"怀有戒心。【写作借鉴：引用俗语，增加了文章的趣味性。】

最后，我终于成功了。有一只狼蛛迅猛地从洞里冲出来，无疑，它一定饿疯了。就在一眨眼间，恶斗结束了，强壮的木匠蜂死了。凶手把毒牙刺在了哪里呢？果真是在木匠蜂的头部后面，而且它的毒牙还咬在那里。我敢肯定狼蛛确实具有这种知识：它能不偏不倚正好咬在敌人那唯一致命的位置，那地方正是它的俘虏的神经中枢。【名师点睛：狼蛛眨眼间的精彩表现消除了作者的怀疑。这种蜘蛛真的会一招制敌，轻轻一刺就迅速把毒牙刺进敌人身上最致命的地方。这也是它的天赋。】

我做了很多次类似的实验，发现狼蛛每一次都是在转眼之间把敌人干净利落地干掉，并且作战手段都极其相似。现在我终于明白为什么在前几次实验中，狼蛛会只看着洞口的猎物，而迟迟不敢出击了。它的犹豫是有道理的，像这样强大的昆虫，它若冒失鲁莽地去捉，万一不能一击而置其于死地的话，那它自己可能就性命难保了。因为如果蜂没有被击中要害，它就至少还可以活上几个小时，而在这几个小时里，它有充分的时间来回击敌人。狼蛛正是因为清楚地知道这一点，所以它才选择守在安全的洞里，等待机会，直到那大蜂正面对着它，而头部极易被击中的时候，它才肯立即冲出去，否则绝不会冒着生命危险出击的。

现在让我来告诉你，狼蛛的毒素是一种多么可怕的暗器吧！【名师点睛：作者以这一句作为总起句，并引出下文中对狼蛛毒素的介绍。】

我曾经做过一次实验，让一只狼蛛去咬一只羽毛刚长好即将要出巢的小麻雀。麻雀受伤以后，一滴血流了出来，伤口周围形成了一个红红的圈，不一会儿就变成了紫色，而且很快被咬的这条腿就已经使不上力气不能动了。这时，小麻雀只能用单腿跳着，除此之外它好像并没什么痛苦，胃口也很好。我的女儿同情地把苍蝇、面包和杏酱等食物喂给它吃。

这可怜的小麻雀做了我的实验品，但我相信它在不久以后一定会痊愈，很快就能恢复健康的——这也是我们一家共同的希望和推测。【名师点睛：作者对麻雀的关心，体现了他对生命的尊重。】十二个小时过去了，我们对它的伤势仍然保持乐观。它仍然会好好地吃东西，喂得迟了它还会发脾气。可是两天以后，它便不再进食了，羽毛也变得十分零乱，身体缩成一个小球，有时候一动不动，有时候会有一阵痉挛。我的女儿怜爱地把它捧在手里，哈着气努力地给它温暖。可它还是痉挛得越来越厉害，次数也越来越多，最后终于离开了这个世界。

那天晚餐席上的气氛一直是冷冷的。我从一家人的目光中看出他们对我的实验的无声抗议和谴责。我知道他们一定认为我太残忍了。大家都为这只可怜的小麻雀的死感到悲伤。我自己也很懊悔：为了我这样一个小小的好奇心，付出了生命这样大的代价。【名师点睛：生物实验中经常会发生这样的事情，作者有一颗善良的心，也怀有对生命的尊重，但为了科学研究他不得不做实验，在研究昆虫的道路上，他是孤独的。】

尽管如此，我还是鼓起勇气用一只鼹鼠实验。它是在偷田里的莴苣时被我们捉住的，所以即使它惨死也是罪有应得。于是，我把它关在笼子里，用各种甲虫、蚱蜢喂它，它整日贪婪地吃着，被我养得胖胖的，健康极了。

后来，我让一只狼蛛去咬它的鼻尖。被咬过之后，它不住地用它的爪子挠抓着鼻子，因为它的鼻子开始慢慢地腐烂了。从这时开始，这只大鼹鼠也渐渐没有食欲了，什么也不吃，而且行动迟钝，我能看出它的痛苦难耐。到了第二天晚上，它就已经完全绝食了。大约在它被咬后的三十六个小时，它终于死了。那关它的笼里还剩余着许多没有被吃掉的昆虫，这足以说明它并不是被饿死的，而确实是被毒死的。

所以狼蛛的毒牙不仅能结束昆虫的性命，而且对那些稍大一点儿的小动物而言，也是十分危险可怕的。它可以置麻雀于死地，也可以使鼹鼠毙命，尽管它们的体形要比它大得多。虽然后来我再也没有用其他动物做过类似的实验，但我已经确定，我们绝不能小瞧这个体形较小的昆虫，一定不能被它咬到，那毒牙的威力是不能用生命来做实验的。【名师点睛：作者得出了实验结果，说明狼蛛的毒性果然十分强大，告诫我们要小心谨慎，以防被这种蜘蛛所伤。】

现在，让我们试着把这种杀死昆虫的蜘蛛和麻醉昆虫的黄蜂比较一下吧！它们的差别在于：蜘蛛，它靠新鲜的猎物生存，所以它需要咬住昆虫头部的神经中枢，使它立刻死去；而黄蜂，它要保持食物的新鲜，为它的幼虫提供食物，因此它得刺在猎物的另一个神经中枢上，使它不能动弹。而相同的是，它们都喜欢吃新鲜的食物，用的武器又都是毒刺。

没有谁来教会它们如何根据自己的需要来采用不同的方法对待猎物，这是与生俱来的。这便使我们相信在冥冥之中，世界上的确有着一位万能的主宰者掌握着昆虫的命运，也统治着人类的世界。

我在实验室的泥盆里养了好几只狼蛛。通过它们，我了解了狼蛛猎食时的详细情形。这些做了俘虏的狼蛛的确很健壮。它们总是将身体藏在洞里，把脑袋探出洞口，用玻璃般的眼睛向四周张望。它们会把腿缩起来，像是在随时为跳跃做准备。它们在阳光下静静地守候着，一两个小时的时间就这样不知不觉地过去了。

如果狼蛛看到一只可以当作食物的昆虫从旁边经过，它就会立刻像箭一般地跳出来，狠狠地用毒牙叮咬那猎物的后颈，得手后，它总会露出满意又快乐的神情。而那些倒霉的蝗虫、蜻蜓或是其他什么昆虫就这样不明不白地死去了，做了它的盘中美食。然后它拖着猎物迅速地回到洞里——也许因为它觉得在家里用餐比较方便吧。这足以显示出它的技巧以及敏捷的身手，真的令人叹为观止。【名师点睛：这里描述了狼蛛捕食的过程，将它灵敏的身手展现了出来。】

如果猎物就在它的附近，它便纵身一跃努力扑到猎物身上，事实证明它极少有失手的时候。但如果猎物在很远的地方，它就会放弃，绝不会锲而不舍地猛追。所以它并不是一个贪得无厌的家伙，不会落得一个"偷鸡蚀米"的下场。【名师点睛：狼蛛会根据猎物的距离来决定是否狩猎，遇到合适的猎物就毅然出击，没有合适的猎物它们就耐心地等待。我们可以看出它们不贪婪、不愚蠢、非常理性的特点。】

从这一点可以看出狼蛛的耐性和理性。因为在它的洞里并没有任何可以帮助它猎食的设备，它只能傻傻地守候着。如果是没有恒心和耐心的昆虫，是一定不会这样坚持的，肯定用不了多久就缩回洞里睡觉去了。狼蛛并不是这种没有志气的昆虫。它确信，猎物今天不来，明天一定会来；明天不来，将来总有一天会来。【名师点睛：通过与其他昆虫的对比，说明狼蛛是有志气的昆虫。它们对未来充满希望，漫长的等待也不会让它们失去耐心，这种持之以恒的精神值得我们学习。】在这块土地上，生活着无数的蝗虫、蜻蜓之类的昆虫，而它们又总是那么不小心，给狼蛛提供机会。所以狼蛛只需要等待时机，时机一到，它就立刻蹿上去杀死猎物，或是当场吃掉，或者拖回去以后慢慢享用。

虽然狼蛛在大多数时候都是一无所获，但它好像从不担心自己会受到饥饿的威胁。因为它有一个可以调节容量的胃。它可以在很长时间内不吃东西也不感到饥饿。比如被我养在实验室里的狼蛛，有时候我会连续一个星期忘了给它们食物，但它们的气色看上去仍然和往常一样好。在饿了那么长的时间之后，也并不见它们憔悴，只是变得极其贪婪，就像一匹饿狼一样。

如果狼蛛还未成年，它会有一个灰色的身体，就像其他成熟的大狼蛛一样，只是没有黑绒腰裙——那个要到结婚的年龄时才会有。而这个时候它还并没有一个可以藏身的洞，更不能躲在洞里"守洞待虫"，不过它有另外一种觅食的方法。它会在草丛里徘徊，这是真正的狩猎。当小狼蛛看到一种它想吃的食物时，就会立即冲过去蛮横地把它赶出巢，然后穷追不舍，等到那慌乱的亡命者正预备起飞逃走时，一切就已经来不及了——小狼蛛已经扑上去把它咬住了。

我喜欢欣赏居住在我那实验室里的小狼蛛捕捉苍蝇时的那种敏捷动作。虽然苍蝇喜欢停落在两寸高的草上，可是只要狼蛛猛然一跃，就一样能把它捉住。我敢说，猫捉老鼠都没有如此敏捷。【名师点睛：狼蛛捕猎比猫捉老鼠还要敏捷，作者通过对比，表达对狼蛛捕猎速度的称赞。】

　　但这只是狼蛛小时候的故事，因为那时它们身体比较轻巧，行动也不受任何限制，可以随心所欲。而以后它们则要带着卵跑，不能再任意地东跳西蹿了。所以它就必须先替自己挖个洞，然后整天在洞口守候着，这便形成了成年蜘蛛的猎食方式。

　　假如你听到这可怕的狼蛛爱护自己家庭的故事，那么在惊异之余，你对它的印象也一定会有很大改观的。【名师点睛：过渡句，将文章的话题转到狼蛛爱护家庭方面。】

　　在八月的一个清晨，我发现一只狼蛛坐在地上织网，网的大小和一个手掌差不多。这个网很粗糙，样子也并不好看，但是很坚固。这就是它将来的工作场，而且这网能够把它的巢与沙地隔绝开来。在这张网上，它用最好的白丝织成一片约有硬币大小的席子，并且加厚席子的边缘，直到这席子变成一个碗的形状，周围圈着一条又宽又平的边。然后它就在这网里产卵了，再用丝把它们盖好。这样，从我们的角度来看，只能看到一个放在一条丝毯上的圆球。

　　然后它就用腿把那些攀在圆席上的丝一根根抽去，再把圆席卷起来盖在球上。接着它再用牙齿拉，用扫帚般的腿扫，直到它把藏卵的袋从丝网上拉下来为止，这可真是一项既麻烦又费力的工作。

　　这袋子是个白色的丝球，像樱桃那样的大小，摸上去又软又黏。如果你仔细观察，你就会发现在袋的中央有一圈水平的折痕，可以在里面插一根针而不至于刺破袋子。这条折纹就是那圆席的边。它用圆席将袋子的下半部包住，上半部则是小狼蛛出来的地方。除了母蜘蛛在产好卵后铺的丝以外，就再也没有其他的遮蔽物了。袋子里除了卵以外，也并没有其他东西，它不像条纹蜘蛛那样，在里面衬上柔软的垫褥和绒毛。狼蛛也不用担心气候对卵产生不好的影响，因为狼蛛的卵早在冬天来临之前，就已孵化了。【名师点睛：条纹蜘蛛的巢里有温暖柔软的丝，为了防止寒冷空气侵袭卵。狼蛛不一样，作者用同类做对比，表现了它们的差异。】

母蛛整个早晨都在忙着编织袋子。现在它累了，紧紧抱着装满了宝宝的小球，静静地休息着，生怕一不留神就把它们丢了。第二天早晨，我再去看它的时候，它就已经把这小球挂在身后的丝囊上了。

大概有三个星期的时间，它一直拖着那沉重的袋子爬行。不管是爬到洞口的矮墙上，还是在遭遇到了危险急急退入洞里，甚至在地面上散步的时候，它也从来不肯放下装有它宝贝的小袋子。如果有什么意外的事情使这个小袋子脱离了它的怀抱，它会立刻疯狂地扑上去，紧紧地抱住它，并准备好随时去反击那抢它宝贝的敌人。然后它会迅速地把小球重新挂到丝囊上，慌慌张张地带着它匆匆离开那个是非之地。

当夏天即将结束的时候，每天早晨，在太阳已经把土地烤得很热的时候，狼蛛就要带着它的小球爬出洞口了。它在那里静静地趴着。在初夏的时候，它们也常常在阳光明媚的时候爬到洞口，在温暖的阳光里小憩。不过现在，它们出来晒太阳完全是为了另外一个目的。因为以前狼蛛是为了自己而爬到洞口的阳光里，所以它躺在矮墙上，前半身伸出洞外，后半身藏在洞里。它让太阳光照到眼睛上，而身体却仍留在黑暗中。而现在它带着小球，就只好用相反的姿势来晒太阳——前半身在洞里，后半身在洞外。它用后腿把装着卵的白球举到洞口，并且不时地轻轻转动，让整个小球都能均匀地受到阳光的沐浴。它就这样足足晒半天，直到太阳落山。它的耐心真是令人感动，而且它不是一天两天这样做，它要一直连续晒上三四个星期的太阳。鸟类把胸伏在卵上，卵从它那像火炉一样的胸部吸收自己所需的热量。而狼蛛直接把它的卵放在太阳底下，利用这个天然大火炉的温度来孵化。

在九月初的时候，小狼蛛就要准备出巢了，这时小球就会沿着折痕裂开。它是怎么裂开的呢？是不是母蛛觉察到了里面的动静，就在一个适当的时候把它打开了？这也是极有可能的。但也会有另一种可能，就是那小球到了一定时期会自动裂开，就像条纹蜘蛛的袋子一样。条纹蜘蛛出巢的时候，它们的母亲早已死去多时了。所以只有巢自动裂开，孩子们才能爬出来。【名师点睛：作者自问自答，是对狼蛛的卵裂开方式的猜测。】

这些小狼蛛出来以后，都会爬到母亲的背上，紧紧地挤着，有时甚至有二百多只，就像一块包在母蛛身上的树皮似的。至于那袋子，在孵化工作完毕的时候就从丝囊上脱落下来，被当作垃圾抛在一边了。

这些刚出生的小狼蛛都很乖，它们从不乱动，也不会为了自己挤上去而把别人推开。它们只是静静地歇着。它们在做什么呢？实际上它们只是让母亲背着它们到处逛逛。而它们这任劳任怨的母亲，总是背着一大堆孩子一起跑，不管它是在洞底沉思，还是爬出洞外去晒太阳，它从不会把这件沉重的外衣甩掉，它要背着它们直到好季节的降临。【名师点睛：母蛛照顾孩子不离不弃，不管去哪都背着孩子，任劳任怨的模样让我们对这位伟大的母亲肃然起敬。】

这些小狼蛛在母亲背上靠什么来充饥呢？据我的观察，它们并没吃任何东西。我看不出它们在长大，甚至在它们离开母亲的时候，它们的大小还和刚从卵里孵化出来的时候完全一样。

在不好的时节里，狼蛛母亲自己也吃得很少。如果我捉一只蝗虫去喂它，经常会在很久之后才见它开口。为了保持元气和体力，它才偶尔不得不出来觅食，当然，它从未放下过它的孩子。

我曾经在三月里，去观察那些被风霜雨雪侵蚀过的狼蛛的洞穴。这个时候我总可以发现母狼蛛仍是一副充满活力的样子在洞里休息，背上还是背满了小狼蛛。也就是说，母蛛要背着小狼蛛们经过五六个月的时间。著名的美洲背负专家——鼩鼠，它也不过把孩子们背上几个星期而已。它们和狼蛛比起来，可真是小巫见大巫了。【名师点睛：

昆虫记

将鼹鼠称为美洲背负专家，表现了鼹鼠背负幼崽的特点，也体现出作者语言的幽默和诙谐。这里还将鼹鼠和狼蛛进行对比，突出表现了狼蛛背负小狼蛛的时间之长。】

　　背着小狼蛛出征总是很危险的，这些小东西常常会在路上掉下来。如果有一只小狼蛛不小心跌落到地上，它将会怎么办呢？它的母亲是不是会照看它，帮它爬上来呢？答案是否定的。因为一只母狼蛛要照顾几百只小狼蛛，划分下来每只小狼蛛就只能分得极少一点儿的爱。所以不管是一只、几只或是全部小狼蛛从它背上摔下来，它也绝不会为它们费心。它会让孩子们自己独立地解决这个难题。它要做的只是静静地等待，等孩子们自己解决困难，而且这困难并不是无法解决的，事实证明它们经常解决得很迅速而且干净利落。【名师点睛：母蛛虽然爱护孩子，但是并没有溺爱，而是让孩子学会独立解决难题。在残酷的昆虫世界中，这样的教育方式有助于小蜘蛛的成长。】

　　我曾经用一支笔把我实验室中的一只母狼蛛背上的小狼蛛刮下。这个母亲一点儿也没有惊慌，更不准备捡起它的孩子，它只是继续若无其事地往前走。那些落地的小东西在沙地上爬了一会儿，不久就都会再攀住母亲身体的一个部分：有的在这里攀住一只脚，有的在那里攀住一只脚。好在它们的母亲有很多脚，而且撑得很远，甚至在地面上摆出一个广阔的圆来，小狼蛛们就沿着这些脚继续往上爬，用不了多久，这群小狼蛛就又原封不动地聚在母亲背上了，不会有一只漏掉。在这样的情况下，小狼蛛总能够照顾好自己，而它们的母亲也从不为它们的跌落而费心。

　　在母狼蛛背着小狼蛛生活的七个月里，它究竟要不要喂养它们呢？它会不会同孩子们一起分享猎取来的食物呢？起初我以为一定是这样的，所以我特别留心母蛛吃东西时的情形，想知道它是如何把食物分成那么多份喂养孩子们的。通常母狼蛛是在洞里进食的，但是也有例外的时候，它也会到门口就着新鲜空气用餐。只有在这时候我才有机

320

会看到这样的情形：当母亲吃东西的时候，小狼蛛们并不来吃，甚至连一点儿要爬下来分享的意思都没有。好像这些食物与它们没有关系一样，而它们的母亲也并不客气，并没有给它们留下任何食物。母亲在那儿吃着，孩子们在那儿看着——不对，确切地说，它们只是伏在妈妈的背上，似乎根本不知道"吃东西"是怎么一回事。它们的母亲在那里狼吞虎咽，而它们就只安安静静地待在那儿，一点儿也不觉得馋。

【名师点睛：作者通过描写母狼蛛进食的画面，表现小狼蛛的乖巧可爱，同时也设下悬念，让读者好奇小狼蛛是如何维持生命的。】

那么，在母亲背上生活的整整七个月的时间里，它们是怎样吸取能量、维持生命的呢？你也许会认为它们是从母亲的皮肤上吸取养料的，但我发现事实并非如此。因为在我看来，它们从来没有把嘴巴贴在母亲的身上吮吸。而那母狼蛛，也并没有日渐瘦削和衰老，它还是同往常一样神采奕奕，甚至比以前更胖了。

那么它们究竟是靠什么来维持生命的呢？一定不是那些在卵里吸收的养料，因为那些养料实在是太少了。别说是不能帮它们造出丝来，甚至都难以帮它们维持生命。在小狼蛛的身体里一定有着另外一种能量供其生存。

如果它们不动，我们很容易理解它们为什么不需要食物，因为完全静止就没有消耗，相当于没有生命。但是这些小狼蛛，虽然它们大多时候安静地歇在母亲背上，但它们时刻都在准备运动。当它不小心从母亲这个"婴儿车"上跌落下来，它们就得立刻爬起来抓住母亲的一条腿，继而爬回原处；即使停在原地不动，它也得需要能量来保持平衡；它还必须伸直小肢搭在其他小狼蛛身上，这样才能稳稳地趴在母亲背上。所以，那种没有生命的绝对静止是不存在的。

我们知道，从生理学角度看，每一块肌肉的运动都需要消耗能量。动物和机器一样，用得久了一样会造成磨损，也需要经常进行修理更新。而运动时所消耗的能量，必须从其他地方得到补偿才行。我们可以把动物的身体和火车头进行比较。火车头在不停地工作的时候，它的活塞、杠杆、车轮以及蒸汽导管都在不断地磨损，铁匠和机械师随时都在维修和更换零件，就好像供给它食物，给它们补充能量一样。但是即使机器各部分都很完美，缺少了煤，火车头仍然无法开动。一直要等到火炉里有了煤，燃起了火，然后才能启动，这煤就是产生能量的"食物"，有了它才可以让机器动起来。【写作借鉴：作者用比喻的修辞手法，把动物的身体比作火车头，把食物比作煤，分析能量守恒定律，说明小狼蛛运动消耗了能量，一定在什么地方补回来了。】

　　动物也应如此，有能量才能运动。当小动物还是胚胎的时候，它们从母亲的胎盘或者卵里吸取养料。那是用来制造纤维素的一种养料，它会使小动物的身体长大、变强壮，并且补偿一些不足的地方。但除此之外，必须还有产生热量的食物，才能支持小动物进行跑、跳、游泳、飞跃等一系列动作，能量是做任何运动都必不可少的条件。

　　再讲这些小狼蛛，它们在离开母亲之前，并不曾长大。七个月的小狼蛛和刚刚出生的小狼蛛完全一样。卵供给它们以足够的养料，为它们的体质打下了一个良好的基础。但它们后来不再长大，因而也就不再需要吸收制造纤维的养料，这一点我们是可以理解的。但它们毕竟是在运动的呀！并且动作也很敏捷。它们到底是怎样取得产生能量的食物呢？【名师点睛：作者再次提出这个困扰我们的问题，引导我们继续读下去。】

　　我们可以这样来思考：煤——那供给火车头动能的食物究竟是什么呢？它是由许多许多年以前的树埋在地下形成的，当年它们的叶子吸收了充足的阳光。因此可以说煤就是贮存起来的阳光，火车头吸收了煤燃烧提供的能量，那么也就相当于吸收了太阳光的能量。

　　血肉之躯的动物也可以是这样，不管它是吃什么来维持生命，大家最终也都是靠着太阳的能量生存的。【名师点睛：说明太阳的重要，引出太阳光的作用，暗示小狼蛛可能是吸收太阳光的能量来维持生命的。】那种热能被储存在食物里，像是在草里、果子里、种子里和一切可作为食物的东西里。太阳是宇宙的灵魂，是能量的最高赐予者，没有太阳，地球上也就没有生命。

那么除了将食物吃进肚子，然后经过胃的消化作用吸收而变成能量以外，太阳光就不能像蓄电池充电那样直接射入动物的身体里，进而产生活力吗？动物为什么不能直接靠阳光生存呢？我们吃的果子中除了阳光外，还有其他的物质吗？

化学家告诉我们，将来我们有可能靠一种人工食物来维持生命。那时候所有的田庄都将被工厂和实验室所取代，化学家们的工作就是配置产生纤维的食物和产生能量的食物的比例来为我们的成长提供所需的能量，物理学家们也在一些精巧仪器的帮助下，每天把太阳能注射进我们的身体里，供给我们运动所需的能量。那样我们就可以不吃东西而继续维持生命了。你能想象得出不吃饭而吃太阳光这样的事吗？倘若果真如此，那世界将是多么美妙而有趣啊！

我们的梦想会实现吗？这个问题倒是很值得科学家们研究的。

到三月底的时候，母狼蛛就会常常蹲在洞口的矮墙上。小狼蛛们与母亲告别的时刻也悄悄逼近了。做母亲的似乎早已料到有这么一天，任凭它们自由地离去。而小狼蛛们以后的命运如何，它已经用不着再负责了。

在一个阳光明媚的日子里，它们会决定在那一天最热的一段时间里分离。小狼蛛们成群结队地从母亲的身体上爬下来，看上去没有丝毫的不舍与伤感。它们在地上爬了一会儿后，便会用惊人的速度爬到我实验室里的架子上来。它们的母亲喜欢住在地下，而它们却喜欢往高处爬。它们会顺着架子上那个竖起的环迅速地爬上去。然后，它们就在这上面，愉快地纺丝、搓绳子。它们的腿不住地往空中伸展，我了解它们的意思：它们长大了，还想往上爬，一心想跋山涉水闯天涯，离家越远越好。【名师点睛：小狼蛛不停向上爬，说明它们对未知世界并

没有畏惧，而是充满了好奇，这种积极向上的探索精神值得称赞。】

于是我又在环上插了一根树枝，它们随即就又爬了上去，一直爬到树枝的顶上。在那里，它们又放出丝来，并把丝攀在周围的东西上，搭成吊桥。而它们就在吊桥上来来往往，忙碌地奔波。现在，它们仍然还是一副毫不满足的样子，还想一个劲儿往上爬。

我又在架子上插了一根几尺高的芦梗，顶端还伸展着些细枝。这些小狼蛛又迫不及待地爬了上去，一直到达细枝的顶端。在那儿，它们仍然乐此不疲地放丝、搭吊桥。只不过这次的丝又长又细，在空中飘浮着，轻微的空气流动就能把它吹得剧烈地抖动，而那些小狼蛛在微风中就像那空中随风飘动的舞者一般。这种细丝是极不常见的，除非刚好有阳光照在上面，才能隐隐约约地看到它。

忽然一阵微风把丝吹断了，而那断了的一头飘扬在空中。再看这些小狼蛛，它们被吊在丝上来回飘荡，如果风再大一些的话，它们就将被吹到很远的地方了。等它们重新登陆，便是在一个陌生的地方生活了。

这种情形还要维持好多天。如果天气不好，它们会保持静止，一动都不动。如果没有阳光供给它们能量，它们就没办法随心所欲地活动。

最后，这个庞大的大家庭消失了，这些小狼蛛纷纷被飘浮的丝带到四面八方去了。原本拥有一群萌娃的母狼蛛那时却变成了一个可怜的孤寡老人。不过，它看起来似乎并没有为一下子失去那么多孩子而悲痛。它更加精神抖擞(sǒu)[振作起精神来，放松]地到处觅食，当背上沉重的负担都消失得无影无踪时，它轻松了很多，反而显得更加年轻了。不久以后它就会做祖母，以后还会做曾祖母，因为一只狼蛛可以活上好几年呢。

从这个狼蛛的家族中，我们可以看到，有一种本能很快地赋予小狼蛛，而不久又很快地消失了，而且是永远地消失了，那就是攀高的本能。它们的母亲都不知道自己的孩子曾有这样的本事，甚至连孩子们自己在不久的将来也会彻底忘记。当它们重新回到陆地，进行了无数天的流浪之后，便要开始挖洞了。在这时候，它们不再会梦想爬上一棵草梗的顶端。【名师点睛：狼蛛攀高的本能在回到陆地上生活之后就消失了，说明了生活环境会影响昆虫的本能习性。】

可当它们刚刚离开母狼蛛时，却的确是那样迅速、那样轻易地爬上高处。在它的生命发生转折时，它曾是一个满怀激情的攀登大师。我们现在终于明白了它攀高的目的：只有在很高的地方，它才可以攀一根长丝，那根长丝只有在高空才能随风飘荡，才能带着它们飘荡到更远的地方。我们人类用飞机开展遥远的旅行，它们也有它们自己的飞行工具。在需要的时候，它就替自己制造了这种工具，等到旅行结束，这工具也就被它彻底忘记了。

Z 知识考点

1.狼蛛是扑到敌人身上，立刻用_____把对方杀死，条纹蜘蛛是用_____来俘获敌人。两者的捕猎方式有很大的不同。

2.判断题：狼蛛的腹部长着黑色的绒毛和褐色的条纹，腿部还长着一圈圈灰色和白色的斑纹。它们最喜欢在长着百里香的干燥沙地上生活。　　　　　　　　　　　　　　　　　　　　　　（　　）

Y 阅读与思考

1.狼蛛大多数时候一无所获，它们为什么不担心受到饥饿的威胁？

2.小狼蛛喜欢往上爬，这是一种什么本能？

克鲁蜀蜘蛛

M **名师导读**

　　克鲁蜀是希腊的女神,与女神同名的蜘蛛长什么样子呢？它们又有什么特别的地方呢？你见过住"豪宅"的蜘蛛吗？来瞧瞧吧！

　　克鲁蜀蜘蛛是一个极为聪明、灵巧的纺织家,而且就蜘蛛家族而言,克鲁蜀蜘蛛也算是很美丽的一种了。克鲁蜀这个名字来源于古希腊三位命运女神中的一位,也是最小的一位。她负责掌管纺线杆,万物各自不同的命运都是从她那里纺出来的。克鲁蜀蜘蛛能为自己纺出最精美的丝,而克鲁蜀女神却不能为我们制造完美的命运和舒适的生活,这的确是一件令人遗憾的事！【名师点睛:作者通过介绍克鲁蜀蜘蛛名字的渊源,引出下文对克鲁蜀蜘蛛习性的介绍,它与希腊女神同名,说明它很美丽。】

　　我们必须到橄榄地的岩石斜坡上,才能观察到我们想了解的克鲁蜀蜘蛛。在被阳光晒得又热又亮的地方,如果我们翻起一些大小适宜的扁平石块——最好是那些被牧童堆起来做凳子用的小石堆。这种凳子尽管简陋,却深得牧童们的喜爱,因为这可以让他们随时坐下来看守山底下的羊群,工作休息两不耽误,真是其乐无穷。而这些地方往往也是克鲁蜀蜘蛛喜爱的地方,如果你并没有找到它们,那么也不要灰心。毕竟在这个世界上,克鲁蜀蜘蛛的确是很稀少的,并不是每个地方都适合它们生存,所以找不着它们也是很正常的。倘若我们有好运气的话,当翻起石块时,我们就会发现在它下面有一个样子很特别的东西:形状像是一个反过来的穹形屋顶,大概有半个梅子一般大小,外面挂着一些小贝壳、一些泥土和已经风干了的虫子。

在穹形顶的边缘有十二个尖尖的扇蛤，它们被固定在石头上，伸展于各个方向。这就是克鲁蜀蜘蛛的豪宅！【写作借鉴：将克鲁蜀蜘蛛的家比作豪宅，表现了作者语言的诙谐生动。】

那么豪宅的入口又在哪里呢？尽管在它周围有许多拱，但那些拱都开在屋顶的上部，并不是可以通向屋子的通道。可是这屋子的主人总要进出，那么它的门究竟是设在哪里的呢？用一根稻草，我们便会知道所有的秘密。

如果我们用一根稻草向拱形的开口处插进去，就会发现这些拱门都是从里面反锁的，而且被关得严严实实。但是如果你再稍稍地用一用力，你就会发现，其中必定有一个拱门是可以开启的，它的边缘会裂成嘴唇般的两片。所以这里便是出入口了，而且它很智能，因为它有弹性，会自己关闭。

当克鲁蜀蜘蛛遇到危险的时候，它就会飞快地跑回家中，用脚爪轻轻一触，门就自动开了，等它钻进去后，门又会自动关闭起来。如果有必要的话，它还可以将门反锁，所谓反锁也只不过是用几根丝线做一下固定而已，并不能起多大的作用。但是从外边看来，它跟其他的拱完全一样，这样至少可以起到迷惑的作用，敌人只能看见它消失得无影无踪，却不知道它到底是从哪里逃掉的。

现在让我们打开它的门吧。天啊！那是多么金碧辉煌啊！这使我马上联想起那个娇贵公主的神话故事——她是如此娇贵，哪怕她床上垫褥底下有一片折皱了的玫瑰花的叶子，她也会睡不好觉。当你看到克鲁蜀蜘蛛的家，你会觉得它与那位公主相比甚至有过之而无不及。

【名师点睛：插入故事，增强趣味性，把克鲁蜀蜘蛛的巢穴和公主的宫殿做对比，衬托出克鲁蜀蜘蛛住宅的华丽与舒适，不愧是"豪宅"。】它的床比天鹅绒还软，比夏天的云还白。床上既有绒毯，又有被子，而且都异常柔软。克鲁蜀蜘蛛就安居在这绒毯和被子之间。它长着一双短短的腿，穿着黑色的衣服，背上还有五个黄色的徽章。【写作借鉴：对克鲁蜀蜘蛛外形的简单勾勒，使读者对克鲁蜀蜘蛛的形象有了初步的印象。】

但是要在这屋子里过上舒适的生活，还有一个必需的条件：那就是屋子必须建筑得牢固，尤其要能够抵御那些大的风暴。如果我们仔细观察，就可以知道克鲁蜀蜘蛛是如何完成这个挑战的：它把支撑着整个屋子的众多拱门全部固定在石头上面，我们可以发现在接触点上会有一缕缕的长线，沿着石面伸展开去。我用尺子进行了一番测量，每一根都足有九尺长。原来，这屋子是用这么多"链条"攀着的，就像是阿拉伯人用许多绳索攀着帐幕一样，所以显得格外牢固。【名师点睛：强调了克鲁蜀蜘蛛屋子的牢固。】

我们还得注意另外一件小事，尽管它的屋子里面是那么整洁、华丽，但是屋子外面却满是垃圾：有泥土、腐烂了的木屑，还有一粒粒脏兮兮的砂石，甚至还有更脏的东西，比如风干了的甲虫、千足虫破碎的尸体，还有蜗牛的壳等等，满眼狼藉，一塌糊涂，而且都已经被太阳晒得发白了。

克鲁蜀蜘蛛不会设陷阱，因而它完全依靠那种在石堆里跳来跳去的虫子来维持生计。如果哪一只冒失的虫子不幸跳过它的居所，就会被它逮个正着，捉来饱餐一顿。至于那些已经风干了的尸体，它也并不会丢弃，而是悬挂在墙壁的周围，似乎是在炫耀自己捕猎的能力。

它把尸体挂起来究竟是为了什么呢？那些蜗牛壳绝大部分是空的，就算里面有活着而且健康的蜗牛，可是这些蜗牛是躲在壳的深处的，而蜘蛛是根本无法接触到的。那把蜗牛挂起来又能干什么呢？它无法打破那硬硬的壳，更无法从开口处把蜗牛揪出来，而它居然还是收集了那么多蜗牛，它到底想干什么呢？【名师点睛：一连几个问题的提出，留给读者思考的空间，同时引出下面的答案。】

后来我们想到了用简单的平衡问题来解释：普通的家蛛在墙角张网时，为了使网保持一定的形状并能经受起风吹雨打的考验，常常会把石灰或泥嵌入网中。克鲁蜀蜘蛛在自己的屋里挂上重物，显然也是出于这个原因，只是所用的原理有所不同。因为它懂得当把重物挂在屋的低处，屋子四周就会平稳的原理——在低的地方增加重量就可以降低重心，使平衡更加稳定。

而且，像昆虫的尸体或空壳，这些都是轻而易举就能得到的，并不需要到远处去寻找，这自然而然地成为它的首选。

那么，你们或许还要问：它在那舒适的屋子里做什么呢？是懒懒地睡觉还是辛勤地劳动呢？据我看来，它什么都不做。它已经吃得饱饱的了，它只需要舒适地摊开脚，躺在软软的绒毯上，什么都不用做，什么都不用想，只要静静地聆听地球旋转的声音就好。它没有睡，也并不清醒，而是一种半梦半醒的状态，这时候除了快乐和幸福，它什么也感觉不到。【名师点睛：描绘克鲁蜀蜘蛛幸福的生活和它们无忧无虑的模样，体现它们享乐的生活态度。】

让我们来想象一下：当你辛苦了一天之后，躺在舒适的床上，彻底地放松，在快要入睡的时候，可以无忧无虑地享受到这生活中最美妙的一刻。克鲁蜀蜘蛛似乎也懂得这一刻的美妙，并且比我们更会享受。

Z 知识考点

1.克鲁蜀蜘蛛长着一双短短的_____，穿着_____的衣服，背上还有_____的徽章。

2.判断题：克鲁蜀蜘蛛想要过上舒适的生活，屋子必须建筑得十分牢固，尤其要能抵御大风暴。 （　　）

Y 阅读与思考

1.为什么克鲁蜀蜘蛛不会设陷阱？

2.为什么克鲁蜀蜘蛛要把虫子的尸体挂起来？

迷宫蛛

M 名师导读

　　你见过迷宫蛛吗？其实这是一种很常见的蜘蛛，它们的网没有黏性，却具有迷乱性，让我们来见识一下吧！

　　会结网的蜘蛛都可以称得上是纺织的能手，它们用蛛网来猎取自投罗网的食物，可谓"姜太公钓鱼——愿者上钩"。【写作借鉴：引用歇后语，增强了文章的可读性和趣味性。】还有许多其他种类的蜘蛛，它们会用许多其他同样聪明的方法猎取食物，同样以逸待劳，收获颇丰。其中有几种在这方面很有造诣，几乎所有关于昆虫的书籍都会将它们一一列举出来。

　　有一种被称作美洲狼蛛的黑色蜘蛛，它们主要生活在洞里，就像我曾经讲到过的欧洲狼蛛一样。但是它们的洞穴要比欧洲狼蛛精细完备得多。欧洲狼蛛的洞口只有一圈用小石子、丝和废料堆成的矮墙，而美洲狼蛛的洞口上会有一扇活动的门，那门是由一块圆板、一个槽和一个栓子做成的。【名师点睛：作者通过介绍美洲狼蛛和欧洲狼蛛不同的洞穴，衬托出美洲狼蛛洞穴更加精细完备。】当一只狼蛛回到家之后，门便会落进槽里，自动关上了。如果有谁想在门外把它掀起来的话，狼蛛只要用两只爪子把柱子抵住，门就会死死地关闭着，在外面是绝对无法开启的。

　　另外一种叫水蛛。它拥有一种性能很好的潜水袋，有空气贮藏在里面。它可以在水里一面避暑，一面等待猎物的经过。在太阳像火炉一样的日子里，这样舒适凉爽的避暑方式实在是一个极好的选择。人类也曾经尝试用最坚硬的石块或大理石在水下建造房子。也许有人听说过泰比利斯，那个罗马的暴君，他生前就曾经叫人为他造了一座水下宫殿，以供自己玩乐。只不过到了如今，这个宫殿仅是留给人们一点儿回忆和感慨罢了。而水蛛的水晶宫，却永远都那么灿烂辉煌。

如果我有机会观察一下这些水蛛的话，我一定会在它们的生命史上添上一些未经记载的事实。但是现在，我不得不放弃这个想法，因为我们所处的位置并没有水蛛的踪迹。

至于那美洲狼蛛，我也只是偶尔在路旁看到过一次。而那时候我偏偏有其他事情要去处理，没有时间进行认真观察。错失这个良机后，我就再也没有见到过它。但是，并不只有稀罕的虫子才值得我们研究。再常见的虫子，如果好好地研究起来，也可以发现许多有趣的事情。我接触迷宫蛛的机会极多，也对它抱有极大的兴趣，所以对它做了一番研究，我觉得是很有收获的。

在七月的清晨，太阳还没有发出那焦灼的光辉的时候，每个星期我都要去树林里看几次迷宫蛛。孩子们也都愿意跟着我去，每人再带一个橘子，以供解渴之用。走进树林不久，我们就会发现许多很高的丝质建筑物，甚至还有不少挂在丝线上的露珠，在阳光的照射下闪闪发亮，就像是皇宫里的稀世珍宝一般。【写作借鉴：比喻，将露珠比作珍宝，形象而贴切地表现了露珠晶莹发光的特点。】孩子们被这个美丽的"灯架"惊呆了，几乎忘了他们的橘子。这真算得上是一个奇观！

当太阳照射了半小时之后，魔幻般的珍珠随着露水一起消失了，现在我们就开始专心观察它的网了。那是挂在蔷薇花丛上方的一张网，大概有一块手帕那么大，周围有许多线拉着它，把它攀到旁边的矮树丛中，确保它能够固定在空中，也使这张网看起来犹如一块又轻又软的纱。

网的四周是平的，渐渐向中央凹陷，到了中心便形成了一根有八九寸的深管子，一直通到叶丛中。

　　而这蜘蛛就坐在管子的进口处。它面对我们坐着，一点儿也看不出惊慌。它的身体呈灰色，胸部有两条宽宽的黑色带子，腹部则有两条由白条和褐色的斑点相间而成的细带。它的尾部不得不提，那是一种"双尾"，要知道这在普通蜘蛛中是很罕见的。【写作借鉴：外形描写，描绘迷宫蛛的样子，强调它的"双尾"的特征，加深了我们对它的印象。】

　　我猜想在管子的底部，一定也有一个垫得极舒适的小房间，作为迷宫蛛空闲时的休息室。可事实上我的猜测错了，那里根本没有小房间，只有一个像门一样的设施，一直开着。当外面发生什么危险的时候，它就可以直接逃回去。

　　上面那个网由于被许多丝线拴住，攀在附近的树枝上，所以看上去就像一艘在暴风雨下抛锚停泊的船。这些充当着铁索的丝线，长短不一，也形态各异：有垂直的，也有倾斜的；有紧张的，也有松弛的；有笔直的，也有弯曲的，都错综复杂地交叉在三尺以上的高处。【名师点睛：描写各种形状的丝线，突出迷宫错综复杂的特点。】这确实可以算是一个迷宫，除了最强大的虫子外，谁都无法打破它，逃脱它的束缚。

　　迷宫蛛不像其他蜘蛛那样会用黏性的网作为陷阱，它的丝是没有黏性的，它的网妙就妙在它的迷乱。你看，有一只小蝗虫，它刚刚误入网中，可在摇曳不定的网中，它根本没法让自己站稳，一下子就陷了下去，于是它开始焦躁地挣扎，可是结果只能是越陷越深，就像是掉进了可怕的深渊。蜘蛛只是待在管底静静地张望，看着那倒霉的小蝗虫做垂死的挣扎，它知道，这个猎物马上就会落到网的中央，成为它的美味佳肴。

　　果然，一切都如蜘蛛所料。它不慌不忙地扑向猎物，慢慢地一口一口地吮吸着它的血，一副洋洋自得的样子。至于那蝗虫，在蜘蛛对它展开第一次进攻之后就已经死了——蜘蛛的毒液使它一命呜呼。接下来蜘蛛就要从容地来享用它了，而对于这只倒霉的蝗虫来说，这样痛快地成为蜘蛛的美食远比半死不活或者活活被蜘蛛撕成碎片强得多了。

每到快要产卵的时候，迷宫蛛就该搬家了。尽管它的网还完好无损，但它必须放弃。它不得不舍弃它，并且再也不会回来了。它必须去完成它的使命，一心一意地去筑巢。它把巢建在哪里呢？迷宫蛛自己当然知道得一清二楚，而在我，却真的一点儿头绪都找不到，实在是想不出它到底会把巢建在何处。我花了整整一个早晨的时间在树林中搜索。终于，功夫不负有心人，我发现了它的秘密。【名师点睛：在研究昆虫的道路上充满了困难，但是作者一直在探索，他的努力付出得到了回报，让人欣慰。】

　　那是在距离它的网相当远的一个树丛里，它已经建好了它的巢。那里有一堆枯柴，杂乱地纠缠在一起，显得脏兮兮的。就在这么一个简陋的盖子下面，有一个做工细致、精巧的丝囊，而这里面就藏着迷宫蛛的卵。老实说我对它那简陋的巢有些失望了。但是后来我猜想，也许是因为这里的环境实在不好。试想，在这样一个密密的树丛里，在这仅有的一堆枯枝败叶之中，哪有什么条件让它做出精致的活来呢？为了证实我的猜测，我将六只快要产卵的迷宫蛛带回家里，把它们放在实验室的一个铁笼子里。再把这铁笼子安放在一个盛满沙的泥盘子里，然后又在泥盘中央插了一根百里香的小枝，这样就可以使每一个巢都有攀附的地方。现在，一切工作都准备就绪了，就该轮到它们大显身手了。

　　这个实验获得了极大的成功。到了七月底的时候，我便得到了六只雪白且外观富丽精致的丝囊。迷宫蛛在我为它准备的这样一个舒适的环境里工作，活就自然细致得多了。接下来就让我来尽情地观察吧！这个巢是一个由白纱编织而成的卵形的囊，足有鸡蛋那么大。它的内部构造很混乱，和它的网类似——看来这种建筑风格已经在它的脑子里根深蒂固，所以无论在任何场所和条件下，它所建造的房屋都是这样杂乱无章的。

　　这个布满丝的迷宫是一个守卫室。在那乳白色半透明的丝墙里面安放着一个卵囊，它的形状就像是那些代表骑士等级的星形勋章。那是一个很大的灰白色的丝袋，周围还有圆柱子围绕着，使它能够在巢的中央固定。这种圆柱都是中间细、两头粗的，大约有十个。这些圆柱在卵室的周围形成了一个白色的围廊。<u>母迷宫蛛会时常在这个围廊里徘徊，一会儿停在这儿，一会儿又跑到那儿歇脚，时时刻刻聆听着卵囊里的动静，活像一个即将要做父亲，焦急地在产室外面等待着孩子的第一声啼哭的人。</u>【写作借鉴：这里将母迷宫蛛比作产房外的父亲，贴切而形象地表现了它徘徊时的状态。】在这样的一个卵巢里面，藏着一百颗左右淡黄色的卵。

轻轻将外面的白丝墙除去，我们就可以看到，还有一层泥墙围绕在里面，那是用夹杂着小碎石的丝线做成的。可是这些小沙子是怎么安放到丝墙里去的呢？难道是跟着雨水渗进去的？这是绝不可能的，因为丝墙的外面白得没有一丝痕迹，更不用说有水迹了，所以这绝不是从墙壁上渗进去的。后来我才发现，原来这是母迷宫蛛自己搬进去的，它是为了防止卵受到寄生虫的侵犯，特地把沙粒掺在丝线里面，做成了一道更加坚固的墙。

这丝墙里面还有另外一个丝囊，那才是盛卵的囊。我打开了其中的一个，那里面的卵已经孵化了，因为那里有许多脆弱的小蜘蛛在快乐地爬来爬去。

现在，让我们再来看看那母迷宫蛛，<u>它为什么一定要舍弃那张仍然完好无损的网呢？为什么一定要把巢筑到那么远的地方呢？</u>【名师点睛：作者提出问题，启发读者的思考，使读者带着问题往下探究。】它如此舍近求远自然有它的道理，你一定还记得它的网的模样吧？那是一个错综复杂的迷宫，高高地裸露在树叶丛的外面。这的确是一个巨大的陷阱，但同时也是一个醒目的标志。它的敌人——寄生虫也一样能对这个迷宫一目了然，然后它就会循着这个标志找到迷宫蛛的巢——如果迷宫蛛把巢建在那醒目的网的附近的话，那就定然不会逃过这可恶的寄生虫的眼睛。

寄生虫的卑鄙手段想必大家已经在脑海里有深刻的印象了。提防寄生虫的入侵是每一个母亲为了保护自己的下一代所必须完成的重要任务。况且这种寄生虫专门吃新生的卵，所以如果迷宫蛛的巢被它们找到，那么卵就一定无一幸免了。所以聪明而尽责的迷宫蛛就趁着夜色到处察看地形，找一个最安全的地方来为未来的家族建造安乐窝。至于那个地方的环境是否美观，在家族安危面前已不值一提了。

有一种沿着地面生长的矮小的荆棘<u>丛</u>，它们的叶子在冬天里也不会脱落，并且它们还能钩住附近的枯叶，这对于迷宫蛛来说，绝对是一个理想之地。还有那一<u>丛</u>丛又矮又细的迷迭香，也是迷宫蛛非常喜爱的地方。在这样的地方，我经常能够找到很多迷宫蛛的巢。

<u>我们知道，有许多蜘蛛在产完卵以后就会永远地离开自己的巢。可是迷宫蛛和蟹蛛一样，会一直坚守在那里。蟹蛛什么也不干，只在那里死盯着；而迷宫蛛则不同，它不会像蟹蛛那样绝食，以致日益憔悴，它会照常捕食。它会用一团杂乱的丝，再筑起一个简陋的捕虫箱，继续为自己提供营养。</u>【写作借鉴：作者列举了两种在产完卵后不会离开巢穴的蜘蛛，对比它们不同的习性，丰富了文章的内容。】

在它不捕食的时候，它会在走廊里踱来踱去——就像我们所看到的那样——侧耳倾听着四面八方的动静。如果我用一根稻草在巢的某一处轻轻一碰，它就会立即冲出来看个究竟。就是在如此警惕的状态之下，它尽心尽责地保护着自己尚未成年的孩子。

<u>迷宫蛛在产卵后胃口还是一样地好，这就表示它还要继续工作。因为昆虫不同于人类，人类会仅仅因为嘴馋而吃东西，而它们吃东西就是为了工作。</u>【写作借鉴：将昆虫吃东西的目的与人类进行对比，突出表现了昆虫工作的勤恳。】

可是产完卵后，它这一生中最伟大的任务就已经完成了，还有什么工作是必须做的呢？经过我仔细的探究，才发现它所要做的工作是什么。大约又过了一个月的时间，它继续在巢的墙上添丝。这墙最初

是透明的，现在已经变得很厚且不再透明了。这就是它产完卵之后还会大吃特吃的原因：为了充实它的丝腺，从而为它的巢再造一垛厚墙。

大约到了九月中旬的时候，小蜘蛛们便从巢里出来了。但是它们并不急于离开巢，它们还需要在这温软舒适的巢里过冬。母蜘蛛则要继续看护它们，继续纺着丝线。可怜岁月无情，它一天比一天迟钝了，食量也渐渐地小了起来。有时候我特意放几条蝗虫到它的陷阱里去喂它，它也无动于衷，似乎一点儿胃口也没有。即使这样，它也还能再维持四五个星期的生命。在它将要离开这个世界的时候，它仍然寸步不离地守着那个巢。能够看到巢里新生的小蜘蛛快活地爬来爬去，便是它感到无限满足和快慰的事情了。最后，在十月底的时候，它用尽最后一点儿力气替孩子们咬破巢后，便筋疲力尽地死去了。这样，它才完成了一个最慈爱的母亲所应尽的义务，它无愧于孩子们，更无愧于这个世界了。至于以后的事，就只能看上天的安排了。到了次年的春天，小蜘蛛们会从它们舒适的屋里出来，像蟹蛛那样，凭借着它们的飞行工具——游丝，飘散到四面八方去了。倘若它们的母亲在天有灵，也一定会为它们感到欣慰。

Z 知识考点

1.本章介绍的这种蜘蛛的网的丝线没有_____，但具有_____，这个网错综复杂，像是一个_____，因此它叫迷宫蛛。

2.判断题：为了防止卵受到寄生虫的侵犯，母蛛要把沙粒掺在丝线里面，做成一道坚固的墙。（　　）

Y 阅读与思考

1.大多数蜘蛛在产完卵后会做什么？
2.迷宫蛛的巢有什么特点？

蛛网的建造

M **名师** 导读

你见过蜘蛛织网吗？我们都知道，蜘蛛丝是有黏性的，那么蜘蛛一直在网上活动，为什么自己没有被粘住呢？读完本章，你会知晓答案。

即使在最小的花园里，我们也能看到园蛛的踪迹。它们可以说是天才的纺织家。在黄昏的时候，如果我们外出散步，就可以在那一丛丛的迷迭香里寻找到它们的痕迹。我们所观察的这种蜘蛛往往爬得很慢，所以我们索性坐在矮树丛里观看，因为那里的光线还比较充足。让我们给自己添加一个名号吧，就叫作"蛛网观察家"好了！【名师点睛：作者幽默的语言中，透露出他对自己工作的极大热情。】

世界上很少有人从事这种职业，而且我们也并不指望可以从中赚钱。但是，我们从不计较这些，因为我们从中得到的众多有趣的知识是金钱无法衡量的。从某种意义上讲，这比从事任何一个职业都要有趣得多。【名师点睛：作者在观察昆虫中得到的是精神上的满足。我们可以看到作者淡泊名利、漠视金钱的人生态度，还有他对工作的热爱。】

我所观察的都是些小蜘蛛，它们比成年的蜘蛛要小得多。尽管它们的母亲往往只在黑夜里才开始纺织，但它们却喜欢在白天甚至是在太阳底下干活。当每年固定的月份来临的时候，蜘蛛们便会在太阳下山前约两个小时左右开始它们的工作。

这些小园蛛将全部离开它们的居所，选定各自的地盘，开始纺线。有的在这边，有的在那边，它们从不互相打扰。我们可以任意地挑选一只来观察。

那么就让我们在这只小园蛛面前停下来吧！它正在为它的工程打基础呢——它在迷迭香的花上爬来爬去，从一根枝端爬到另一根枝端，忙忙碌碌的。而它所攀到的枝大约都在十八寸的距离之内，如果太远，它就真的无能为力了。【名师点睛：轻松自然的语言拉进了自己与读者的距离，描写的场景非常具有画面感，仿佛他不是一个人，而是在带着我们一起观察。】

渐渐地它开始用梳子似的后腿把丝从身体上拉出来，放在某个地方作为基底，然后再毫无规则地爬上爬下。在这样奔忙了一阵子后，就会构成一个丝架子。这种不规则的结构正是它所需要的，这是一个垂直的扁平的"地基"。也正是由于它的这种错综交叉，才使这个"地基"异常牢固。

然后，它在架子的表面横过一根特殊的丝。这是一根极其重要的细丝，它是打造出一个坚固的网的基础。在这根线的中央有一个白点，那是一个丝垫子。

现在是做捕虫网的时候了。它先从中心的白点沿着横线爬，迅速地爬到架子的边缘，然后再以同样的速度回到中心。如此不停地往返，就这样一会儿上，一会儿下，一会儿左，一会儿右。每爬一次便拉出一个半径，或者说做成一根辐。不一会儿，便做成了许多辐，不过次序还是极其杂乱。

如果人们看到它那织完的如此整洁而有规则的网，一定会以为这些辐一开始就是按着次序一根根地织过去的，然而恰恰相反，它从不按常理出牌，但是它知道怎样才能使成果更完美。每次，它在同一个方向安置了几根辐以后，就会很快地往另一个方向再补上几根。它从不偏爱某个方向，这样突然地变换方向织网自有它的道理：如果它先只把某一边的辐都安置好，那么这些辐的重量会使网的中心偏移，从而使网扭曲变形，变成很不规则的形状。所以它必须在一边安放几根辐后，马上去另外一边安放几根，这样才能时刻保持网的平衡。

像这样毫无次序又时断时续的工作，让我们怎么去相信它能织出那样一个整齐的网呢？【名师点睛：作者运用反问的形式，将蜘蛛织的网的完整和整齐突显了出来。】

　　可是事实的确如此，造好的辐与辐之间的距离全都相等，并且形成了一个完整的圆。不同种类的蜘蛛织出的网的辐的数目也是有差别的，有角园蛛的网有二十一根辐，条纹园蛛则有三十二根，而纺丝园蛛却有四十二根。这个数目并非是完全准确的，但基本上是这样的。因此你可以根据蛛网上的辐的数目来粗略地判定这是哪种蜘蛛的网。

【写作借鉴：作者用列数字的说明方法，写出了不同种类的蜘蛛织的网的辐的数目，说明作者观察得十分认真细致，观察的结果也很科学，增强文章的说服力。】

　　仔细想一想，我们能有谁做得到这一点：不用仪器，不经过练习，而能随手把一个圆等分？但蜘蛛却可以，尽管它身上背着沉重的袋子，脚又踩在软软的丝垫上，而且那些丝垫还在随风飘荡，摇曳不定，它却依然能够毫不犹豫地将一个圆精细地等分为多部分。它的工作看上去杂乱无序，完全不合乎几何学的原理，但它能通过不规则的工作得出规则的成果来。对这个事实我们一直疑惑不解。我至今还在怀疑，它究竟是怎么完成这么困难的工作的？还是它用了什么特别的方法呢？

　　安放辐的工作完成以后，蜘蛛就会回到中央的丝垫上。然后再从这一点出发，踩着辐绕着螺旋形的圈子。它现在在做的是一种极精致的工作，它用极细的线在辐上排下密密的线圈。先在网的中心——就让我们先叫它"休息室"吧——越往外它就会用越粗的线来缠绕，圈与圈之间的距离也比以前大了。一会儿的工夫，它就已经离中心很远了。每经过一条辐，它就把丝绕在辐上粘住。最后，它在"地基"的下边结束了它的工作。而此时，圈与圈之间的平均距离大约有三分之一寸左右。

　　这些螺旋形的线圈并不是曲线。因为在蜘蛛的工作中只有直线和折线。这些线圈其实就是连接辐与辐之间的直线。

如果说刚刚所做的只能算作是一个支架，那么现在它就要开展更为精致的工作了。这一次它开始从边缘向中心绕，并且圈与圈之间排得很紧，所以圈数也比上次多了许多。

这项工作的详细情形是极不容易看清的。因为它的动作极为快捷，而且振动得也很厉害。这套动作包括着一连串的跳跃、摇摆和弯曲，看得人眼花缭乱。只有将它的动作分解，我们才可以看到它其中的两条腿不停地动着，一条腿把丝拖出来递给另外一条腿，而另一条腿就把丝安在辐上。由于丝本身就带有黏性，新的一根丝很容易就能粘在横档和丝相接触的地方。

蜘蛛不停地转圈，一面绕一面把丝粘在辐上。当它终于到达了那个被我们称作"休息室"的地方的边缘时，它会立刻结束它绕线的运动。然后它就会把中央的丝垫子吃掉，这样可以帮助它节约材料，在它下一次织网的时候就又可以把吃下的丝重新吐出来用了。

有两种蜘蛛，也就是条纹园蛛和纺丝园蛛，它们在做好网以后，还会在网下部边缘的中心处织出一条宽阔的锯齿形的丝带作为标记。甚至有时候，它们还会在这条丝带的表面——就是网的上部边缘到中心之间再织出一条较短的丝带，用来表明这网的主人是谁，证明它的权益不容侵犯。

蛛网中用来做螺旋圈的丝是一种极为精致的东西，它的质地完全不同于那些用来做辐和"地基"的丝。它可以在阳光下闪闪发光，就像是一条编成的丝带。【写作借鉴：运用比喻的修辞手法，将蛛网中做辐和"地基"的丝比作丝带，形象地表现了它的形态。】

我取了一些丝带回家观察，放在显微镜下的细丝竟有如此惊人的奇迹：那是一根细得肉眼看不出来的线，但它竟然还是由几根更细的线缠合而成的，就像大将军剑柄上的链条一般。更使人惊异的是，这些线还是中空的，里面填充着极为浓厚的黏液，就像黏稠的胶液一样，我甚至可以清楚地看到它从线的一端滴出来。

这种黏液能从线壁渗出来，于是线的表面就具有了黏性。我决定用一个小实验来测试它黏性的大小：我用一片小草去碰它，结果立刻就被粘住了。这就告诉了我们，园蛛捕捉猎物靠的并不是围追堵截，而完全是靠它极富黏性的网，它几乎能粘住所有的猎物。于是又有一个问题跑出来了：蜘蛛自己为何不会被粘住呢？【名师点睛：不断地提出问题，然后想办法解决问题，这是促进作者从事昆虫研究的重要因素。】

　　我想其中一个原因也许是，它的大部分时间一直都坐在网中央的休息室里，而那里的丝完全没有黏性。只是这个说法实在有些牵强，毕竟它不可能一辈子坐在网中央一动也不动。有时候，猎物在网的边缘被粘住了，那它就必须迅速赶过去放出丝来缠住它，而在经过自己那充满黏性的网时，它是怎样使自己不被粘住的呢？是不是它脚上有什么东西使它能在如此黏的网上轻易地滑过呢？它是不是涂了什么油在脚上？因为大家知道，涂油是使物体表面不被粘的最佳手段。

　　为了解答我的疑问，我从一只活的蜘蛛身上切下一条腿，在二硫化碳溶液里浸泡了一个小时，并用一个在二硫化碳溶液里浸过的刷子将这条腿小心地刷洗了一下。二硫化碳是能溶解脂肪的，因而如果这条腿上有油的话，经过这样的处理就会完全被分离出来了。当我再次把这条腿放到蛛网上的时候，它就被牢牢地粘住了！于是我可以断定，蜘蛛在自己身上涂了一层特别的"油"，正是这层油使它能在网上自由地行走。但因为这种"油"是有限的，会越用越少，它不能老停在黏性的螺旋圈上，而不得不待在自己的"休息室"里度过它的大部分时间。

【名师点睛：通过实验，作者的问题得到了答案，也证实了他关于"油"的猜想是正确的，体现了作者作为一个昆虫学家的素养。】

　　从实验中我们得知这蛛网中的螺旋线是很容易吸收水分的。正因如此，当空气突然变得潮湿的时候，它们就会停止工作，只把架子、辐和"休息室"做好，因为这些都是不受水分影响的。至于那螺旋线，它们是不会轻易做上去的，因为如果它吸收的水分太多，以后就不能充分地吸水解潮了。也正是因为这螺旋线的吸水功能，让蛛网即便是在极热的天气里，也不会因为干燥而易断。它能尽量地吸收空气中的水分来保持它的弹性并增加它的黏性。

有哪一个捕鸟者在做网方面，可以在艺术或技术上与蜘蛛相比呢？蜘蛛只是为了捕一只小虫就能织出如此精致的网！简直是有点儿屈才了！【名师点睛：作者在此直抒胸臆，表达了自己对蜘蛛高超的织网技能的赞叹。】蜘蛛还是一个热忱积极的劳动者。我曾经为它们计算过每制作一张网所需要的丝的长度，有角园蛛大约需要二十码长的丝；而至于那更精巧的，纺丝园蛛就得造出三十码。在这两个月中，我的有角园蛛邻居几乎每夜都要修补它的网。因此，在这整个时期，它就必须得从它娇小瘦弱的身体中绵绵不断地抽出这种管状又富有弹性的丝。

我们不禁要考虑，它那小小的身体如何能产得出那么多的丝？它是怎样把这些丝搓成管状，又是怎样在里面装满黏液的呢？它是如何能同时制出普通的丝，造出云朵状的垫巢的丝花和那用来做装饰的黑色的丝的呢？这些问题一直萦绕在我的脑海里，使我百思不得其解。

【名师点睛：作者在文章的最后提出了很多问题，说明昆虫世界还有很多未解之谜等待着我们去探索，启发了读者的思考。】

Z 知识考点

1.蜘蛛织网的时候不按常理出牌，在一边安放几根辐后，马上去另一边再补上几根，是为了＿＿＿＿＿＿＿。

2.判断题：条纹蛛和纺丝园蛛会在做好网后，织条丝带作为标记，表明主人的权益不容侵犯。 （ ）

Y 阅读与思考

1.园蛛靠什么捕捉猎物？

2.什么是使物体表面不被粘的最佳手段？

蜘蛛的几何学

M **名师导读**

　　你发现了吗？其实蜘蛛个个都是了不起的数学家，它们运用几何学的才能非常优秀。大自然里还有许多这样的奥秘，等着你来发现。

　　当我们观察园蛛的时候，尤其是观察纺丝园蛛和条纹园蛛的网时，我们会惊奇地发现它们所织的网的辐数不同，但都是那样整齐规范。

　　蜘蛛有着很特别的织网方式，在这方面我们已经有所了解了。每一种蜘蛛都会按照自己的份数把网等分，同一类蜘蛛所分的份数基本是相同的。在安置辐的时候，我们会发现蜘蛛毫无规律地向各个方向乱跳，但是那规范又美丽的蜘蛛网正是在这种表面看似无规律的运动中产生的，如同教堂中的玫瑰窗一样。即便我们用圆规、尺子等精密的绘图工具，抑或是一名资深的设计家也未必能画出一张比这更规范的网来。【名师点睛：与人类做对比，突出蜘蛛织网的才能，表现蛛网规范、美丽的特点。】

　　我们看到，在同一个扇形里，每一根弦——构成螺旋形线圈的横辐——与相邻的弦之间互相平行，并且离中心越近，弦与弦之间的距离就越远。同时每一根弦和与它相交的两根辐都会形成四个夹角，一侧为两个钝角，另一侧则为两个锐角。并且同一扇形中的任何一条弦和辐的夹角，无论是钝角还是锐角，各自对应的角度都是相等的，这也就是说这些弦都是相互平行的。因此，从总体上看，这张网上的螺旋形图案包含着无数条弦和无数条辐，并且拥有无数个相等的夹角。

　　这些线的性质使我们联想到数学领域中的"对数螺线"。这种曲线在科学领域是相当著名的。所谓对数螺线就是一根无休止的螺线，它始终朝着终极绕下去，越来越靠近终极，却永远也不能到达终极，我们即便是运用最精密的仪器来作图，也无法得到一根完整的对数螺线。这种图形至今为止还是在科学家脑海里设想的图形。然而令人惊讶的是，这小小的蜘蛛却创造了这条对数螺线，它们正是依照这种曲线的定律完成了蜘蛛网螺线的编织，并且做得非常精确。【名师点睛：科学家设想的对数螺线，难倒了无数精密的仪器，却被小小的蜘蛛创造了出来，表现了蜘蛛网的神奇，同时也为我们科普了数学知识。】

这种对数螺线还有一个特性，当你用一根有弹性的线绕成一个对数螺线的形状，再把这根绕成的线放开，并且重新把它拉紧，那么这条线被重新拉紧的一端就会恢复成与原来的对数螺线完全相似的形状，只是位置有所变换罢了。这个特性是一位名叫杰克斯·勃诺利的数学教授发现的，并且在他去世以后，这项定理被后人刻在他的墓碑上，成为他一生之中最为荣耀的事迹之一。

那么，具有这些特性的对数螺线又有哪些现实意义呢？只是几何学家们的一个想象吗？难道它真的只能是一个梦、一个谜吗？它的作用究竟又在哪里呢？【名师点睛：一连几个问句的提出，留给读者广阔的思考的空间，也表现了作者的探究精神。】

在自然界中它确实有着广泛的巧合，它是普遍存在的。事实上，有许多动物的建筑都会采用这种结构。有一种蜗牛的壳就是依照对数螺线构造的。世界上有了第一只懂得对数螺线的蜗牛，于是它造出了这样的壳，并且沿用至今，始终都没有变过。【名师点睛：在昆虫的身上，我们看到了数学的实用性，它们灵活地把数学知识运用到了生活中。作者设下悬念，为什么这些昆虫能够掌握几何学，引发了读者的思考。】

在壳类的化石中，还有很多这种螺线的例子。现在在南海，我们甚至可以找到一种太古时代生物的后裔，那就是鹦鹉螺。它们仍然很坚贞地守着祖宗遗留下来的法则。它们的壳和世界产生之初时的老祖宗的壳一模一样。也就是说，它们的壳仍然是依照对数螺线来设计的，并没有因时间的流逝而改变。即使是在我们的臭水沟里，也生活着一种螺，它也有一个螺线壳，因而即便是普通的蜗牛壳也是属于这一构造的。

可令人费解的是，这些动物是从哪里学到这么高深的数学知识的呢？它们又是怎样把这些知识应用于实际的呢？有这样一种解释，说蜗牛是从蠕虫进化而来的。有一天，蠕虫晒太阳的时候因为无聊，便不自觉地揪起自己的尾巴玩耍，把它绞成螺旋形来取乐。突然它发现这样的姿势很舒服，于是就常常这么做。久而久之便成了螺旋形的了，而做螺旋形壳的计划，也就从那个时候产生了。【名师点睛：一种说法的插入，增加了文章的趣味性，也为问题提供了一种可参考的答案。】

但是蜘蛛呢？它又是如何了解到这个概念的呢？毕竟它和蠕虫没有丝毫关系。然而它却很熟悉对数螺线，而且能够在它织网的时候加以运用。蜗牛的壳是要造好几年的，所以它们能够做得很精致，但蛛网通常只用一个小时就织好了，所以它的这种曲线只能是一个简易的轮廓。尽管并不精确，但它的确可以算得上是一个螺旋曲线。究竟是什么在指引着它呢？有一种可能就是它天生便拥有了这样的技巧。天生的技巧能使动物控制自己的工作，就像植物的花瓣和花蕊的排列一样，它们天生就是这样的。没有人教它们怎么做，事实上它们也只会这么做。蜘蛛靠着它生来就有的本领很自然地工作，在不知不觉中练习着高等几何学。

当我们抛出一个石子，让它落到地上，这石子在空中的路线就是一种特殊的曲线。当树上的枯叶被风吹落在地，它所经过的路程也是这种形状的曲线。这就是科学家们所称的抛物线。【名师点睛：作者用通俗易懂的语言为我们科普了抛物线的定理，丰富了文章的内容。】

几何学家对这曲线做了进一步的研究，他们设想这曲线在一根无限长的直线上滚动，那么它的交点画出的会是怎样一道轨迹呢？答案是：垂曲线。这要用一个复杂的代数式来表示了。如果用数字来表示的话，这个数字的值约等于 $1+\frac{1}{1}+\frac{1}{1\times 2}+\frac{1}{1\times 2\times 3}+\frac{1}{1\times 2\times 3\times 4}+\cdots\cdots$ 的总和。

几何学家不喜欢用这么复杂的数字来表示，所以就用"e"来代替，因而 e 是一个无限不循环的小数，在数学中会经常用到。

这种线是否仅仅是理论上的假想呢？答案是否定的，你随处都可以看到垂曲线的图形：当一根弹性线的两端被固定，而中间松弛，它就形成了一条垂曲线；当船的帆被风鼓起的时候，就会弯曲成垂曲线的样子。这些寻常的事物中都包含着"e"的秘密——一根无足轻重的线，竟可以折射出这么深奥的科学！我们暂且不要惊讶。因为一根一端固定的线的摇摆，一滴露水从草叶上落下来，一阵微风使水面泛起微波，这些看上去普普通通、极为平凡的事，如果从数学角度去探讨的话，都会变得异常复杂起来。【名师点睛：平常生活中就存在很多科学奥秘，只是缺少发现，这也表现了作者对日常生活的关注。】

我们人类的数学测量方法是充满智慧的。但对发明这些方法的人，我们不必过分地钦佩。因为和那些小动物的工作比起来，我们这些运用起来又慢又复杂的公式和理论实在是不值一提。【名师点睛：对人类的数学测量方法先扬后抑，教育我们不可骄傲自大，体现了作者谦虚的态度，同时也表达了对小动物们的佩服。】难道将来我们就想不出一个更为简单的形式，并在实际生活中运用吗？难道人类的智慧还不足以让我们抛弃这种复杂的公式吗？我相信，越是高深的道理，就越有一个简单而朴实的外表。

现在，我们这个魔术般的"e"又出现在蜘蛛网上了。在一个下着雾的早晨，有许多小小的露珠粘在这充满黏性的线上。它的重量压弯了蛛网的丝，于是便构成了许多垂曲线，就像是无数透明的宝石串成的链子。当有太阳光照射时，这一串珠子便会发出彩虹一般美丽的光彩，就像是一串钻石。【写作借鉴：将露珠比作钻石，形象地表现了露珠在阳光下的状态。】"e"这个数字，就蕴含在这阳光般灿烂的链子里。望着这美丽的链子，你就会发现科学之美、自然之美和探究之美的混合体。

几何学，这研究空间和谐的科学几乎充斥着整个自然界。在铁杉果鳞片的排列中以及蛛网的线条排列中，我们能见到它的身影；还有在蜗牛的螺线中，在行星的轨道上，我们也都能找到它。它无处不在，无时不在，它存在于原子的世界里，存在于广袤的宇宙中，它的足迹遍布天下。【写作借鉴：作者举例说明自然界中处处有科学，说明自然界的神奇，呼吁我们去细心观察，探索大自然的奥秘。】

这种自然的几何学让我们知道宇宙间有一位万能的几何学家，他用神奇的工具测量并制造了宇宙间的一切，所以万事万物都自有它的规律。我觉得用这个想象来解释鹦鹉螺和蛛网的对数螺线的形态，似乎比蠕虫绞尾巴的故事更为恰当。

Z 知识考点

1.蜘蛛在织网时创造了_____，它们正是依照这种曲线的定律完成了蜘蛛网螺线的编织，并且做得非常精确。

2.判断题：作者观察纺丝园蛛和条纹园蛛的网时，惊奇地发现它们所织的网的辐数相同，而且一样整齐规范。　　　　　（　　　）

Y 阅读与思考

1.自然界中有哪些对数螺线的例子？

2.抛物线在一条无限长的直线上滚动，它的交点会画出怎样的轨迹？

蜘蛛的电报线

M名师导读

你知道蜘蛛是如何洞悉蛛网上的动静的吗？注意过蛛网中心的那根丝线吗？其实那是一条神秘的电话线，让我们来看看蜘蛛是如何利用它接收信号的吧！

在六种园蛛中，喜欢在网中央休息的只有两种，那就是条纹园蛛和纺丝园蛛。它们即使在骄阳烈日的炙烤下，也绝不会轻易离开岗位去阴凉处休息。而其他的蜘蛛，它们通常是不会在白天出现的。它们自有办法使工作和休息两不耽误。在距离它们网的不远处，有一个很隐蔽的场所，那是用叶片和线卷成的。白天它们就躲在这里面，静静地让自己陷入深深的沉思之中。

这明媚的阳光虽然使蜘蛛们头昏脑涨，但它却能让其他昆虫活蹦乱跳：蝗虫们欢喜地跳跃着，蜻蜓们快活地飞舞着。因此这时正是蜘蛛们捕食的好机会，那富有黏性的网，在晚上是蜘蛛的居所，而白天就是一个巨大的陷阱。【名师点睛：自然界中昆虫的习性往往跟它们的食物有关，哪儿有它们爱吃的食物，哪儿自然就是它们活跃的地方。】

但是，当那些又粗心又愚蠢的昆虫不小心撞到网上，被粘住了以后，躲在别处的蜘蛛是如何知道的呢？我们完全用不着为蜘蛛担心，它是绝不会错失良机的。只要网上一有动静，它便会闪电般地冲过来。那么下面，就让我来解释它是如何知道网上所发生的事情的吧。【名师点睛：引出下文中对网的电报线功能的详细介绍。】

它们并不会靠自己的眼睛来观察，网的振动才是通知它们有猎物落网的真正信号。为了证明这一点，我把一只死蝗虫轻轻地放到有好几只蜘蛛的网上，并且放在它们看得见的地方。有几只蜘蛛坐在网中，另外几只则是躲在隐蔽处，可它们似乎都没有感觉到网上已经有了猎物。随后我把蝗虫放到了它们面前，但是它们还是没有任何反应。它们似乎是瞎的，什么也看不见。于是我用一根长草拨动那只死蝗虫，让它的振动带动网的振动。

于是结果出来了：停在网中的条纹园蛛和纺丝园蛛飞速赶到蝗虫身边，其他隐藏在树叶里的蜘蛛也飞快地赶来了。就像平时捉活虫一样，它们还是熟练地放出丝来把这死了的蝗虫捆得结结实实，丝毫也没有发现自己浪费了这么多宝贵的丝线。由此可见，蜘蛛攻击猎物的暗号，完全是网的振动。【名师点睛：以实验推出结果，表明作者在研究过程中的严谨态度。】

如果我们仔细观察那些白天隐居的蜘蛛的网，我们可以看到在网的中心会有一根丝一直通到它隐居的地方，这根丝通常有二十二寸左右。不过有角园蛛的网有些不同，因为它们喜欢隐居在高高的树上，所以它的这根丝一般有八九尺那样长。【名师点睛：作者介绍了一根神秘的丝线，引起了读者的好奇，这会是本章的重点电报线吗？】

同时，这条斜线还是一座桥梁，通过它蜘蛛才能迅速地从隐居之处赶到网中。等它在网中央的工作完成以后，还会沿着它回到隐居的地方。不过这并不是这根线的全部用途，如果它的作用仅仅在于此的话，那么这根线直接从网的顶端引到蜘蛛的隐居处就足够了。这样的话既可以减小坡度，又可以缩短距离。

由于中心是所有辐的出发点和连接点，每一根辐的振动，对中心都有直接的影响，因此这根线必须从网的中心引出。只有这样，才能把网的任何一处动荡，直接传导到网中央的这根线上。所以蜘蛛躲在远远的隐蔽处，都是通过这根线得到猎物落网的消息的。这根斜线不仅仅是一座桥梁，更是一种信号工具，就像一根电报线。【名师点睛：

昆虫记

作者用总结性的语言介绍了这根丝线的作用，它又是如何发挥作用的呢？
作者接下来就会为我们揭晓答案。】

年轻的蜘蛛并没有这样的经验，它们都不懂得接电报线的技术。
只有那些老蜘蛛，它们不单单是坐在绿色的帐幕里默默地沉思或是安
详地假寐(mèi)[打盹儿，打瞌睡；假装睡觉]，事实上它们还时刻留心着
电报线发出的信号，监视着远处的任何动静。

长期的守候是辛苦的，为了减轻工作的压力并好好地休息，同时
又不放松对网上情况的警觉，蜘蛛总是把腿放在电报线上。这有一个
真实的故事可以用作证明。【写作借鉴：作者打算举例来说明，这样能使
作者的观点更有说服力，引出了下文的故事。】

我曾经找到一只在两棵相距一码的常青树间结网的有角园蛛。太
阳照得那丝网闪闪发光，而它的主人却早已在天亮之前就躲藏到居所
里去了。倘若你沿着电报线找过去，很快就会发现它的居所。那是一
个用枯叶和丝做成的圆屋顶，造得很深。蜘蛛的身体几乎全部隐藏在
里面，并且它用身体的后端堵住了入口。

它把前半身藏在居所里面，因此它自然是看不到网上的任何动
静——即使它有一双敏锐的眼睛，何况它其实是半个瞎子呢！即便是
这样，在这阳光灿烂的白天，它也是绝不会就这么轻易地放弃捕食的。
让我们再仔细地看着吧。

你瞧，它的一条后腿忽然伸在了叶屋的外面，那后腿的顶端连着
的丝线，正是电报线的另一个端点！我敢说，无论是谁，如果没有亲
眼见过蜘蛛的这手绝活——把手(它的足的末端)放在电报接收器上的
姿势——他就不会知道动物体现自己智慧的这个最有趣的例子。让猎
物出现在这张网上吧，让这位假寐的猎手感觉到电报信号的来临吧！
我故意在网上放了一只蝗虫——后来呢？一切都在我的预料之中了，
虫子的振动带动了网的振动，网的振动又通过丝线——"电报线"传导
到了那守株待兔的蜘蛛的足上。蜘蛛因为得到食物而满足，而我比它

更满足：因为我学到了我想要学习的东西。【名师点睛：在观察的过程中，观察者和被观察的对象都得到了满足，表达了作者愉悦的心情，还表达了作者对昆虫知识的渴望。】

　　另外，还有一个值得讨论的问题：蜘蛛网是常常会被风吹动的，那么电报线是怎样区分这网的振动究竟是来自猎物还是来自风的吹动呢？事实上，当风吹得电报线晃动的时候，那在居所里休息的蜘蛛并没有采取任何行动，它似乎对这假信号不屑一顾。所以这根电报线的另外一个神奇之处就在于，它像一部电话——就像我们所使用的电话一样——能够传来各种真实的声音。蜘蛛用它的一个足的末端连着电话线，用腿听着信号，并分辨出哪个是囚徒挣扎的信号，哪个又是被风吹动所发出的错误信号。

Z 知识考点

　　1.电报线从网的_____引出，蜘蛛攻击猎物的暗号是_____。

　　2.判断题：所有的蜘蛛都懂得接电报线的技术。　　　　　　（　　　）

Y 阅读与思考

　　1.为什么蜘蛛的电报线必须从网的中心引出？

　　2.为什么有时候蜘蛛对电报线传来的信号无动于衷？

蟹　蛛

Ⓜ **名师**导读

　　除了螃蟹，你见过别的横着走路的家伙吗？今天作者就会为我们介绍一种特别的蜘蛛，让我们一起来看看它是如何"横行霸道"的吧！

　　前面我们所讲到的条纹蜘蛛工作很勤快，可以为了帮它的卵建造一个安乐窝而孜(zī)孜不倦[孜孜：勤勉，不懈怠。指工作或学习勤奋，不知疲倦]、废寝忘食地工作。可是到了后来，它就无法再这样照顾它的家了。因为它的寿命是那样短，以至于在第一个寒流到达之时就要死掉了。而它的卵却要过了冬天才能孵化，所以它不得不丢下它的宝宝。倘若宝宝们在母亲还在世的时候就能出世，我相信母蛛对小蛛的细心呵护不会亚于任何一种鸟类。另外一种蜘蛛证明了我的这种推测。它并不会织网，只有等着猎物跑近它才会去捉。由于它是横着走路的，像螃蟹一样，所以我们叫它蟹蛛。【名师点睛：开篇用我们熟悉的条纹蜘蛛来引出蟹蛛，并交代了蟹蛛呵护小蛛、横着走路、不会织网的特点。】

　　这种蜘蛛不会用网猎取食物，它的捕食方法极其简单：只要埋伏在花丛后面等猎物经过，然后爬过去在它颈部轻轻一刺，就这简单的一刺，就足以置它的猎物于死地。【名师点睛：简单概括了蟹蛛猎取食物的方法。】在我观察之下的这群蟹蛛尤其喜欢以蜜蜂为食。

　　蜜蜂在采花蜜的时候是极专心致志的，一点儿精力都不会分散。它会挑选一个能采到许多花蜜的花蕊，然后一心一意地用舌头舔着花蜜，开始它的工作。正当它埋头苦干的时候，蟹蛛就已经虎视眈(dān)眈[像老虎要捕食那样注视着。形容贪婪地盯着，随时准备掠夺]从藏身的地方悄悄地爬出来，走到蜜蜂背后，渐渐地接近它。然后一下子冲上去，在蜜蜂颈背上迅速地刺一下，而心无旁骛地工作的蜜蜂是无论如何也摆脱不了那一刺的。

这一刺也是极需技术的一个举动，它必须刚好刺在蜜蜂颈部的中枢神经上。只有使蜜蜂的中枢神经麻痹，才能马上使它的腿开始硬化，不能动弹。于是一秒钟内，一个小生命就这样结束了。然后这个凶残的杀手便愉快而满足地吸干它的血，再抹抹嘴巴，残酷地把干瘪的尸体丢在一边。然而，在蟹蛛的家里，我们看到的却是一个极其慈爱温和的母亲，完全看不出任何刽子手的影子。就像传说中的"食人怪"那样，吃起别人的孩子来毫不留情，却十分疼爱自己的孩子。其实在饥饿的逼迫下，我们也是一样的，人和畜牲都会变成食人怪。【名师点睛：蟹蛛捕猎的凶狠和对孩子的温柔形成了鲜明的对比，这种矛盾的特点增添了它的魅力。】

蟹蛛虽然是个杀蜂不见血的凶手，但我们又不能不承认，它的确是一只美丽的小东西。虽然它们并没有十分完美的身材，反而像是一个雕在石基上的又矮又胖的锥体，在其中的一边还有一块小小的隆起的肉，就像骆驼的驼峰一样，但是它们有着比任何绸缎都要好看的皮肤，有乳白色的，还有柠檬色的。它们中间有些特别漂亮：腿上长着粉红色的环，背上镶着深红色的花纹，有时候在胸部的两侧还有一条淡绿色的带子。这身打扮虽然不及条纹蛛富丽，但是因为它的肚子并不松弛，花纹细致，又有搭配协调且鲜艳的色彩，因而看起来反倒比条纹蛛的衣服更加典雅、高贵。【写作借鉴：外形描写，作者用生动的语言描绘了蟹蛛的模样，展示了蟹蛛外表的漂亮及可爱。】人们对于其他蜘蛛都敬而远之，但对美丽的蟹蛛却无论如何也怕不起来，因为它实在长得太漂亮、太可爱了。如果它们只是一些静止的玩具，那我们一定会对它们爱不释手。

在筑巢方面，蟹蛛的高超手艺并不比它在觅食时的技艺逊色。【名师

点睛:简单概括了蟹蛛筑巢技艺的高超,引出下文对筑巢方面内容的详细介绍。】

有一次我在一株水蜡树上找到它,当时它正在一个花丛的中间筑巢。它织着一只形状像顶针一样的白色丝袋:这个丝袋就是它宝宝们的安乐窝,在口袋的上面还盖着一个圆圆扁扁的绒毛帽子。

在屋顶的上部有一个用绒线结成的圆顶,有一些凋谢了的花瓣夹杂在里面,这就是它的瞭望台。在通向瞭望台的方向上,有一个开口作为通道。

就在这瞭望台上,蟹蛛像一名尽心尽责的卫兵一样,每天辛勤地守护着。【写作借鉴:作者把蟹蛛比作士兵,表现它尽职尽责的特点。我们知道,它是在守护自己的孩子。】自从产了卵之后,它就消瘦了许多,几乎完全失去了以前那种朝气蓬勃的样子,它在这瞭望台上全神贯注地守护,有任何风吹草动它就会立刻全身绷紧,瞬间进入战备状态,随即从那儿走出来,挥舞着一条腿威吓来惊扰它的不速之客。它紧张地做着手势,驱赶着侵入者。它那狰狞的样子和夸张的动作的确会把那些或怀有恶意或无辜的外来者吓跑。当它把那些鬼鬼祟祟的家伙赶走以后,才会心满意足地回到自己的岗位上。

那么它又在那丝和花瓣做成的穹顶下做什么呢?原来它是在努力伸展开身体来遮蔽它宝贝的卵。尽管此时它已经瘦小羸弱到仿佛一阵风就能把它卷走。为了不影响守望,它已忘记了饮食,甚至也抛弃了睡眠,它不再去捕蜜蜂,也不再吸它们的血充饥。它只是静静地坐在自己的卵上。

我不由得想到母鸡。母鸡也是这样孵蛋的,不同的是,母鸡在它孵蛋的时候,要用身体提供热量,将身上温暖的气息传导到卵上唤醒其生命。对于蜘蛛而言,太阳已经提供了足够的热量,蜘蛛妈妈并不需要再提供热量了。事实上,它也没有能力提供热量。因为有这个不同点,我们就不能称蜘蛛对小蜘蛛的守候为"孵育后代"。

再经过两三个星期后,母蜘蛛会因为长期滴水未进,而变得更加消瘦。可它的守望工作却丝毫不见松懈。虫之将死,它还有什么愿望没有实现呢？它似乎一直在等待，这等待使它苦苦地支撑着自己，用它的精神撑起那早已失去活力的身体。它究竟在等什么呢？是什么激励着它用生命去苦苦支撑呢？后来我才知道，它是在等自己的孩子们出来，这个垂死的母亲还要为孩子们献出最后一点儿力量。

条纹蛛的孩子们在离开那气球形的巢之前就已经成为孤儿，没有人来帮它们破巢，自己又没有能力破巢而出，只有等巢自动裂开，它们才能各自奔向远方。它们出来时根本不知道自己的母亲是谁。而蟹蛛的巢封闭得也很严密，而且无法自动裂开，顶上的盖更不会自动升起，那么小蛛是如何爬出来的呢？我们在小蜘蛛孵出以后，发现在盖的边缘有一个小小的破洞。这个洞是刚刚才出现的，显然是有人在暗中帮助它们，为它们在盖子上咬出了一个小孔，便于它们钻出来。然而又是谁可以悄悄地在那儿打开这扇门呢？【名师点睛：会是谁帮助了小蜘蛛呢？联系上文，我们不难猜到，一定是它们伟大的母亲。】

袋子的四壁又厚又粗，孱弱的小蜘蛛们是决没有能力自己把它抓破的。其实这洞正是它们那奄奄一息的母亲为它们打的。当母蜘蛛感觉到里面的小生命已经骚动不安的时候，它便知道孩子们已经急着想出来了，于是就会用尽自己全身的力气在袋子壁上打出一个洞。虽然母蜘蛛已经衰弱得会随时丧命，但为了给它的家庭奉献最后一份力量，它竟然顽强地支撑了五六个星期。它把全身的力量积聚起来，只是为了给后代打出这个生命之洞。任务完成之后，它便安然而逝了。它死的时候异常平静，脸上带着安详的神情，胸前仍紧紧地抱着那个已失去作用的巢，渐渐地缩成一个僵硬的尸体。

这是多么伟大的母亲啊！众所周知，母鸡的牺牲精神令人感动，可是和蟹蛛相比，似乎还略有不及。【名师点睛：将母鸡与蟹蛛母亲相对比，突出表现了蟹蛛母亲临死前为孩子所做出的牺牲之大，表达了作者对它的赞美和崇敬之情。】

在七月里，我的实验室中的小蟹蛛终于从卵里钻出来了。我知道它们有杂耍的习惯，所以我把一捆细树枝插在它们的笼上。果然，它们立刻沿着铁笼迅速地爬到树枝的顶端，紧接着就用交错的丝线织成错综的网，这便是它们的空中沙发。它们安静地在这沙发上休息了几天，然后就开始了新的工程——搭起吊桥来。

我把爬着许多小蛛的树枝拿到窗口前的一张桌子上，然后打开窗户。不久，小蛛们便开始纺线来制作它们的飞行工具了。它们总是三心二意，一会儿爬到树枝下面，一会儿又回到顶上，做得很慢，好像不知道自己到底要干什么，也不知道该怎么干。

照这样的速度，它们在那儿忙乎了半天也没有什么结果，它们都是急着要飞出去的，可就是没有那个胆量。在十一点钟的时候，我把树枝放在了窗框上，让太阳照射到它们的身体。几分钟以后，太阳的光和热很快转换成了它们身体里的能量，这个小小的驱动力，驱使小蛛们纷纷活跃起来。只见它们的动作越来越快，越来越敏捷，一个劲儿地往树枝的顶上爬去。尽管并不能确切地看到它是不是正纺着线往空中飞去，但我确信它们此刻正在树梢上飞快地纺线，不停地努力，正蓄(xù)势待发[指随时准备进攻。原意是指半蹲着的人随时准备站起来冲出去]呢！这时有三四只蟹蛛出发了，它们各走各的路，各自朝着不同的方向，其余的也都纷纷拖着后面的丝爬到顶上。突然窗外刮起了一阵风，那些蜘蛛是那样轻巧，它们吐出的丝又是那么细，风会把它们卷走吗？【名师点睛：描写意外，设下悬念，引出下文，表达作者对小蟹蛛的关爱之情。】

我仔细看了看，风的确猝然扯断了细丝，小蛛们顺着风在空中飘荡着，不一会儿便随着它们的降落伞——断丝飘走了。我望着它们离去的背影，直到它们消失在我的视野里。它们越飞越远，已经飞出四十尺远的距离了。在这又黑又暗的柏树丛中，它犹如一颗闪亮的明星。它越飞越高，越飞越远，终于再也看不见了。其余的小蛛也接二连三地飞出去，有些飞得很高，有些飞得很低，有的飞往这边，有的飞往那边，不过最终都成功找到了自己的安身之处。

这时候，所有的小蛛都已经准备起飞了。现在的它们已经不再像刚开始的时候那样三三两两地飞出，而是呈放射线状一队一队地出发了，也许是那几个英勇的先锋感染、激励了它们。随后不久，它们就陆续安全地着陆了，有的在远处，有的在近处，这个简单的降落伞成功地完成了它们的使命。

关于它们以后的故事，我就不清楚了。在它们还没有能力袭击蜜蜂的时候，它们会怎样捕食呢？小虫子和小蜘蛛争斗的话，谁又会最终取胜呢？它们会耍什么小把戏吗？又会有哪些天敌在威胁着它们呢？这些我一概不得而知。【名师点睛：作者在篇末提出几个问题，留给读者去思考，使读者有意犹未尽的感觉。】不过，等到次年的夏天，我们就应该可以看到已经长得又肥又大的蜘蛛，纷纷躲在花丛里准备偷袭那些勤劳的蜜蜂了。

Z 知识考点

1.蟹蛛是一只美丽的小东西。虽然它们并没有十分姣好的身材，在其中的一边还有一块小小的隆起的肉，但是它们有着比任何绸缎都要好看的_____，有乳白色的，还有柠檬色的。它们中间有些特别漂亮：腿上长着粉红色的_____，背上镶着深红的_____，有时候在胸部的两侧还有一条淡绿色的_____。

2.判断题：因为它是横着走路的，像螃蟹一样，所以我们叫它蟹蛛。

( )

Y 阅读与思考

1.将死的蟹蛛为孩子做的最后一件事是什么？

2.小蟹蛛钻出卵后会做什么？

小阔条纹蝶

M 名师导读

本章作者为我们介绍了一种奇特的蝴蝶，当雌蝶被关在千里之外的地方，雄蝶依旧能够找到它的伴侣。它们的婚恋故事有趣极了，让我们来翻开这一篇浪漫的爱情故事吧！

一个并不是每天都洗脸但脸上依然透着灵气的七岁男孩，他光着脚，穿着用一条带子系着的破烂的短裤。他每天都给我家送来萝卜和西红柿。有一天早晨，他提着蔬菜篮子来了，收下了我给的蔬菜钱，放在手心里，一枚一枚地数着那几枚他母亲期盼的苏[原法国辅助货币。现已不用]，然后又从口袋里掏了一件东西，是他头天沿着一个藩篱割兔草时发现的。【名师点睛：开篇叙事，为引出小阔条纹蝶做铺垫，小男孩给了作者一个东西，这个东西将让读者认识小阔条纹蝶。】

他把那东西递给我说："还有这个，这个您要不？""要呀，我当然要。你想法再给我找一些，你找到多少我要多少，而且我答应你每个星期天带你去玩旋转木马。喏，我的朋友，这是两个苏，给你的。把这两个苏单放，别同萝卜钱混在一起，免得向你妈妈报账时报不清楚。"这个头发乱蓬蓬的小家伙看到这么多钱简直开心极了，仿佛感到自己要发大财了。

这东西值得花气力去寻找。他走了之后，我仔细地观察了一番。那是一个漂亮的茧，呈圆盾形，使人很容易联想到蚕房里的蚕茧。它很坚硬，呈浅黄褐色。根据书本上的一些简单介绍，我几乎可以肯定这是一只橡树蛾的茧。如果真是如此的话，那真是老天赐给我最好的礼物！因为可以继续我的研究，也许还可以补足大孔雀蝶让我无法解开的谜团了。

作为一种传统的蝶蛾，没有一本昆虫学论著会不谈及橡树蛾在婚恋期间的突出表现。据说有一只雌性橡树蛾被困在一个房间里，但它依然坚持在一只盒子底部孵卵。它远离乡野，困于一座大城市的喧闹之中。但是，孵卵之事还是传给了树林里和草坪间的相关者。雄性橡树蛾在一个不可思议的指南针的引导之下，从遥远的田野间飞来，飞到盒子跟前，聆听、盘旋、再盘旋。【名师点睛：插入一个有名的故事，丰富文章内容，介绍橡树蛾异性之间神奇的吸引力，增添文章的趣味性。】当然这些奇闻趣事仅是我从书本中了解到的。如果能亲眼看到，同时还再稍做一番实验，那完全是另一种体验了。我花了两个苏买的那东西里面有什么呢？会从中飞出著名的橡树蛾吗？

橡树蛾又叫布带小修士。这个新颖别致的名字是用雄性橡树蛾的外衣命名的。那是一件棕红色修士长袍，但它不是棕色粗呢，而是柔软的天鹅绒，前面的翅膀上横有一条泛白的、长有眼珠似的小白点的布带。

这种小阔条纹蝶，不是那种在我们心血来潮的时候，带上个网子出去一捉就能捉到的平淡无奇的蝴蝶。我在荒石园中住了二十年，从未碰到过它，即使在我们村子周围我也未见到过它。确实，我不是狩猎迷，我对标本上的死昆虫并不太感兴趣，我要的是活物，要能表现其天赋才能的活物。【名师点睛：作者对活的小昆虫的观察和研究，表现了他对大自然和生命的尊重。】

不过，我虽无收集者的那种热情，但我对田野里生机盎然的一切都十分关注。一只身材和服饰如此与众不同的蝴蝶要是被我遇上，我肯定会想方设法地捉住它的。我许诺带他去骑旋转木马的那个小家伙再也没能捉到第二只。三年中，我拜托朋友和邻居，特别是求那些号称是荆棘丛林中眼明手快的搜索者的年轻人帮我找。我自己也在枯叶堆中翻来找去，查看一堆堆的石块，掏摸一个个的树洞，但都一无所获，稀罕的蝶茧仍未能找到。可见在我住处周围，小阔条纹蝶十分罕见，到时候我们将会知道这一点有多么重要。

幸亏，我的猜测没错——我那只唯一的茧正是那种著名的蝴蝶。八月二十日，一只雌蝶从茧中爬出来，胖嘟嘟的，肚子大大的，它的衣着与雄蝶一样，但是其长袍是米黄色的，更加淡雅。【名师点睛：作者连蝴蝶破茧的具体日期也记录了下来，可见他事先一直在焦灼等待中。从这里我们知道，雌蝶外衣是米黄色的，前文讲过雄蝶外衣是棕红色的，差别明显，便于区分。】我把它放在我工作室中间的一张大桌子上，用金属钟形网罩罩住。大桌子上放满了书籍、短颈大口瓶、陶罐、盒子、试管，还有其他一些器械。

这里就是我为大孔雀蝶准备的处所。有两扇朝向花园的窗户，阳光照进屋里。一扇窗户是关着的，另一扇则白天黑夜全都敞开着。小阔条纹蝶就待在这两扇窗户中间那四五米间隔之处的半明半暗之中。当天余下的时间以及第二天过去了，没什么值得一提的事情发生。小阔条纹蝶用前爪抓住金属网纱，吊挂在朝阳的那一边，一动不动，像死了似的，翅膀不曾颤动，就连触角也没有抖动，和大孔雀蝶的情况一样。

终于，雌小阔条纹蝶发育成熟，细皮嫩肉变结实了。它开始使用一种我们用科学不能解释的方法，去制作一种异性无法抵抗的诱饵，把周围的拜访者从四面八方吸引过来。【名师点睛：作者用委婉的语调道出雌蝶在散发寻求伴侣的消息，为下文介绍这些拜访者，也就是雄蝶做铺垫。】它那胖嘟嘟的身体里出现了什么状况？里面发生了什么变化，把周围闹得天翻地覆？假如我们能了解它那炼丹术的秘诀，那将会增加很多知识。

在新娘子已经准备好的第三天，这里像过节似的热闹起来了。我当时正在花园里，因为事情拖得太久，对成功已经感到绝望。突然，约莫下午三点钟，天气很热，阳光灿烂，我隐约看见一群蝴蝶在开着的那扇窗框间飞来飞去。

有一些从房间里飞出来，另一些则飞进去，还有一些落在墙上休息，似乎因长途跋涉而疲惫不堪。它们是一些来向美人儿献媚取宠的情郎。我还隐约看见一些蝴蝶从远处飞来，飞进高墙，飞过高高的柏树冠。它们不断从四面八方飞来，但数量越来越少。

我未能看到婚庆开始的情况，因为现在客人们差不多都已到齐了。我们上楼去看看吧。这一次是在大白天，任何细节都不能漏掉，我又见到了那次夜巡大孔雀蝶让我惊讶不已的情景。

在我的工作室里，一大片雄性小阔条纹蝶在翻飞，转来绕去，据我目测估算，大概有六十只。在围着钟形罩绕了几圈之后，有一些便向敞开的窗户飞去，但随即又飞了回来，又开始围着钟形罩转悠开来。还有一些猴急的则停在钟形罩上，用爪子相互抓挠、推搡，争着取代别人抢占的最佳位置。钟形罩里面的女性把大肚子垂着贴在网纱上，不动声色地等待着，在这群纷乱的雄蝶面前，就像一个优雅文静的待嫁公主。【名师点睛：雄蝶的紧张激动和雌蝶的优雅安静形成鲜明的对比，作者用诙谐幽默的语言将蝴蝶求偶的场面描绘了出来。】

在三个多小时的过程中，雄性小阔条纹蝶无论是飞走的还是飞来的，无论是坚守在钟形罩上的还是在室内飞舞的，一直都在疯狂地舞动着。但是日已西下，气温有点下降，雄蝶们的激情也随之减弱。有许多飞走了，没再飞回来。另外一些占好位置以图明日再战，它们紧贴在那扇关着的窗户的窗棂上，如雄性大孔雀蝶一样。今天的节庆活动到此结束，明天肯定还将继续，因为受网纱阻隔，活动还未有任何结果。

可是接下来发生的事令我整整懊恼了三年，活动终于没能继续，这都是我的错！【名师点睛：到底发生了什么事，作者在这里设置悬念，吸引了读者的阅读兴趣。】

那天晚上，有人给我送来一只螳螂，个头儿特别小，所以我非常喜欢。因为老是想着下午的种种情况，不经意地，我便匆忙把它这个食肉昆虫放进了那只雌性小阔条纹蝶的钟形罩里了。我压根儿就没想到这两种昆虫共居一室会产生怎样的恶果。那只螳螂一副小样儿，而那只雌性小阔条纹蝶却是那么胖嘟嘟的！所以我一点儿也没起疑心。

第二天，我惊呆了！只怪我对带铁钳的食肉昆虫的凶残性认识太差！我痛苦地发现那只小螳螂正在啃咬那只胖蝴蝶。后者的脑袋和前胸已经没有了。可怕的昆虫！你让我看到了多么令人心痛的画面啊！再见了，我整夜冥思苦想的研究工作。三年来，我因为没有研究对象而无法继续我的研究。

不幸中的万幸，我们还是了解到了那么一点点情况。仅一次聚会，就将近有六十只雄性小阔条纹蝶飞来。假如我们考虑到这种蝴蝶的稀少，假如我们记起我和我的助手们整整数年连续无果的研究，那这个数目将让我们感叹不已。找不到的那种蝴蝶在一只雌蝶的引诱下，一下子来了这么多！

雌蝶的气味在引导雄蝶们，在远处向它们发出信息。它们为嗅觉所控制，不去考虑视觉所提供的信息，所以途经美人儿正被关押的玻璃囚室时，一飞而过，直奔那散发神奇气味的纱网、沙土层，直奔女魔法师除了气味之外什么也没留下的那座空房。

我需要一定的时间才能配制好那无法抗拒的尤物。我想它类似一种挥发性气体，一点点地散发出去，所以被一动不动的大肚雌蝶沾过的东西一定浸满了这种气体。假使玻璃钟形罩放在桌子正中间，或者更好一些，放在一块玻璃上，里外都无法很好地沟通，而且雄蝶凭嗅觉什么也感觉不到，那么它们就不会前来，无论你实验多久都无济于事。可我眼下不能以这种内外无法沟通作为理由，因为即使我搞出一个好的沟通环境，用三个小垫子把钟形罩抬离支座，雄蝶们也不会一下子飞来，即使屋子里的蝴蝶为数不少。但等上半个小时左右，盛有雌蝶尤物的蒸馏器就开始启动了，求欢者们立即就会像通常那样纷纷而来。【名师点睛：雌蝶遭遇不测，影响到了作者的观察，但是作者并没有放弃，他配制对雄蝶充满诱惑力的气味，代替雌蝶吸引雄蝶，体现了他的机智和高超的应变能力。】

对这些出乎意料的驱云拨雾的材料的掌握，使我可以进行不同的实验了。这些实验在同一个方面全都是具有结论性的。早晨，我把雌蝶放在一个钟形金属网罩里。它的栖息处同先前一样，是那根橡树细枝。雌蝶在里面一动不动，像死了似的。它在细枝上待了许久，藏在大概浸润着其散发物的叶丛中。当探视时间临近时，我把浸足了散发物的细枝抽出来，放在离敞开的那扇窗户的不远处。另外，我把钟形罩中的雌蝶放在房间中央的桌子上显眼的地方。

先是一只，然后是两只，三只，很快就是五只，六只。蝴蝶纷纷到来，它们进来，出去，又回来，飞上飞下，飞来飞去，但它们始终只在那扇窗户附近，因为那根细橡树枝放在椅子上，离窗户不远。谁也没朝那张大桌子飞，而雌蝶就在那儿的金属网罩中等候它们，离它们并没有多远。

可以清楚地看出来，它们在迟疑，它们在寻找。最后，它们终于找到了。它们成功找到了雌蝶吗？当然不是。它们找到的正是那根早晨曾是胖雌蝶的粉床的细枝。它们急速扑扇着翅膀；它们飞落在叶丛上；它们忽上忽下地搜寻，抬起、移动树叶，甚至导致那束很轻的细枝被弄到了地上。它们仍在落在地上的细枝叶丛中搜索。在翅膀和细爪的扑打抓挠下，细枝在地上不停地移动着，如同被一只小猫用爪子抓扑的破纸团。【写作借鉴：动作描写，雄蝶们在寻找它们的新娘，有新娘气味的细枝如同被小猫扑抓的纸团，表现了雄蝶急切的心情。】

细枝连同那群搜索者渐渐移动到远处。突然两只小阔条纹蝶从远处飞来，那把刚才放有细枝的椅子就在它俩眼前。它俩在椅子上落下，急切地在刚才放过细枝的地方不停地嗅闻。然而对于先来者和新到者来说，它们热盼的那个真实目标就在那儿，很近，被一只我忘了遮盖起来的金属网罩罩着。可是，它们谁也没有注意到它。它们在地上继续推挤雌蝶早上睡过的那个小床，那两只在椅子上继续嗅闻那张粉床曾经放过的地方。

日影西斜，撤退的时刻到了。撩拨的气味也在渐渐地淡去、消散。拜访者们没什么可做的了，只好飞走，明日再来。从随后的实验中我得知，任何材料，不管是哪一种，都可以代替我那偶然的启示者——带叶的细枝。

我把雌蝶放在一张小床上，上面有时铺垫着呢绒或法兰绒，有时放些棉絮或纸张。我甚至还强迫雌蝶睡木质的、玻璃的、大理石的、金属的硬硬的行军床。所有这些东西在雌蝶接触了一段时间之后，都像雌蝶本身似的对雄蝶们有着同样的吸引力。它们全都具有这种吸引雄蝶的特性，只不过是有的强些有的弱些。最好的是棉絮、法兰绒、尘土、沙子，总之是那些多孔隙的东西。而金属、大理石、玻璃会很快地失去它们的功效。不管怎么说，但凡雌蝶接触过的东西，都能把其吸引力的特性传出去。因此，橡树细枝掉到地上之后，雄蝶们仍然纷纷飞到那把椅子的坐垫上。【名师点睛：作者不停改变实验条件，变换雌蝶身边东西的材质，才知道了哪些物体更容易保存雌蝶的气味，我们可以看出他很有探索精神。】

为了看到新奇的事，我在一根长试管或小阔条纹蝶正好可以飞进去的一只短颈大口瓶里，放上最好的床——法兰绒，让雌蝶整个上午都待在上面。来访者们钻入器皿中，在里面拼命扑腾，却怎么也飞不出来了。我给它们布置了个陷阱，可以让它们有多少进去多少。我们把那些落难者放走，把藏在盖得严严实实的盒子里的最秘密处的那块床垫抽出来。晕头转向的雄蝶们又会回到那支长试管里，再一次钻入陷阱之中。它们会受到被长期浸透的法兰绒传给玻璃的那种气味的引诱。

因此，我坚信了自己的想法：为了邀请周围的众蝶飞赴婚宴，为了老远地通知并引导它们，婚嫁娘散发出一种人的嗅觉完全无法感知出来的极其细微的香味。我的家人，包括有最灵敏鼻子的孩子们，凑近那只雌性小阔条纹蝶时也没有闻出一丁点儿气味来。雌性小阔条纹蝶停留过一段时间的任何东西都很容易沾染上这种尤物。因而这些东西就会像雌性小阔条纹蝶一样，成为具有同样功效的吸引力中心，直到它的散发物消失掉。

求欢者们心急火燎地纷飞在刚刚弄好的纸床上，但那里没有任何可以用眼睛看得见的诱饵，没有任何看得见的痕迹，也没有一点儿浸润的样子。其表面在浸润了尤物之后，与没有浸润之前一样的干净整洁。

这种尤物配制得非常慢，必须一点一点地积聚，然后才能充分地散发出去。雌蝶从其粉床被弄走，移到别处，暂时失去了诱惑力，就像被打入冷宫一样。雄蝶们飞向的是那经长时间浸润之后的雌蝶栖息地。但如果御座重新放好，被抛弃的女皇又能重新掌权了。【名师点睛：雌蝶长时间待过的粉床是众雄蝶追捧的"御座"，再次突显雌蝶对雄蝶有着非常强大的吸引力。】

根据昆虫品种不同，信息流通的出现时间有早有晚。刚孵出的雌性小阔条纹蝶需要一段时间才能发育成熟，才能安排自己的蒸馏器似的器官。而雌性大孔雀蝶早晨孵出，有时候当晚便有探访者飞来，但常见的还是在第二天，经过四十多个小时的准备后才有求欢者到来。雌性小阔条纹蝶则把自己召唤异性的活动推得更迟，它的征婚广告要等两三天以后才发布。

现在，让我们稍稍回过头来看看它触角的蹊跷功用。雄性小阔条纹蝶与其婚恋方面的竞争对手一样有着漂亮的触角。把其层叠状的触角视作导向罗盘是否合理呢？我并没有太大把握地对它们进行了我以前做过的那种截肢手术。被动过手术的雄性小阔条纹蝶没一只再飞回来过。但也不能忙于下结论。从大孔雀蝶那儿我们已经知道，它们的一去不复返可能有着比被截肢更加重要的原因。

此外，苜(mù)蓿(xu)[一种生长广泛的重要的欧洲豆科牧草植物]蛾蝶，第二种小阔条纹蝶——与第一种小阔条纹蝶很相近，也有着华美的羽饰，它也给我们出了一道难题。【名师点睛：作者介绍了第二种蝴蝶，它与第一种相似，但又有不同的地方，引出下文的对比。】在我家附近常常能见到它们，就在我的那座荒石园里我都发现过它的茧，非常容易与橡树蛾的茧搞混，我一开始也曾把它们搞混过。我原指望从六只茧中得到小阔条纹蝶，但将近八月末时，我得到的却是六只另一品种的雌蝶。这下可好，在这六只在我家孵出的雌蝶的周围，从来没见过有一只雄蝶出现，尽管附近无疑有雄性小阔条纹蝶出没。

假如说，宽大而多羽的触角真的是远距离信息的传输工具，那为什么我那些有着华美触角的邻居，却没有获知在我工作室中发生的一切呢？为什么它们美丽羽毛的装饰并没有让它们对一些事情发生兴趣呢？而所发生的这些事情本会让另一种小阔条纹蝶纷纷飞来的呀！这再一次说明器官并不决定才能。即使有着相同的器官，也不一定会有相同的才能，才能与器官异同无关。

Z 知识考点

1.小阔条纹蝶的茧是_____形，使人很容易联想到蚕房里的蚕茧。它很_____，呈_____。

2.判断题：作者介绍两种小阔条纹蝶的不同，说明了器官并不决定才能，即使有着相同的器官，也不一定会有相同的才能。　　　　（　　）

Y 阅读与思考

1.橡树蛾有什么别称？

2.在作者的实验中，哪些东西能最好地保存雌蝶的气味？

找枯露菌的甲虫

名师导读

　　枯露菌是一种长在地底下的蘑菇，也就是松露。昆虫界有一种甲虫，它们身怀绝技，十分擅长寻找枯露菌，我们快来向它讨教一下吧！

　　在讲到甲虫之前，让我先来介绍一下我的狗朋友，它很会寻找枯露菌。枯露菌是什么东西呢？它是一种生长在地底下的蘑菇。狗常常被用来寻找这种蘑菇。我的狗有着极好的运气，经常可以跟着一只在这方面极有经验的狗一同出去工作。而那只堪称找蘑菇专家的狗，其外貌实在是没有任何可取的地方：那是一只极为普通的狗，态度平静而从容，又丑又不整洁。总之，如果你有这样一条狗，你是绝对不会想让它歇在你的火炉旁边的。然而我们不得不承认，它的的确确是一个名副其实的找蘑菇的专家。在动物世界中，许多现象和人类世界一样：天才和贫瘠总是连在一起的，无论是哪方面的贫瘠。【名师点睛：狗的丑陋和杰出的才能形成鲜明的对比，作者透过动物世界来分析人类社会，总结性的话语具有深刻意义。】

　　这只狗的主人，是村里有名的枯露菌商人。他起初甚至怀疑我要窥探他的秘密，从而和他进行商业竞争。直到后来有人向他证明我只是要采集地下植物的标本，要借用他的狗，他才相信并允许我同他一道去工作。

　　我们事先做了约定——任何一方都不可以影响狗的行动，而且只要它发现一种菌类，不管是人们喜欢吃的还是那些不可以吃的蘑菇，它都应该得到一片面包作为酬劳。并且，它的主人绝对不能禁止他的狗到它喜欢的地方去，即使那个地方的蘑菇根本没有销路。毕竟对于我的研究课题而言，蘑菇是否可以吃并不重要，因为我和枯露菌商人的目的是不同的。

遵循着这个原则，我的这次远征获得了极大的成功。这只狗一路上慢慢地踱着步子走着，用鼻子嗅着。每走几步，它都要停下来，用鼻子探测着泥土。发现蘑菇后它会用鼻子扒几下，然后用自信的眼光望着主人，似乎在说：

"就在这里了！就在这里了！我以我的性命保证！蘑菇就在这里！"

【写作借鉴：动作描写和心理描写，在作者的笔下，这只会找枯露菌的狗像一个专业人士，自信满满，十分灵动。】

它的感觉果然没有错，主人只要依着它的指示掘下去就行了。万一主人的铲子掘得偏了，它就会赶快发出一声鼻音，提醒主人该把铲子放到哪个正确的部位。按照它的指示我们的工作从没有失败过。这狗的鼻子果然名不虚传。它从不出错，它指示给我们的，包括各种地下菌类：大的，小的，有气味的，没气味的……当我忙碌着收集这些蘑菇的时候，我感到非常惊奇，这里面几乎包括了这一带所有品种的地下蘑菇。

狗是不是靠那种我们常说的嗅觉来寻找的呢？对此我有所怀疑，它决不能只靠嗅觉就找出这么多气味完全不同的菌类来。它一定还有我们所不知道的感觉。

通常我们用人类的标准去推测一切事物的时候，往往极容易犯错。在这个世界上，有许多种感觉是我们人类并不了解的。而这样的感觉，在昆虫中尤为明显。

那么，就让我们来讲讲会找蘑菇的那种甲虫吧。【名师点睛：介绍完会找枯露菌的狗，作者带着我们将目光转向了会找枯露菌的甲虫，过渡十分自然。】

它是一种美丽的甲虫，个头小小的，颜色黑黑的，有一个圆形的白绒肚皮，就像是一粒樱桃的核。当它用翅膀的边缘擦着腹部的时候，就会发出一种柔和的"唧唧"声，就和小鸟看见母亲带着食物回来时所发出的声音一样。在雄的甲虫头上还长着一个美丽的角。【写作借鉴：对甲虫外形的描写，使它的形象跃然纸上。】

　　我是在一个松树林里发现这种甲虫的，那里长满了蘑菇。那是一个美丽的地方，每当秋季气候温和的时候，我们全家都会到那儿去玩。大自然中的美好事物在那个地方几乎应有尽有：有用细枝做成的老喜鹊的巢；有吃饱后在树上互相嬉戏、追逐的饶舌的怪鸟；有翘着短尾巴突然从树丛里跳出来的兔子；还有可以让孩子们建筑小型隧道的可爱的小河。这个河岸的沙土很容易堆成一排小屋，我们会用草盖在屋顶上，权当作是草屋，再在屋顶插上一段芦草作为烟囱。当微风轻轻地掠过时，它就会发出轻轻的响声，我们的午餐就在这美妙的音乐中开始了。

　　对于小孩子们来说，这的确是个美好的乐园。当然即便是成人，也会很喜欢这个地方。我到这里来最大的乐趣便是守候那些找蘑菇的甲虫。在这里随处可见它们的洞，而且门都是开着的，只不过会有一堆疏松的泥土堆在洞口。它们向下的洞往往是筑在比较松软的泥土中，有几寸深。

　　当我用小刀一直挖下去的时候，总会发现那是个被废弃了的洞，甲虫们已经在夜里离开那里了——它在那里做完工作以后，就会迁到别处去。这种甲壳虫就像个喜欢在夜里行动的流浪者。随便什么时候，只要它找到了心仪的新去处，它就会毫不犹豫地离开，到新的地方再建一个巢。【写作借鉴：作者运用比喻的修辞手法，将甲虫比作流浪者，比喻形象生动，表现了这种甲虫流浪的习性。】

　　有时候我也能侥幸挖掘到有甲虫生活的洞，但始终只有一只，雌的或是雄的，从不会成对。看来这种洞并不是一个完整家庭的住所，而是专门给独身的甲虫住的。你看，这洞里的甲虫正在啃着一个小蘑菇，有一部分已经被它吃完了。虽然它已经有些疲倦了，但它仍旧紧紧地抱着蘑菇。它是绝不会轻易扔掉这个蘑菇的，因为这是它的宝贝，是它生命中的最爱。从周围吃剩的许多碎片来看，这只甲虫已经吃得饱饱的了。

当我从这甲虫的手中夺过这小小的宝物的时候，我发现这其实是一种很小的地下菌，跟枯露菌很相像。这样我们似乎可以解释甲虫的习惯和它需要经常搬家的理由了。让我们假设一下吧，在寂静的黄昏中，这个小旅行家从它的洞里慢慢地爬出来，一边快活地唱歌，一边悠闲地散步。它仔细地检查着土地，探究这地下所埋藏的东西，就像狗寻找枯露菌一样。【写作借鉴：虚写，表现作者丰富的想象力。他用充满诗意的语言把甲虫比作小旅行家，细致描绘出甲虫寻找蘑菇的场景，具有画面感。】它依靠它的嗅觉找到有菌的地方，那里通常只盖着几寸厚的泥土，而那些看起来肥沃的泥土，在它下面是绝不会有菌类的。当它判定在某一点下面有菌的时候，便一直往下挖去，实际上它也总能够得到它想要的食物。于是，它挖的洞也就成了它临时的宿舍，直到将食物吃完，它才会离开这个洞。它会在自己掘的洞底慢慢享受自己的美食，从不操心它的洞门是开着的还是关着的。

等到洞里的食物都被吃光以后，它就要搬家了。它会另外寻找一个适当的地方，再掘下去，然后再住一阵子，吃一阵子，等到新屋里的食物也吃完了，它就再换一个地方。从秋季到来年的春季——在菌类的生长季节里，它们就这样游荡着，"打一枪换一个地方"，从一个家搬到另一个家，很辛苦但又很洒脱。

甲虫所找到的菌并没有什么特殊的气味，那么它究竟是如何从地面上就感觉到地底下菌类的存在呢？它真的是一种聪明的甲虫，在找蘑菇方面实在是太有办法了。这是我们人类所望尘莫及的，哪怕是"千里眼"或是"顺风耳"，也无法找到那隐藏在地底下的秘密。【名师点睛：问题的提出，作者并未给出答案，而是赞扬了甲虫的聪明，这问题就留给了读者去思考。】

1.会找蘑菇的甲虫个子_____，颜色_____，有一个_____的白绒肚皮，雄甲虫的头上还长着一个美丽的_____。

2.判断题：这种甲虫只要找到了心仪的新去处，就会毫不犹豫地离开，到新的地方再建一个巢。 （ ）

阅读与思考

1.狗虽丑陋，却是找蘑菇的专家，从中作者得出了什么结论？

2.本章介绍的甲虫最爱的食物是什么？

蜘蛛离乡

М 名师导读

　　大自然是很奇妙的,无论是动物还是植物,都有自己的旅行方式。那么蜘蛛是如何离乡的呢?本章作者为我们带来了一场说走就走的旅行,快来看看吧!

　　任何的植物和动物一样都有自己成长繁衍的过程。种子在果实里成熟以后,便会用自己特殊的方式播散出去。种子撒落到地上,在空隙处发芽生长,在适宜的环境中吸取阳光和水分,变得枝繁叶茂。

　　路旁的废物堆中长出了一种葫芦状的植物,我们通常称它为喷瓜。它的果实是一种皮粗、味苦的小黄瓜,大小像颗椰枣。果实成熟后,它那肉质的果心便化为汁液,种子便漂浮在汁液中。随着果实的渐渐成熟,受弹性果皮的挤压,这种浆质果肉便会全部压到瓜蒂上,瓜蒂慢慢给推出去,本来还像个塞子,现在却裂开了,口子一开,一股夹着种子的果肉便猛地射了出来。如果你没搞懂这其中的蹊跷,在烈日当空时去摇晃那株挂满了黄色果实的植物,那么一声爆响和兜头浇来的黄瓜弹雨一定会让你受惊不小的。【名师点睛:作者用诙谐的语言描述了一场黄瓜弹雨事故的因果。这种会裂开的植物真是深藏不露,原来还是武艺高超的射手,大大吸引了我们的兴趣。】凤仙花的果实成熟时,随便一碰,便会裂开,形成五个肉质果荚,果荚卷起来,将种子向远处弹去。Impatiens balsamina 是凤仙花的生物学名,其实也就是果实突然开裂的意思。果实成熟之后它就变得一触即发。在林子里潮湿阴暗之处还生长着另一种凤仙花属植物,也是源于同一个原因。它有一个更富有表现力、更形象的名称"别碰我"（宝石草）。三色堇的果实在成熟后会胀开，形成三个荚，每个荚弯成船的样子，两排种子镶在船的中央。当这些果荚干枯后，边缘就皱缩起来，果荚就会挤压种子，将之弹射出去。

轻质种子，尤其像菊科类植物的种子，都有类似航天装置的东西——顶绒、羽毛、飞轮——这些装置让它们飞上天，飞到远处。我们大家熟悉的蒲公英的种子就是这样，种子上有一束绒毛，随便吹上一口气，种子就会从干花托上飞起来，在空中东飘西荡。翼瓣也是凭借风力播种的最合适的工具，它的功效仅次于绒毛。黄色桂竹香种子的膜状边缘看似薄薄的鳞片，但多亏有了它，它的种子才能够飞到高高的建筑群的飞檐上，飞到难于攀上的岩石缝隙里，飞到旧墙老壁的裂缝中，在残余的一点腐殖土里发芽。这些腐殖土是比它们先到一步的苔藓的遗物。榆树的翼果由一片宽宽的轻质扇翼组成，种子就封在中央位置；槭树的翼果是成双成对的，就像展开的鸟翼；桦树的翼果就像向前伸出的桨叶，一遇到大风雨就会奔向很远的他乡。

同植物一样，昆虫有时候也是拥有旅行装置的，那是它们开花散枝的工具。有了旅行装置，数目庞大的家庭就可以迅速地向野外扩散，每个家庭成员都可以各据一方而不至于伤害到邻居。而它们的那些装置无论从它们的使用方法，还是从它们的材质上，都能与榆树的翼果、蒲公英的绒毛和喷瓜的弹射一决高下。我们还是来关注一下园蛛吧。这些毫不起眼的蜘蛛为了捕猎，它们在相邻的两株灌木间拉上一条垂直的大网，就像捕鸟网一样。而我们这块最打眼的要数条纹园蛛，它身上有黄、黑、银白条纹，很漂亮。它的巢堪称了不起的杰作。那是一个形状像梨的缎面袋子，在口袋的颈部有一个凹进去的口，口上还有一个缎面的盖子。棕色的条纹像极了环绕袋子的子午线，打开巢穴，其实在之前我们都已经见到并了解了，不过我们还是再看一下吧。袋子的外层包裹物同我们的纺织品一样结实而且具有极佳的防水性，以防止风雨交加的夜晚蜘蛛宝宝们遭受寒冷。那是一种相当柔软的黄褐色的绒线，像丝绒一样柔软，恐怕这个世界上再没有比这个妈妈给孩子准备的床更柔软的了。在这团丝绒般的绒线中悬挂着一只顶针形的丝质小袋，袋子上还盖着一个可以活动的盖子，橘黄色的小卵就装在这个袋子里，密密麻麻有五百多个吧。看到这，我们无不感叹，这个可爱的蜘蛛宝宝的小窝就是动物的果实，胚芽的外壳，与植物蒴果相媲美的包膜。只不过条纹园蛛的小袋子里装着的不是种子而是蜘蛛宝宝。看起来似乎大相径庭，其实卵和种子都是一回事。那么这个活生生的果实，在蝉类挚爱的热浪中成长后，将以怎样的方式裂开？其实最重要的是种子怎样去散播呢？它们可有成百上千之多它们必须远离他乡，离群独居，这样才不至于与邻居有任何竞争和冲突。它们是那么弱小，迈着那细碎的步子，怎样才能到达远方呢？【名师点睛：作者提出问题，引发读者阅读，引出下文对蜘蛛离乡方式的介绍。】

　　我从另一家早就出生的条纹园蛛身上找到了这些问题的答案，它们是五月初我在围栏里的丝兰花下发现的。去年的时候丝兰花开花了，可花茎依然翘立如故。在剑锋形的绿叶上聚着两家刚孵出来的蜘蛛。这些早早就钻出来的小虫子呈暗黄色，臀部上有一块三角形的黑斑。后来它们的背上又泛起了三个白十字，也正是那时我才把我发现的虫子跟十字园蛛（或称王冠蛛）联系了起来。当太阳光照到院子里这个角落的时候，其中一家蜘蛛乱成了一锅粥。那些身为高明杂技家的小蜘蛛一个接一个地往上爬，直到爬到花枝头上，队列才突然解散开来，向正反两个方向爬去。原来是一阵微风吹乱了队伍，大家乱作一团。我看不出它们有什么整体的策略。每时每刻枝头上都有蜘蛛离去，一个接着一个。它们都猛地弹了出去，也可以说是飞了出去。那一刻它们仿佛长出了一对蚊子的翅膀，然后突然间就消失不见了。我眼力所能及的一切是无法解释这种奇特飞行的，因为在室外嘈杂的环境中根本不可能进行如此周密的观察。那儿缺乏书房里的这种安宁、平静的气氛。

我将另一家子装入一只大盒子，马上盖上盒盖，把它安置在动物实验室的小桌上，离敞开的窗子只有两步。我从刚才所见得知它们很喜欢爬高，因此我给实验对象们拿来一捆枝条，有十八英寸高，作为它们的爬杆。我刚装好枝条，整个队伍便急匆匆地往上爬，爬到杆顶。只一小会儿它们就一个不落地全到了高处。稍后我们就会知道它们为什么在枝条突出的梢尖集合了。此时各处的小蜘蛛随心所欲地织起了网：只见它们蹿上去又跳下来，又蹿上去。这样就织成一条边缘参差的纱巾，一张多角形的网，它以枝兜为顶点，以桌缘为底边，约有十八英寸宽。这片纱巾就是它们的训练场，也可以说是它们的工作间，它们在那儿做好一切离乡的准备。这些卑微的小生命总是一副火烧眉毛的样子，精力充沛地跑来跑去。当太阳照到它们身上时，它们就变成了一个个闪烁的小亮点，点缀在奶白色的纱幕上，就像某个星座图。望远镜给我们展示了天空无穷无尽的星系，而这些小蜘蛛则向我们展示了遥远星空的投影。无限小的东西和无限大的东西在外形上非常相似，只是距离远近不同而已。不过那鲜活的星云并不是由固定的星星组成，相反，它的星点时刻在动。【写作借鉴：作者用比喻的修辞手法，把蜘蛛比作星座，明明是在观察地上的生物，他的想象力却已经翱翔于天际，用星点的移动暗喻蜘蛛的移动，十分生动。】而网中的幼蜘蛛也在一刻不停地移来移去。还有很多干脆让自己掉下去，悬在一段蛛丝上，那是吐丝器被蜘蛛的重量拖出的丝。接着它们又飞快地顺着这根丝爬上去，慢慢将这根丝捆成一束，然后再跳下去拉长蛛丝。其他蜘蛛始终都在网上跑来跑去，在我看来其实也是在制造一捆绳子。说实话，蛛丝并不是从吐丝器里流淌出来的，而是用力挤出来的。这是一种榨取，而不是排泄。蜘蛛为了获取它那纤细的绳索，不得不四处走动、拖曳，有的靠坠落，有的靠行走，就好比制绳工人在搓纤维时倒退着行走一样。此时在训练场上进行着的活动是为即将来临的离乡所做的准备。旅行者们整装待发。很快我们就看到一些蜘蛛在桌子和敞开的窗户间迈着轻快的步子一路飞跑。它们是在半空中奔跑，可究竟在什么上面呢？如果光线适宜，我仔细看的话，有时也能看到，在幼小的动物身后有一根好似光芒、时而闪现时而隐没的蛛丝。所以说，它身后有一个拴着它的东西，如果你够细心的话，还是勉强可以看出来的。但是在前方，朝向窗口的地方却什么也看不到。我上下左右仔细检查，一无所获，四处扫视，仍然一无所获：我找不出一丝一毫可以支撑那小生命往前走的东西。

人们也许会认为小家伙们正在空中漫步。它让人联想到一只脚被束缚住但仍然在努力向前飞的小鸟。但是在这件事中，表面现象是极具欺骗性的：它们不可能飞翔，蜘蛛必定在空中搭起了一座隐形的桥。这座桥我虽看不见，但我却可以轻易摧毁它。我拿一把尺子在蜘蛛和窗子之间的空中劈过去，一举奏效：细小的虫子立马不再往前走，掉了下去。因为它的桥已经被我毁坏了。我儿子小保罗是我的帮手，这有如魔杖般的一挥也让他大吃一惊，因为即使是拥有着一双灵动、年轻的眼睛的他，也没能看出那蜘蛛脚下的支撑物。【名师点睛：作者把尺子比作魔杖，用科学的力量解开了蜘蛛在空中漫步的幻象。】最让人觉得不解的，是它们身后的蛛丝是可以看见的。这其实很容易解释。每一只蜘蛛都会一边走一边纺出一根保险带，这保险带会给时刻有跌落之险的走钢丝者提供保护。所以说，身后的线是双股的，看得见，而身前的线仍是单股的，肉眼是很难察觉的。显然，这座看不见的桥并不是由虫子架起来的，而是由一股风托送出去的。园蛛纺出这根丝以后，就任由它在空中飘荡，而一旦风起，不管那风有多轻柔，蛛丝都会乘风而起。即使是烟斗朝空中喷出的一口烟也不例外。这根漂浮的蛛丝只要碰上附近任何一样东西，都会粘在上面。吊桥放下之后，蜘蛛也就准备出发了。据说南美洲的印第安人用葡萄等植物的枝条折成旅行吊篮，并乘着它凌空飞越了科迪勒拉山系的深渊。小蜘蛛们在空中穿行凭借的是无影无踪无法衡量的东西。不过要将那漂浮的蛛丝送到彼岸，还需要一股风。此时在我书房的门窗之间就有股过堂风[是气象学中的一种空气流动的现象，指流动于建筑内部空间的风，在这里指门窗之间流通的风]，因为门和窗都是敞开的。风很轻柔，我根本感觉不到。只是看到烟斗里喷出的烟缭绕着朝那个方向飘去，这才意识到有风的存在。冷空气从门外跑进来，暖空气由窗里逃出去。这就形成了那股托起蛛丝的风，蜘蛛因而可以启程上路。我将两个开口通道闭上，断掉风的来路，又用尺子在窗口和桌子间舞弄一番，将通道全部扫荡干净。随后，在一片寂静的气氛中，离乡之路断了。气流不复存在，丝束也不再飘开，它们无法再向外迁移。然而它们的迁居工作很快又展开了，这次的去向我真是做梦也没有想到。热辣的阳光正照射在一块地板上，这块地方比别处暖和一些，因而产生了一道更轻一些的上升气流。如果这些气流托起蛛丝，我的蜘蛛们就能够升到天花板上，它们的确是朝这个异乎寻常的方向攀去。不幸的是，经过窗口大逃亡之后，我的队伍已经大大缩小了，不适合再做进一步实验。我们必须重新开始。第二天上午，我在同一株丝兰花上采集了第二个家庭，其成员的数目与第一次的相差无几。【名师点睛：作者观察的对象是活动的蜘蛛，实验过程自然会有意外。蜘蛛不见了，但作者并没有气馁，而是重新开始，继续专心地投入到了观察中，从这里我们可以看出他乐观向上、坚持不懈的工作态度。】一切同昨天一样准备就绪。我的蜘蛛军团首先在自己领地上的那根长杆梢尖和桌子边缘之间织起一张边缘参差的网。五六百个细小的虫子遍及这工作间的各个角落，当它们在这个小小的世界忙成一团，为离乡大做准备之时，我也在做着自己的安排。我把房里的每一个出入口都堵上了，为的是制造一个尽可能无风的环境。我在脚边放了一只点燃的火炉。我的手放在与蜘蛛正织着的网齐平的位置，确实那里感觉不到火炉的热力。微弱的火力引出一股上升气流，从而可以把蛛丝吹直，送上高处。首先我们要查明气流的方向和力量。担任我向导的是蒲公英茸毛，摘去种子的茸毛又轻了几许。我在火炉上方，与桌子齐平的位置松开茸毛，它们慢慢朝上飘去，大部分都飘到了天花板上。移民们要走的应该也是这条上升的路，甚至它们还会走得更漂亮些。没错，一只蜘蛛往上攀去，我们旁观的三人看不到它的支撑物。它抖动着八条腿在空中漫步，轻轻摇摆着身子往上攀爬。其他蜘蛛很快跟了上去，有时走另外的路，有时走同一条路，跟上的蜘蛛越来越多。任何不解个中诀窍的人看到这不靠梯子的登天奇术，都会露出一脸迷惘。一会儿工夫它们大部分都上去了，紧贴在天花板上，但并不是所有的蜘蛛都爬到了那儿，有几只攀到某一高度后，就不再往上爬，甚至还落到了地上，尽管它们也使出浑身解数，拼命往前扒拉着腿脚。但是它们越是往前挣扎，就落得越快。【名师点睛：虽然小蜘蛛有着攀高的嗜好，但这对它们来说还是十分困难的。它们在空中旅行，旅途的终点却是地面。】在空中如此飘来荡去，不但走过的路都白走了，甚至还会倒行退步。这里面的道理也很容易解释。蛛丝根本就没能搭到高处的平台，它在空中飘荡着，只能粘在低处的端点。只要丝的长度适中，即使丝尾未能固定，它也能承受住那细小动物的重量。但是蜘蛛爬得越远，飘浮力就越小，终于蛛丝的上升浮力和它所承受的重量达到了平衡点。这时尽管这小家伙还在攀爬，它却无法再前进一步了。不一会儿，体重超过了越来越小的浮力，这时无论蜘蛛怎么努力攀爬，都只能滑下去。它最终被坠落的蛛丝带回到枝条上。在那儿新一轮的攀高马上又开场了，有的吐出新丝，如果丝的储存还未竭尽的话；有的则挑一根前面的蜘蛛织出来的丝攀登，通常它们都会到达天花板。那儿有十二英尺高。所以说那小蜘蛛虽然滴水未进，也能吐出足有十二英尺长的丝来，这可是它的纺织坊生产的第一件丝织品。而所有这一切，包括造丝者和它的纺织作品全都出自一颗卵，卵本身也不过是一颗聊胜于无的微粒。瞧瞧小蜘蛛做出来的丝织品，那丝精细到何种程度！我们的工厂能制造出炽热状态下方能显形的铂丝。而幼蛛制造细丝凭借的却是简陋得多的工具，若论丝之精细，连灿烂的太阳光也无法轻易让它显形于我们眼前。【名师点睛：作者通过对比，衬托蛛丝的精细，表现蜘蛛卓越的纺织才能。】我们千万不能让所有这些攀登家困在天花板上，那是一片荒原，待在那儿，它们大部分会丢掉性命，因为它们如果不饱餐一顿的话就再也织不出一根丝来。我打开了窗子，火炉上方那丝微温的气流便从窗口上方溜了出去。我之所以知道这点，是因为蒲公英茸毛早已奔到那里去了。飘荡在空中的蛛丝绝不会错过这股气流，它们会乘着这气流朝窗口延伸，而窗外正吹着轻风。我操起一把锋利的剪刀，小心地剪断几根蛛丝。它们的底端因为添加了一股，所以是看得见的。这手术真是效果惊人。蜘蛛就悬在飞绳上，乘风飞出了窗口，瞬间就不见了。要是那运载工具再装上舵，能够让乘客择其所好之地着陆，那该是多么方便的旅行方式啊！但小东西们的命运现在全由风来摆布。它们要降落在哪儿呢？也许是几百码外，也许是几千码外。我们祝福它们一路走好。离乡的问题现在解决了。如果没有我施计干预，整个过程在野外露天进行，那又会是怎样的呢？答案是可想而知的。

小蜘蛛们是天生的杂技演员和走钢丝专家，它们会爬到树枝梢头，寻找一个视野开阔的位置，然后抖开它们的工具。只见它们一个个都从自己的纺丝坊里拉出丝来，抛到气流的旋涡之中。被太阳晒热的空气从地面往上升腾，蛛丝就在这热气流轻柔的抬升下，朝上飞扬、飘浮，寻找粘着点。最后蛛丝断了，消失在远方，上面还悬着那位纺丝姑娘。

身上有三个白十字的园蛛，那给我们提供了有关离乡之路首批资料的蜘蛛，它们的育儿事业还只算中等规模。它只为卵织了一个丝球做包囊。和环带园蛛的气球相比，它的作品很朴素。我希望那些气球卵袋能给我提供更为齐全的资料。我在秋季养了一些蜘蛛妈妈，因为存储了好些货色，这样就绝不会错过任何要紧的事情了。那些气球大部分都是我亲眼看着织就的，我把它们分成两部分。一半留在我书房里，罩上金属纱网，再放几捆枝条做支柱；另一半放在院子里的迷迭香上，让它们经历着露天的日夜交替。这些准备措施给人一种十拿九稳的感觉，但事实上它并未制造出我想象中的那种场面。我指的是一场浩浩荡荡的出行，其精彩程度配得上它们占据的寓所。不过，倒也有几个有趣的结果，值得我们关注。我们还是来简要叙说下吧。【名师点睛：没有看到想要的景象，作者的失望之情不言而表。但是作为一个昆虫学家，他还是忠实地记录着蜘蛛的故事，体现了他高尚的情操。】环带园蛛的卵一般在三月来临时开始孵化。假设我们在孵化期间将环带园蛛的巢穴剪开，就会发现有一些幼蛛已经离开了中央舱室，爬到周围的绒毛上了，其余的仍是一团密实的橘黄色的卵。幼蛛并不是同时露面的，整个过程时断时续，也许要持续一两周。未来那件条纹丰富的外套此刻还不见踪影。它们的腹部是白色的，或者说前半部是粉白色的，而后半部是暗褐色的。除此之外的其他部分都是淡黄色的，不过前面的眼睛却勾出了一个黑圈。小家伙们独处时，会一动不动地待在柔软的黄褐色绒毛里。如果受到了打扰，它们就会懒洋洋地在原地扒拉几下，甚至也会踉踉跄跄地走上几步。看得出来它们在出门冒险之前得先强身健体一番。它们就是在这包裹产房、填满气球的精致丝绒里发育完全的。这是它们身子的候产室。它们一钻出中央小袋就扎进这丝绒中。直到四个月后，仲夏的热浪扑来时，它们才会离开这儿。它们的数目非常可观。经过一场耐心细致的人口调查，我得出的数字是将近六百。【名师点睛：需要多么细致的观察力和充足的耐心，才能让作者得出这个数字啊！但作者一笔带过，丝毫不提他的辛劳，这种默默付出的精神令人敬佩。】

这些幼蛛全都从一个不比豌豆更大的小袋里出来。要施什么样的魔术才能使它容下如此庞大的家庭呢？这几千条腿是如何生长发育而不致互相挤拽的呢？我们在前面了解到，卵袋是底部浑圆的扁柱体，是由密实的白色缎料制成的。这可是一层无法穿越的屏障。它前面开了一个洞，堵上一个同样质地的盖子，柔软的小生命不可能由此通过。它不是多孔的毡料，而是一种如麻布般坚韧的材料。那么，幼蛛是如何从那儿出来的呢？注意到没有，盖子周边有一个窄窄的卷边，插入卵袋的开口里。同样，平底锅的盖子也是靠凸起的边沿卡在锅口上的；不同的是，在园蛛的作品里，盖边并不是贴在开口上，而是与卵袋和巢身合为一体的。当孵化期来临时，这片圆盖就松开、升上去，让新生蜘蛛通过。如果那边缘没有固定死，只是插入巢身的话，或者如果全家都是同时出生的话，我们就会认为那扇大门是由门里住客的生命之波冲开的，它们可以齐心协力用背部推开门。我们大可以从平底锅的例子中找到类似的情形：平底锅盖可以被锅里煮沸的东西冲开。但是卵袋盖同卵袋是同一种材质，两者紧密地合为一体。而且，蛛卵的孵化是小批小批进行的，它们再使劲也是白搭。所以说一定有一个自动的爆裂或者绽开的时候，类似于植物荚果的崩裂，无须小蜘蛛亲自出力。金鱼草的干果完全成熟时会打开三个窗口；海绿属植物的果实会裂为两片，就像打开的怀表；石竹的果实会打开部分果瓣，顶上开出一个星形天窗。每个包着种子的荚壳都有自己的开锁系统，只需要阳光的轻抚就能平静地运转。环带园蛛的胚胎匣，就同那些干果一样，拥有爆裂开关。【写作借鉴：作者用排比和比喻的修辞手法介绍了干果的爆裂，以干果为例，说明了蜘蛛的卵袋的特点。比喻生动形象。】只要卵还没有孵出，门就紧紧卡死在门框里，严丝合缝；一旦小家伙们挤成一堆，想要出门，门就会自己打开。

六月和七月来临了，这是蝉所喜爱的季节，小蜘蛛也一样喜爱这个季节，到了这时，它们就急着想要出门了。对它们而言，穿越气球那厚厚的外壳的确不是一桩易事。看来第二次的自动开裂又在所难免了。这次是在哪儿裂开呢？我突发奇想，觉得它会沿着顶盖的边沿裂开。记得上面章节里描述的细节吗？气球的颈部末端扩展为宽宽的火山口状，上面罩了一个杯形的顶盖。这一部分的材质同其他部分一样结实。不过，既然顶盖是这个作品的最后一笔，我们就一定可以找出一处没有焊死的结合点，由此就可以打开顶盖。这种建筑方式欺骗了我们，顶盖是固定不动的。如果不把这房子从上到下的通道摧毁，我的镊子绝不可能拔下顶盖。开裂的是别的地方，是侧面的某个地方。究竟会在哪里裂开，事前我们看不出任何痕迹，也看不出任何的征兆。而且，说实话，这种开裂不是由某种精巧机械完成的，因为这是一种极不规则的开裂。<u>在阳光的暴晒下，缎料裂开了一道锋利的口子，就像熟透了的石榴壳一样。</u>【写作借鉴：作者用比喻的修辞手法，把裂开的缎料比作熟透的石榴壳，十分贴切地形容了缎料裂开的状态。】从这结果判断，我们可以看出，是里面的空气被阳光加热后膨胀，造成了这种崩裂。内部压力的痕迹是一目了然的：缎料的裂口都是向外翻开的，而且总有一缕填充小袋的黄褐色绒毛散落在裂口处。小蜘蛛们被爆炸赶出了家门，这时在鼓出来的破絮上乱成一团。环带园蛛的气球就是颗定时炸弹，会在炙热的阳光照射下轰然爆裂，暴露出里面的住客。这些炸弹需要三伏天猛烈的热浪才能引爆。因为处在我书房冷热适宜的环境里，大部分气球都没有打开，也没有幼蛛冒出来，除非我自己插上一手；有几只倒是开了一个圆孔，那孔非常整齐，恐怕是戳出来的。这个孔是球里囚徒的作品，它们在球体上的某个地方用牙齿耐心地啃出了一个洞，然后一个接着一个钻出来。但是留在院子里迷迭香上的气球，经猛烈的阳光一晒，轰然崩开，喷出一股夹杂着小虫的浅红绒絮。这就是在野外经过充足的阳光沐浴后的正常分娩。环带园蛛的小袋没有遮拦地置身于灌木丛中，七月气温一升高，袋里的空气就胀开了小袋，小窝炸裂了，分娩也就顺利完成了。只有很小一部分的家庭成员随杂乱的线絮跑了出来，绝大部分还留在袋内。袋子虽然破裂了，却仍然被绒毛胀得鼓鼓的。既然大门已破，大家随时都可以离开，那么就择吉日而行吧，无须操之过急。此外，它们在举家迁移之前还要进行一个隆重的活动。那些动物必须蜕皮，而蜕皮并不是同时发生在所有蜘蛛身上的。所以撤离旧家的时间要持续几天，它们都是一小队一小队地离家而去，只留下一堆蜕下的皮。

那些踏上了离家之路的幼蜘蛛爬到附近的枝条上，在那里，在阳光暴晒之下，继续做着远游的准备。它们使用的方法与我们在十字园蛛的例子里见过的一模一样。吐丝器往风中抛出一根丝，蛛丝飘荡、断开，然后携着吐丝者一道飞去。无论是在哪一个上午，启程离去的蜘蛛都不太多，无法满足人们想看壮观场面的心愿。由于没有谁拥来挤去，整个场面显得毫无生气。纺丝大蜘蛛同样也没有演出一哄而散的场面，这令我失望至极。【名师点睛：作者对壮观场面的上心是为了进一步更好地观察，表现了他对动物的痴迷，而他没有看到这样的场景，表达了浓浓的失望之情。】容我提醒一句，它所做出来的可是最漂亮的卵袋之一，仅次于环带园蛛的卵袋。它的卵袋呈钝状的圆锥形，上面罩着星形图片。它比环带园蛛的气球的材质更结实，而且更厚，所以就愈发需要来一次自动爆裂。裂开的部位在卵袋侧面，距盖边不远。同气球爆裂的情形一样，它的爆裂也需要七月的酷热来帮忙。其原理看来也是空气受热膨胀。因为我们再次发现有一些填充卵袋的丝状绒絮跑了出去。所有家庭成员集体弃家而去，而且，这一次它们没有先蜕皮，也许是缺乏必要的空间，无法进行细致的蜕皮过程。它们的圆锥形卵袋比那气球小多了，挤在里面脱下身上的壳，会扭断腿的吧。所以，全家一起钻出来，在近旁的枝梢住下。这里就成了它们的一个临时宿营地，小家伙们共同吐丝，马上织出了一个镂空的帐篷，一个为时一周左右的住处。就在这蛛网纵横的休息地，它们蜕了皮。蜕下的皮在住所底下堆成一堆。上面的秋千上，飞人们则在苦练本领、强健体魄。最后，待体格发育成熟，它们就启程出发了，一会儿是这几个，一会儿又是那几个，它们一小批一小批地出发，每个都是那么小心谨慎。没有谁乘着蛛丝飞船做飞行冒险，旅程都是老老实实一步一步完成的。

蜘蛛就吊在蛛丝下，在九到十英寸的地方。一缕轻风就吹得它如钟摆般摇晃。有时蜘蛛会撞上附近的枝条，当然这只是离乡的一小步。它一粘到一个物体，马上又垂下一段新丝，然后又做钟摆式摇动，摇到另一个稍远点的地方。就这样，小蜘蛛一小摆一小摆地(因为蛛丝不能留得太长)荡开了，去四处漫游，走马观花，最后找到一个适合自己的地方。如果风吹得很猛，它们的行程就缩短了；钟摆式的线路中断，吊在丝上的小家伙一下子就被送到了很远的地方。

总而言之，离乡的手法大致都一样。尽管如此，我地盘上的两只母蜘蛛还是辜负了我的期望，对它们编织卵袋的手艺我可是大唱了一番赞歌的。我费心地饲养它们，结果却令人失望。十字园蛛只给我留下了惊鸿一瞥，那种壮观场面我到哪里可以再次看到呢？我会找到的——以一种更加惊人的方式——到更卑微的蜘蛛，我一向忽略了的蜘蛛中去找。

【名师点睛：失望过后，作者并没有放弃研究，反而充满了信心和斗志，继续努力。这种积极向上的态度值得我们学习。】

Z 知识考点

1.轻质种子，尤其像菊科类植物的种子，都有类似航天装置的东西——_____、_____、_____——这些装置让它们飞上天，飞到远处。

2.判断题：蜘蛛卵的爆裂原理是空气受热膨胀。　　　　　　（　　）

Y 阅读与思考

1.蜘蛛在空中漫步，那座看不见的桥是蜘蛛架起来的吗？

2.哪些干果会爆裂？

灰毛虫

M **名师**导读

　　灰毛虫是一种深藏在地下的毛虫，很难被人发现。但是砂泥蜂却是寻找灰毛虫的专家，它们到底是利用什么器官寻找灰毛虫的呢？让我们来一探究竟！

　　砂泥蜂捕捉毛虫的过程，我们已经有所了解了。我觉得我所观察到的情况还是十分有意义的，即使荒石园昆虫实验室不再为我提供任何东西，不过，仅是这一次的观察就足以弥补一切。膜翅目昆虫为了制服灰毛虫所采取的"外科手术"，简直达到了登峰造极的程度，迄今为止我还没有见到在本能方面胜过它的动植物。它这种天生的本领实在是让人刮目相看啊！它的这种本领难道不足以引起我们的深思吗？砂泥蜂犹如无意识的生理学家，它具有多么巧妙的逻辑，多么精确稳健的本领啊！

　　这种奇迹，绝不是在田野里悠闲地散散步就能碰巧遇到或者能看到的。就算是真的出现了这种大好机会，你也根本来不及抓住。我可是花了整整五个钟头，始终坚守在那里，即使如此，也未能完成计划中的实验项目。【名师点睛：作者强调捕捉这一奇迹的难得，说明昆虫实验的艰难之处，可见作者为此付出了非常多的努力。】所以若想要很好地完成这种观察实验，就必须在自己家中，利用空闲时间来进行。

　　砂泥蜂这种膜翅目昆虫是如何发现灰毛虫在地下的藏身之处的？想要按照砂泥蜂的工作顺序来观察它的捕猎情况，就必须首先考虑这个问题。【名师点睛：问题的提出，引导读者阅读，引出下文对砂泥蜂工

作顺序的介绍。】

　　表面看来，至少用眼睛观察，没有任何迹象可以表明毛虫就藏在那儿。毛虫的藏身处可以是光秃秃的土地或长着草的地方，可以是满是石头或泥土的地方，也可以是连成一片的土地或裂隙小缝。地面的这些不同，对砂泥蜂这种捕猎者来说全都无关紧要。它搜索所有的地方，而并不是专门挑选一处去搜索。不管它停在何处、搜索了多长时间，我都看不出那个地方有何与众不同，但恰恰是在那个地方，会藏着一只灰毛虫。我前面的叙述已经指出了这一点，我曾经接连五次在砂泥蜂的指引下，找到了灰毛虫。砂泥蜂往往是因为无力深挖下去，而选择前功尽弃的。所以，我可以肯定，这绝不是视觉的问题。

　　到底是它的什么器官在起作用呢？是它的嗅觉吗？我们来看一下到底是什么情况。【名师点睛：作者否定了视觉因素，接着探析嗅觉因素，条理十分清晰，疑问的句式引发了读者的思考。】它用来搜索的器官是触角，这一点已经被证实了。触角的末端弯成弓形，在不断地颤动着，昆虫便用它来轻巧而快速地拍击土地。假如发现有缝隙，它便把颤动的细丝伸进缝隙中去进行探查。如果一簇禾本植物的根茎像网似的蔓延在地面上，它便加快抖动触角，以搜索根茎网里凹陷的地方。在所探索的地方，它触角的末端彼此贴在一起一会儿，如同两根有触觉的丝条，抑或是两个活动自如的手指，可以通过触摸了解情况。但仅这么触摸是查不出地下到底有什么的，因为它要寻找的是灰毛虫，可这灰毛虫却往往躲在地下好几寸深的洞穴中。

　　我们接着便会想到它的嗅觉器官。毫无疑问，昆虫的嗅觉器官十分发达。埋葬虫、扁甲虫、阁虫、皮囊等"食尸者"昆虫，就是靠着自己的嗅觉，才能急匆匆地赶往有一只死鼹鼠的地方去的。【名师点睛：作者举例说明昆虫的嗅觉器官十分发达，设下悬念，真的是砂泥蜂的嗅觉器官帮它找到灰毛虫的吗？】如果要说昆虫确实拥有较强的嗅觉器官，那么就必须知道它的嗅觉器官究竟生长在它身体的哪个部位。

也许有许多人会肯定地说："长在它的触角里。"即使这种说法不无道理，但我们仍很难理解，由角质的环一节一节连接而成的一根茎怎么会拥有鼻子的功能呢？因为鼻子的构造与触角是大不相同的。鼻子与触角是两个毫无共同之处的器官组织，怎么会产生出相同的感觉来呢？工具不同，它们的功用怎么会一样？再说，就我们所说的这种膜翅目昆虫来说，就我们所观察到的这种膜翅目动物而言，我们是可以对上述的说法提出异议来的。

嗅觉器官是一种被动的器官，而不是主动的器官。它是在等到气味传来时，才接收下来，而不是像触角似的主动器官，主动去感觉，主动去探查气味从哪儿散发出来。【名师点睛：作者分析了嗅觉器官和砂泥蜂触角器官的不同，说明砂泥蜂的触角是主动探查灰毛虫的踪迹，而不是被动地接受信息。】砂泥蜂的触角在不停地动着，它这是在探查，在主动地感觉。那它究竟在感觉什么呢？

如果说它真的是在感觉气味的话，那它完全可以一动不动，这要比它动个不停的感觉效果强得多。再说，如果没有气味，也就谈不上什么嗅觉了。我曾经亲自拿毛虫做过实验，我让鼻子比我尖、比我敏感得多的年轻人也去闻闻毛虫，大家没一个人能闻到毛虫散发出来的任何味道。狗鼻子很灵敏，这是尽人皆知的。当狗用鼻子拱地进行探查时，它是受到块茎的香气吸引，这香味我们即使透过厚厚的土层也能闻到。我承认，狗的嗅觉确实比人的嗅觉灵敏，它可以闻得更远更广，它所接受的感觉也更加强烈且更加持久。

但是，它是由于散发的气味而产生感觉，而这种气味，在一定的距离之内，我们人的鼻子也能感觉得出来。如果大家硬要坚持，我也可以同意砂泥蜂具有跟狗同样灵敏甚至更加灵敏的嗅觉这一观点，但这也同样需要有气味散发出来才行呀。所以，我觉得人的鼻子凑上去都闻不到什么气味的毛虫，砂泥蜂又如何能够透过厚厚的土层闻到呢？

无论是人，还是灰毛虫，抑或是其他的动物，如果其感官具有同样的功能，那其感官应该就有同样的刺激体。就我所知，在绝对黑暗的环境中，人也好，其他的动物也好，都无法看清东西。当然，动物的敏锐性一般来说是一样的，但感受力的程度却存在差异。有的动物感受力很强，有的就很弱；有的东西，某些动物可以感觉得到，而有些动物就感觉不到。这一点毋庸置疑。而且一般说来，昆虫的嗅觉感受力好像并不是很强，它并不是靠着敏锐的嗅觉来感受气味的。

那么难道它是依靠听觉吗？靠这种器官功能，昆虫也无法很好地探查猎物。【名师点睛：作者在依次否定了视觉和嗅觉之后，开始探析听觉，思路清晰、完整。】昆虫的听觉器官长在何处？有人说长在触角里。确实，昆虫那些敏锐的触角受到声音刺激后，好像全部都在颤动着。用触角探查的砂泥蜂可能是由从地下传来的轻微响动，比如猎物用大颚啃噬草根的声响，毛虫扭动身躯的声响，来判断所捕猎物的藏身之处。可是，这种声响真的是太微弱了，而且要透过有吸音作用的土层传到地面来，如果还能听到，那简直太不可思议了！

更何况这所谓的声响，传到地面上来时，几乎可以忽略不计了。灰毛虫是在夜间活动的，而白日里，它则蜷缩在洞穴中，一动也不动。它不啃噬任何东西，至少我按照砂泥蜂指引的方位挖到的灰毛虫没啃噬什么东西，再说，也没什么东西可以让它啃噬。它在一个没有树根的土层里一动不动地待着，安安静静，不发出一点儿声响。

听觉也跟嗅觉一样，完全被排除了。【名师点睛：作者采用的探究方法是排除法，一步步排除和探寻问题的答案，逻辑思路清晰。】这么一来，问题又出现了，而且更加地说不清楚。砂泥蜂到底是怎么辨别出地下藏着的灰毛虫的方位的？【名师点睛：作者在排除了错误答案之后，依旧没有得出想要的答案，悬念进一步加深，砂泥蜂这种不为人知的方法显得更加神秘。】毫无疑问，触角是给砂泥蜂引路的器官。但触角并不是起嗅觉作用的器官呀，除非大家同意如下的看法：这些触角虽然既干又硬，表面没有丝毫通常器官所需的纤细结构，却能感觉得出来我们根本就无法闻到的气味。如果确实如此，那就是在承认粗糙的工具也能制造出精美的作品来。触角因无声音可听，也就起不了听觉器官的作用。那触角到底在起什么作用呢？这个问题我无法解答。因为至少现在我不清楚，而将来能否搞清楚，我也不敢奢望。

一般来说，我们倾向于——也许也只能如此了——用我们知其然，但不知其所以然的尺度去衡量世间万物。我们把自己的感知手段赋予动物，却根本没有想过动物很可能拥有仅属于它们自己的手段。而我们对它们的手段不可能具有明确的概念，因为我们与它们之间没有什么类似的地方。我们不知道它们的感知是怎么一回事，如同我们双眼失明，对于颜色就一无所知一样。难道我们就敢保证我们对物质全都掌握得一清二楚，没有不明白的地方了吗？难道我们敢确定，对于有生命的物体来说，感觉只是凭借着光线、声音、气味以及可触摸的特性显示出来的吗？

物理学和化学尽管属于年轻的科学，但它们却已经向我们证明，我们所不了解的黑色中含有大量可以提取的物质。一种新的官能，也许就存在于菊头蝙蝠那迄今为止一直被称为怪诞的鼻子里，这一种新的官能，可能在砂泥蜂的触角里也存在着。它的触角为我们的观察研究打开了一个崭新的世界，这是一个我们的肌体结构永远无法去亲身感受体验的世界。

物质的某些特性，在人的身上虽然无法真正感受到，但是，在具有与人不同官能的动物身上，难道就不可能产生反应吗？斯帕朗扎尼曾经在一间房间里，从各个方向扯起许多条绳子，还堆上几堆荆棘，把房间变成了一座迷宫。然后，他把瞎蝙蝠放到这间迷宫里来。这些瞎蝙蝠彼此认识，飞起来速度很快，在迷宫里飞来飞去，但始终不会碰到他所设置的重重障碍。【名师点睛：作者插入斯帕朗扎尼的实验故事，说明蝙蝠身上有一种什么器官指引着它们，说明砂泥蜂的触角不是特例。】

原因何在？是什么类似于我们人的器官在指引着它们吗？有谁能

告诉我这一奥秘？【名师点睛：作者通过问题的设置，引导我们的阅读和思考，并紧扣问题，引出下文中的内容。】我也想弄清楚，砂泥蜂是如何借助自己的触角准确找到灰毛虫的藏身地点的。请不要说这是它的嗅觉使然。如果非要说是嗅觉的缘故，那么就得假定它的嗅觉灵敏得令人惊叹，同时还得承认，它所拥有的器官根本就不是用来感知气味的。砂泥蜂的行为并不是一件孤立的事实，所以我才在这里浪费笔墨，大费周章。

不过，我们现在还是先来谈谈灰毛虫吧！我们有必要更加详尽地了解这种毛毛虫。我有四五只灰毛虫，是我在砂泥蜂为我指引的洞穴深处用刀子挖到的。我原打算将它们作为牺牲品贡献给猎物，以便仔细观察记录砂泥蜂施行其外科手术的全过程。【名师点睛：将砂泥蜂对灰毛虫的捕食说成实施外科手术，表现了作者语言的丰富性。】可是，我未能如愿，我的计划落空了。于是我便把它们放进短颈大口瓶里，瓶底铺上一层土，再用生菜心覆盖起来。白天，我的囚徒们一直躲藏在土里。只有到了晚上它们才爬到土层上面来，一个个在生菜叶下啃噬着。到了八月，它们就全都躲在了土里，不再爬到土层上面来，各自忙着编织自己的茧。茧表面很粗糙，呈椭圆形，如小鸽子蛋一般大小。八月底，蛾子孵了出来，我认得出来那是黄地老虎。

原来毛刺砂泥蜂是用黄地老虎的毛虫来喂养自己的幼虫的，而且它只是在具有地下生活习性的类别中进行挑选。这些毛虫因外表呈淡灰色，所以俗称灰毛虫。灰毛虫是对农田作物和花园里的花草极为有害的毛虫。它们白天躲藏在地底下，夜晚爬到地面上来，啃噬草本植物的根茎，无论是装饰性植物还是蔬菜瓜果，它们全都不放过。它们把花圃、菜地、农田等糟蹋、祸害个够。假如你发现一棵苗好端端地便枯萎了，那你轻轻地把它扯出来，就会发现，它的根已经被咬断了。这帮贪婪而讨厌的灰毛虫，夜晚从田间地头经过，用它的大颚毫不客气地把秧苗给咬断。它所造成的破坏，与白毛虫（也就是鳃角金龟）的幼虫不相上下。如果它在甜菜地里大量地繁殖，那损失可就更加不可估量了。而它的天敌正是砂泥蜂。砂泥蜂在默默无闻地帮助我们消灭这祸害庄稼的可恶敌人。我把这在春天积极地寻找灰毛虫的砂泥蜂告诉了农民朋友们，让他们知道这位"农田卫士"能够帮助我们发现灰毛虫的藏身之地，以便更好地将它们消灭掉。【写作借鉴：拟人的修辞手法的运用，将砂泥蜂说成"农田卫士"，表明它捕食灰毛虫，对于农田具有保护作用。】可以说只要园子里有一只砂泥蜂存在，那么，一畦生菜或一花坛的凤仙花就能逃脱被灰毛虫毁灭的危险。

可是，我的这一提醒根本没有引起农民们的重视。虽然他们并没有想要消灭这种膜翅目昆虫，但他们也没有去帮助它们大量繁殖。他们只是任由这种可亲可爱的膜翅目昆虫，自由地从一条小径飞到另一条小径，飞到东飞到西，任由它们在花园的角角落落里认真巡视搜查。

对于昆虫，我们在绝大多数情况下是无能为力的。我们既无法因为它们有害就把它们消灭干净，也不能因为它们有益就对它们加以保护。人类能够挖凿运河，把大陆切成一块一块，以便把两个海洋连接起来；人类能够开凿隧道，从而把阿尔卑斯山打通；人类甚至能计算出太阳的重量。可是人类却无法阻止一群可恶的害虫，在人们还未尝鲜时就先把红红的樱桃给啮啮(niè)[啃咬。比喻折磨]掉；也无法阻止这可憎可厌的家伙去毁灭自己的葡萄园！泰坦被俾格米人打败，力大无穷者却显得如此软弱无力，真是让人摸不着头脑！【写作借鉴：作者用排比的修辞手法，举例说明了人类的强大，但是如此强大的人类却不能保护弱小的动物，表现人类力量的有限性，表达了作者无法保护昆虫的无奈与惋惜之情。】

如今我们在昆虫的世界里，有了一个机智聪颖的帮手，那可憎可恶的灰毛虫难以抗御的天敌——砂泥蜂。我们能否想点儿法子，帮助我们的这个助手在田地里或园子里繁衍、大批地生长？但是让砂泥蜂大量繁殖的首要条件就是先大量繁殖灰毛虫，毕竟灰毛虫是砂泥蜂的唯一食粮。从这一点来看，想要让砂泥蜂大量繁衍是不怎么可行的。而且喂养砂泥蜂可不是一件简单的事，因为它不像蜜蜂那样过着群居生活，从不离开自己的窠巢，更不像趴在桑叶上的愚蠢的蚕和它那笨拙的蛾子，拍拍翅膀，交配，产卵，然后死去。砂泥蜂经常迁徙，飞的速度很快，有点天马行空、我行我素的意思，不受任何约束。

更何况，那首要的条件就让我们不敢存此设想——若是想要大量繁殖帮我们寻找灰毛虫的砂泥蜂，那就得先任灰毛虫大量繁殖，但如果这样，就会酿成巨大的灾害，并且陷入一个恶性循环之中：为了益，求助于害。灰毛虫多了，砂泥蜂才能找到丰富的食物来喂养自己的幼虫，其家族才能兴旺；灰毛虫缺乏，砂泥蜂的后代就必然会减少，直至绝种。昌盛与衰亡的循环往复就是吞噬者与被吞噬者的比例平衡，这是一条永恒不变的自然规律。【名师点睛：作者在最后揭开了自然界循环往复的规律，说明自然界中的生物并不是孤立的存在，而是相互联系、相互制约的，这是生态平衡的体现。】

Z 知识考点

1.嗅觉是一种_____的器官，而不是_____的器官。它是在等到气味传来时，就接收下来，而不是像_____似的主动器官，主动去感觉，主动去探查气味从哪儿散发出来。砂泥蜂就是用它来搜索灰毛虫的。

2.判断题：砂泥蜂是灰毛虫的天敌。 （ ）

Y 阅读与思考

1.通过本章，你知道哪些昆虫的嗅觉器官十分发达？

2.为什么我们叫它灰毛虫？

米诺多蒂菲

M**名师**导读

米诺多和蒂菲是神话里的人物,这两个人名结合起来,就成了昆虫学家们眼中的米诺多蒂菲,这个昆虫为什么会叫这个名字? 它跟神话故事又有什么联系呢?

专业分类学家给本章要介绍的这位主角取了两个吓人的名字。一个是米诺多,就是弥诺斯那头在克里特岛地下迷宫中以人肉为食的公牛的名字;另一个是蒂菲,即巨人族中的一位,系大地之子,他曾经试图登天。凭借弥诺斯之女阿里阿德涅给的一团线,阿德尼安·忒修斯捉住了米诺多,把它杀死,安然无恙地走出地下迷宫,使自己祖国的百姓永远摆脱了被这半人半兽的怪物吞食的厄运。蒂菲则在自己垒起的高山之巅遭到雷劈,跌入埃特拉火山口中。据说,他依然活在火山口中。他的气息化作了火山的烟雾。他如果一咳嗽,火山便会喷发出岩浆;他如果想要翻一个身,活动活动筋骨,西西里岛的居民,无论人还是动物都不得安宁,因为西西里岛会随他的活动发生地震。

这些神话人物的名字听起来既响亮又悦耳,在昆虫的故事里找到这类古老神话的痕迹并不让人觉得扫兴。它们不会引起与真情实况的矛盾,而那些按照构词法硬造出来的名称反而总会名不副实。如果用一些近似朦胧的名字把神话与历史联系起来,那才是最符合人意的。

【名师点睛:作者开篇介绍神话故事,吸引读者的阅读兴趣,表明昆虫世界的丰富多彩,引出下文对米诺多蒂菲的介绍。】

米诺多蒂菲就是这样的。人们称一种体形较大、与地下打洞的昆虫血缘极为相近的黑色鞘翅目昆虫为米诺多蒂菲。它是一种平和无害的昆虫，但它的角可比弥诺斯厉害得多。在我们所知道的那些披着甲胄的昆虫中，谁都没有它的武器那么咄咄逼人。【名师点睛：这是米诺多蒂菲的出场，作者用"平和无害"来概述这种小昆虫，后又渲染它的角是很厉害的武器，增加了这个小昆虫的神秘感，引发了读者的阅读兴趣。】雄性米诺多蒂菲胸前有三根一束的平行前伸的锋利长矛。假如它体积增大如公牛，即使忒修斯本人在野外遇上了它，恐怕也不敢迎战它那支可怕的三叉戟。

神话中的蒂菲野心勃勃，想把连根拔起的群山垒成一根立柱，去洗劫诸神的仙境。博物学家们的蒂菲则不会登天，只会下地，而且能把地钻得很深很深。【写作借鉴：作者把神话中的蒂菲和昆虫蒂菲做对比，总结这两个一个登天、一个下地的特点，语言生动，富有趣味。】蒂菲用肩膀一扛，会把一个省弄得震颤起来；我们的昆虫蒂菲脊背一拱，也可以把泥土拱松动，导致小土堆震颤不已，就像被埋在火山中的蒂菲一动，埃特拉火山就轰隆作响一般。

这种昆虫就是我们即将了解的主人公。那么，讲这个故事有什么用处呢？这么深入细致地去研究它又有什么意义呢？我知道，这种研究不会让一粒胡椒身价百倍，不会让一堆烂白菜成为无价之宝，也不会造成装备一支舰队让决心拼个你死我活的人们相互对峙那样的严重后果。我们的这种昆虫并不期盼这么多荣耀。它只是在通过自己那些具有代表性的行为来展示自己的生活，它能够帮助我们更好地了解所有的书中最晦涩的那本——关于我们人类自身的书。

米诺多蒂菲很容易弄到，而且养起来不费钱，观察起来却挺有意思，所以它比那些高级动物更能满足我们的好奇心。再说，与我们成为近邻的那些高级动物研究起来非常单调乏味，而它则不然。它的本能、习性和身体构造都很有特点，是我们闻所未闻的，所以它能向我们揭示一个崭新的世界，仿佛我们是在与另一个星球的生物举行研讨会。这也是我高度评价这种昆虫并坚持不懈地与之建立联系的原因。

这种昆虫喜爱露天沙土地，因为那里是羊群去牧场的必经之路，一路上群羊总要不停地拉下羊粪蛋——那是它日常的美食。如果没有羊粪蛋，它就退而求其次，找点很容易收集到的兔子的细小粪便来凑合。一般说来，兔子总会躲到百里香丛中去拉屎撒尿，因为它非常胆小，怕暴露自己，遭到敌人的袭击。

约莫在三月份的头几天，就可以碰见齐心协力、专心修窝筑巢的米诺多蒂菲夫妇。此前一直分居于各自浅穴中的雌雄米诺多蒂菲，现在开始要共同生活一段较长的时间了。

在那么多的同类中间，夫妻双方还能相互认出对方来吗？它俩之间是不是有海誓山盟？【写作借鉴：这里用疑问句开头，不仅激发了读者的阅读兴趣，也起到引出下文的作用。】如果说婚姻破裂的机会十分罕见的话，那么对于雌性来说，这种破裂的机会可以说根本就不存在。因为做母亲的很长时间都不会离开其住处。相反，对做父亲的来说，婚姻破裂的机会却很多，因为职责所在，它必须经常外出。如同我们马上就会看到的那样，雄性一辈子都得为储备粮食奔忙，是天生的垃圾搬运工。白天它独自一人按时把妻子从洞中挖出来的土运走；夜晚它又独自在自家宅子周围搜寻，为自己的孩子们寻找做大面包的小粪球。
【名师点睛：作者开始分析米诺多蒂菲的婚姻生活，通过夫妻之间的对比，说明父亲非常忙碌，也说明昆虫婚姻破裂的可能性很大。】

各家住宅有时候会比邻而建。收集粮食的丈夫归来时会不会摸错了门，闯进别人家中去呢？在它外出寻食时，会不会在路上碰见一位没有待在闺中的散步女子，于是便忘了家中贤惠的妻子，准备离婚呢？这个问题值得研究。我用下面这个方法解答了这一问题。【名师点睛：人类社会常见的问题，是否也存在于昆虫世界里？作者不仅仅是在观察昆虫，也暗示了人类社会婚姻破裂的现象。】

我挖出来了两对正在挖土建巢的夫妇。我用针尖在它们鞘翅下部边缘做了无法抹去的记号，以便我能把它们区分开来。我随手把这四位分别放在一块有两拃(zhǎ)[量词，张开的大拇指和中指两端之间的距离]深的沙土场地上。那里的土质一夜工夫就能挖出一口井来。在它们急需粮食的情况下，我又给它们弄了一把羊粪进去。我用一只瓦钵翻扣在场地上，既可以防止它们逃逸又可以遮阳，让它们安安静静地去沉思默想。

答案在第二天出来了，非常令人满意。场地上只有两个洞穴，两对夫妇如原先一样重新聚在一起，两只雄性都各自找到了自己的结发妻子。次日，我做了第二次实验，然后又做了第三次实验，结果都一样：用针尖做了记号的一对在一个洞中，没做记号的另一对则在通道尽头的另一个洞穴里。

我总共重复做了五次实验，它们每天都不得不重新开始组建家庭。【名师点睛：作者详细描写了前面的实验，此处略写重复的实验，在结构安排上十分合理。】随后，事情变糟了。有时，接受实验的四只中每只各居一屋，有时在同一个洞穴中住着两只雄性，或者两只雌性，有时一个雌性接待另一雌性或雄性，但组合方式与一开始完全不同了。我过分地重复实验，一切就乱套了。我每天这么折腾，都把这些挖掘工弄烦了。一个摇摇欲坠的宅子老是在重建，终于把合法夫妻给拆散了。如果房屋每天都倒塌，正常的夫妻生活也就无法过下去了。

不过这并没有多大关系，因为一开始的那三次实验已足以证明，尽管那两对夫妇一次又一次地受到惊吓，但这似乎并没有破坏它们夫妇之间那微妙的纽带，夫妇关系仍有着一定的抗拒力。夫妇双方在我精心制造的一系列混乱之中，仍旧能够认出对方。它们信守着彼此间的山盟海誓，这在朝三暮四的昆虫界实在是一种难能可贵的高尚品质。因为我们人类可以根据话语、音色、音调相互识别，但昆虫不能说话，无法去呼唤对方，它们拥有的估计只有嗅觉了。【名师点睛：作者得出了实验结果，说明雄性米诺多蒂菲虽然忙碌，有很多外出的机会，但是它对

待爱情非常忠贞，作者在此赞美了米诺多蒂菲高尚的品质。】

米诺多蒂菲寻找自己妻子的情况让我想起了我家的爱犬汤姆。汤姆在发情期间，鼻子朝上，嗅闻由风送来的空气，然后跳过围墙，急忙奔向远方那个传来具有魔力召唤的地方。由此，我还想起了大孔雀蝶，它们从好几公里以外飞来，向刚出茧的正值婚嫁的雌蝶表示敬意。

但是，这种对比还有许多不尽如人意之处。狗和大孔雀蝶在收到妙龄异性召唤时尚不认识那位美人儿，而对长途跋涉前去朝圣一窍不通的米诺多蒂菲则完全不同。它稍微转上一圈便径直奔向那个已经常与之接触的女人了；它通过对方身体内散发出来的那种与别人不同的，除了它这个情郎之外，别人无法闻出来的某种独一无二的气味将自己的妻子辨认出来。这些带有气味的散发物是由什么成分构成的呢？米诺多蒂菲尚未告诉我。这一点让人觉得很遗憾，我本以为它会告诉我们一些有关其嗅觉之神功的有趣故事的。

这对夫妻在家中又是怎么分工的呢？要想知道这一点，可不是件容易的事，这可不是用小刀尖挑出来看看就可以的。要是想参观在洞中挖掘的昆虫，就得动用镐头，这可是项很难很难的活儿。这种昆虫的宅子并不像蜣螂、螳螂和其他一些昆虫的屋子，用小铲子轻轻一铲，毫不费力地就挖开了。米诺多蒂菲住在一口深井中，所以你必须用一把结实的铁铲，连续挖上好几个小时才能挖到底。如果太阳再稍微毒一点儿，干完这个活儿你一定会累趴下。

我年岁大了，可怜的关节都生锈了！唉！明知地下藏着一个有趣的故事，想要探究一番，却力不从心，挖不动了！但是人老心不老，我的热情仍旧如当年挖掘赤条蜂喜爱的松软的山坡时一样，热情似火。我对研究工作的喜爱从未减退，只不过力气不再如当年罢了。【名师点睛：作者为了昆虫研究奉献了青春，如今年迈无力，研究昆虫的热情却没有冷却，这种执着奉献的精神值得敬佩。】

幸好我有一个帮手，他就是我的儿子保罗。他身轻体健，臂膀有力，帮了我的大忙。我动脑，他动手。家中其他的人，包括孩子们的妈妈，也都非常积极，一有时间就过来帮我们一把。坑越挖越深，必须隔着老远仔细观察铲子挖出来的那些东西，查找点滴线索。这时候，人多眼睛就亮。一个人没看见的，说不定另一个人就会瞅见。双目失明的于贝尔依靠一个目光敏锐的忠实仆人对蜜蜂进行研究。我的条件可比这位伟大的瑞士博物学家强多了。我的眼睛虽然已经老花，但视力还是不错的，何况我家人的眼睛都很好，他们都能帮助我。如果说我还能继续进行研究的话，他们功不可没，我非常感激他们。

我们一大清早就到了现场，找到了一个洞穴，还有一个很大的呈圆柱形的土堆，看上去它是被一下子推上来的一整块土。挪开土块，便现出一口很深很深的井。我用途中捡拾到的一根很长很笔直的灯芯草秆儿试探着往井下伸去，越伸越深。最后，在一米半左右的深处，那根灯芯草秆儿就不能再往下去了。看来我们已经探到米诺多蒂菲的卧室了。

用小铲子小心翼翼地剥落卧室外面的土，便可以看到屋里的主人，先挖出来的是雄性米诺多蒂菲，再稍微往下挖一点，就挖到了雌性米诺多蒂菲。夫妻俩被取出来之后，露出一个颜色很深的圆点，那是粮食柱的末端。接下来，我们要小心翼翼并且一点一点地沿着洞底边缘去挖，我们需要把中间的那块土与它周围的土分割开来。然后用小铲子兜底儿把那块土整个儿地铲起来，既得小心谨慎，又得干净利落。铲起来了！我们成功弄到了米诺多蒂菲夫妇及其卧室了。我们挖了一个上午，累得精疲力竭，总算弄到了这笔宝藏。保罗背上直冒热气，可见他花了多大的力气。【名师点睛：作者"小心又小心地轻轻挖"，从他小心翼翼的动作中，我们可以看到他认真谨慎的态度，他极力避免误伤到米诺多蒂菲，表达了他对昆虫的关心。】

当然，一点五米这个深度不是、也不可能是一成不变的，许多因素都会使深度改变，比如昆虫钻过的地方的湿度和土质情况，产卵期的远近，昆虫干活时热情的大小和时间是否充裕等。我看见过一些比这个洞穴稍微深一点点的，也见到过一些还不到一米深的洞穴。

不管是什么情况，为了生儿育女，米诺多蒂菲都必须有一个很深的住所，而据我所知，没有其他任何一种昆虫挖掘工挖过这么深。我们马上就会寻思到底是什么样的迫切需要使羊粪蛋的收集者居住在那么深的地方？

离开现场之前，我们先记下一个事实，因为这一事实以后会很有价值。雌性米诺多蒂菲住在洞穴底部，而其丈夫则待在其上方不远处，它俩都被吓得一动也不敢动。现在尚无法确知它俩在干什么。

这一发现在我翻挖的各个洞穴中都一再地被证实，这似乎说明这对伙伴各自有一个固定的位置。

养儿育女的米诺多蒂菲妈妈住在下层。它独自在挖掘，因为它精通垂直挖掘的技术，这种挖法事半功倍，可以挖得很深。它是个能工巧匠，始终不停地对着坑道工作面挖掘着。而它的丈夫只是一名小工，待在它身后，用它的角背篓随时清理浮土。洞穴完工之后，能工巧匠变成了女面包师，把为孩子们准备的糕点制作成圆柱形；而米诺多蒂菲爸爸则为它打下手，为妈妈从外面搬运进来食物原料。如同所有的和睦家庭一样，女主内男主外。【写作借鉴：作者用拟人的修辞手法，把米诺多蒂菲妈妈比作面包师，介绍了夫妻各自的分工，把这个家庭的和谐温馨表现得淋漓尽致。】这可能就是在管形宅子中它俩所居的住处始终不变的原因。将来，我们就会得知这种猜测是否与事实相符。

好了，现在让我们在家里从容地、舒舒服服地观察好不容易挖掘出来的洞穴中间的那整块土。这块土中有一个呈香肠状的食品罐头，长短粗细大约和拇指一般。里面装着的食品颜色很深，压得很瓷实，分好多层，可以辨别出其中有已压碎了的羊粪蛋。有时候，面包揉得很细，从头到尾全都十分均匀；更多的时候这圆柱形面团像一种牛皮糖，里面有一些疙疙瘩瘩的东西。女面包师的忙闲情况不同，所揉制的面包看上去也千差万别，有时间就做得讲究，没时间则敷衍了事。

在洞穴的那个死胡同里，紧紧地嵌着食品罐头。那儿的墙壁比井里其他地方的更光滑、更平整。用小刀尖轻易地就可把它与周围的土层剥离开来，就像剥树皮似的。就这样我弄到了一个完整的不沾一点儿泥土的食品罐头。

现在这项工作已做完，接下来我们来了解一下卵的情况，因为这只罐头肯定是为幼虫准备的。【名师点睛：这是承上启下的过渡句，上承上一项工作已经结束，下启卵的情况。】由于我知道粪金龟就是把卵产在"香肠"底部食物中间的一个特别的窝窝儿里的，所以我期待着在"香肠"底部的一个密室里找到粪金龟的近亲米诺多蒂菲的卵。可是，我的猜测错了。我要找的卵并不在我所猜想的地方，也不在"香肠"的上部，反正食品罐头里哪儿都没有。

我又在食品罐头外面寻找，最后终于找到了。卵就在罐头食品柱下面的沙土里，完全没有妈妈们精心安排的保护。那儿没有新生儿细嫩肌肤所要求的有光滑墙壁的小房间，有的只是一个并非精心建造，而是妈妈胡乱扒拉起来的粗糙的废墟堆。幼虫将在这个离食物有一段距离的硬床上孵化。为了吃到食物，幼虫必须扒拉沙土，穿过这个有几毫米厚的沙土天花板。

由于我已挖出了那连带着食品罐头的整块土，而且有我自制的器具，我就可以放心地观察这段香肠是如何制成的了。【名师点睛：过渡句，作者的准备工作已经完毕，接下来可以尽心观察了，引出下文米诺多蒂菲制造香肠的过程。】

首先，米诺多蒂菲爸爸爬出洞外，选好一个粪球，其长度大于井口直径。它把粪球往井口挪去，倒退着用前爪拖拽，或者用头盔轻轻顶着一下一下地往前推。推到井口边时，它并没有猛一使劲儿，一下子把粪球推进洞里去，绝对不会，它有自己的计划，不会让粪球重重地摔落下去。它爬进井口，前足搂紧粪球，小心地把一头塞进井内。

到了离井底有一定距离的地方，它只需要把粪球稍微倾斜一点儿，粪球就可以两头顶着井壁，因为其轴心很宽。这样就构成了一块临时的楼板，可以承重两三个粪球。【写作借鉴：这是一段场面描写，将米诺多蒂菲爸爸搬运食物进洞的过程，详细生动地展现了出来，反映了它的聪慧和仔细。】

这就是米诺多蒂菲爸爸的加工车间，它可以在此干活儿，又不影响在下面工作着的妻子。这是一座磨坊，制作面包的粗面粉就要在这儿进行加工。

这个磨坊工爸爸装备精良。你瞧它的那支三叉戟，十分坚挺的前胸上戴着一束三根的锋利长矛，两边的两根长，而中间的那根短，三根的矛头全都直指前方。

这件兵器有何用途呢？我起先以为只不过是雄性的一件饰物，如同粪金龟族中许多其他族类都佩戴着的一样，只是形状各异而已。不过米诺多蒂菲的这个可不是饰物，而是它的一件劳动工具。【名师点睛：通过和其他粪金龟做对比，强调米诺多蒂菲的三叉戟不是饰物，而是一件劳动工具，为下面介绍它的详细用途做铺垫。】

那三根矛尖并不整齐，而是形成了一个凹弧，那凹弧完全可以装载一个粪球。在那块没铺得太好、摇来晃去的楼板上，米诺多蒂菲爸爸得用四只后爪支撑着井壁才能保持平衡。那它将怎样把那个滑动的粪球固定住，并把它压碎呢？

我们来看看它是怎么干的吧！它稍稍弯下身子，把三叉戟插入粪球，这样一来粪球便卡在新月形的工具中固定不动了。米诺多蒂菲爸爸的前爪是空着的，因此它便开始用前臂上的锯齿状臂铠去锯粪球，把它分割成一小块一小块的，让它从楼板缝隙处落下去，堆积在米诺多蒂菲妈妈身旁。

这些从磨坊工爸爸那儿掉下去的是粗粉，还没有过过筛子，里面还掺杂着许多没磨得太细的碎块。尽管这粉磨得不均匀，但仍给正在精心制作面包的女面包师帮了大忙，使它得以减省劳力，一下子就可以把好粉次粉分离开来。当楼上的粪球，包括楼板全被磨碎之后，有角的磨坊工匠便回到地面，寻找新的粪料，然后从容不迫地开始重新研磨。

作坊中的女面包师也没有闲着。它把自己身旁纷纷散落的面粉捡起来，进一步碾细，进行精加工，再进行分类，软一些的用作面包心，硬一些的用作面包皮。它转过来绕过去，用自己那扁平的胳膊轻轻地拍打着原料，然后把原料一层层地摊开，再用脚踩瓷实，宛如葡萄酒酿制工榨葡萄汁一般。踩瓷实之后的大面饼便于储存。丈夫供应面粉，妻子揉制加工，经过将近十天的共同努力，夫妇二人终于成功制作出一个长圆柱形的大面包。

<u>米诺多蒂菲的种种美德值得概括一下。</u>【名师点睛：介绍完米诺多蒂菲的工作，作者把目光转移到了它们的美德方面，巧妙过渡，引出下文。】

严冬过去之后，雄性米诺多蒂菲便开始寻觅配偶，找到之后便与之安居地下。从此，它便对自己的妻子忠贞不渝，尽管它会经常外出，而且也可能碰上让它移情别恋的女性，但它始终不忘发妻。它以一种没有任何事物可以使之减退的热情，帮助自己那位在孩子们独立之前绝不出门的挖掘女工。整整一个多月，它用它那叉口背篓把挖出的土运往洞外，始终任劳任怨，从不被那艰难的攀登吓倒。它把相对轻松的耙土工作留给妻子做，自己则干着最重最累的活儿，无数次地把泥土从那条狭窄、高深、垂直的坑道往上推出洞外。完工之后，这位运土小工又变成了粮食寻觅者，到处去收集粮食，为孩子们准备吃的东西。为了减轻妻子剥皮、分拣、装料的工作，它又当上磨面工。在离洞底有一定距离的地方，它研碎被太阳晒干晒硬了的粮食，加工成粗粉、细粉，让面粉不停地散落在女面包师的面包房内。

最后，<u>它精疲力竭地离开家，在荒天野地里凄凉地死去。它尽职尽责地完成了自己作为父亲的责任，它为了自己的家人过得幸福而奉</u>

献出了自己的一生。【写作借鉴:这里运用拟人的修辞手法,将雄性米诺多蒂菲人格化,歌颂了它无私奉献的优秀品质。】是的,在父亲们对自己的孩子普遍漠不关心的昆虫中间,米诺多蒂菲是个例外,它为自己的孩子们倾注了全部的心血。它总是一心想着自己的家人,从未想过它自己。它原本可以尽情享受美好的时光、与同伴们一起欢宴、与女邻居们调情嬉耍,但它却并未这样,只是一心埋头于地下的劳作,拼死拼活地为自己的家人留下一份产业。当它足僵爪硬、奄奄一息时,它至少可以无愧地告慰自己:"我尽了做父亲的职责,我为家人尽力了。"【写作借鉴:心理描写,作者想象米诺多蒂菲的临终遗言,将它无怨无悔、无私奉献的父亲形象深深地印在了我们的脑海里。】米诺多蒂菲妈妈也是一心扑在这个家上,从未出过大门。古人把这种贞洁女子称之为 domi mansit。它把一个个面团揉成圆柱形,把一个个卵分别产在一个个面团下面,从此便守护着自己的这些宝贝,直到孩子们长大,能独立离去为止。当秋天到来时,模范妈妈终于又回到地面上来,孩子们簇拥着它。不过很快孩子们就自由自在地四散而去了,到羊群常去吃草的地方去捡拾粪球,大快朵颐。这时,一生为了孩子们的慈母已无事可做,便溘然长逝了。

Z 知识考点

1.作者认为,深入细致地研究_____,有助于帮助人类更好地了解所有书中最晦涩的那本,关于_____的书。

2.判断题:米诺多蒂菲很容易弄到,研究起来非常单调乏味,那些高级动物更能满足我们的好奇心。 (　　)

Y 阅读与思考

1.米诺多蒂菲的住所有什么特点?

2.雄性米诺多蒂菲有什么美德?

昆虫记

南美潘帕斯草原的食粪虫

M 名师导读

在南美潘帕斯草原上，生活着一种食粪虫，叫作法那斯米隆。蜣螂会搓球，而它们会做葫芦，让我们来看看这让作者赞不绝口的葫芦吧！

对于善于考察研究的人来说，跑遍全球，穿越五洲四海，从南极到北极，观察生命在各种气候条件下无穷无尽的变化情况，这肯定是最好的工作。鲁滨逊的漂流让我欢喜兴奋，我年轻的时候就曾怀有他那种美妙的幻想。可是，随着周游世界那美丽梦幻而来的是郁闷和蛰居的现实。印度的热带丛林、巴西的原始森林、南美大兀鹰喜爱的安第列斯山脉的峻岭高峰，全都缩作一块作为探察场的荒石园了。

但思想上的收获并非一定要长途跋涉。上苍保佑，让我并不为此而抱怨不已。让·雅克在他那金丝雀生活的海绿树丛中采集植物;贝尔纳丹·德·圣皮埃尔在其窗边长出来的一株草莓上，偶然地发现了一个世界;萨维埃·德·梅斯特尔把一张扶手椅当作马车，在自己的房间里做了一次最著名的旅行。这种旅行方式是我力所能及的，只是没有马车，因为在荆棘丛中驾车太难了。【写作借鉴:作者用排比的句式，举例说明身边的景象也能给人带来意想不到的收获，这就是作者的旅行方式，不需要长途跋涉，思想依旧能旅行。】

我在荒石园周围进行了上百次的游行学习，我在一家又一家人的门前驻足，耐心地询问。经过一段时间的努力，我总能获得零零星星的信息。我对最小的昆虫小村镇都非常熟悉，我在这个小村镇里了解了螳螂栖息的各种细枝，我熟知了苍白的意大利蟋蟀在宁静的夏夜轻

404

轻鸣唱的所有荆棘丛，我认识了被黄蜂这个棉花小袋编织工耙平的棉絮的所有小草，我踏遍了被切叶蜂这个树叶剪裁工出没的所有丁香矮树丛。

如果说对荒石园的角角落落的踏勘还不够的话，我就跑得远一些，以便获得更多的贡品。绕过旁边的藩篱，在大约一百米的地方，我同埃及圣甲虫、天牛、粪金龟、蜣螂、螽斯、蟋蟀、绿蚱蜢等接触，总之我与一大群昆虫部落进行了接触，但要想了解它们的进化史，恐怕得耗尽一个人整整一生的时间。

可以说，我同自己的近邻接触就足够了，完全足够了，用不着长途跋涉跑到很远很远的地方去。再说，跑遍世界，把注意力分散在那么多研究对象上，就不能说是观察研究了。四处旅行的昆虫学家可以把自己所得到的许多标本钉在标本盒里，这是专业词汇分类学家和昆虫采集者的乐趣，但是收集详尽的资料则是另一码事。【名师点睛：作者强调昆虫学家和昆虫收集者的区别，为了收集详尽的资料，作者作为一个昆虫学家，并不能随心所欲地旅行，分散注意力，体现了他的无奈。】

他们是科学上流浪的犹太人，没有时间驻足停留。当他们为了研究这样那样的事实时，可能就要长时间地停在某地，然而下一站又在催促着他们上路。我们就不要让他们在这种状况下为难了。就让他们在软木板上钉吧，就让他们用塔菲亚酒的短颈大口瓶去浸泡吧，就让他们把耐心观察、需时费力的活儿留给我这样深居简出[简：简省。原指野兽藏在深密的地方，很少出现。后指常待在家里，很少出门]的人吧。这就是为什么除了专业分类词汇学家列出的枯燥乏味的昆虫体貌特征之外，昆虫的历史极其贫乏。

异国的昆虫数量繁多，无以数计，它们的习性我们几乎始终一无所知。但是我们可以把自己眼前所见到的情景与别处发生的情况联系起来加以比较，看一看同一种昆虫在不同的气候条件下，其基本本能反应是如何变化的，这会是非常有用的。

　　每当这时，无法远行的遗憾便会重新涌上心头，让我比以往任何时候都更加地感到无奈，我多想在《一千零一夜》中的那张魔毯上找到一个座位，飞到我想去的地方。啊！神奇的飞毯啊，你要比萨维埃·德·梅斯特尔的马车合适得多。但愿我能在你上面有一个角落可坐！

　　基督教会学校的修士、布宜诺斯艾利斯市萨尔中学的朱迪利安教友带给我一个意想不到的好运，他让我找到了这个角落。他虚怀若谷[胸怀像山谷一样深广。形容十分谦虚，能容纳别人的意见。虚，谦虚；谷，山谷]，受其恩泽者理应对他表示的感激会让他很不高兴。我在此只想说，按照我的要求，他的双眼代替了我的眼睛。他寻找、发现、观察，然后把他的笔记以及发现的材料寄给我。我通过通信的方式同他一起寻找、发现、观察。

　　多亏了这么卓绝的合作者，我才能成功地在那张魔毯上找到座位。我现在到了阿根廷共和国的潘帕斯大草原，渴望把塞里昂的食粪虫的本领，与其在另一个半球的竞争者的本领做一番比较。

　　偶然的机会竟然让我首先得到了法那斯米隆那漂亮的昆虫，它全身黑中透蓝。雄性法那斯米隆前胸有个凹下的半月形，肩部有锋利的翼端，额上竖着一个可与西班牙蜣螂媲美的扁角，角的末端呈三叉形。雌性则以普通的褶皱代替这漂亮的装饰。雄性与雌性的头罩前部都有一个双头尖，想必这就是它们的一种挖掘工具，或者是一把用于切割的解剖刀。【名师点睛：本章的主人公登场了，作者描写了它的外形，让我们对这个昆虫有了初步的认识。】

　　这种昆虫短粗、壮实，呈四角形，让人联想到蒙彼利埃周围非常罕见的一种昆虫——奥氏宽胸蜣螂。如果形状相似则本领也必然相似的话，那我们就该毫不迟疑地把奥氏宽胸蜣螂制作的那件又粗又短的香肠面包联系到法那斯米隆身上。

　　唉！每当涉及本能的问题时，昆虫的体形结构就会对我们造成误导。这种脊背正方、爪子短小的食粪虫在制作葫芦时技艺超群，连蜣螂都制作不了这么像模像样，个头儿又这么大的葫芦。这种粗壮短小的昆虫制作的产品之精美让人拍案叫绝。【写作借鉴：做比较，法那斯米隆比蜣螂还要厉害，它们制作葫芦的高超技艺让作者惊叹，引发了读者对葫芦的好奇。】这种葫芦制作得如此符合几何学标准，简直无可挑剔：葫芦颈并不细长，却把优雅与力量完美融为一体。它似乎是以印第安人的某种葫芦为模型制作的，特别是它的细颈半开，鼓凸部分还刻有漂亮的格子纹饰，那是这种昆虫的跗骨的印迹。它如同用藤柳条嵌护着的一只铁壶，其大小有的甚至可以超过一只鸡蛋。

　　这真可谓是一件极其奇特而罕见的珍品，尤其是这竟然是出自一个外形笨拙、粗短的工人之手。这再一次说明工具不能造就艺术家。引导制作工匠完成杰作的有比工具更重要的东西，我说的是"头脑"——昆虫的才智，人和虫都是这个道理。

　　面对困难，法那斯米隆向来嗤(chī)之以鼻[用鼻子轻蔑地吭气，表示瞧不起]。不仅如此，它还对我们的分类学不屑一顾。一说到食粪虫，就解释为牛粪的狂热追慕者。可法那斯米隆之所以重视牛粪，既非为自己食用，也不是为了自己的孩子们享用。我们常常会看见它待在家禽、狗、猫的尸体架下，因为它需要尸体的脓血。我所绘出的那只葫芦就是立在一只猫头鹰的尸体下面的。这种埋葬虫的胃口与蜣螂的才能的结合，大家愿意怎么看就怎么看吧。我嘛，不想去解释这种现象，因为昆虫的一些癖好实在让我困惑不解，它们的这些癖好不是仅仅根据其外貌就能判断得出来的。

　　在我家附近就有一种食粪虫——粪金龟，是光顾死鼹鼠和死兔子的常客。它是尸体残余的唯一享用者。但是，这种侏儒殡葬工并不因此就鄙视粪便，它像其他的金龟子一样，照旧对粪便大吃不误。也许它有着双重饮食标准：奶油球形蛋糕是供给成虫的，而口味浓重的略微发臭的腐肉食料则是喂给幼虫的。

　　别的昆虫在口味方面也同样存在类似的情况。捕食性膜翅目昆虫汲取花冠底部的蜜，但它喂自己的孩子时用的却是野味的肉。同一个胃，先吃野味肉，后汲取糖汁。这种消化用的胃囊在发育过程中发生了什么变化？不管怎么说，这种胃同我们人的胃一样，年轻时喜欢吃的东西，到了晚年或许就对此鄙夷厌恶了。【名师点睛：作者用人类的饮食习惯来分析昆虫，拉进昆虫与读者的距离，便于人们理解。】

我弄到的那些葫芦全都干透了，硬得几乎跟石头一样，颜色也变成浅咖啡色了。现在让我们更加深入地观察研究一下法那斯米隆的杰作吧。我用放大镜仔细观察，里外都没有发现一丁点儿木质碎屑，而木质碎屑是牧草的一个证明。这么看来，这怪异的食粪虫既没有利用牛屎饼，也没有利用任何类似的粪料。它是用其他材料制作那些葫芦的。

是什么材料呢？一开始挺难弄清楚。我把葫芦放在耳边摇动，有轻微的响声，就像是一个干果壳里有一个果仁在滚动时发出的声响一样。葫芦里是不是有一只因干燥而抽缩了的幼虫呢？我起先一直是这么认为的，不过我弄错了。那里面有比这更好的东西，可让我大长见识了。【名师点睛：作者在观察的过程中，充分展示了他强烈的好奇心和丰富的想象力，设下悬念，让读者也跟着好奇葫芦里声响的来源。】我小心翼翼地用刀尖挑破葫芦。在一个同质的均匀内壁——我的三个标本中最大的一个的内壁竟厚达两厘米，中间嵌着一个圆圆的核，满满当当地充填在内壁孔洞里，但与内壁毫不粘连，所以可以自由地晃动。因此，我摇动时，所听见的响声应该就来自于它。

内核与外壳就颜色与外形而言，并无差异。但是把内核砸碎，仔细检查碎屑，我从中发现了一些碎骨、绒毛絮、皮肤片、细肉块，它们全都淹没在类似巧克力的土质糊状物中。我把这种糊状物在放大镜下面进行了筛选，去除了尸体的残碎物之后，放在红红的木炭上烤。它立即变得黑黑的，表层覆盖着一层鼓胀的光亮物，并散发出一股呛人的烟气，很容易闻出那是烧焦的动物骨肉的气味。由此可见，这个核全部浸透了腐尸的脓血。

对外壳进行了同样的处理后，发现它也变黑了，但黑的程度没有核那么深，而且它几乎没怎么冒烟。它的外层也没有覆盖一层乌黑发亮的鼓胀物。看来它外壳所含有的东西与内核所含有的那些腐尸的碎片并不一样。不过，内核与外壳经烧烤之后，其残余物都变成一种细细的红黏土。

经过这种粗略的观察分析，我们就能得知法那斯米隆是如何进行烹饪的了。供给幼虫的食品是一种酥馅饼。肉馅是它用头罩上的两把解剖刀和前爪的齿状大刀，把尸体上能剔出来的所有东西全都剔出来而做成的，有下脚毛、绒毛、捣碎的骨头、细条的肉和皮等。一开始，这种烤野味的作料拌稠的馅呈浸透腐尸肉汁的细黏土冻状，现在变得像砖头一般硬。最后，酥馅饼的糊状外表变成了黏土硬壳。这位糕点师傅对它的糕点进行了包装，用圆花饰、流苏、甜瓜筋囊加以美化。法那斯米隆对这种厨艺美学并非外行，它把酥馅饼的外壳做成葫芦状，并用指纹状的饰纹进行装饰。

这种外壳无法食用，而且在肉汁中浸泡的时间太短，所以并不受法那斯米隆的青睐。当幼虫的胃变得皮实了，可以消化粗糙的食物时，它会刮点内壁上的东西充饥，这一点倒是有可能的。但是，从整体来看，直到幼虫长大能离开之前，这个葫芦一直完好无损。它不仅开始时是保护馅饼新鲜的保护神，而且始终都是隐居于其间的幼虫的保险箱。

紧挨着葫芦的颈部，在糊状物的上面，有一个被修整成黏土内壁的小圆屋，这是整个内壁的延伸部分。一块用同样材料制成的挺厚的地板把它与粮食隔开。那就是孵化室，卵就产在那儿，因为我在那儿发现了卵，可惜已经干了。

幼虫在这个孵化室里孵化出来，首先得打开一扇隔在孵化室和粮食之间的活动门，才能爬到那个可食的粪球处。幼虫诞生在一个高出那块食物并与之不相通的小保险匣里。新生幼虫必须及时地自己钻开那个食品罐头的盒盖。后来，当幼虫待在那罐头食品上面时，我确实发现地板上钻了一个刚好能够让它钻过去的孔。

由于这块美味的牛肉片，裹着厚厚的一层陶质覆盖层，这份食物根据缓慢孵化的需要，可以长时间地保持新鲜。但怎么达到这一效果的？我仍搞不清楚。卵在同样是黏土质的小屋里安全无虞地待着，完好无损；到这时为止，一切都非常完美。法那斯米隆深谙(ān)[熟悉，知道，精通]构筑防御工事的奥秘，深知食物过早发干的危险。

现在剩下的是胚胎呼吸的需求问题了。在解决这个呼吸问题上，法那斯米隆也是匠心独运、智慧超群的。沿着轴线葫芦颈部打通了一条顶多只能插入一根细麦管的通道。这个闸口在内部开在孵化室顶部最高处，在外部则开在葫芦柄末端，呈喇叭形半张开着。这就是它的通风管道，它极其狭窄而且又有灰尘阻而不塞，因此便防止了外来的入侵者。这绝对是看起来简单无比但实际上无比绝妙的杰作。我说的有错吗？如果说这样一个建筑是偶然的结果的话，那么也必须承认盲目的偶然却具有一种非凡的远见卓识。

如何建好这项极其困难、极其复杂的工程呢？对这种迟钝的昆虫来说，这项工程是如此精细。【名师点睛：昆虫的迟钝和工程的困难复杂形成鲜明的对比，更加衬托出昆虫具有卓越的才能。】我在以一个旁观者的目光观察这南美潘帕斯草原的昆虫时，只有上述这个工程结构在指引着我。从这个工程结构可以大致推断出这个建筑工所使用的方法。就这样，我对它所做的工作情况进行了设想。

最初，它遇上了一具小昆虫尸体，尸体的渗液使下面的黏土变软。于是，它根据软黏土的大小开启自己漫长的收集之旅。因此，它们收集的量并没有明确的规定。如果这种软黏土非常之多，收集者就大加消费，粮仓也就更加地牢固。这样一来，制成的葫芦就特别大，大得超过鸡蛋的体积，还有一个两厘米厚的外壳。可是，这么一大堆材料远远超出模型工的能力，所以加工得很不好，从外观上看，一眼就看出它是一项经过十分艰苦笨拙的劳动所创造出来的成果。如果软黏土非常稀少，它便会节省着使用，这样它的动作也就自然得多，弄出来的葫芦反而匀称齐整。

可能先是通过前爪的按压和头罩的劳作，使那黏土变成球形，然后挖出一个很宽很厚的盆形。蜣螂就是如此做的，它们在圆粪球的顶部挖出一个小盆，在对蛋形或梨形最后打磨之前，把卵产在小盆里。

【名师点睛：作者举出了蜣螂的例子，我们已经熟悉了它们的工作方式，再来看食粪虫，就能更好地理解了。】在这第一项劳作中，法那斯米隆只是一个陶瓷工。不管尸体渗液浸润黏土有多么不充分，只要具有一定的可塑性，任何黏土对它来说，都是可以用来进行加工操作的材料。

接着，它用它那带锯齿的大刀从腐尸上锯下一些细碎小块来，它又撕又拽，把它认为最适合幼虫口味的部分弄下来。然后，它把这些碎片全部聚集起来，再把它们同脓血最多的黏土搅和在一块。这一切搅拌得非常均匀，就地制成了一只圆粪球，无须滚动，如同其他食粪虫制作的小粪球一样。补充说一句，这只粪球是按照幼虫的需要量制作的，它的体积几乎不会发生变化，无论最后那个葫芦有多大。在这项劳作中，它变成了肉类加工者。现在酥馅饼做好了。它被放进大张开口的黏土盆里存好。它没挤没压，以后可以自由转动，根本不会与其外壳有一点儿粘连。

这时候，它又要开始制作陶瓷的活儿了。昆虫用力挤压黏土盆厚厚的边缘，为肉食制好模套，最后使肉食的顶端被一层薄薄的内壁包裹住，而其他部分则由一层厚厚的内壁包住。顶端的内壁上，留有一个环形的软垫，这儿的内壁厚度与日后在顶端钻洞进粮仓的幼虫的弱小程度成正比。

随后，它会对这个环形软垫进行压模，将它变成一个半圆形的窟窿，接着就把卵产在其中。然后通过挤压黏土盆的边缘，使之慢慢封口，变成孵化室，制作葫芦的工序就宣告结束了。这道工序尤其需要高超的技艺。在做葫芦柄的同时，必须一边紧压粪料，一边沿着轴线留出通道作为通风口。

　　<u>建造这个通风闸口是一件极其困难的工作，因为计算稍微有点儿偏差，这个狭窄的口子就会被堵住。如果缺少一根针的帮助，我们最优秀的陶瓷工中最心灵手巧的一位也是干不成这件活儿的。</u>【名师点睛：建造通风闸口越是困难，越能表现食粪虫高超的技艺。】他把针先垫在里边，完工之后，再把这根针抽出来。

　　这种昆虫像是一种用关节连接着的机械木偶，在它自己都没有意识到的情况下，就挖出了一条穿过大葫芦柄的通道。如果它意识到了，也许就挖不成了。葫芦制作完后，就开始对它进行装饰加工。这是一件费时费工的活儿，要使曲线完美流畅，并在软黏土上留下印记，正如史前的陶瓷工用拇指尖印在他的大肚双耳坛上的一样。

　　完成这件活计之后，它将爬到另一具尸体下面重新开工，因为一个洞穴只能有一个葫芦，多了不行，这和蜣螂制作它的梨形小粪球一样。

Ｚ 知识考点

　　1.食粪虫的葫芦里的通风管道能解决胚胎＿＿＿＿＿＿＿＿问题，还能防止＿＿＿＿＿＿＿。

　　2.判断题：法那斯米隆之所以重视牛粪，不是为了自己食用，而是为了自己的孩子们享用。　　　　　　　　　　　　（　　　）

Ｙ 阅读与思考

　　1.粪金龟的双重饮食标准是什么？

　　2.食粪虫做葫芦的方法和什么动物很像？

灰蝗虫

M名师导读

你见过灰蝗虫吗？这种昆虫是蝗虫族的巨人，但是幼虫和成虫的区别很大，你知道它们是如何蜕皮发育的吗？作者捕捉到了这一壮观的场景，让我们一起来亲眼见证它们蜕变的过程。

灰蝗虫是蝗虫族中的巨人，在九月葡萄收获的季节，我们在葡萄树上可以很容易见到它。它身体有一指长，所以观察起来比别的蝗虫方便得多。刚才我看到一件令人激动的事：一只蝗虫在进行它一生中的最后一次蜕皮，成虫从幼虫的壳套中钻了出来。情景壮观极了！

初具成虫粗略模样的幼虫肥胖难看，一般呈嫩绿色，但也有的呈青绿色、淡黄色、红褐色，甚至有的已像成虫的那种灰色了。幼虫前胸呈明显的流线型，并有圆齿，还有小的白点，多疣。饰有红色纹路的后腿已像成年蝗虫一样粗壮有力，而长长的前腿上还长着双面锯齿。

【写作借鉴：外形描写，作者细致描写了初具成虫模样的幼虫的具体样子。】

再过几天，鞘翅就将大大超过肚腹，但现在还只是两片不起眼的三角形小羽翼，上端贴在流线型前胸上，下端边缘往上翘起，呈尖形披檐状。鞘翅只能勉强遮住裸体蝗虫的背部，如同西服的垂尾，似乎是因省料子而剪短不够长，显得非常难看。鞘翅遮盖着的是两条细长的小带子，那是翅膀的胚芽，比鞘翅还短小。总之，不久之后它将成为灵巧漂亮的羽翼，眼下还是两块为节省布料而剪得难看至极的破布头。将有什么东西从这堆破烂玩意儿里变出来呢？是一对极其宽阔美丽的翅膀。

整个蜕变过程是这样的。当幼虫感到自己已经成熟，可以蜕变之后，便用后爪和关节部位抓住网纱，而前腿则回收，交叉在胸前，以支持背朝下躺着的成虫翻转身来。鞘翅的鞘——三角形小翼成直角张开尖帆，那两条翅膀胚芽的细长小带子在暴露出的间隔处的中央竖起，并稍稍分开。这样，蜕皮的架势也已稳稳当当地摆好了。

第一步，必须让旧外套裂开。在前胸前端下部，由于反复一张一缩，推动力便产生了。在颈部前端，甚至在要裂开的外壳掩盖下的全身，都在进行着这种一张一缩的反复运动。

关节部位的膜最细薄，可以让人一眼看到这些裸露部位的张缩运动，但其前胸中央部位就因有护甲挡着而无法看清楚。蝗虫中央部位血液在一涌一退地流动着，血液涌上时如同液压打桩机一般一下一下地撞击。血液的这种撞击，机体集中精力产生的这种喷射，终于使得外皮沿着在生命的精确预见下准备好的一条阻力最小的细线裂开。【名师点睛：幼虫要用血液的撞击来裂开旧外套，我们看到了它身上的生命力，体会到这个蜕变过程的艰难。】

裂缝沿着整个前胸的流线体张开，就像从两个对称部分的焊接线裂开一样。外套的其他部分都没法挣开，只在这个比其他部位都薄弱的中间地带裂开。裂缝稍稍往后延伸了一点儿，下到翅膀的连接处，然后再转到头部，直至触须底部分成左右短叉。这样，背部就从这个裂口中显露出来，柔软而苍白，稍稍带点儿灰色。随后，它的背部会缓慢地拱起，并且越拱越大，直至它全拱出来。慢慢地，头也拱出来了。

外壳被完好无损地撇在原地，但两只玻璃状的眼睛现在什么都看不见了，样子极怪。触须的套子没有一丝皱纹，也未见任何异样，处于自然状态，垂在这张变成半透明的毫无生气的脸上。

从这么窄小又裹得如此紧的外套中钻出来时，它的触须并没有遇到任何阻力，所以外套没有翻转过来，也没有变形，甚至连一点儿褶皱都没弄出来。触须的体积与外壳一样大，而且同样有节瘤，但它却在没有损坏外壳的情况下就轻易地从中钻了出来，如同一个光滑直溜儿的物件从一个宽大无障碍的管子里滑落出来一般。后腿的伸出也一样轻而易举，但更令人震惊。

接着是前腿，然后是关节部位摆脱臂铠和护手甲，同样也未见有半分撕裂或丝毫的褶皱。这时蝗虫只需要用长长的后腿的爪子抓住网罩。它头冲下垂直悬吊着，我一碰纱网，它就像钟摆似的摆动起来。它的悬吊支点只是四个细小的弯钩。如果这四个弯钩一松，没能抓住，估计这只蝗虫就没命了——因为除了在空中以外，它的巨大翅膀在其他地方是张不开的。但是，它们抓得牢牢的，因为在它们从外壳伸出来之前，就已经变得坚硬牢固，能稳稳当当地完成随后从外壳中挣脱的使命了。

终于，轮到鞘翅和翅膀出来了。那是四个窄小的破片，隐约可见一些条纹，形状如被撕裂的小纸绳，顶多只有最终长度的四分之一。它们软极了，支撑不了自身重量，耷拉在头朝下的身子两侧。翅膀末端没有依靠，本该冲着后部，但现在却冲着倒挂的蝗虫的头部。现在，在我眼前所呈现的蝗虫那未来飞行器官的惨相，让我想起那些原本肉乎乎的却被暴风雨打得破败不堪的小叶子。【写作借鉴：蝗虫的羽翼灵巧夺目，宽阔漂亮，现在却是这副模样，如同被暴风雨折磨得破败不堪的叶子。作者用比喻的修辞手法，表现幼虫翅膀的惨状。】

要彻底完成蜕变，蝗虫还必须完成一项深入细致的工作。这项机体内的工作甚至已经在时刻进行着了，那就是把黏液凝固，让不成形的结构定型。但是，从外部我们一点儿都看不出来其内部进行的这种神秘的运动。从外表上看去，蝗虫似乎毫无生气。这期间，后腿摆脱出来。粗大的大腿呈现出来，向内的一侧呈淡粉色，但很快便变成了鲜艳的胭脂红。

后腿出来很容易，把收缩的骨头一伸，道路便畅通无阻了。但小腿就是另一码事了。当蝗虫成为成虫时，整条小腿上会竖着两排坚硬锋利的小刺。另外，下部顶端还有四个有力的弯钩。这是一把货真价实的锯，有两排平行的锯齿，非常粗壮有力，除了小点儿之外，真可以与采石工人的大锯相媲美了。【名师点睛：与采石工人的锯做对比，表现灰蝗虫腿部的锋利。】所有这些都与幼虫的小腿结构相同，所以小腿也是裹在有着同样装置的外套里。每个弯钩都嵌在一个同样的钩壳之中，每个锯齿都与另一个同样的锯齿相啮合，并且咬合得完美无缝，即使用刷子刷上一层清漆来替代要蜕掉的外壳，也不会像它们那样紧紧相贴。可神奇的是，胫骨的这把锯子蜕出来时，却没有让紧贴着外壳的任何地方有一点点的损伤。

如果我没有一而再、再而三地仔细观察，我绝对不敢相信，被抛弃的小腿护甲竟会完完整整，毫发未损。不论是末端的弯钩还是双排锯齿，都没有弄坏一点软嫩的外壳。那外壳细嫩得似乎一口气能把它吹破，但尖利的大耙在其间滑动却未留下一丝痕迹。我从未想到会存在这么一种情况。

我看到那披着刺棘的铠甲时，我就以为小腿的外壳会像死皮似的自己一块块脱落，或者被蝗虫自己擦碰掉下。但事实却远非如此，这大大出乎我所料！弯钩和刺棘毫不费力、没有一点阻碍地从薄膜里出来了，但它们可是能让小腿如同一把可锯断软木头的锯子呀！脱下来的衣服靠着其爪状外皮，钩在网罩的圆顶上，没有一丝一毫的褶皱和裂缝，用放大镜也没看到有什么硬擦伤，外壳蜕皮前后完全一模一样。那蜕下的护胫也同那条真腿一样，看不出丝毫差异。

假如让我们把一把锯子从贴在其上的极薄的薄膜套里抽出来，而又不会对薄膜套产生丝毫损伤，那我们必然以为是在开玩笑，因为这根本就无法办到。但生命却嘲弄了这类不可能，生命在必要时有办法实现荒诞的事情。蝗虫的爪子就告诉了我们这一点。【名师点睛：灰蝗虫的例子告诉我们，要正视生命带来的奇迹。生命值得每个人尊敬，因为它有时会创造奇迹，化不可能为可能。】

胫骨锯一出套就很坚硬，紧紧地裹住它的套子。如果不被弄碎，它肯定是出不来的。但困难被它绕开来了，因为胚甲是它唯一的悬挂带，只有绝对的完好无损，才能给它提供牢固的支撑，直至它完全从壳中摆脱出来。

蜕变过程中的腿还不能够支撑蝗虫行走，因为还没有达到之后的那种硬度。它非常软，极易弯曲。我对它的蜕皮部分做了实验，我把网罩倾斜，便会看到已经蜕皮的部分因受重力影响，随我的意愿在弯曲，细小的带状弹性胶质也没什么弹性了。但是，只几分钟工夫，它就硬了起来，具有了成虫所必需的硬度。

在外套遮住的我看不见的那一部分里，小腿肯定很软，处在一种极具弹性的状态，可以说是流体状的，这使得它几乎可以像液体似的从通道中流出来。小腿上这时已经有锯齿了，但并不像它出来之后那么尖利。确实，我可以用小刀尖替小腿部分剔去外壳，并拔除被模子紧裹着的小刺。这些小刺是锯齿的胚芽，是柔软的肉芽，只要稍加外力便会弯曲，但外力一除，立刻就会恢复原状。

为了方便蜕出，这些小刺向后仰倒，随着小腿往外伸出，它们也会随之逐渐地竖起、变硬。我所观察的不是单纯地把护腿套蜕去，露出在盔甲中已成形的胫骨，而是一种极其迅速而令人惊讶不已的蜕变过程。<u>螯虾的钳子在蜕皮时把两只手指的嫩肉从硬如石头的旧套中挣脱出来时，情况差不多也是这样，但细腻精确的程度却远远不如蝗虫。</u>

【写作借鉴：作者举出螯虾的例子，表现蝗虫蜕皮细腻精确的过程，表达了作者的惊叹之情。】终于，小腿自由了，它们软软地折进大腿的骨沟里，静静地等待成熟。

肚腹蜕皮了，它那件精细的外套开始出现皱纹，往上蜕去直至顶端，只有那顶端会在壳内卡上一会儿，除此之外，蝗虫全身都已经露在外面了。它垂直地吊挂着，头朝下，由现已空了的小腿护甲的钩爪钩住。蝗虫一动也不动，后部由破烂衣衫固定着。它的肚子鼓胀得非常大，看上去像是由储存的机体液汁撑起来的，翅膀和鞘翅很快就会动用这些汁液。现在蝗虫要做的就是休息，等待元气的恢复。

就这样休息二十分钟以后，我就看见它脊椎一着力，由倒悬成正挂，用前跗(fū)节抓牢挂在头上的旧壳。即使是用脚钩住高空秋千倒挂着的杂技演员，正过身来时，腰部也不会那么用力。【写作借鉴：对比手法的运用，将灰蝗虫与杂技演员相对比，表现了它动作的高难度及其敏捷性。】这么用力的一个翻转之后，一切就不在话下了。

依靠自己刚刚抓住的支撑物，蝗虫稍稍往上爬去，碰到了罩子的网纱。这网纱恍若在野地里蜕变时所依托的灌木丛。它用四只前爪把自己固定在网纱上，这么一来肚腹末端就差不多都解脱出来了，最后它又猛地一挣，旧壳便掉了下去。我对旧壳的落下颇感兴趣，它使我想起了蝉衣顽强坚毅地顶着凛冽寒风而未从挂住的小树枝上掉下去的样子。【名师点睛：作者望着蜕皮的蝗虫，联想到了同样也要蜕皮的蝉，旧壳的落下是新生开始的标志，是生命顽强拼搏的结果。】

蝗虫的蜕变方式几乎与蝉一模一样。可蝗虫的悬挂点怎么会那么不牢固呢？只要挺身动作没结束，它的弯钩就一定会牢牢地钩住，而这个动作一做完，似乎全部的身体都动摇了，稍稍一动，外壳便脱落下来。可见这时的平衡非常不稳定，这就再一次显出蝗虫从外套中出来是多么精确无误的一件事呀！

因为找不到更好的术语，所以我便用了"挺身"一词，但是这并不完全贴切。"挺身"意味着猛烈，而蝗虫蜕变的动作并不猛烈，因为不稳定，稍微一用力，蝗虫便会摔下来，一命呜呼，或者至少它的飞行器官会因无法展开而成为一堆破烂。自始至终蝗虫都不是硬挣出来的，而是小心谨慎地从外套中滑动出来的，仿佛后面有一根柔软的弹簧在轻轻地推动它。

这时，再回头看看那些蜕皮之后表面上没有丝毫变化的鞘翅和翅膀，它们仍旧残缺不全，几乎像是上面有细竖条纹的小绳头。它们要等到幼虫完全蜕皮并恢复正常姿态之后，才会展开来。

蝗虫翻转身子，头朝上了。我们刚才看到的这种翻身动作，足以让鞘翅和翅膀回到正常位置。原先它们因自身重量而极其柔软地弯曲地垂着，自由的一端朝着倒置的头部。现在，它们仍旧借助自身的重量来修正自己的姿势，使之处于正常方向。它们的鞘翅和翅膀已不再有弯曲的花瓣，颠倒的位置也调正过来了，但这并没使它们那不起眼的外表有任何的改变。

一束轮辐状的粗壮翅脉横贯翅膀，成为可张可缩的翅膀构架。翅膀完全张开时呈扇形，翅脉间有无数横向排列的小支架层层叠起，使整个翅膀成为一个带矩形网眼的网络。

鞘翅粗糙而过小，也是这种网络结构，不过网眼是方块形的。鞘翅和翅膀形状像小绳头时，都丝毫看不出这种带网眼的组织来。上面仅仅有几条皱纹，几条弯曲的小沟，表明这些残废肢体是经精巧折叠使体积达到最小的织物。

从肩部附近，翅膀开始展开。那儿一开始看不出有什么变化，但很快便现出一块半透明的纹区，有着清晰而美丽的网络。逐渐地，这块纹区用一种连放大镜都观察不到的缓慢速度一点点扩张，使末端那胖得不成形的东西在相应地慢慢缩小。

在逐渐扩展和已经扩展的这两部分的相接处，我无论如何也看不出所以然来。我什么也没看出来，如同我在一滴水中什么也看不出来一样。但是，少安毋躁，很快那方块网络组织就非常清晰地显现出来了。根据初步观察，我们真的会以为这是一种可以组织成实物的液体突然凝固成带肋条的网络了；甚至还会以为眼前的是一种晶体，因其突如其来，颇像显微镜载玻片上的溶化盐似的。但并非如此，事实并不是这样的，生命在其创作中是不存在这种突如其来的。

我用大倍数的显微镜对着一个折断的发育了一半的翅膀仔细观察。这一次，它让我满意了。似乎在逐渐结网和未结网这两部分的交接，

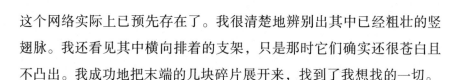
这个网络实际上已预先存在了。我很清楚地辨别出其中已经粗壮的竖翅脉。我还看见其中横向排着的支架，只是那时它们确实还很苍白且不凸出。我成功地把末端的几块碎片展开来，找到了我想找的一切。

经过这一观察，完全可以证实，翅膀此刻并不是织布机上由电动梭子生产出来的一块布料，而是一块已经完全织成了的成品布料。它所缺少的只是展开和刚性，无须费多少事，这就像有折皱的衣服只须用熨斗稍微熨一熨。【写作借鉴：作者用比喻的修辞手法，说明灰蝗虫的翅膀已经发育完全，不再是布料，而是成品。】

鞘翅和翅膀在三个多小时后，就全部展开了。它们竖立在蝗虫背上，如同一张大帆，忽而无色，忽而嫩绿，和蝉翼一开始时相同。回想到它们原先只像是个不起眼的小包袱，如今展开得这么宽大，真让人觉得不可思议。这么多东西是怎么在那小包袱里装下去的啊！

曾经在小说中看到一个故事，讲一粒大麻籽儿里装着一位公主的全套衣裳。而我们这儿所见的是另一粒更加惊人的籽儿。因为小说里的那粒大麻籽儿为了发芽不断地增长繁殖，最后用了多年才长出办嫁妆所需的那么多的大麻。而蝗虫的这粒"籽儿"，只需短短几个小时便长出一对漂亮的大翅膀。【名师点睛：作者插入小说故事，丰富文章的内容，增加趣味性，加以对比，说明蝗虫发育翅膀的迅速。】

慢慢地，这个竖起四块平板来的绝妙大翅膀坚硬起来，而且增添了色彩。第二天，那颜色便已定型。翅膀第一次折合成一把扇子，贴在它应在的地方，鞘翅则把外边缘弯成一道钩贴在体侧。

蜕变完成了。大灰蝗虫只需要在灿烂的阳光下使自己变得更加壮实，把自己的外衣晒成灰色就可以了。让它去享受它的快乐，我们还是稍稍回头看看。前面说过，在紧身甲顺着底部中线裂开后不久便从外套中出来的那四个残缺不全的东西，包含着有翅脉网络的鞘翅和翅膀，这网络即使谈不上完美无缺，但至少整体看来无数细部已经定型。为打开这寒碜的包袱，并让它变成美丽的翅膀，只需要让起压力泵作用的机体，把储存着为此刻备着的液汁注入已准备好的管道里面去就可以了，而这一时刻是最为辛劳的时刻。通过这个事先存在的管道，一股细流把翅膀给撑开了。

仍旧包裹在外套里的这四片薄纱，究竟是种什么情况呢？幼虫翅膀的镘（màn）刀、三角翼端是不是一些模具，按它们那弯曲折叠的皱襞的模样，把包裹着的东西加工定型，然后编织出来鞘翅和翅膀的网络呢？假如我们看到的不是一个真正的模具，我们就可以稍许歇上一歇了。我们会想，用模具铸出来的东西跟凹模一样，这很简单。可是，我们脑子里的信息只是表面的，因为我们必然会想，模具那么复杂的结构也得有它自己的出处呀！

我们也别追得那么深。对我们来说，这一切可能都是两眼一抹黑，我们局限在所观察到的情况就行了。我把一只已成熟即将蜕变的幼虫的一个翼端放在放大镜下仔细观察。我看到上面有一束呈扇形辐射开来的粗壮翅脉，其间夹杂着另外一些苍白而细小的翅脉。最后，还有许多很短、更加细微的横线，弯成人字形，补足了这个组织。【名师点睛：作者观察细致，描写已成熟即将蜕变的幼虫的翅鞘，将它的形状勾勒出来，清晰展现在读者眼前。】

可见，未来鞘翅的简略雏形与成熟的鞘翅真是有天壤之别！同建筑物梁木的翅脉的辐射状布局完全不一样，由横翅脉构成的网络丝毫不像未来的拥有复杂的结构。继粗略雏形之后的是极其复杂的结构，在粗糙的基础上臻（zhēn）[臻，趋于，达到]于完善。翅膀的翼及其果实，即最终的翅膀也同样是这种情况。

当准备状态和最终状态都呈现在眼前时，就一目了然了：幼虫的小翼并不是按其模样加工材料，并按照其凹模来制造鞘翅的简单模具。不是这样的！我们所期待的包裹状薄膜还没在这个雏形当中，这个包裹一旦打开，其组织之大、之极其复杂将令我们惊讶不已。或者更确切地说，这个包裹状薄膜就在雏形中，却是处于潜在状态。在成为真正的实物之前，它只是个虚拟形态，但在一定条件下可以变成实物。它存在于雏形之中，就像是橡树存在于橡栗之中一样。

为一圈半透明的小肉球所包围着的翅膀鞘翅的翼端，没有固定的边缘。经高倍放大镜放大之后，可以看见其中有几个若有若无的未来锯齿的雏形。这很可能是后期主体调动它的物质运动的工地。没有任何可以看得出来的东西，使人感觉到那个神奇网络的存在，我们感觉不到这个网络，但其实每一个网眼都会有自己明确的形状及其精确的位置。

所以要使这种可以组织起来的材料具有薄纱状，并让脉序构成一个难以绕出的迷宫，势必有比模具更巧妙更高级的结构，必然有一张标准的平面图，有一个让每一个原子进入规定位置的理想的施工说明书。在材料动起来以前，外形已经明确地勾勒出来，供可塑性液流流动的管道也已经铺设好了。我们建筑物的砾石，已经按照建筑师思考好的施工说明书码放好了。它们先按设想的码放，然后再真正地垒砌起来。

从不起眼的外套中挣脱出来的蝗虫翅膀，犹如美丽的花边薄翼，让我们知道了有另一种建筑师，它画出了一些平面图，生命就会按那些图去建造。生物的诞生方式多种多样，蝗虫的诞生便让人惊叹不已，<u>但是，那都是在不知不觉中进行的，被时间这巨大的帷幕遮盖住了。如果我们没有持之以恒的精神，错过了那神秘缓慢的进程，就不会看到那最激动人心的场面</u>。【名师点睛：作者在此直抒胸臆，表达了对生物中不同生命诞生方式的赞叹，也表达了对人们没有耐心研究以致看不到这神奇和激动人心的场面感到惋惜。】

但是，蝗虫的蜕变却不一样，它快得出奇，所以必须全神贯注，即使你再犹豫也不能放松警惕。要想看一看生命以多么不可思议的灵巧在工作，而又不想枯燥乏味地等候，去看葡萄树上的大蝗虫是个好选择。种子发芽、叶子舒展、花朵绽放都极其缓慢，我们的好奇心难以忍受那漫长的等待，但葡萄树上的大蝗虫却可以了却我们的心愿。我们无法看到小草缓慢生长，但我们却可以十分清楚地观察到蝗虫的鞘翅和翅膀蜕变的过程。【名师点睛：植物的生长缓慢，观察它们的成长过程需要时间的累积。但是昆虫不一样，蝗虫的蜕变是迅速的，变化是直观可见的，表现了作者成功观察后的喜悦和满足。】

看到这个大麻籽儿几个小时就变成了一张漂亮的大帆，真让人惊得目瞪口呆。啊！生命在编织蝗虫的翅膀上，真不愧是个能工巧匠，而蝗虫只是那些微不足道的昆虫中的一种而已。老博物学家普林尼谈到它时说过："葡萄树蝗虫向我们指出这个不为人知的角落，显示出它是多么强大，多么聪慧，多么完美！"

据说有一位博学的研究者认为，生命只不过是物理力和化学力的一种冲突而已。他苦思冥想，希望有一天以人工的方法能获得那种可加以组织的材料，亦即行话所说的"原生质"。假如我有这种能力，我会急于满足这位雄心勃勃的人的。看，就这样，你准备好了各种各样的原生质。经过深思熟虑、深入研究、耐心细致、谨慎小心之后，你的愿望实现了。【写作借鉴：用词准确，作者用"深思熟虑""深入研究""耐心细致""谨慎小心"这四个词语，来代表他的研究过程，简练而贴切。】你从你的实验仪器中提取了一种易于腐败、过不了几天就发臭的蛋白质黏液，总之就是一种脏得很的玩意儿。

你要如何处置你的产品？要把它组织起来吗？或者给它以活的建筑结构吗？你将用一种注射器把它注入两片不会搏动的薄片中间去，以获得一只小飞虫的翅膀吗？蝗虫几乎就是按这种方法做的。它把它的原生质注入小翅膀的两个胚层之间，材料也就在其间变成了鞘翅，因为它在那儿已经有我们前面所说的原型作为指引。它在自己行程的迷宫中，依照先前它存在那儿、并且已制定好的施工说明书行动。这种对形状进行协调的原型，这个事先存在的调节物，你的注射器里会有吗？

回答肯定是否定的。所以说你就把你的产品扔掉吧。生命绝不会是从这种化学垃圾中进化出来的。【名师点睛：作者讽刺那位博学的研究者，否定用化学物质代替生命组织的思想。他眼中的生命是值得尊敬、不可亵渎的。】

Z 知识考点

1.灰蝗虫若想彻底完成蜕变，要把_____凝固，让不成形的_____定型。

2.判断题：灰蝗虫蜕皮的第一步是用血液的撞击来裂开旧外套。（　　）

Y 阅读与思考

1.灰蝗虫的什么行为让作者得出"生命在必要的时候有办法实现荒诞的事情"这样的结论？

2.灰蝗虫蜕变方式和什么动物一样？

天　牛

M名师导读

　　你小时候捉过天牛吗？它们喜欢藏在树干里，毁坏树木，你捉它的
时候它还会咬你，这些坏家伙有什么习性呢？让我们来看看吧！

　　著名的肯迪拉克，曾经是我年轻时顶礼膜拜的对象。肯迪拉克认为
天牛具有很强的嗅觉，它嗅着一朵玫瑰花，然后只是依靠所闻到的香
气，便能产生各种各样的念头。对于这种推理，我曾经一直深信不疑，
整整二十年间都对于这位富有哲学思想的教士的神奇说教佩服得五体投
地。我甚至以为只要嗅一下这个伟人的雕塑，他就会活过来，便能使我
增强视觉、记忆、判断等方面的能力。

　　可是，经我的良师们——昆虫们的耐心教导，我抛弃了这种不切实
际的幻想。昆虫们所提出的问题比起教士的说教来，更加深奥、更加让
我受益匪浅。天牛将要告诉我的就是这种颇有教益的知识。

　　天老是灰蒙蒙的，这是冬日即将到来的明显前兆。我开始储备树
段、木头，以备过冬取暖之用。我还向樵夫们买了<u>一些被蛀虫蛀得千疮
百孔的朽木树段。樵夫们肯定以为我是个傻子，在暗地里嘲讽我。我当
然也知道好木头更经烧，但我自有我的打算，他们也就按我的要求去做
了。</u>【名师点睛：在此选择了"被蛀虫蛀得千疮百孔的朽木树段"，为下文研
究树干中的天牛做铺垫。】

　　在漂亮的橡树干上可以看到一条条伤痕，有些地方甚至直接被开膛
破肚，橡树那带着皮革味道的褐色眼泪在伤口处发光。

　　这些满是虫眼的树干，有的是一条条伤痕，有的是一道道深沟，树

枝被咬烂，树干遭啃啮。我观察到，在干燥的沟痕里，各种昆虫都已经做好了自己过冬的准备。吉丁已经准备好了扁平的长廊；壁蜂用嚼碎的树叶在长廊里为自己修建好了房屋；切叶蜂在前厅和蛹室里用树叶做好了睡袋。

　　我在这一章中要介绍的天牛，正在多汁的树干里休憩着，它可是毁坏橡树的罪魁祸首。【名师点睛：本章的主角天牛正式登场了，我们也知道了作者为什么要特地向樵夫买被蛀得千疮百孔的朽木，他是为了观察生活在里面的天牛。】天牛的幼虫非常奇特，就像是一段蠕动着的小肠子。每年仲秋时节，我都能看到两种年龄段的天牛幼虫：年长些的幼虫有一根手指头那么粗；年幼些的幼虫则如粉笔一般粗。此外，我也见到过颜色深浅各不相同的天牛蛹，当然还有一些完全成形了的天牛。它们的腹部都是鼓鼓的，只有等到春暖花开、天气暖融融的时候，它们才会爬出树干。它们大约要在树干里生活三年。

　　天牛是怎么度过这漫长而孤独的囚徒生活的呢？它们缓慢地在粗壮的橡树干内爬行，一边挖掘通道，一边用挖掘出来的树干充饥。天牛的上颚如同木匠的半圆凿，黑乎乎的，短短的，但非常坚硬有力，虽然没有锯齿，但像是一把边缘锋利的汤勺，是天牛用来挖掘通道的有力工具。【写作借鉴：作者用比喻的修辞手法，把天牛的上颚比作边缘锋利的汤勺，比喻生动形象，十分贴切，既展示了天牛上颚的形状，又说明了它坚硬锋利的特点。】被凿出来的木屑，经幼虫消化之后被排泄出来，堆积在它身后，留下一条明显被啃噬过的深痕。幼虫一边挖掘通道一边进食，随着工程的进展，道路开通了；随着残渣对后路的不断阻断，幼虫在不断地向前。就这样，幼虫既获得了食物，同时又得到了安身之所。

　　为了使两片半圆凿形的上颚可以顺利地进行工作，天牛幼虫将肌体的全部力量都集中到身体的前半部，使之成为杵头状。另一种优秀的木匠，吉丁幼虫也是用同样的姿势进行工作。吉丁幼虫的杵头更为夸张，用来猛烈挖掘坚硬木层的那部分身体全都长着强健的肌肉，而身体的后半部由于只需要跟在后面，因此显得较纤细。【名师点睛：对比介绍天牛幼虫和吉丁幼虫工作的状态，作者对昆虫十分熟悉。】

上颚既然充当挖掘的工具，就必须有很强的支撑和强劲的力量。天牛幼虫便用围绕其嘴边的黑色角质盔甲，来加固它那半圆凿形的上颚。除了这硬硬的上颚以外，它身体的其他部位的皮肤都是非常细腻的，而且白如象牙。皮肤之所以如此细腻而洁白，全都归功于其体内所含有的丰富的脂肪。也是，幼虫每天唯一要做的事，就是不停地啃噬；那不断涌入幼虫胃里的木屑，时刻都能为它提供充足的养分。

天牛幼虫的足分为三个部分。第一部分呈圆球状，最后一部分为细针状，这两部分都是退化了的器官。它的足长只有一毫米，对爬行起不了什么作用，因为身体肥胖，它的足基本够不着支撑面，所以根本无法支撑它的身体，又怎么可能用来爬行呢？幼虫用来爬行的器官属于另一种类型。金匠花金龟幼虫已经向我们展示过它是如何利用纤毛和脊背的肥肉，把普通的习俗颠倒过来，仰面爬行的。天牛幼虫更为灵巧，它既可以仰面爬行，也可以腹部朝下爬行。它用爬行器官取代了胸部软弱无力的足。【名师点睛：作者举出金匠花金龟幼虫的例子，把它和天牛幼虫做对比，衬托出天牛幼虫灵巧的身姿。】

这种爬行器官与众不同，长在背部。天牛幼虫有七个环节，上下长着一个满是乳突的四边形平面。这些乳突可以让幼虫随心所欲地鼓胀、突出、下陷、摊平。上面的四边形平面又一分为二，从背部的血管分开来；下面的四边形平面看起来就是一个整体。这就是天牛幼虫的爬行器官。

如果幼虫想要往前，它便先把后部的步带鼓起来，也就是把背部和腹部的步带鼓起来，压缩前半部的步带。由于表面很粗糙，后面的几个步带便足以把身体固定在狭窄的通道壁上，从而得到支撑。在压缩前面的几个步带的同时，它会尽量把身子伸长，缩小身体的直径，使它能够向前滑动，爬行半步。

在它走完一步时，它还要在身体伸长之后，把后半部身子拖上前来。所以幼虫必须让前部步带鼓胀起来，作为支点，同时又让后部步带放松，让体节自由收缩。幼虫凭借背部与腹部的双重支撑，交替收缩和放松身体，使它能够在自己开凿的隧道里进退自如。但是，假如它们只能用上方或下方的行走步带中的一个时，那幼虫就无法前进了。

假使把幼虫放在表面很光滑的桌面上，它便会慢慢地弯起身子，动弹个不停，一会儿伸长身子，一会儿收缩身子，却始终无法向前移动。假如你把它放到有裂痕的橡树干上时，它便神气起来。因为橡树皮很粗糙，凹凸不平，像是被撕裂开了似的，它可以在上面从左往右、从右往左地缓缓地扭动身子的前半部，抬起、放低，然后一再重复这一动作。这是幼虫最大的行动幅度。幼虫那已经退化了的足一直都没有动，根本起不到一点儿作用。

如果说这些残肢废足还能作为成年天牛的前身而存在，那么成虫那敏锐的眼睛在幼虫身上却未见丝毫影迹。在幼虫身上，看不到任何微弱的视觉器官的存在痕迹。幼虫生活在树干内，黑漆漆的一片，视力有何用？【写作借鉴：反问句的使用，加强语气，同时引发读者的思考。】与此同时，幼虫也没有听觉。在橡树树干那黑暗的深处，没有任何声响，与视觉一样，听觉自然也失去了作用。

如果谁对此心存疑惑，我们不妨来做一个实验，以便释疑解惑。【名师点睛：作者提出了疑问，接着做实验来释解疑问，满足了读者的好奇心，吸引读者一起来观察实验。】我把树干剖开来，留下半截通道，便可以跟踪监视正在树干里面劳作的居民。环境十分安静，幼虫忽而挖掘前方的长廊，忽而停下活计，休息一会儿。休息的时候，它会用步带将身子固定在通道的两侧壁上。那我们就趁它休息之机，测试一下它对声音的反应吧。

我先用硬物互相敲击，继而用金属击打发出回响，最后改用锉刀锉锯子，但是无论怎么做，我始终都没见到天牛幼虫有什么反应。它对这种种声响都无动于衷，既不见它的皮肤有任何的颤动，也不见它有何警觉的表现，即使我用尖尖的硬物刮擦它身旁的树干，模仿幼虫啃啮树干发出的声音，都不能奏效。这就足以证明：天牛幼虫毫无听觉。【名师点睛：天牛幼虫对声音的无反应，说明它无听觉能力，作者通过实验和推理得出最后的结论，逻辑清晰，说服力强。】

另外，各种情况都能表明，天牛幼虫也不具有嗅觉能力。嗅觉一般都是作为一种寻找食物的辅助功能，但天牛幼虫压根用不着费心劳神地寻找食物。它的住所就是它的食物，它栖身的木头一直在向它提供活命的食品。

另外，我也对此做过实验。我找了一段柏树，把树干挖了一条沟痕，直径与天牛幼虫所挖掘的长廊的直径差不多一样，随后我就把幼虫置于其中。柏树的气味浓重，具有大多数针叶植物所具有的那种很浓烈的树脂味。当我把幼虫放到那条沟痕里去之后，它很迅速地便爬到了通道的尽头，然后就没有了什么动静。它的这种一动不动，不正是它没有嗅觉能力的证明吗？

天牛幼虫长期生活在橡树干里，树脂这种浓烈的气味应该能引起它的不适或厌恶，它本应通过身体的颤动或逃跑的企图来表现它的厌恶之感，但是它却并没有做出这种反应来。它在找到合适的位置后，便立刻停下脚步，待在那儿歇息，一动不动了。

接着，我又做了另外一个实验。我把一小包樟脑放在长廊里，离天牛幼虫很近，可仍然未见它有什么反应。然后，我又用萘做了同样的实验，结果仍然相同。做了这么多实验之后，我认为天牛幼虫没有嗅觉能力是毋庸置疑的了。

天牛幼虫是有味觉的，只是这种味觉应该属于"残缺不全"的。天牛幼虫在橡树树干中生活了三年，其食物很单一，就是橡树木纤维，除此之外别无其他。那幼虫对这唯一的食物会有什么评价呢？顶多也就是吃到新鲜多汁的橡树干时会觉得非常鲜美，而吃到干燥无汁的树干时便觉得不大有滋味罢了。

那么它的触觉呢？它的触觉点分布得很散，而且是被动的。任何有生命的肉体都具有触觉，一旦被尖刺儿刺到，就会觉得疼痛，然后抽搐、扭曲。总之，天牛幼虫的感觉只有味觉和触觉，而且都非常的迟钝。

既然如此，我不禁在想，像天牛幼虫这种消化功能很强，但感觉功能却极弱的昆虫，其心理状态又是怎么构成的呢？【名师点睛：这是过渡句，具有承上启下的作用，同时提出一个问题，吸引读者，设置了悬念。】触觉与味觉会给那些已经退化了的感觉器官带来些什么呢？很少，几乎可以忽略不计。天牛幼虫只知道好的木头有一种收敛性的味道，未经精心刨光的通道壁会刺痛皮肤，仅此而已。这该是天牛幼虫的智力所能达到的最高程度了。而肯迪拉克却错误地认为，天牛具有很好的嗅觉，是科学的一个奇迹，一颗灿烂的宝石。它可以回想往事，可以比较、判断，甚至推理。可是现实中，这个处在似睡非睡、似醒非醒中的大腹便便的昆虫，真的会回忆、会比较、会推理吗？我认为天牛幼虫仅仅是一截会爬行的小肠，【写作借鉴：运用比喻的修辞手法，将天牛幼虫比作小肠，形象而生动。】仅此而已，我觉得我的这一比喻再贴切不过了，天牛幼虫的全部感觉能力，就是一截小肠所拥有的能力罢了。

从另一方面来说，我们也不可小看这个小家伙，它虽然对自己现在的情况昏昏然，却能预知未来，具有神奇的预测能力。对这一奇特的观点，请读者允许我慢慢地道来。

在整整三年时间里，天牛幼虫在橡树干里过着流浪生活。它爬上爬下，忽而在这儿，忽而又在那儿。为了另一处的美味，它会放弃眼下正在啃噬的木块。不过它始终都不会远离树干深处，因为那儿温度适宜，环境幽静安全。当成年的日子来临时，它将被迫离开隐蔽所，去面对外界的种种危险。光吃还不够，它还得离开自己的生活之地。

天牛幼虫有着精良的挖掘工具和强健的身体，要想钻入另一处去躲灾避祸，对它来说并不困难。但是，未来的天牛成虫，将去外界度过它那短暂的时光,那它是否具有这样的能力呢? 在橡树干内那幽暗的环境中诞生成长的长角昆虫,它知道替自己挖掘一条逃离的通道吗?【名师点睛:疑问句的提出,引起读者的思考,并引出下文的实验。】

为了弄清这一问题,我又做了点实验。我发现,在实验中,成年天牛若想利用幼虫挖掘的通道从树干深处逃逸,完全是不可能的事。天牛幼虫的通道犹如一座迷宫,十分复杂,非常长,根本看不见尽头,而且堆满了坚硬的障碍物,另外直径又是从尾部往前逐渐地在缩小。【写作借鉴:作者用比喻的修辞手法,把天牛幼虫的通道比作迷宫,说明成年天牛要从这通道中离开十分困难。】因为幼虫刚钻入橡树干时,它只有一段麦秸那么长,那么细,而这时它已变得如手指头一般粗细了。它在树干里三年的挖掘工作,始终根据自己的身体大小在进行。

结果不言而喻,幼虫在树干的通道和行动路线对成年天牛的逃离已经帮不上什么忙了。成年天牛触角很长,足也不短,而且其甲壳也无法折叠,所以原先的那条通道对它来说已经是一个无法通过的障碍。它若想以这通道为逃逸之路,就必须清除掉坑道内的障碍物,还要大大地拓宽通道。这样倒不如另辟蹊径,挖掘一条新的通道来得方便一些。但是,成年天牛有这种能力吗?

我们不妨做实验来观察一番。我把一段橡树干一劈两半,并在其中挖掘出一些适合成年天牛的洞穴。在每一个洞穴中,我都放了一只刚刚蜕变了的成年天牛。这些天牛是我十月份从冬储木柴中找到的。然后,我便把两半树干用铁丝紧紧地捆在一起。

六月已经来到。只听见树干里传出来敲击的声音。它们能够成功出来吗? 它们又会通过什么方式从里面逃出来呢? 我原以为从里面逃出来,对它们来说易如反掌,毕竟它们只需要钻一个二厘米长的通道便可逃生。可是,我竟未见一只天牛从树干里跑出来。等到树干里面听不见一点动静时,我觉得很蹊跷,便把捆着的树干松开。让我震惊的是里面的俘虏全都死了。洞穴里只有一小撮木屑,还不足抽了一口烟的烟灰量。那就是它们的全部劳动成果。

看来好工具并不一定就能造就一名好工匠，我对成年天牛的上颚期望过高，以为它是无坚不摧的利器。尽管它具备良好的挖掘工具，但长期隐居缺少技艺的它们，也只好在洞穴里等死。之后，我又找了一些成年天牛，对它们进行比较容易点的实验。我把它们拘于直径与天牛的天然通道差不多粗细的芦苇管里，同时找了一块天然隔膜作为障碍物。这隔膜很薄，只有三四毫米厚，一捅就破。实验结果发现，有一些天牛能够从芦苇管里逃生，有一些则死于其中。这就说明，遇到障碍，勇往直前者胜。一个微薄的隔膜这种小小的障碍都闯不过去，待在坚硬的橡树干里岂不必死无疑？

<u>这些实验的结果告诉我，天牛成虫徒有其表，实属外强中干，根本无法靠自己的力量逃离树干监牢。</u>【名师点睛：天牛有好的工具，却没有相应的能力，是个"外强中干"的家伙，作者对天牛的失望之情不言而喻。】劈开逃生门，还得仰仗貌不惊人的肠子状的天牛幼虫的智慧。这种情况就像天牛幼虫是在以另一种方式重现卵蜂的壮举。卵蜂的蛹身上带有钻头，为以后那长翅无能的成虫挖掘通道。

天牛幼虫不知是受何种神秘预感的驱动，离开其安然宁静的隐蔽所，离开那无法攻破的城堡，爬向橡树表面，不顾那些正在寻找美味多汁的昆虫天敌对它的威胁。幼虫就这么冒着生命危险，勇敢无畏地挖掘着通道，一直挖到橡树表层，只留下一层薄薄的阻隔当窗帘遮挡自己。有些冒失的幼虫，甚至把这块窗帘捅破，直接留出一个洞口。

这就是天牛成虫的出口，它只需要用上颚和额角轻轻一触，就能把窗帘捅破，逃生而出。刚才已经说了，有的幼虫连窗帘也不留，干脆就留出了一个洞口，这样天牛成虫不用任何劳作，便可直接逃离。每到春暖花开，天气转暖时，这些身披古怪羽饰、笨手笨脚的成虫便从黑暗中出来了。

把逃生之路准备完毕之后，天牛幼虫便又开始忙起眼前的活计来。

挖好逃生通道，它就退回到长廊中不太深的地方，在出口一侧，凿出一个蛹室。这间蛹室陈设豪华，壁垒森严。蛹室为一个扁椭圆形的宽敞的窝，周长近一百毫米，扁椭圆结构的两条中轴，长度不同，横向轴长二十五到三十毫米，纵向轴则只有五毫米。【写作借鉴：作者用列数字的说明方法，来描写天牛的蛹室，数字如此精确，表现出作者观察十分细致，也加深了读者对蛹室的印象。】这么大的空间，比成虫的体积都要大，完全足够成虫的足部自由伸展了。打破壁垒逃出牢笼的时刻到来时，这样的蛹室将不会让天牛成虫感到任何不便。

　　这种壁垒是指蛹室的封顶，是天牛幼虫为了防御外敌入侵而建造的。封顶有两层或三层。外层由木屑构成，是天牛幼虫挖掘树干时留下的残留物；里面的那一层是一个矿物质的白色封盖，呈凹半月形。一般来说，在最内侧还有一层木屑壁垒与前两层连在一起。有了这种多层壁垒的保护，天牛幼虫便可在房间里踏踏实实地为变成蛹做准备工作了。天牛幼虫从房壁上锉下来一条一条的木屑，这便是细条纹木质纤维的呢绒。天牛幼虫把这些呢绒贴回到房间四周的墙壁上去，铺成壁毯，厚度近一毫米。这就是天牛幼虫在自己蛹室墙壁上挂上的精细双面绒挂毯。可以看出，天牛幼虫在不停地劳作，它为变成蛹做了精心的准备。

　　那层堵住入口的矿物质封盖，可以说是这个房间布置得最奇特的一部分。这个封盖是个椭圆形帽状封盖，呈白石灰色，是坚硬的含钙物质，内部十分光滑，外面呈颗粒状突起，犹如橡栗的外壳。【写作借鉴：作者细致描写了封盖的外形，用比喻的修辞手法，把它比作橡栗的外壳，表现了封盖奇特的特点。】这种颗粒状突起表明，这层封盖是天牛幼虫用糊状物一口一口筑成的。

　　由于封盖外部无法触碰到，幼虫没办法加以修饰，才会凝固成那种细小的突起。而内侧那一面，因为在天牛幼虫力所能及的范围内，所以被抹得光滑平整。这种封盖像钙一样，既坚硬又容易破碎。不需要加热，就能溶于硝酸，并且会立即释放出气体来。不过溶解过程比较缓慢，一小块封盖往往需要几个小时的时间才能逐渐溶化掉。溶化之后，剩下一些泛黄的沉淀物质，看上去像是有机物。如果对封盖进行加热，它就会变黑，可见其中含有可以凝结矿物的有机物。

如果在溶液中加入草酸氨，溶液会变得浑浊，并留下白色沉淀。这说明，其中含有碳酸钙。我原想从中发现一些尿酸氨的成分，因为在昆虫变成蛹的过程中，常会有尿酸氨存在。可我在封盖的溶液里并没有发现尿酸氨。因此，我认为封盖仅仅是由碳酸钙和有机凝合剂构成的，这种有机物大概是蛋白质，用来增强钙体的坚硬度。

根据实验，我相信是天牛幼虫的胃分泌出那些石灰质物质，而它那能乳化的生理器官为它提供了钙质。胃从食物里把钙分离出来，或者直接得到钙，又或是通过与草酸氨的化学反应来获得。在幼虫期结束时，它便将所有的异物从钙中剔除，只将钙保存下来留作构筑壁垒的材料。这点并不令人惊讶，某些芫菁科昆虫，如西塔利芫菁，通过化学反应能在体内产生尿酸氨；飞蝗泥蜂、长腹蜂、土蜂等，也是在自己体内生产茧所需要的生漆。【写作借鉴：作者用举例子的说明方法，说明昆虫界中还有其他的昆虫能在身体里通过化学反应获得想要的物质，说明天牛不是特例，表现了昆虫世界的神奇。】

在通道修筑完工，房间粉刷装饰完毕，用三重壁垒封好之后，灵巧而勤劳的天牛幼虫便完成了自己的使命，挖掘工具也完成了它的历史使命，幼虫开始进入蛹期。

褓襁状态之下的蛹十分虚弱，躺在柔软的睡垫上，头始终冲着门的方向。这看似无关紧要的一点，实际上却至关重要。天牛幼虫身子柔软，伸缩翻转，随心所欲，所以在这间小房间里，头无论朝何方，都无伤大雅。可从蛹中出来的天牛成虫，却没有随心所欲翻来倒去的能力，它浑身披挂着坚硬的角质盔甲，无法在小房间里将身体从一个方向转向另一个方向，甚至可能因为房间的狭小，连弯曲一下身子都办不到。所以它的头必须始终冲着出口，否则便只能在自己建造的囚室里等死。

不过这种意外是不会发生的，因为这节小肠向来知道未雨绸缪的重要性，早就为将来做好了准备，不会犯这种让自己头朝里进入蛹期的低级错误。所以，到了该出山的时节，向往光明的天牛的面前并没有太大的障碍，只不过有一些细碎的木屑，扒拉几下便可以清理掉。然后，便是那层石质封盖，不过它也完全不必费心费力地去把它打碎，只要用坚硬的前额这么一顶，或者用足这么一推，封盖便会整体松动，从框框里脱落。至少我所发现的被弃置的封盖全都完好无损。最后就是那木屑构成的第二层壁垒了，这就更不在话下，比第一层更加容易清除。这么一来，通道畅通，天牛成虫只要沿着通道便可顺利地爬到出口。假如窗帘没有掀开，它只需要用牙一咬，那薄薄的窗帘也就破了，这对它来说易如反掌。终于，它走出了黑暗，见到了光明，长长的触须开始激动地不停颤抖。【名师点睛：天牛幼虫满怀希望默默耕耘，做好万全准备，只为将来能展翅高飞。这种对于"生"的希望，给人以深刻启迪。】

Z 知识考点

1.天牛是一种_____功能很强，但_____功能却极弱的昆虫，著名的学者_____错误地认为天牛具有很强的嗅觉。

2.判断题：天牛的爬行器官与其他昆虫一样，长在底部。　　（　　）

Y 阅读与思考

1.天牛的五感有什么特点？

2.天牛蛹室的封顶有什么作用？

3.除了天牛，还有哪些昆虫能在身体里通过化学反应产生尿酸氨？

法布尔大师生平

幼年——少年时代

1823 年 12 月 21 日出生于法国南部鲁那格山区的古老村落——撒·雷旺，村中的利卡尔老师为他取名为约翰·安利。父亲安东奥尼（生于 1800 年），母亲费克瓦尔（生于 1805 年）。

1825 年（2 岁）弟弟弗朗提力克出生。

1827 年（3 岁）由于母亲要照顾年幼的弟弟，他从 3 岁一直到 6 岁，都寄养在玛拉邦村的祖父母家。这里是个大农家，有许多比他年长的小孩。他是个好奇心重、记忆力强的孩子，曾自我证实光是由眼睛看到的，并追查出树叶里的鸣虫是露螽。睡前最喜欢听祖母说故事，而寒冷的冬夜里则常抱着绵羊睡觉。

1830 年（6 岁）回到撒·雷旺村，进入利卡尔老师开办的私塾就读，上课中，常有小猪、小鸡跑进教室觅食。由动物图书记下 A、B、C……字母，对昆虫和草类产生兴趣，发现黑喉鸲的巢，取得巢中青蓝色的蛋，经神父劝说，把鸟蛋归还原处。为增加家庭收入，帮忙照看小鸭，负责赶到沼泽放养，因而发现沼泽中的生物和水晶、云母等矿石。

1833 年（9 岁）全家搬到罗德斯镇，父亲以经营咖啡店为生，进入王立学院，担任望弥撒仪式助手而免交学费。在学校期间，学习拉丁语和希腊语，喜欢读古罗马诗人维尔基里斯的诗。

1837 年（13 岁）父亲经营咖啡店失败，举家迁往托尔斯。进入埃斯基尔神学院。

1838 年（14 岁）父亲的生意再度失败，搬到蒙贝利市，又开了一间店，独自离家，以卖柠檬、做铁路工人等自力更生。曾用超过一日的工资所得购买《鲁布尔诗集》，携至原野上阅读。以认识各种昆虫为最大乐事，第一次抓到欧洲云鳃金龟时，感到特别高兴。

卡尔班托拉时代

1839 年(15 岁)以公费生第一名考进亚威农师范学校,在学校住宿。由于上课内容太枯燥,常乘自习时间观察胡蜂的螫针、植物的果实或写诗,在雷·撒格尔的山丘上,第一次看到神圣粪金龟努力推粪的情景,内心感动不已。

1840 年(16 岁)因成绩退步被师长责骂而发愤图强,在两年内修完三年的学分,剩下的一年自由学习博物学、拉丁语和希腊语。

1842 年(18 岁)师范学校毕业以后,成为卡尔班托拉小学的老师,年薪700 法郎,因热心教学,深获好评。父亲经商失败,由蒙贝利市搬到波尔多镇。

1843 年(19 岁)上野外测量实习课时,由学生处得知涂壁花蜂。也由于这种蜂而开始阅读布兰歇、雷欧米尔等人著的《节肢动物志》,从此倾心"昆虫学"。

1844 年(20 岁)和同事玛利·凡雅尔(23 岁)结婚。自己进修数学、物理、化学等。父亲的咖啡店又被关闭,暂时在卡尔班托拉税务署工作。

1845 年(21 岁)长女艾莉莎贝特诞生。

1846 年(22 岁)艾莉莎贝特夭折。通过蒙贝利大学数学的入学资格考试。弟弟弗郎提力克成为小学老师。

1847 年(23 岁)取得蒙贝利大学数学学士。长男约翰诞生。

1848 年(24 岁)取得蒙贝利大学物理学学士。

长男约翰夭折。十分欣赏托斯内尔(法国文学家)有关鸟类的著述。希望能到大学教书,但苦无机会。

科西嘉时代

1849 年(25 岁)任职科西嘉阿杰格希欧国立高级中学的物理教师,年薪1800 法郎。面对科西嘉丰富的大自然,开始研究动、植物。此外,他也十分热衷于数学。与植物学家鲁基亚一起攀登科西嘉的每座山采集植物。

1850 年(26 岁)次女安得蕾诞生。

1851 年(27 岁)托尔斯大学的博物学教授蒙肯·塔顿来到科西嘉,解剖蜗牛给法布尔看,发现他的资质优异而力劝他朝博物学努力,从此兴趣由数学转向博物学,立志成为博物学家。年底,因感染热病回到亚威农静养。鲁基亚在科西嘉因病猝逝。

1852 年(28 岁)恢复健康,回到阿杰格希欧中学。

亚威农时代

1853 年(29 岁)成为亚威农师范学校(日后改制为利塞·阿贝纽国立高级中学)物理助教,年薪 1600 法郎。三女阿莱亚诞生。

1854 年(30 岁)取得托尔斯大学博物学学士。

阅读雷恩·杜夫尔写的有关狩猎蜂——黄腰土栖蜂的论文后,决心研究昆虫生态。他的潜能像被点燃的薪柴,熊熊燃烧起来。在卡尔班托拉的悬崖上,研究狩猎象鼻虫的瘤土栖蜂,并更正杜夫尔的错误,发表更深入的论文。

1855 年(31 岁)四女克蕾儿诞生。陆续在科学杂志上发表《观察豌豆蜀植物的花和果实》等与植物有关的论文。

1856 年(32 岁)以研究瘤土栖蜂而获得法国学士院的实验生理学奖。继续研究高鼻蜂、短翅菁等昆虫,但因生活困苦,研究时间不多。兼任课外辅导、家庭教师等职。开始研究由茜草提炼染料。

1857 年(33 岁)5 月 21 日,在条纹蜂的巢中发现短翅芜菁的幼虫,并发表《芜菁科昆虫的变态》论文,另外还发表了有关植物的论文。

1858 年(34 岁)得知没有财产就不可能成为大学教授后,全心投入茜草染料的研究。

1859 年(35 岁)达尔文在《物种起源》一书中,赞誉法布尔是一位"罕见的观察者"。

次男朱尔诞生。担任鲁基亚博物馆馆长。督察德留依到访,与植物学家杜拉寇尔结识,之后,又与住在亚威农的英国经济学家米勒相知,成为植物同好。

1862 年(38 岁)由安谢特出版小学用的图书。认识巴黎出版社社长得拉克拉普,受到他的鼓励,立志著述浅显易懂的科学读物。

1863 年(39 岁)三男爱弥尔诞生。德留依当上教育部部长。

1865年(41岁)登班杜山遇险,细菌学家巴斯德来访,交由得拉克拉普出版《天空》《大地》等科学读物。

1866年(42岁)成功地由茜草直接抽取染料色素,受聘为亚威农师范学校物理教授。

1867年(43岁)对亚威农的贡献受肯定,获卡尼耶奖的奖金9000法郎。

1868年(44岁)由于教育部部长德留依的推荐,获雷自旺·得努尔勋章,并拜谒拿破仑三世。担任夜间公开讲座的博物学、物理学讲师。将研究成功的茜草染料工业化。工厂成立不久,德国完成蒜硫胺的化学合成染料,茜草染料工业化的梦想因而破灭。公开讲座的授课方式遭保守的教育者、教会反对,遂辞退师范学校教职。

1869年(45岁)在保守派的策动下,德留依辞去教育部部长职位。

欧兰就时代

1870年(46岁)向米勒借贷,搬到欧兰就。抚养一家七口,负担沉重。幸好科学读物陆续出版,能一点一点还钱。

1871年(47岁)过着著书、观察昆虫的生活。这一年,因为发生德法战争,无法按时取得版税和稿费,生活更加困苦。

1872年(48岁)由于德留依的介绍,化学家提马致赠显微镜。

1873年(49岁)米勒去世。被迫辞去鲁基亚博物馆馆长一职,向市长抗议。获巴黎爱护动物协会颁发银牌。有关数学、植物、物理的著作相继问市。

1877年(53岁)次男朱尔去世,把发现的三种蜂以"朱尔"的拉丁语"伏利渥司"分别命名为伏利渥司土栖蜂、伏利渥司高鼻蜂、伏利渥司穴蜂。

1878年(54岁)因朱尔的死,深受打击,身体也大不如前。感染肺炎几乎死去,幸以坚强的意志力渡过难关。

完成《昆虫记》第1册(原稿内容包括:推粪球的蜣螂、捕象鼻虫的瘤土栖蜂、捉短翅螽斯的兰格道格穴蜂……)。

阿兰玛斯时代

1879年(55岁)因房东将欧兰就家门前的两排悬铃木砍掉,愤而搬家。

在隆里尼村外找到理想中的家园,取名为"荒石园"。荒石园的庭院中有很多耐旱、多刺的植物,是各种昆虫的乐园。4月3日由得拉克拉普的出版社发行《昆虫记》第1册。往后,大约每三年出版一册。

1880年(56岁)科学读物十分畅销,部分被指定为教科书。在荒石园庭院的枯叶堆里,发现大量的花潜金龟幼虫,于是开始研究观察它们的生活,退役军人法比那担任他的助手。

1881年(57岁)被指定为巴黎学士院的通讯会员(本地会员)。

1882年(58岁)《昆虫记》第2册出版。年迈的父亲搬来同住。

1885年(61岁)妻子玛莉去世(64岁)。三女阿莱亚女代母职,处理家务。开始以水彩描绘"蘑菇"图。

1887年(63岁)与出生隆里尼村的约瑟芬·都提尔(23岁)结婚。成为法国昆虫学会的通讯会员,并获赠同学会的得尔费斯奖。

1888年(64岁)约瑟芬产下四男波尔。

1889年(65岁)获法国学士院最高荣誉的布其·得尔蒙奖,获奖金10000法郎。

1890年(66岁)五女波丽奴诞生。

1891年(67岁)四女克蕾儿去世。

1892年(68岁)荣膺比利时昆虫学会荣誉会员。

1893年(69岁)父亲安东奥尼去世(93岁)。开始研究大天蛾不可思议的能力,发现雄蛾能从遥远的地方找到雌蛾,是因雌蛾发出一种"讯息发散物",亦即类似今日所谓的"荷尔蒙",法布尔称蛾群聚集家中的5月6日为"大天蛾之夜",曾将天牛的幼虫烤来吃,并发射大炮来测试蝉的听力。

1894年(70岁)荣膺法国昆虫学会荣誉会员。开始观察粪金龟、半人小粪金龟、鸟喙象鼻虫和大毒蝎的习性。

1895年(71岁)幺女安娜诞生。

1897年(73岁)在荒石园家中自行教育三个年幼的孩子,妻子约瑟芬也一起听课。

1898年(74岁)次女安得蕾去世。

1899年(75岁)由于市面出现许多仿作,他写的科学读物不再被指定为

教科书,版税因此减少,生活再度陷于困境。

1902 年(78 岁)为了抚养三个稚子,开始取出存放在出版社的版税和稿费。荣膺俄罗斯昆虫学会荣誉会员。

1905 年(81 岁)法国学士院颁发吉尼尔奖,获赠养老金 3000 法郎。

1907 年(83 岁)《昆虫记》第 10 册发行,可是销路不佳。学生勒格罗博士提出举办《昆虫记》出版 30 周年庆祝仪式,并发现法布尔老师的生活比他想象中还要清苦。

1908 年(84 岁)在布罗班斯诗人米斯托拉的努力下,法布尔的贡献受到肯定,获赠养老金 1500 法郎。

1909 年(85 岁)著《昆虫记》第 11 册(关于萤火虫、甘蓝菜上的青虫等的研究),身体已十分衰弱。出版诗集。获阿尔布"布罗班斯诗人"的荣衔。

1910 年(86 岁)4 月 3 日,在米斯托拉的呼吁下,召集学生、友人、读者,举办庆祝仪式,定为"法布尔日",《昆虫记》由此扬名于世,再度荣获雷自旺·得努尔勋章(比上一回更晋一级)和养老金 2000 法郎。获斯特克荷尔姆学士院所颁林内奖,收到由国内外寄来的许多捐款,除了地址不明的转赠贫苦人家外,其他全部致谢函退回。

1912 年(88 岁)妻子约瑟芬去世(48 岁),由阿莱亚和修道院护士安东尼埃奴照顾。公共事业大臣提埃利来访。

1913 年(89 岁)波安卡雷总统来访,代表法国国民向法布尔致意。

1914 年(90 岁)三男爱弥尔和弟弟弗朗提力克相继去世。

1915 年(91 岁)5 月,在家人扶持下,坐在椅子上绕庭院一周,最后一次巡视荒石园。10 月 7 日,尿毒症加重。10 月 11 日与世长辞。16 日,葬于隆里尼墓园,有螳螂、蜗牛等前来送行。

1921 年在鲁格罗国会议员的奔走努力下,政府买下荒石园,以巴黎自然史博物馆分馆的名义保存下来,并聘请阿莱亚、波尔管理。

现在,管理此处的是皮那尔·提欧吉。

法布尔出生的家在撒·雷旺小学老师——卡巴尔达夫人的鼓吹下,也以博物馆形态保存至今。

《昆虫记》读后感

合上《昆虫记》的最后一页,我的思绪仍然停留在那个远离喧嚣的昆虫世界,久久难以忘怀。窗外的雨还在淅淅沥沥地下,草地里的嫩叶上正挂着晶莹剔透的水珠,不知道藏在里面的小家伙可有准时回家。

以前的我,从不在意这些小昆虫,也不觉得它们有什么特别的地方,要说花费大量的时间去盯着观察它们如何生活,还乐此不疲,更是从来没有想过的。因为在我浅薄的认知里,有了虫子就意味着这地方不干净了,需要好好打扫,还要小心这些坏家伙,因为它们可能会突然袭击来咬我一口。对于它们,我是怀着害怕的心理,不敢去靠近的。可是《昆虫记》改变了我的想法,它让我认识到了一个新的词语,那就是"生命"。

如果有人遇到了难题,人们会施以援手,但是如果有小虫子被蚂蚁围攻,大多数人却会视而不见,因为"生命"的概念似乎并没有普及到这些微观的昆虫身上。但它们并不在意,这些家伙在地球上的历史比人类还要长,它们自有顽强的生存方式,自有优胜劣汰的生存法则,法布尔老人更是用一本书告诉了我们,它们甚至自有一个奇妙的小世界。

原来,石蚕是自带潜水艇的游泳健将,它在水中来去自如,虽然弱小却身怀一门金蝉脱壳的绝技;原来,蝉是用生命在歌唱的音乐家,它高唱生命的赞歌,却永远也听不到那美妙的音乐;原来,蜘蛛是将几何数学应用到生活中的优质猎手,它足不出户,却能让猎物自投罗网;原来,孔雀蛾是为爱献身的浪漫主义者,不管路途有多远,路上有多黑暗,途中有多少障碍,它总能找到它的"心上人"……

原来,这些不起眼的小家伙,身上藏着这么多的秘密。

法布尔老人用诗一样的语言告诉了我,它们不是简单的小虫子,而是一个个活生生的生命,它们也有像人一样的行为,也有与人一样的一生。他字里行间流露出了对生命的尊重与敬爱,这样的情感让人动容,也让我不自觉地跟随他的脚步,去观察这些小家伙的喜怒哀乐。

它们的生命太短暂了,却精彩得让人难忘。蝉要在阴暗的地底下生活四年,才能换来一个月的阳光,在这燃烧生命的一个月里,它们的歌声是那么响亮;年老的矿蜂会守卫蜂巢,不放过任何一个入侵者,在它操劳的岁月里,无怨无悔的身影一直陪伴着整个家族;垂死的蜘蛛更是会用尽最后的力气帮助孩子们出世。书中每一种昆虫都是如此特别,它们没有和人类一样的智慧,却有种不可挡的魅力,让我为之倾倒。

感谢作者法布尔老人,您打开了昆虫世界的大门,让我认识了这些昆虫朋友,并引领我重新思考了"生命"二字的深刻含义。谢谢您奉献了一生,给我们带来了这本《昆虫记》。

编　者

2021 年 3 月

参考答案

论祖传
知识考点
1.偷鸟蛋是件残忍的事　它们各自都有各自的名字
2.×
阅读与思考
1.寻找鸟巢、采集野菌。
2.解剖学和化学。

神秘的池塘
知识考点
1.小鸭们
2.×
阅读与思考
1.比喻　将蝌蚪比作绳子和沾了黑灰的绒线，形象生动地把蝌蚪的颜色和柔软黏滑的特点表现了出来。
2.没有减少，对于作者，那个池塘始终保持着诱惑力，它的魅力远胜于钻石和黄金。

石蚕
知识考点
1.比喻　百衲衣、象牙塔、潜水艇　精致实用
2.√
阅读与思考
1.把它们放在水上，结果小鞘和石蚕都沉下去了。
2.它们可以通过控制鞘内空气的多少来控制自己在水中的位置。

蜣螂
知识考点
1.牙齿　腿　后腿

2.×
阅读与思考
1.蜣螂推球的动作与天上星球的运转相符合，古埃及人认为这种甲虫富有智慧，通晓天文。
2.为了保持食物的新鲜。

蝉
知识考点
1.蚋
2.四年　一个月
3.×
阅读与思考
1.寓言里蚂蚁很勤劳，蝉是乞丐，现实中蝉很勤劳，蚂蚁是强盗。
2.这些蝉牺牲生命器官的位置来安放响板乐器，增加声音强度，为了更好地鸣唱。

舍腰蜂
知识考点
1.孤僻流浪　温暖
2.√
阅读与思考
1.因为它们的蜂巢必须建在温暖、干燥的地方。
2.小蜘蛛。

螳螂
知识考点
1.蚂蚁
2.√
阅读与思考
1.硬钩、尖刺、大钳子。
2.发起进攻的时候，首先会重重地、毫不留情地袭击对方的颈部。

蜜蜂、猫和红蚂蚁

知识考点

1.对沿途景物的记忆　沿着原路返回

2.√

阅读与思考

1.猫、蜜蜂、鸽子、燕子。

2.恋家的本能。

开隧道的矿蜂

知识考点

1.小蚊子

2.√

阅读与思考

1.舌头。

2.说明矿蜂的组织性和纪律性很强。

萤

知识考点

1.小蜗牛

2.√

阅读与思考

1.把它隔离出来,并坚持每天给它洗浴,清洁伤口,这样坚持了两三天,这只可怜的小蜗牛竟然从昏迷中苏醒了过来。

2.①可以使萤牢固地粘在那些它想停留的支撑物体上。②可在使它在危险的地方自由地爬行。③当作海绵以及刷子使用,来清洁身体。

被管虫

知识考点

1.三　大头

2.√

阅读与思考

1.轻巧、柔韧、光滑、干燥、大小适当。

2.小被管虫不会吃掉自己的母亲。

樵叶蜂

知识考点

1.蜂蜜　卵

2.√

阅读与思考

1.它在距离家十分遥远的地方,毫不犹豫剪下一片圆叶,就能恰好盖住它的巢。

2.大小相当,形状整齐。

采棉蜂和采脂蜂

知识考点

1.嘴巴　棉花　小球

2.√

阅读与思考

1.洁白、精致、轻巧、针箍形。

2.前屋给雄蜂居住,后室给雌蜂居住,母蜂能预知它所产的卵的性别。

西班牙犀头的自制

知识考点

1.胸部的陡坡　头上长的角

2.×

阅读与思考

1.犀头甲虫是圆的并且很短,腿也短笨,不适合做球。

2.因为有甲虫母亲的关心爱护。

两种稀奇的蚱蜢

知识考点

1.恩布沙　螽斯

2.√

阅读与思考

1.恩布沙和平友好、温柔和善;而螳螂好斗好战、贪婪残忍。

2.先刺捕猎物的颈部,再咬住它运动的神经,使它立刻失去反抗的能力,然后吃掉它。

黄蜂

知识考点

1.窒息

2.空气　物理　几何

3.√

阅读与思考

1.因为从泥土外面可以嗅到它们家的味道,并引导它们去寻找。

2.它可以避免许多不必要的麻烦,也减少了喂食过程中的困难,方便工蜂喂食,让幼虫舒适地享受美食,还能防止幼虫吃得太饱,撑坏肚子。

蜂螨的冒险

知识考点

1.南方　突起

2.×

阅读与思考

因为掘地蜂善于利用合适的土壤，建造好的窠巢，没有任何一个普通的敌人能够轻易入侵到窠巢中。

蟋蟀

知识考点

1.排水　阳光

2.√

阅读与思考

1.蟋蟀的家是为了安全和温馨而建造的，其他昆虫过着流浪生活时，蟋蟀是大自然中有着一个稳定住所的幸福的居民。

2.它是一个弓形的东西，弓上有一只钩子，以及一种振动膜。

娇小的赤条蜂

知识考点

1.泥土　稀疏

2.√

阅读与思考

1.用前足当作耙，用嘴巴来做挖掘的工具。

2.为了给未来的孩子准备食物。

西西弗

知识考点

1.蜣螂　球形

2.√

阅读与思考

1.它们共同准备幼虫的食物，在伴侣制造食物时，父亲就会进行强有力的挤压工作。

2.爱护家庭。

捕蝇蜂

知识考点

1.硬毛　前脚　嘴

2.√

阅读与思考

1.这种小蝇会把卵产在捕蝇蜂存放在巢内的食物上，幼虫孵出来后便掠夺捕蝇蜂幼虫的养料，食物不够的话还会把捕蝇蜂的幼虫吃掉。

2.因为这样，它在为孩子们捕蝇回来的时候，才可以轻而易举地开辟一条道路，把猎物拖到洞里去。

寄生虫

知识考点

1.行猎

2.√

阅读与思考

1.身披金青色的外衣，腹部缠着"青铜"和"黄金"织成的袍子，尾部系着一条蓝色的丝带，满身闪耀亮光。

2.因为人类"寄生虫"会牺牲同类来养活自己，但是昆虫从不掠取同类的食物，它们掠夺的是其他种类昆虫的食物。

新陈代谢的工作者

知识考点

1.池塘　分解尸体　死亡物质　生命

2.×

阅读与思考

1.因为蚂蚁的嗅觉比其他昆虫要灵敏得多。

2.意大利学者斯帕朗扎尼神父。

松毛虫

知识考点

1.列队虫　挑食

2.√

阅读与思考

1.松毛虫外出时，会随时吐出丝，将丝织成丝带，然后依照丝带指引的路线再走回来。

2.额头上的鳞片。

卷心菜毛虫

知识考点

1.卷心菜毛虫　细小　小侏儒

2.×

阅读与思考

1.它以卷心菜皮以及其他一切和卷心菜相似的植物叶子为食，像花椰菜、白菜芽、大头菜，以及瑞典萝卜等。

2.两次。卷心菜。

孔雀蛾

知识考点

1.杏叶

2.√

阅读与思考

1. 它全身长着红棕色的绒毛，脖子上戴着一个白色的领结，翅膀上散落着一些灰色和褐色的小点儿，周围是一圈灰白色的边，横向分布着一条条淡淡的锯齿形的线。它翅膀的中央有一个大眼睛，有黑得发亮的瞳孔和许多色彩镶成的眼帘——由黑色、白色、栗色和紫色等各种各样的弧形线条组成。

2. 不管路途有多远，路上有多黑暗，途中有多少障碍，它总能找到它的"心上人"。

爱好昆虫的孩子

知识考点

1.天才　本能

2.×

阅读与思考

1.做物理和化学老师。

2.对大自然的喜爱和善于观察的性格。

条纹蜘蛛

知识考点

1.黄　黑　银

2.×

阅读与思考

1.它不挑食，各种小虫子都爱吃。

2.后腿和丝囊。

狼蛛

知识考点

1.毒牙　丝

2.√

阅读与思考

1. 它们有一个可以节制的胃，可以很长时间不吃东西也不感到饥饿。

2.攀高的本能。

克鲁蜀蜘蛛

知识考点

1.腿　黑色　五个黄色

2.√

阅读与思考

1.因为它完全依靠那种在石堆里跳来跳去的虫子来维持生计。

2.保持屋子平衡。

迷宫蛛

知识考点

1.黏性　迷乱性　迷宫

2.√

阅读与思考

1.会永远离开自己的巢。

2.卵形，鸡蛋大小，杂乱无章。

蛛网的建造

知识考点

1.保持网的平衡

2.√

阅读与思考

1.极富黏性的网。

2.涂油。

蜘蛛的几何学

知识考点

1.对数螺线

2.×

阅读与思考

1.蛛网、蜗牛壳等。

2.垂曲线。

蜘蛛的电报线

知识考点

1.中心　网的振动

2.×

阅读与思考

1.因为中心是所有的辐的出发点和连接点，每一根辐的振动，对中心都有直接的影响。

2. 因为它们能够分辨出哪个是囚徒落网的信号，哪个是被风吹动所发出的错误信号。

蟹蛛

知识考点

1.皮肤　环　花纹　带子

2.√

阅读与思考

1.在巢的盖子上咬出一个小孔,帮助孩子破巢而出。

2.纺线搭吊桥,向上攀爬。

小阔条纹蝶

知识考点

1.圆盾 坚硬 浅黄褐色

2.√

阅读与思考

1.布带小修士。

2.棉絮、法兰绒、尘土、沙子,总之是那些多空隙的东西。

找枯露菌的甲虫

知识考点

1.小 黑 圆形 角

2.√

阅读与思考

1.天才和贫瘠总是连在一起的,无论是哪方面的贫瘠。

2.蘑菇。

蜘蛛离乡

知识考点

1.顶绒 羽毛 飞轮

2.√

阅读与思考

1.不是,是由一股风托送出去的。

2.金鱼草的干果、海绿属植物的果实、石竹的果实。

灰毛虫

知识考点

1.被动 主动 触角

2.√

阅读与思考

1.埋葬虫、扁甲虫、阎虫、皮囊等"食尸者"昆虫。

2.因为它的外表呈淡灰色。

米诺多蒂菲

知识考点

1.昆虫 人类自身

2.×

阅读与思考

1.很深。

2.雄性米诺多蒂菲对妻子忠贞不渝,对家人无私奉献。

南美潘帕斯草原的食粪虫

知识考点

1.呼吸的需求 外来入侵

2.×

阅读与思考

1.球形食物供给成虫,腐肉食料喂给幼虫。

2.蜣螂。

灰蝗虫

知识考点

1.黏液 结构

2.√

阅读与思考

1.灰蝗虫蜕皮的时候,锋利的小腿对脱下来的薄衣服没有造成丝毫损伤。

2.蝉。

天牛

知识考点

1.消化 感觉 肯迪拉克

2.×

阅读与思考

1.天牛没有视觉,没有听觉,没有嗅觉,只有迟钝的味觉和触觉。

2.防御外敌入侵。

3.某些芫菁科昆虫,如西塔利芫菁,通过化学反应能在体内产生尿酸氨;飞蝗泥蜂、长腹蜂、土蜂等,也是在自己体内生产茧所需要的生漆。